北京大学预防医学核心教材
普通高等教育本科规划教材

供公共卫生与预防医学类及相关专业用

职业卫生学教程

主　编　贾　光
主　审　郑玉新
编　委　（按姓名汉语拼音排序）
陈章健（北京大学）
郭　健（交通运输部水运科学研究院）
何丽华（北京大学）
贾　光（北京大学）
马文军（北京大学）
王恩业（3M中国有限公司）
王　云（北京大学）
秘　书　赵　茜（北京大学）

北京大学医学出版社

ZHIYE WEISHENGXUE JIAOCHENG

图书在版编目（CIP）数据

职业卫生学教程 / 贾光主编. —北京：北京大学医学出版社，2021.7

ISBN 978-7-5659-2391-3

Ⅰ. ①职… Ⅱ. ①贾… Ⅲ. ①劳动卫生 - 教材 Ⅳ. ① R13

中国版本图书馆 CIP 数据核字（2021）第 058214 号

职业卫生学教程

主　　编：贾　光

出版发行：北京大学医学出版社

地　　址：（100191）北京市海淀区学院路 38 号　北京大学医学部院内

电　　话：发行部 010-82802230；图书邮购 010-82802495

网　　址：http: //www.pumpress.com.cn

E-mail：booksale@bjmu.edu.cn

印　　刷：北京瑞达方舟印务有限公司

经　　销：新华书店

责任编辑：郭　颖　**责任校对**：靳新强　**责任印制**：李　啸

开　　本：850 mm × 1168 mm　1/16　**印张**：16.75　**字数**：476 千字

版　　次：2021 年 7 月第 1 版　2021 年 7 月第 1 次印刷

书　　号：ISBN 978-7-5659-2391-3

定　　价：45.00 元

北京大学预防医学核心教材编审委员会

前言

本教材为北京大学医学出版基金资助项目，是北京大学预防医学核心教材之一，供公共卫生与预防医学专业本科职业卫生课程教学使用。本教材的内容尽可能适应本科生职业卫生教学的需求，不求大而全。主要内容包括职业卫生基本概念、常见职业性有害因素健康危害及控制、职业卫生常规监测、职业卫生管理及常用研究方法等。同时，力求反映职业卫生的最新进展。由于职业性有害因素种类繁多，本书仅就典型职业性有害因素做代表性介绍，希望读者在阅读过程中可以举一反三。由于职业卫生涉及多学科内容，职业性有害因素所致职业病，详见《临床职业病学（第3版）》（赵金垣主编，北京大学医学出版社）；相关职业性有害因素毒理学等研究方法，详见本系列教材《毒理学教程》；作业场所健康促进相关内容，详见本系列教材《健康教育与健康促进教程》；中国职业病防治法相关内容，详见本系列教材《卫生法学教程》相关介绍。

本教材的编写人员以北京大学职业卫生学科的教师为主，同时邀请了3M中国有限公司个体防护专家王恩业高级工程师和交通运输部水运科学研究院的职业卫生建设项目评价专家郭健研究员参与编写。编写过程中总结了北京大学职业卫生相关教学经验，参考了国内外相关教科书及专著。

限于编者业务水平及编写经验，教材中疏漏及瑕疵在所难免，希望得到使用本教材的老师、学生及其他各方面人员的批评和指正，以便再版时修改和完善。

贾　光

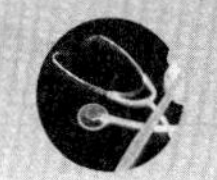

目录

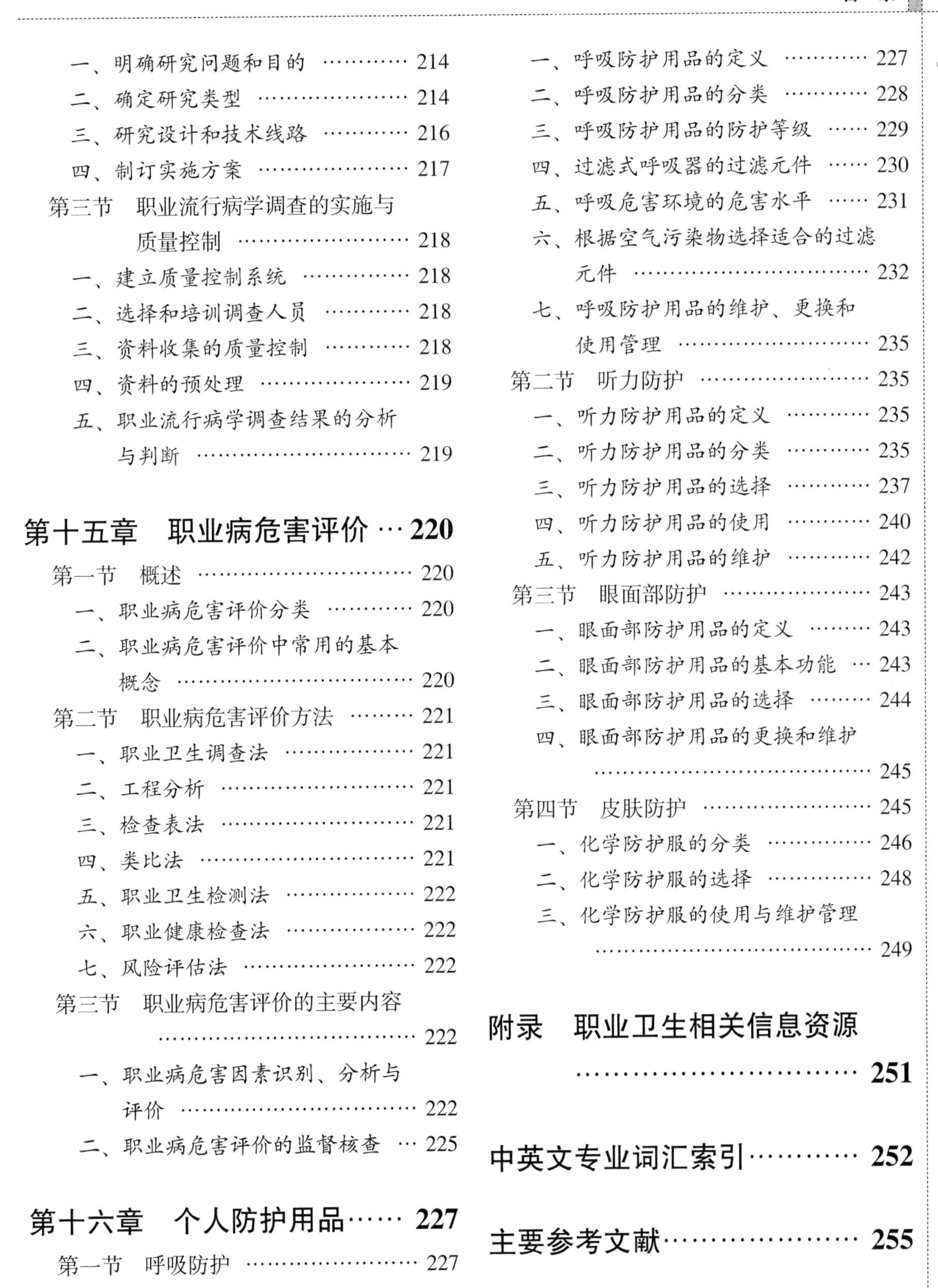

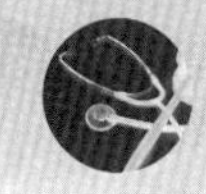

第一章 职业卫生绪论

第一节 职业卫生与职业医学

劳动与健康是人的基本权利，是推动人类进化和文明发展的动力，也是社会经济发展和创新的决定性因素。《中华人民共和国宪法》规定，公民有劳动的权利和义务。国家通过各种途径，创造劳动就业条件，加强劳动保护，改善劳动条件，并在发展生产的基础上，提高劳动报酬和福利待遇。劳动与健康本质上应该是和谐统一、相辅相成、互相促进的。在工作环境中，良好的劳动条件促进健康，反之，不良的劳动条件可损害健康，甚至导致疾病和死亡。职业卫生与职业医学（occupational health and occupational medicine）就是研究劳动及劳动环境对健康的影响，提出有效、适宜的预防及控制职业性有害因素的措施及技术，以促进健康、预防疾病的一门学科，具有理论及实践密切融合的特点。职业卫生学伴随生产力的发展而发展，影响该学科发展的主要因素包括国家的政治制度及法制建设、经济发展水平及技术水平，同时也受社会及伦理学因素的影响。

职业卫生与职业医学是研究劳动条件与劳动者健康的学科，是预防医学和临床医学的重要组成部分。职业卫生学以前又称劳动卫生学，以职业人群为研究对象，主要研究劳动条件对职业人群健康的影响，主要任务是识别、评价、预测、控制和研究不良劳动条件，为保护劳动者健康、提高作业能力、改善劳动条件提供科学依据及技术。职业医学又称职业病学，以劳动者个体为对象，对受到职业性有害因素损害或存在潜在健康风险的个体，通过健康监护、临床检查和诊断，对发生的职业病、职业相关疾病和早期健康损害进行识别、诊断、治疗和康复处理。该学科主要宗旨是创造安全、卫生、高效、舒适的劳动环境，提高职业生命质量，保护劳动者的身心健康及安全。职业卫生侧重预防医学范畴，职业医学具有临床医学属性。

一、职业性有害因素

职业卫生的主要任务是识别、评价、预测和控制不良劳动条件对劳动者健康的影响。劳动条件包括：①生产工艺过程：指采取特定的方法用各种原材料制成各种成品的全过程，包括原材料的生产、运输和保管、生产准备工作、毛坯制造、零件加工、产品装配、调试、检验和包装等。这一过程随生产技术、机器设备、使用材料和工艺流程变化而改变。②劳动过程：涉及针对生产工艺流程的劳动组织、生产设备布局、作业者操作体位和劳动方式，以及智力劳动、体力劳动投入比例等。③生产环境：指生产作业的环境条件，包括室内作业环境、周围环境以及户外作业的自然环境。④其他：如企业文化、社会支持等。在生产过程、劳动过程及生产环境中存在的各种可能影响劳动者健康和劳动能力的不良因素统称为职业性有害因素（occupational hazard factor）。职业性有害因素按其来源可分为三大类：

(一) 生产工艺过程中产生的有害因素

1. 化学因素 在生产过程中接触到的原料、中间产品、成品和生产过程中产生的“废气、废水、废渣”中的化学毒物可对健康产生损害。化学性毒物以粉尘、烟尘、雾、蒸气或气体的形态散布于劳动生产环境中，主要经呼吸道进入体内，还可以经污染的皮肤、消化道进入体内。常见的化学性有害因素包括生产性毒物和生产性粉尘。①生产性粉尘：如硅尘、煤尘、石棉尘、水泥尘及各种有机粉尘等；②金属及类金属：如铅、汞、砷、锰等；③有机溶剂：如苯及苯系物、二氯乙烷、正己烷、二硫化碳、三氯乙烯等；④刺激性气体：如氯、氨、氮氧化物、光气、氟化氢、二氧化硫等；⑤窒息性气体：如一氧化碳、硫化氢、氰化氢、甲烷等；⑥苯的氨基和硝基化合物：如苯胺、硝基苯、三硝基甲苯、联苯胺等；⑦高分子化合物：如氯乙烯、氯丁二烯、丙烯腈、二异氰酸甲苯酯及含氟塑料等；⑧农药：如有机磷农药、有机氯农药、拟除虫菊酯类农药等。

2. 物理因素 如异常气象条件（如高温、高湿、低温、高气压、低气压），生产过程中产生的噪声、振动、非电离辐射（如可见光、紫外线、红外线、射频辐射、激光等），以及电离辐射（如X射线、γ射线等）等，可对人体产生危害。

3. 生物因素 动植物加工、饲养等所接触到的生产原料和作业环境中存在的致病微生物或寄生虫，如炭疽杆菌、真菌孢子（吸入霉变草粉尘所致的外源性过敏性肺泡炎）、森林脑炎病毒、布鲁氏菌以及医源性污染如感染人类免疫缺陷病毒（HIV）等。

(二) 劳动过程中的有害因素

劳动过程是指生产中为完成某项生产任务的各种操作的总和，主要涉及劳动强度、劳动组织及其方式等。这一过程中产生的影响健康的因素包括：

1. 劳动组织制度不合理、劳动作息制度不合理等，如不合理的人员搭配、轮班作业等。
2. 精神（心理）性职业紧张，如简单、乏味的重复劳动，缺乏自主性且任务难度较高的工作，不合理的绩效评价及晋升体系等。
3. 劳动强度过大或生产定额不当，如安排的作业与生理状况不相适应等。
4. 个别器官或系统过度紧张，如精细作业带来的视力紧张、歌唱家的发音器官过度紧张等。
5. 长时间处于不良体位、姿势或使用不合理的工具等，如久坐、“鼠标手”等。

(三) 生产环境中的有害因素

生产环境是指劳动者生产活动所处的外环境，涉及作业场所建筑布局、卫生防护、安全条件和设施相关的因素。常见的生产环境中有害因素包括：

1. 自然环境中的因素，如室外作业、炎热季节的太阳辐射、高原环境的低气压、严重的大气污染等。
2. 厂房建筑或布局不合理、不符合职业卫生标准，如通风不良、采光照明不足、有毒与无毒工艺安排在相同车间以及有毒作业缺乏洗漱、冲淋设备等。

(四) 其他有害因素

如企业文化中的性别歧视、缺乏工会及同事的社会支持等。

在实际生产场所和劳动过程中，往往同时存在多种职业性有害因素，对职业人群的健康产生联合作用，加重对劳动者的健康损害。

二、职业与职业性病损

职业性有害因素对健康的损害，受职业性有害因素暴露特征及机体自身特点的影响。职业性有害因素的理化性质、毒理学危害、暴露规律、暴露水平以及劳动者受教育程度、健康素养、性别、年龄、健康状态、营养状况和遗传差异等，均可以影响职业性有害因素对健康损害的程度。职业性有害因素可以对劳动者造成工伤、职业病、工作有关疾病等。

（一）工伤

职业安全是生产和工作的第一要务和需求，工伤属于工作中的意外事故引起的伤害，主要指在工作时间和工作场所内，因工作原因由意外事故造成劳动者的健康伤害。影响因素包括：①工作时间；②工作地点；③工作原因。工伤常在急诊范围内，因是意外事故，较难预测。在许多发达国家，工伤已被列入职业病范畴，在科学研究和实际管理工作中，将职业安全和卫生融为一体，统称职业安全卫生（occupational safety and health）。如美国的国家职业安全卫生研究所（National Institute of Occupational Safety and Health，NIOSH）和监督机构职业安全卫生管理局（Occupational Safety and Health Administration，OSHA）。我国的职业卫生与职业安全曾经分别由卫生部门和国家安全生产监督管理局管辖，2018 年职业健康监督被合并到国家卫生健康委的职业健康司。

（二）职业病

广义上讲，职业病是指职业性有害因素作用于人体的强度与时间超过一定限度时，人体不能代偿其所造成的功能性或器质性病理改变，从而出现相应的临床征象，影响劳动能力。2018 年《中华人民共和国职业病防治法》（修订版）对法定职业病给出了定义，即法定职业病是指企业、事业单位和个体经济组织等用人单位的劳动者在职业活动中，因接触粉尘、放射性物质和其他有毒、有害因素而引起的疾病。其中对劳动者的雇佣关系、接触的职业性有害因素和疾病结局进行了明确的限定。法定职业病的分类和目录由国务院卫生行政部门会同国务院劳动保障行政部门制定、调整并公布。

1．职业病发生的三个主要条件

（1）有害因素的性质：主要涉及职业性有害因素的基本结构和理化性质。如：铬酸盐中，六价铬的致癌性最强，三价铬的毒性较弱；在不同结构的石英中，其致肺组织纤维化能力的大小依次为结晶型＞隐晶型＞无定型。

（2）有害因素的浓度和强度：职业性有害因素对人的损害，与暴露水平或强度有关，故在确诊大多数职业病时，必须要有暴露量（作用浓度或强度）的估计。有些有害物质能在体内蓄积，少量、长期接触也可能引起职业性损害，如铅中毒；有的物质虽然本身不能在体内蓄积，但所引起的功能性改变是可以累积的，如物理因素中的噪声，长期接触超过 80 分贝的噪声，容易引起听力损失甚至耳聋。虽然生产环境中存在的职业性有害因素累积接触量相同或相似，但低水平长时间接触与高水平短时间接触导致的健康损害不同，如同毒理学中的急性中毒及慢性中毒。因此，认真查询某种职业性有害因素的起始接触时间、接触工龄、接触方式，对职业病诊断具有重要价值。

（3）个体的健康状况：尽管职业性有害因素导致机体损害的剂量（或强度）效应关系是一个普遍规律，但是，从业人员仍存在个体差异。在同一作业环境中，只有一部分人容易发生中毒；在中毒者中，也有症状的轻重或出现先后之分。这种个体差异的原因，既往笼统地归结于个人体质的不同。随着对环境基因交互作用的深入研究，人们发现，个体的遗传特性也可能起着重要作用。如对苯胺类化学物易感者，往往有葡糖 -6- 磷酸脱氢酶的先天性遗传缺陷；血

清 α- 抗胰蛋白酶缺陷的个体，一旦接触刺激性气体，容易发生中毒，且易引起肺水肿等严重病变。

因此，职业性有害因素对健康的损害，需要充分考虑上述多因素的影响。

2．职业病的主要特点

（1）病因有一定的特异性：只有在接触职业性有害因素后才可能患职业病。在诊断职业病时必须有职业接触史、职业性有害因素接触的现场调查及职业性有害因素接触的确认。控制职业性有害因素接触后，可以降低职业病的发生和发展。因此，职业病是一类可以针对病因进行预防的疾病，采取病因控制的一级预防，对职业病控制是行之有效的。

（2）病因大多可以检测：职业性有害因素大都可以识别、评价。通过样品采集及分析技术，实现有害因素接触水平的评价。日常环境监测工作就是定期、有规律、有计划地对职业性有害因素进行识别和检测，在此基础上，可以开展职业卫生的健康风险评估。

（3）早诊断、早干预有利于预后：通过健康监护，定期对劳动者进行健康体检，可以发现早期病损，及早干预，合理治疗，预后较好。

（4）大多数职业病目前尚缺乏特效治疗方法，应加强对人群健康的保护措施。如硅肺病患者的肺组织纤维化病变，临床上尚未找到可逆转的手段，噪声性听力损失也没有特异的治疗方法，以及多种职业性肿瘤如苯所致白血病、石棉所致间皮瘤等都缺乏有效的治疗或根治措施。因此，只有采用有效的防尘、降噪、通风以及个人防护和健康教育，才能减少硅肺病、噪声性耳聋及职业性肿瘤等的发生和发展。

从职业病的发病条件和特点来看，职业病发生的病因相对明确，与有害因素的接触水平有关，这进一步提示，有效识别、控制与职业性有害因素的接触，就能控制职业病的发生、进展。因此，预防医学强调的三级预防，尤其是一级预防，是职业卫生及职业病防治的根本原则。

3．职业病分类和目录 由于职业病的病因较为明确，有效控制职业性有害因素接触，就能控制职业病的发生，因此，职业病又是一种人为的疾病，其发生率与患病率的高低，反映着一个国家的职业卫生管理水平、生产和职业防护技术水平及保障水平。制定职业病分类和目录主要是便于管理，可引起企业和劳动者等对职业性有害因素的重视，落实预防为主的措施。目前，国际上职业病目录可以分为以预防为目的的职业病目录和以赔偿为目的的职业病目录。我国职业病诊断包含职业病临床疾病的诊断以及职业病的职业性有害因素接触及因果关系判定两个环节，所以具有“法定职业病”（statutory occupational diseases）的含义。早在 1957 年，我国卫生部就公布了《职业病范围和职业病患者处理办法规定》，将危害劳动者健康比较严重的 14 种职业病列为法定职业病；在 1987 年又颁布了修改后的职业病目录，共有职业病 9 大类、99 种；此后，又在 2002 年、2013 年相继进行了修订和调整，调整后的职业病分类和目录涵盖 10 大类、132 种职业病。因此，职业病的目录是随着经济发展、技术进步及科学证据积累、社会需求而不断完善的。

（三）工作有关疾病

一般所称工作有关疾病，与法定的职业病有所区别。职业病是指某一特定职业性有害因素所致的疾病，具有临床诊断及行政管理的双重意义。而工作有关疾病则指多因素相关的疾病，与工作有联系，但也常见于非职业人群。当这一类疾病发生于劳动者时，由于职业性有害因素的接触，会影响原有的疾病进程，或者引起劳动能力明显减退。在我国，职业相关性疾病是没有列入职业病分类和目录的。工作有关疾病的范围比职业病更为广泛，由于受累人群广，其导致的疾病经济负担更重。由于各国经济水平不同，即便同一个国家，在经济发展不同阶段，某些工作有关疾病也可上升为职业病。国际劳工组织强调要高度重视工作有关疾病，将该类疾病

列为控制和防范的重要内容，以保护及促进劳动者的全面健康。现将常见的工作有关疾病举例如下：

1. 行为（精神）和身心疾病　如精神焦虑、抑郁、神经衰弱综合征，常由于工作繁重、各种类型的职业紧张、轮班作业、饮食失调、过量饮酒、吸烟等因素引起。

2. 心脑血管疾病与代谢性疾病　心脑血管疾病是导致我国预期寿命下降的最重要的疾病，而糖尿病是我国发病率上升最快的疾病。越来越多的研究表明，不合理的轮班作业及职业紧张会影响心脑疾病及代谢综合征的发生。

3. 其他　如骨骼肌肉系统疾患，常与某些工作有关，例如不良体力负荷、长期固定姿势工作如静坐、鼠标操作等，可引起骨骼肌肉系统疾患高发，不仅降低职业生命质量和劳动效率，也会影响退休后的生活质量，增加疾病经济负担。

另外，对于劳动者的早期健康损害，可以通过基本职业卫生服务，如作业场所有害因素监测、劳动者健康监护及作业场所健康促进等，及时发现并采取有效措施，比如降低职业性有害因素接触水平或动员劳动者暂时脱离劳动岗位，很多早期健康损害就能恢复。反之，如不采取有效措施，早期健康损害可以演变为工作有关疾病甚至职业病。

三、职业卫生的三级预防

《中华人民共和国职业病防治法》（修订版）指出，职业病防治工作坚持预防为主、防治结合的方针，建立用人单位负责、行政机关监管、行业自律、职工参与和社会监督的机制，实行分类管理、综合治理。其基本准则应按三级预防加以控制，以保护和促进职业人群的健康。

第一级预防（primary prevention）又称病因预防，是从根本上消除或控制职业性有害因素对人体的作用和损害，即改进生产工艺和生产设备，用低毒或无毒原料代替有毒原料，合理利用防护设施及个人防护用品，以减少或消除劳动者接触的机会。

第二级预防（secondary prevention）是早期检测和诊断人体受到职业性有害因素作用所致的健康损害并予以早期治疗、干预。尽管第一级预防措施是理想的方法，但所需的费用较高，在现有的技术条件下，有时难以达到满意效果，因此，第二级预防也是十分必要的。其主要手段是定期进行职业性有害因素的监测和对接触者进行定期体格检查，以早期发现病损和诊断疾病，特别是健康损害的早期发现，及时预防和治疗。

第三级预防（tertiary prevention）是指在患病以后，给予积极治疗和促进康复的措施。第三级预防原则主要包括：①对已有健康损害的接触者应将其调离原有工作岗位，并结合合理的治疗；②根据接触者受到健康损害的病因，对生产环境和工艺过程进行改进；③促进患者康复，预防并发症的发生和发展。除极少数职业中毒有特殊的解毒治疗外，大多数职业病主要依据受损的靶器官或系统，采用临床治疗原则，给予对症治疗。因此，虽然更强调职业病的第一级预防，但由于技术条件限制，劳动者个体差异等原因，仍需要三级预防措施的综合实施。

第二节　职业卫生与职业医学的起源、现状及展望

一、职业卫生与职业医学的起源

职业医学的起源早于职业卫生。职业医学学科的形成与发展，是人类生存、生产力发展、社会进步和对繁荣持续追求的必然，从原始社会的狩猎到工业化集约生产，人类不断认识到对健康不利的劳动条件及职业危害因素。古希腊医学家希波克拉底（Hippocrates，公元前460—公元前377年）曾告诫他的同事“注意观察环境，以了解病人的根源”。希波克拉底是第一个认识到铅是致腹绞痛的人。

从16世纪开始，欧洲就有关于职业病的报道。德国的Agricola曾在16世纪出版了《论金属》一书。而具有标志性意义的工作是1700年意大利的拉马兹尼（Ramazzini，1633—1714年）出版了《论手工业者疾病》一书，该书回顾了中世纪多种行业中存在的职业危害问题，成为职业医学的经典著作，Ramazzini也因此被誉为职业医学之父。18世纪以英国蒸汽机为标志的第一次工业革命和19世纪以德国电力为标志的第二次工业革命，加速了工业化的发展，在大规模采矿和冶炼、机械制造、化工合成的劳动过程中，产生了多种职业性有害因素，引发劳动者健康问题。20世纪，随着欧美国家工业的迅速发展，从事化学合成及加工制造的劳动者中，出现了多种急、慢性化学中毒和职业肿瘤。美国医生汉密尔顿（Hamilton）于1925年出版了《美国的工业中毒》，其中介绍了铅中毒、表盘上涂镭工患癌症等的研究。英国医生亨特（Hunter，1889—1976年）所著*Diseases of Occupation*对本学科的形成和发展也有重要影响。伴随着经济发展、社会文明及法制建设，英、美、德等国家先后从立法角度严格限制有害物质和有害工艺，完善社会保障体制，由此使严重的职业病得到有效控制，在职业医学发展基础上，职业卫生也得到迅速发展。

我国早在公元10世纪，孔平仲在《谈苑》一书中写到："贾谷山采石人，石末伤肺，肺焦多死。"此处指出采石职业的石末为职业性有害因素，可损害肺，症状是"肺焦"直至死亡。他还写到："后苑银作镀金，为水银所熏，头手俱颤。卖饼家窥炉，目皆早昏。"此处详细描述了"汞中毒"的典型症状和红外辐射对眼的损害，这些是人类历史上对职业病最早的描述。李时珍（1518—1593年）在《本草纲目》中，最早描述了职业性铅中毒的症状；宋应星（1587—1637年）在《天工开物》中，系统总结了劳动防护的经验与方法，如采用粗大竹筒做烟囱，排出煤矿毒气的通风办法等，但这些成就未能形成理论和技术体系，未能走出国门，没有得到世界同行的认可。

20世纪50年代起，我国借鉴苏联，全国自上而下建立了"防疫站"（现为疾病预防控制中心），成立了劳动卫生科，研究并提出了一系列工业卫生及中毒预防的措施。如防暑降温综合措施的贯彻，成功控制了高温作业的重症中暑；通过改进生产工艺、防护设施与加强培训管理，有效控制了印刷行业、造船工业的铅中毒，基本控制了严重的慢性汞、苯中毒，降低了急性职业中毒新发病例数；进行5种毒物普查、8种职业性肿瘤调查、尘肺病流行病学调查以及乡镇企业职业卫生服务需求调查等全国性的职业卫生调查研究，为识别、评价和控制职业危害提供了有力的科学数据。职业卫生工作来自实践，服务于实践，职业卫生学科也在实践中得以发展。

在代表性专著编撰方面，吴执中教授主编了《职业病》一书；何凤生院士发起了"人人享有职业卫生保健"（occupational health for all）的北京宣言，主编了大型参考工具书《中华职业医学》。在教材建设方面，1961年，北京医学院（现北京大学医学部）刘世杰教授主编了我国第一本《劳动卫生学》试用教材，北京大学公共卫生学院也成为全国第一批劳动卫生专业硕士及博士学位授予点；1981年，山西医学院主编了《劳动卫生与职业病学》第1版正式教材；上海医科大学顾学箕、王簃兰教授于1985年主编了《劳动卫生学》第2版教材；迄今，经由人民卫生出版社出版的《职业卫生与职业医学》已经更新至第8版。

二、职业卫生与职业病的国内外现状

（一）国际职业卫生与职业医学现况

根据国际劳工组织（International Labor Organization，ILO）及世界卫生组织（World Health Organization，WHO）的统计，全球每年约有2.7亿劳动者遭受工伤事故，1.6亿人因工作中的有害因素而罹患工作有关疾病，因伤害事故造成230万人死亡，因工伤事故造成的经济损失占全球经济生产总值的4%，同时，全球因抑郁症所致疾病负担的8%可归咎于职业风险。

随着全球经济一体化，职业危害出现了向弱势人群及经济不发达地区的转嫁趋势。朱晓俊对1990—2017年中国人群尘肺病的疾病负担进行分析，提出2017年中国人群因尘肺病造成的伤残调整寿命年为247 619人年，在195个国家和地区中排名第1位。加强传统职业病防控仍任重道远。

（二）我国职业病发病现状及影响因素

自新中国成立以来，根据工作中的实际需要，职业卫生与劳动保护相关条例、办法、标准及规范体系得到了逐步落实及完善。为了预防、控制和消除职业病危害，防治职业病，保护劳动者健康及其相关权益，促进经济发展，根据宪法规定，中华人民共和国于2001年颁布了“职业病防治法”，该法分别于2011年、2016年、2017年及2018年进行了4次修订。近年来，我国在职业卫生监督管理方面，如建设项目职业病危害“三同时”（建设项目职业病防护设施必须与主体工程同时设计、同时施工、同时投入生产和使用，简称职业卫生“三同时”）、职业病危害项目申报、职业病危害检测评价、职业健康检查、职业卫生培训等的覆盖面大幅提高；通过安全生产标准化建设，有效推动了用人单位职业病防治工作的进展。职业卫生法制建设及相应标准技术支撑体系的完善，丰富了职业卫生学科体系及研究内容。我国属于发展中国家，伴随国内生产总值（GDP）的增加，职业病及工伤伤害事故还会呈上升趋势。据中国职业安全健康协会估算，我国每年因职业病、工伤事故产生的直接经济损失达1 000亿元左右，间接经济损失为2 000亿元左右，如不及时加以控制，势必会影响国民经济的可持续发展及健康中国的进程。

1．职业病报告呈上升趋势　我国是世界上劳动人口最多的国家。2017年我国就业人口达7.76亿，占总人口的55.8%，多数劳动者职业生涯超过其生命周期的二分之一。由工作场所接触各类危害因素所引发的职业健康问题依然严重，职业病防治形势严峻、复杂，新的职业健康危害因素不断出现，疾病和工作导致的生理、心理等问题已成为亟须应对的职业健康新挑战。我国现有约1600万家企业存在着有毒、有害的作业岗位，受不同程度危害的劳动者总数估计超2亿。根据国家职业病报告，1998—2017年的20年间我国共报告职业病380 449例，平均每年报告19 022例。其中，1998—2007、2008—2017年间分别报告119 948和260 501例，分别占20年间报告病例总数的31.53 %和68.47 %。

2．我国职业病谱以传统职业病为主　现阶段尘肺病依然是我国最为严重的职业病。1998—2017年共报告尘肺病319 761例，平均每年报告15 988例，占职业病报告病例总数的84.05%。与1998—2007年比较，2008—2017年间职业性慢性、急性化学中毒的报告病例数分别下降9.32%和10.81%，而物理因素所致职业病报告病例数增加了102.39%，是前10年报告病例数的2.02倍。

从上述报告不难看出，影响我国职业人群的主要职业危害还是以传统因素如粉尘、有毒化学物、物理因素噪声等为主。需要强调的是，上述职业病病例报告多来自接受职业卫生服务的企业及其劳动者，而我国目前全国职业健康监护平均覆盖水平还不到10%，换句话说，有90%的企业或用人单位尚未享受到职业卫生服务，因此我国职业病实际发病情况可能远远高于报告数据。结合职业病潜伏期及我国职业卫生监督及防治现状，在未来一段时间，全国新发职业病人数还会保持在一个较高水平。职业卫生人才技术队伍、监督队伍及防治技术的普及，还远远不能满足我国职业人群的实际需求。

3．新的职业健康问题不断出现　随着新技术、新工艺、新材料、人工智能的广泛应用，能源结构及产业结构的不断优化，以及用工制度多样性、作业方式复杂性，新的职业健康问题值得关注。如石棉替代品人造保温材料、陶瓷材料、新型燃料、超细的纳米材料等新型化学物质的开发利用，以及新工艺、新技术引发的职业健康问题；工业产业结构调整，如信息技术

（互联网技术、“互联网+”）、高铁运行、深潜作业、航天作业、风电作业、棚室作业、人工智能等引发的职业健康问题；轮班作业、超时作业、高度应激状态所致的职业紧张；不良作业姿势或劳动行为等引起的疲劳、肌肉骨骼疾病等工效学问题，均显示劳动者面临的新的职业健康风险日益增加。同时，我国是全世界使用女工最多的国家，且女工多从事制造业、劳动力密集产业工作，女性月经期、孕产期及更年期等特殊生理阶段的劳动保护以及作业场所的性别歧视、性骚扰等问题，是职业卫生中值得研究的特殊人群问题。此外，人口老龄化，以及随着退休年龄的延长，如何保障高龄劳动者的健康已成为发达国家的重要职业健康问题，也将是我国未来需要面对的职业健康问题。这些问题如果不能得到妥善处理，势将影响我国社会经济的可持续发展。

4．职业卫生群体性事件时有发生，农民工成为职业病高发人群 随着中国城镇一体化发展、企业所有制形式及劳动用工制度的多样性，农村剩余劳动力外出务工成为常态。2010 年，卫生部组织进行的新生代农民工职业健康状况调查表明，在我国近 1 亿新生代农民工中，约 60% 就业于职业健康风险高的行业，农民工职业病发病人数占总发病人数的 80% 以上，成为职业病高发群体。农民工群体性职业病事件也不断出现，如河北白沟苯中毒、苏州联建科技有限公司正己烷中毒以及深圳等群体性尘肺病事件。不少患职业病的农民工不仅丧失了劳动能力，还因病返贫、致贫，给家庭带来沉重负担，成为影响社会和谐稳定的公共卫生问题。关注特殊人群，加强特殊人群职业卫生的安全保障，促进全社会人人享有职业健康，成为长期的工作目标。

三、展望

我国国家职业病防治规划（2016—2020 年）在强化政府领导和部门合作，建立、健全职业病防治的法规标准体系，加强政府监督和指导，落实用人单位职业病防治主体责任，全面提升职业卫生服务能力和人才队伍建设，加强源头治理和技术攻关等方面取得了显著进展。健康中国职业健康行动计划，也为职业卫生工作提供了目标及具体内容。此外，职业卫生是一门理论与实践结合紧密的多学科交叉的学科，支撑本学科发展的学科至少包括：毒理学、流行病学、卫生政策与管理等预防医学基础学科，同时，还需要暴露科学、分析技术、基础医学、临床医学等学科支撑，其科学问题伴随生产力的发展而不断涌现，因此，是一门“日新月异”的常新学科，加强科学研究是保障职业卫生可持续发展的动力，本部分“管中窥豹”，略举一二，借以描述本学科发展前景。

（一）从传统职业病防治转向职业人群的全面健康管理

人民日益增长的美好生活需要和发展不平衡、不充分之间的矛盾，要求以大健康的观念促进卫生与社会经济的协调发展。大健康观念强调以人为本的医疗卫生服务理念，把“人”放在健康服务的中心位置，从“以治病为中心”转变为“以人民健康为中心”。大健康理念关注影响健康的各类危险因素，追求生理、心理、道德、社会、环境等方面的全面健康，强调全方位、全周期保障人民的健康。我国已经步入慢性病大国，WHO 认为，如果能有效控制不健康饮食、体力活动不足、烟草滥用等慢性病的主要危险因素，至少 80% 的心脏病、脑卒中和 2 型糖尿病可以得到预防，40% 的癌症可以预防。目前我国职业人群达 7.76 亿，劳动力人口既是职业危害因素的潜在接触者，也是患慢性病的风险人群，针对职业人群开展作业场所的健康促进，对于职业病、工作有关疾病及慢性病控制均有意义。全方位保障劳动者健康，就是要从传统职业病治疗转向职业人群全周期的健康管理。防治职业病只是《中华人民共和国职业病防治法》规定的最低要求。全面职业健康管理，既要考虑影响劳动者健康的直接因素，也要考虑间接因素，健康管理策略应包括政策法规制定、功能社区、自然社区、家庭、专业人员参与，

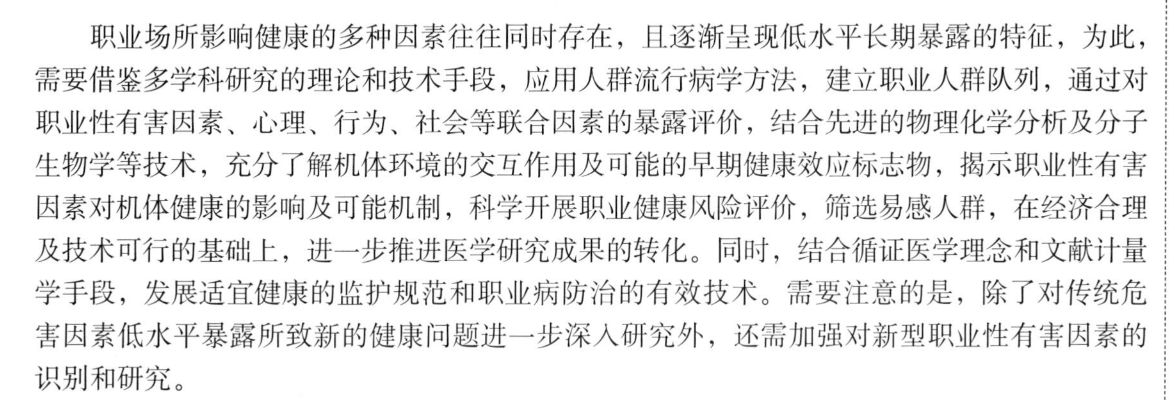

以及综合干预措施，如作业场所健康促进、社会健康环境营造等的三级预防措施落实。

（二）利用多学科手段加强对职业性有害因素致病机制的研究

职业场所影响健康的多种因素往往同时存在，且逐渐呈现低水平长期暴露的特征，为此，需要借鉴多学科研究的理论和技术手段，应用人群流行病学方法，建立职业人群队列，通过对职业性有害因素、心理、行为、社会等联合因素的暴露评价，结合先进的物理化学分析及分子生物学等技术，充分了解机体环境的交互作用及可能的早期健康效应标志物，揭示职业性有害因素对机体健康的影响及可能机制，科学开展职业健康风险评价，筛选易感人群，在经济合理及技术可行的基础上，进一步推进医学研究成果的转化。同时，结合循证医学理念和文献计量学手段，发展适宜健康的监护规范和职业病防治的有效技术。需要注意的是，除了对传统危害因素低水平暴露所致新的健康问题进一步深入研究外，还需加强对新型职业性有害因素的识别和研究。

（三）借助大数据理念，推进职业卫生信息化建设

建立、健全基于职业病防治信息监测的统计制度，利用日常职业卫生服务及监督工作中获得的数据，探索、建立居民健康卡与职业病防治信息结合，推进我国《职业病目录》与《国际疾病分类标准编码》（ICD-10）系统接轨，逐步实现职业病与疾病报告口径的统一，将职业病报告纳入临床疾病报告体系。充分发挥大数据在职业病风险监测中的作用，尤其是作业场所职业性有害因素及职业病主动监测、职业病患者死亡信息跟踪等；促进职业病及慢性病社区管理的融合，使职业人群充分享受医疗资源服务及健康保障。

（四）加强国际间交流与合作

随着“一带一路”、中非合作、全球经济一体化的进程，中国在世界上正扮演着越来越重要的积极角色。我国一方面要在亚太地区职业卫生管理方面，承担更多的责任，积极向世界欠发达地区提供中国职业病防治的宝贵经验，如尘肺病防治中的“隔、水、密、风、管、教、互、查”行之有效的八字方针，为全球职业病防治工作做出负责任大国应有的贡献；同时，作为发展中国家，我们有必要向西方发达国家学习和借鉴先进经验，尽可能避免西方国家在职业病防治中所走的弯路和所犯的错误，全面提高我国职业病防治工作水平。因此，加强国际合作，提升职业卫生工作的国际影响力，也已迫在眉睫。

经济的发展及产业结构模式的转变，对我国职业卫生与职业病防治工作不断产生着深刻影响，也进一步提升了职业卫生与职业病学科在公共卫生领域中的重要地位。职业病防治工作与国家政治、经济及技术的发展水平息息相关，在拥有庞大职业人群的中国，职业卫生学科也必定是一门“大有可为”的学科。

（贾 光）

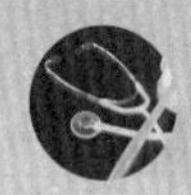

第二章 职业活动的生理

人在生产劳动过程中，受到劳动强度、职业种类、作业姿势、个体差异等条件或因素的影响，同时机体通过神经 - 体液的调节和适应，不仅可完成作业，而且还可促进健康。但若劳动负荷过大、作业时间过长、劳动制度或分配不合理及作业环境条件太差，以至人体不能适应或耐受时，可造成生理和心理过度紧张，从而使作业能力下降，甚至损害健康。为了达到保护和促进健康、提高劳动生产率的目的，相继形成了劳动生理学（work physiology）、劳动心理学（work psychology）和人类工效学（ergonomics）三门既独立又有关联的分支学科。劳动生理学研究一定劳动条件下的器官和系统的功能；劳动心理学研究人的劳动行为与劳动条件之间的关系。

第一节 职业活动的生理变化与适应

一、体力活动中的能量代谢

体力活动是完成劳动任务的基本条件，由于骨骼肌约占体重的 40%，以骨骼肌活动为主的体力劳动能量消耗较大。了解体力活动中机体能量消耗的规律，对评价职业活动的体力劳动强度具有特殊的意义。

机体物质代谢过程中伴随着有关能量的产生与消耗。物质代谢过程的能量释放、转移和利用，称为能量代谢（energy metabolism）。物质代谢包括合成代谢与分解代谢两部分。根据机体的状态可分为基础代谢、安静代谢、睡眠代谢、劳动代谢和食物特殊动力作用等。

（一）肌肉活动的能量来源

1．ATP-CP 系列 肌肉收缩与松弛所需的能量是由三磷酸腺苷（ATP）分解成二磷酸腺苷（ADP）过程所提供的（公式 2-1），并由磷酸肌酸（CP）及时分解补充（公式 2-2）。

$$ATP + H_2O \longrightarrow ADP + Pi + 29.3\ kJ/mol \quad (公式\ 2\text{-}1)$$

$$CP + ADP \rightleftharpoons Cr + ATP \quad (公式\ 2\text{-}2)$$

上式中：Pi 为磷酸根，Cr 为肌酸，1 J = 0.2390 cal。

肌肉中 CP 的贮存量非常少，只能供肌肉活动几秒至 1 分钟之用，所以需从糖类、脂肪和蛋白质分解来提供合成 ATP 的能量。

2．需氧系列 中等强度肌肉活动时，ATP 以中等速度分解。糖和脂肪通过氧化磷酸化过程提供能量来合成 ATP。初始阶段利用糖类较多，但随着肌肉活动时间延长，利用脂肪的比

例增大，这时脂肪成为主要能源。该过程需要有氧的参与才能进行，因此称需氧系列。此时，1 摩尔葡萄糖或脂肪能相应地形成 38 或 130 分子 ATP，能使活动经济、持久地进行。

3．乳酸系列　肌肉在大强度活动时，ATP 分解速度非常快，需氧系列受到供氧能力的限制，形成 ATP 的速度不能满足肌肉活动的需要。此时，需依靠无氧糖酵解产生乳酸的方式来提供能量，因此称为乳酸系列。1 摩尔葡萄糖只能形成 2 分子 ATP，但速度较需氧系列快 32 倍，故能迅速提供较多的 ATP 供肌肉活动用。其缺点是需动用大量的葡萄糖，产生的乳酸有致疲劳作用，不经济，也不能持久。

肌肉活动的能量来源及其特点见表 2-1。

表2-1　肌肉活动的能量来源及其特点

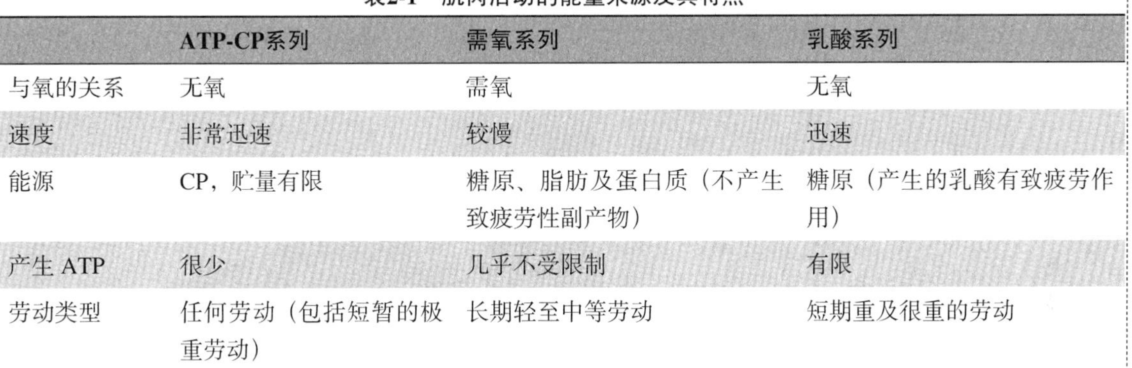

	ATP-CP系列	需氧系列	乳酸系列
与氧的关系	无氧	需氧	无氧
速度	非常迅速	较慢	迅速
能源	CP，贮量有限	糖原、脂肪及蛋白质（不产生致疲劳性副产物）	糖原（产生的乳酸有致疲劳作用）
产生 ATP	很少	几乎不受限制	有限
劳动类型	任何劳动（包括短暂的极重劳动）	长期轻至中等劳动	短期重及很重的劳动

（二）作业时氧消耗的动态

劳动时人体所需的氧量取决于劳动强度，强度越大，需氧量也越多。劳动 1 分钟所需要的氧量称氧需（oxygen demand）。氧需能否得到满足主要取决于循环系统的功能，其次为呼吸系统的功能。氧需和实际供氧量之差称为氧债（oxygen debt）。血液在 1 分钟内能供应的最大氧量称氧上限，又称最大摄氧量（maximum oxygen uptake），成年人的氧上限一般不超过 3 L，经过体育锻炼的可达 4 L。在作业开始 2 ~ 3 分钟内，呼吸和循环系统的活动尚不能满足氧需，此时肌肉可动用肌红蛋白结合的少量氧储备并充分地利用血氧，机体的能量是在缺氧条件下产生的，因此“借了”氧债。其后，呼吸和循环系统的活动逐渐加强，对于较轻的劳动，摄氧量可满足氧需，即进入稳定状态（steady state），其氧债也是恒定的，这样作业一般能维持较长的时间（图 2-1A）。在较重的劳动，尤其氧需超过最大摄氧量时，机体摄氧量不可能达到稳定状态，氧债持续增加，肌肉内的贮能物质（主要指糖原）迅速消耗，作业就不能持久。作业停止后的一段时间内，机体需要继续摄取较安静时为多的氧以偿还氧债（图 2-1B）：非乳酸氧债即恢复 ATP、CP、血红蛋白、肌红蛋白等所需的氧可在 2 ~ 3 分钟内得到补偿；而乳酸氧债则需较长时间才能得到完全偿还。有时部分氧债也可在作业的稳定状态期间得到补偿。恢复期一般需数分钟至十余分钟，也可长达 1 小时以上。作业之后摄氧增加，这不仅取决于肌肉内的氧债偿还过程，而且与许多因素有关，例如升高的体温、增强的呼吸活动、肌肉结构的变化以及机体氧储备的补足。因此，偿还的氧债一般比所借的氧债要高（图 2-1）。

（三）作业的能消耗量与劳动强度分级

作业时的能消耗量是全身各器官系统活动能量的总和。由于最紧张的脑力劳动的能消耗量不会超过基础代谢的 10%，而肌肉活动的能消耗量却可以达到基础代谢的 10 ~ 25 倍，故传统上用能消耗量或心率来划分劳动强度（intensity of work），这只适用于以体力劳动为主的作业，一般分为 3 级。

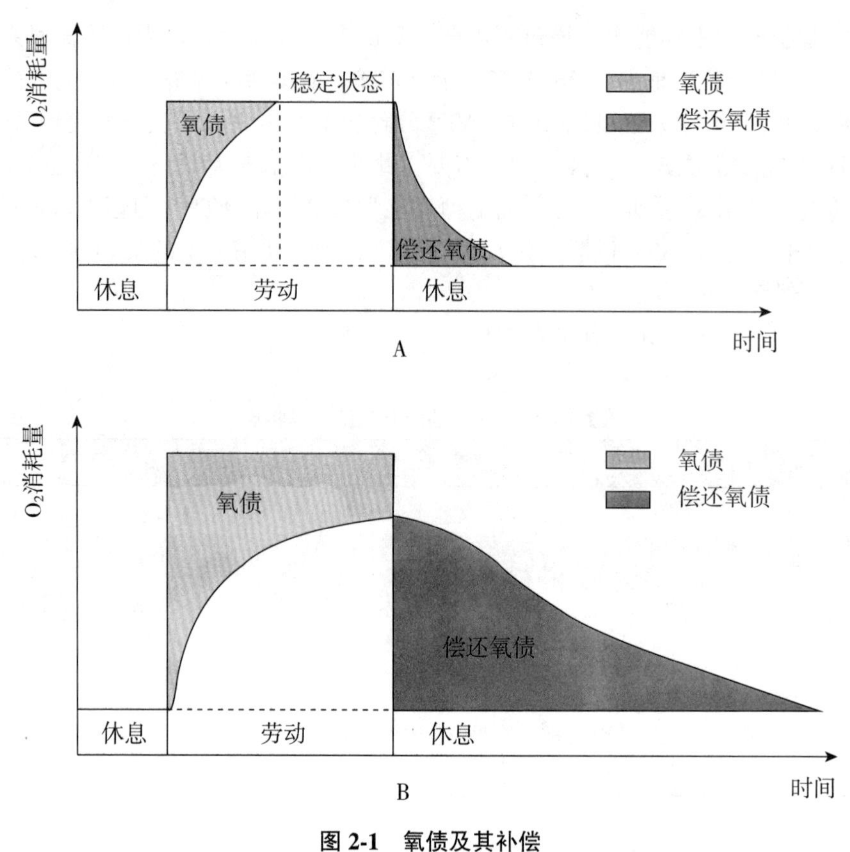

图 2-1　氧债及其补偿

1．中等强度作业　作业时氧需不超过氧上限，即在稳定状态下进行的作业。目前我国的工农业劳动多属中等强度作业。

2．高强度作业　指氧需超过氧上限，即在氧债大量蓄积的条件下进行的作业，一般只能持续进行几分钟，且不超过 10 分钟。

3．极高强度作业　完全在无氧条件下进行的作业，此时的氧债几乎等于氧需，如短跑和游泳比赛等。这种剧烈的活动只能持续很短时间，一般不超过 2 分钟。

二、体力劳动时机体的调节和适应

体力劳动过程中，为保证能量供应和各器官系统的协调，机体通过神经 - 体液调节各器官系统的生理功能，以适应生产劳动的需要。劳动时机体的调节和适应性可产生以下变化。

（一）神经系统

劳动时每一目的动作都受中枢神经系统的支配，同时中枢神经系统还协调其他器官系统以适应作业活动的需要。长期在同一劳动环境中从事某项作业活动时，通过复合条件反射逐渐形成该项作业的动力定型（dynamic stereotype），即从事该项作业时各器官系统能协调配合，反应敏捷，耗能减少，且劳动效率明显提高。建立动力定型应循序渐进，注意节律性和反复的生理规律。

（二）心血管系统

心血管系统对体力劳动的适应主要表现为心率、血压和血液分配的变动。

1．心率　作业开始后心率在 30 ～ 40 秒内迅速增加，经 4 ～ 5 分钟达到与劳动强度相应的稳定水平。作业停止后，心率可在 15 秒内迅速减少，然后缓慢恢复至原来水平。恢复期的

长短随劳动强度、工间休息时间、环境条件和健康状况而异，此可作为心血管系统能否适应该作业的指征。

2．血压　作业时收缩压上升，劳动强度高的作业可上升 60 ～ 80 mmHg（8.0 ～ 10.7 kPa），舒张压不变或稍有上升，脉压变大。当脉压可以继续加大或保持不变时，体力劳动能有效进行。在劳动过程中，劳动强度不变而脉压变小，当小于其最大值一半时说明已经疲劳，糖原贮备接近耗竭。作业停止后血压迅速下降，一般在 5 分钟内恢复正常。但高强度作业后，收缩压可降低至低于作业前的水平，30 ～ 60 分钟后才恢复正常。血压的恢复比心率快。

3．血液再分配　安静时血液流入肾等腹腔脏器的量最多，其次为肌肉、脑，再次为心、皮肤、骨等。体力劳动时，通过神经反射使内脏、皮肤等处的小动脉收缩，而代谢产物乳酸和 CO_2 却使供应肌肉的小动脉扩张，使流入肌肉和心肌的血流量大增，脑血流量则维持不变或稍增多，而肾、腹腔脏器、皮肤、骨等处的血流量都有所减少。

4．血液成分　人在安静状态时，正常人空腹血糖在 3.9 ～ 6.1 mmol/L，餐后不超过 8.0 mmol/L。劳动强度较大或持续时间过长，或肝糖原贮备不足，则可出现血糖降低，当降至正常含量的一半时，即表示糖原贮备耗竭而不能继续劳动。

（三）呼吸系统

作业时，呼吸次数随体力劳动强度的增加而增加，重体力劳动时呼吸次数可达 30 ～ 40 次 / 分，极高强度体力劳动时可达 60 次 / 分。肺通气量可由安静时的 6 ～ 8 L/min 增加到 40 ～ 120 L/min 或更高。有锻炼者主要靠增加肺活量来适应，无锻炼者主要靠增加呼吸次数来维持。静力作业时，呼吸浅而少；疲劳时，呼吸变浅而且快，肺通气量无明显增加。停止劳动后，呼吸节奏的恢复较心率、血压快。肺通气量可作为劳动强度判定和劳动者劳动能力鉴定的指标之一。

1 L 血液能供给组织 120 ml 氧，心脏的最高输出量为每分钟 35 L 时，则可供给组织 4.2 L 氧，这相当于有高度锻炼者的最大摄氧量。因空气能给予血液的氧占空气的 5% ～ 6%，为摄取 4.2 L 氧，需有 70 ～ 84 L 空气通过肺。而有锻炼者的最大通气量为 120 L/min 或更高，远超过摄取 4.2 L 氧所需的空气量。因此，决定最大摄氧量的主要因素是心血管系统的功能。

（四）排泄系统

体力劳动时，由于血液分配的影响和汗液量的增加，尿量大为减少。尿液成分有较大变化，乳酸含量显著增加。排汗具有调节体温和排泄的双重作用。体力劳动时汗液成分中乳酸含量较高。

（五）体温

体力劳动过程中及其后一段时间内，体温有所上升。正常劳动时体温不应比安静时高 1℃，否则人体不能适应，这样的劳动不能持久进行。

三、脑力劳动的生理变化与适应

随着科学的迅猛发展和社会的进步，职业活动中许多繁重的体力劳动正逐步被机器或智能化设备所取代，体力劳动的比重和强度均不断降低，脑力劳动者不断增加。因此研究脑力劳动过程中心理、生理的变化与适应就成为职业卫生领域中的重要任务。

脑力劳动的内容与生理特点：脑力劳动是一种智力活动，其特点是将感觉信息经大脑皮质加工处理、评价、编码、存贮、检索、复制和输出。

脑力劳动时，氧的代谢较其他器官高，安静时为等量需要量的 15 ～ 20 倍，睡眠时降低。

由于脑的重量不超过体重的2.5%，醒觉时，已处于高度活动状态，故即使是最紧张的脑力活动，全身耗能量的增高也不会超过基础代谢的10%。例如紧张的数学题演算，仅增高基础代谢的3% ~ 4%，剧烈的兴奋情绪可增高5% ~ 10%。葡萄糖是脑细胞活动的最重要能源，平时90%的能量都靠分解葡萄糖来提供。但脑细胞中贮存的糖原甚微，只够活动几分钟之用，主要靠血液输送的葡萄糖通过氧化磷酸化过程来提供能量。因此，脑组织对缺氧、缺血非常敏感。但总摄氧量增高却并不能使脑力劳动效率提高。

脑力活动常使心率减慢，但特别紧张时，常使心率加快，血压上升，呼吸稍加快，脑部充血、四肢和腹腔血流减少，脑电图和心电图也相应改变，但不能用以作为衡量劳动性质和强度的指标。脑力劳动时，血糖一般变化不大或稍有增高；对尿量无影响，尿液成分变化也不明显。只有在极度紧张的脑力劳动时，尿中磷酸盐的含量才有所增加；对汗液的质与量以及体温均无明显影响。脑力劳动时，在倒班及上夜班的作业者，睡眠常出现障碍，心血管功能易受影响。

由于脑力劳动的特殊性和复杂性，脑力劳动者的生理与心理调节也极为复杂，除了通常的工作任务、工作环境和工作组织制度等条件会显著影响调节机制外，一些具有工作性质特征性的因素，如信息提供的方式、信息量、信息剩余度，以及终端视频的亮度、对比度、显示符号的大小和色彩等，也是重要的影响因素，在制订脑力劳动者职业保护策略时需要认真加以考虑。

第二节　劳动负荷评价

劳动中的适当负荷对完成工作和身体健康都是需要的，而过重的负荷可能造成机体损害。由于职业活动中，不同劳动类型和作业类型带来的负荷程度各不相同，负荷评价的指标与方法需要根据劳动类型的特征来确定。

一、劳动类型和作业类型

（一）劳动类型

劳动类型又称工作类型，传统意义上可将工农业生产劳动过程中的劳动类型分为脑力劳动和体力劳动两类；也可分为三类，即脑力劳动、体力劳动和脑体混合劳动。注意这些分类只是相对的，很难为每种劳动类型下一个确切的定义。一般将以脑力劳动为主的作业称为脑力劳动（mental work），这是与以体力劳动（physical work）为主的作业相对而言的。脑体混合劳动（mixed mental and physical work）即为脑体结合的劳动类型，如驾驶员、护士、操作半自动化机器的人员等从事的劳动。

劳动类型间不能截然分割，因为任何劳动都有脑力和体力的参与。各劳动类型间不仅有机联系，而且其中的各类劳动者可以互相转化。

根据劳动任务对人员的具体要求、涉及的器官或者功能种类，进一步将劳动类型区分为肌力运动式、感觉运动式、感觉反应式、编码转换式及创造式劳动（图2-2）。

（二）作业类型

作业类型与劳动类型在概念上有所不同，它是针对具体劳动任务而言的动作过程或操作方式描述。不同劳动类型有不同的作业类型分类。

1．体力劳动　体力劳动的作业类型可以按不同维度分类，主要包括：①按肌肉用力方式分类：包括静力作业和动力作业；②按做功肌群分类：主要包括以大肌群参与为主的重动力作

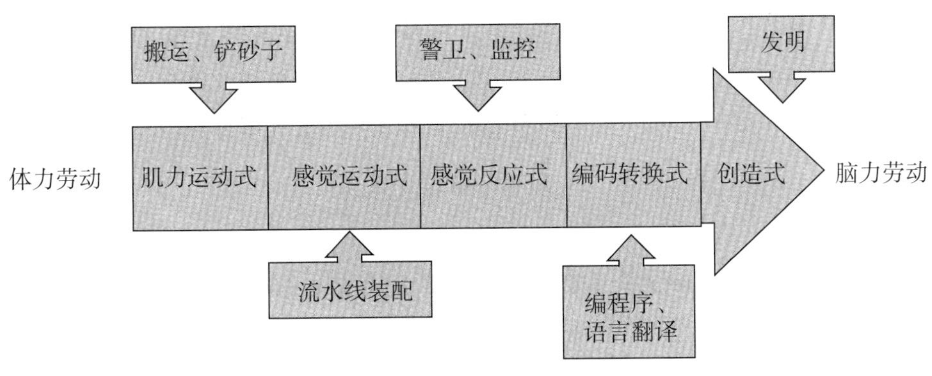

图 2-2　劳动类型分类

业和以局部小肌群参与为主的轻动力作业；③按劳动姿势分类：包括高抬举作业、弯腰作业、搬运作业、扭曲作业等。以上分类是相对的，主要为便于工效学分析和劳动负荷评价。在实际劳动过程中，同一分类下各种分类成分往往同时存在，比如在一项具体的体力劳动中会同时包括动力作业成分与静力作业成分。

（1）静力作业（static work）：又称为静态作业，即主要依靠肌肉的等长收缩（isometic contraction）来维持一定的体位，使躯体和四肢关节保持不动时所进行的作业。

从物理学的观点看，静态作业时人并没有做功。参与作业的肌群可以是大肌群，也可以是小肌群，数量也不定。肌肉张力在最大随意收缩的 15% ～ 20% 以下时，心血管反应能克服肌张力对血管的压力，满足局部能量供应和清除代谢产物的需要，这种静力作业可维持较长时间。但静力作业时肌张力往往超过该水平，造成局部肌肉缺氧、乳酸堆积而引起疼痛和疲劳，又称为致疲劳性等长收缩，以最大肌张力收缩时则只能维持几秒。静力作业的特征是能耗水平不高却很容易疲劳。静力作业时即使用最大随意收缩的肌张力进行劳动，氧需也达不到氧上限，通常不超过 1 L/min；但在作业停止后数分钟内，氧消耗不仅不像动力作业那样迅速下降，反而表现为先升高再逐渐下降到原水平。

（2）动力作业或动态作业（dynamic work）：主要是肌肉收缩时肌张力保持不变，即等张收缩（isotomic contration），运用关节的活动来进行的作业。动态作业的特点是肌肉交替地收缩与舒张（唧筒作用），血液灌流充分，故不易疲劳。

参与重动力作业的多是大肌群，其特点之一是能耗水平高。反复性作业又称轻动态作业，是指由一组或多组小肌群参与，其量小于全身肌肉总量的 1/7 的作业，其中肌肉收缩频率高于 15 次 / 分的又称为反复性作业（repetitive work）。这种小肌群频繁收缩的活动虽能耗不高，却容易产生疲劳甚至导致损伤。高抬举作业（overhead work），如手上举焊接、紧固螺丝和打孔等，此类作业含有静力成分，工作肌肉血液输送不足；由于工作肌肉与心脏的垂直距离增加，心血管高度应激，导致局部肌肉乃至全身极易疲劳。

静力、动力等类型的作业普遍存在于劳动过程中，只是所占比例有差别，这与作业要求、劳动姿势和操作熟练程度有关。在劳动强度相当的情况下，动力作业相比静力作业而言，对劳动者造成的健康危害较小，因此在设计劳动任务时，需要尽可能减少静力成分，增加动力成分。可通过工效学设计（ergonomic design）来减少甚至避免静力作业等不符合生理要求的活动。

2．脑力劳动　脑力劳动的作业类型目前尚无统一、合理的分类方式，可考虑按照工作特征进行分类，如创造性作业、编码作业、记忆作业、监视作业等，尚需进一步研究。

二、劳动负荷评价

劳动是为完成一定的工作任务，而工作任务以及环境因素又会对机体的器官或功能产生一

定的效应或影响。适度的负荷是完成工作任务甚至是人体健康所必需的，负荷评价的目的不是为了消除劳动负荷，而是将负荷维持在一个适宜的水平。劳动和作业的类型多种多样，选择适当的测定方法和指标来评价不同类型劳动的负荷是很重要的，如何评价劳动负荷尤其值得深入探讨。

（一）基本概念

1．劳动系统（work system） 系统是相互作用的某些元素构成的一个体系。劳动系统包括劳动者、劳动对象（如物质、能源和信息等）、劳动工具、劳动环境以及产品等，这些因素相互作用共同完成劳动任务。

2．负荷与应激（stress and strain） 负荷与应激在力学上称为应力与应变，在职业心理学上称为紧张与紧张反应。“stress”与“strain”属多义词，在此译为负荷和应激比较贴切，也符合习惯。负荷指劳动系统对机体生理和心理总的需求所产生的压力，强调外界因素和情景。应激指负荷对具体个人的影响，强调在负荷作用下机体内部的生物过程和反应。

劳动负荷评价可从负荷强度和负荷持续时间两个方面来考虑，例如流水线生产作业中，往往负荷强度并不高，但持续时间长。此外，劳动负荷评价应该包括负荷和应激两个方面的指标。例如，高温作业的劳动负荷调查，既要测定环境的气温、辐射热等负荷性指标，又要测定作业者的体温、出汗量等应激指标。类似的例子还有不少，例如功率（W）和劳动能量代谢（kJ/min）属负荷性指标，不涉及个人，任何人从事该项劳动都需同样的做功速率和能量消耗；而心率、乳酸含量则属应激指标，从事同等强度的劳动，每个人的心率、乳酸含量是不一样的。人们在实践中有时没有严格区分这两类指标。

3．适宜水平 劳动负荷的适宜水平可理解为在该负荷下能够连续劳动8小时且不致于疲劳，长期劳动也不损害健康的卫生限值。一般认为劳动负荷的适宜水平约为最大摄氧量的1/3。未经专门训练的男、女性其最大摄氧量分别为3.3 L/min和2.3 L/min，因此适宜负荷水平约为1.1 L/min和0.8 L/min耗氧量，以能量代谢计则分别为17 kJ/min和12 kJ/min。以心率表示适宜负荷水平，应不超过安静时的基础心率加40次/分。由于心率属应激指标，不再分性别规定限值。劳动负荷过高或过低都不好；负荷过高会降低作业的质量和水平，易引起疲劳甚至损害；过低又会降低作业者的警觉性，使其感到单调、无兴趣，也影响作业能力。体力劳动和脑力劳动亦如此，故负荷应保持在一个适宜的水平。显然，适宜负荷规定可作为劳动负荷评价的依据，不过目前这些规定仅适合以动态作业为主的体力劳动，且没有考虑劳动环境因素，如高温的影响。此外，按能量代谢、工作时间和心率等把劳动划分为几个等级，这与劳动负荷适宜水平在概念上是不同的，并非严格意义上的劳动负荷评价，但按劳动强度划分的等级标准仍可供劳动负荷评价时参考。

（二）方法与指标

1．客观方法

（1）体力劳动：体力劳动评价体力劳动负荷最直接、最客观的方法是测量体力劳动强度指数。我国采用的体力劳动强度指数是负荷相关的多指标综合，其中能量代谢率是其核心指标。能量代谢率是职业生理学上传统的劳动负荷测定指标，测定方法包括直接测热法和间接测热法两种。直接测热法是在小室内将人体散发的热量收集起来加以测量，因为设备和手续复杂，现已很少使用。间接测热法是指通过测定劳动者在一定时间内的氧气消耗量和二氧化碳产生量来计算其能量代谢，此法简便易行，目前使用最广泛。劳动能量代谢率适合于评价全身性的动态体力劳动，而以静力作业和反复性作业为主的劳动如流水线作业，由于能耗不高却易疲劳，则不宜采用这一测定指标。

心率也是一项传统的指标，适宜反映动态体力劳动的应激程度，也可用于评价小肌群参与的劳动，甚至脑力劳动。心电的测定和记录技术发展很快，长时程心电记录仪不受生产场所电磁场干扰，也不影响作业劳动，且体积小、重量轻，便于现场使用。

肌细胞去极化至临界值时会随膜通透性变化而产生动作电位，将电极置于肌肉内（内置电极）或皮肤表面（表面电极）可测得电位，该测定方法称肌电图检查（electromyography，EMG），测得的肌电（电压）称为肌电活性。肌电活性与肌肉的力量或负荷存在一定比例关系，可用于静力和动力作业的劳动负荷评价。此外，肌电谱在肌肉疲劳时可发生明显的变化，振幅增大而频率降低，因此可直接反映局部肌肉的疲劳。

中心体温（如直肠温度）可反映机体自环境受热和自身产热的总和，而且其十分稳定，常用作高温作业时机体应激的指标。无氧代谢产生乳酸且某些肌细胞在机体尚未达到最大摄氧量时也以无氧代谢合成 ATP，当超过再利用和清除速率时，血液乳酸浓度逐渐升高，因此血乳酸含量是体力劳动负荷评价及运动医学的一项经典指标。可反映机体应激程度的指标还有肌酸激酶、肌红蛋白、激素、白细胞等。

（2）脑力劳动：对脑力劳动负荷的认识和评价远不及体力劳动，在可选的方法与指标上较为有限，目前使用的不少评价方法其效果还有待确定。

脑力劳动负荷的实验室研究在设计上有主任务和次任务之分，由此产生了主任务测量法和次任务测量法。主任务测量法是把操作者在工作中的表现结果（如作业速度、作业时间、错误率等）作为脑力负荷的评价指标，但只有当任务需求超过操作者的能力时，主任务测量法才是准确的指标，因此其在实践中的应用很有限，往往只是作为脑力负荷其他度量指标的补充。次任务测量法是让操作者进行主任务外，再完成另一选定的作业（称为次任务），通过次任务的表现来评估主任务的脑力负荷。次任务测量法反映脑力劳动负荷较主任务测量法更敏感。

近年来较为常用的心理生理测定指标（psycho-physiological measures）主要可归纳为三类：心活动相关指标、脑活动相关指标和眼活动相关指标。心活动相关指标常用的是心率，心率升高一般与脑力劳动负荷增高有关；然而，决定心率增高与否的主要因素是体力劳动负荷及警醒程度（arousal level）。因此，心率并非脑力劳动负荷的恒定指标。更适宜的指标是心率变异性（heart rate variability，HRV），其反映交感神经和迷走神经对心脏活动的调控关系。心率在正常情况下存在一定程度的变异，有时可达 10 ~ 15 次 / 分。若将注意力集中到某项感觉运动式工作上，作业者的心率变异性则下降，且随负荷（所处理的信号）增加，变异性趋于消失。眼活动相关指标，包括水平或垂直眼动的程度和速度、眨眼率、定位持续时间以及瞳孔直径等。脑活动相关指标有脑诱发电位、脑地形图、磁共振成像技术、正电子发射断层扫描和脑磁图等。脑诱发电位（evoked potentials）是具有应用前景的生理心理指标，它是指散在的刺激事件在脑中引起一个短暂的唤起反应，表现为来自大脑皮质的一系列电压波动。除上面三大类指标外，报道的其他指标还有肌电活动、皮肤电活动和呼吸指标。

2. 主观方法

（1）体力劳动：将欲了解的内容或项目分成几个级别，以调查表或谈话（interview）的方式来询问、评价劳动负荷。例如把劳动负荷分为轻、中、重和很重，将某种劳动姿势（如弯腰）按出现频率分为从不、偶尔和经常，由作业人员回答或填写。显然，这种传统方法主观性强，可靠性差，也难以定量。Borg 量表（Borg scale）是基于功率车动态活动实验而制订的，用来评价劳动负荷或费力主观感觉的量表，它将这种感觉从无到极重分级并赋予分值，这些分值与当时活动的心率呈线性关系。Borg 量表还可用于疲劳、疼痛、精神紧张等的实验室评价研究。由于作业人员缺乏不同级别负荷的即时感受作为参照来比较评分，因此将 Borg 量表用于劳动负荷的现场调查受到限制。

（2）脑力劳动：将脑力负荷和应激划分成若干等级，要求作业人员根据其判断来评价工

作负荷。目前常用的有 Cooper-Harper 量表（Cooper-Harper scale）、SWAT 评估法（subjective workload assessment technique）和美国航天局任务负荷指数（National Aeronautics and Space Administration task load index，NASA-TLX）。例如，Cooper-Harper 量表根据任务的难易程度及作业人员的应激状况以决策树形式将脑力劳动负荷由低（1）到高（10）划分为十个等级。

3．观察方法 介于客观和主观方法之间的是所谓的观察方法（observation method），它既不像客观方法那样需仪器检测、费用高，也不像主观方法那样带有主观性、效率低，且便于现场调查使用。观察方法类型很多且应用范围广，可用于体力劳动或脑力劳动，适于整个劳动系统或个别具体项目的评价。例如：人体工效学分析程度 AET（英文名称为 Ergonomic Job Analysis Procedure），有 216 项观察项目，内容涉及整个劳动系统的方方面面，如体力劳动、脑力劳动、静力作业、动力作业和劳动环境等。工作姿势系统分析法（Ovako working posture analyzsis system，OWAS）是由芬兰的 Ovako Oy 钢铁公司于 1973 年提出的，专门用于观察分析劳动姿势负荷。观察方法在技术上发展也很快，有些观察法，如 OWAS 已实现了计算机化运算，也被用于国内的一些研究中。

第三节　作业能力

劳动者在从事劳动的过程中，完成特定工作的能力称作业能力（work capacity），能力强弱是在不断变动的。如何尽可能在较长时间内维持较强的作业能力而不致损害劳动者的健康，是职业生理学、心理学以及工效学的重要研究内容。

一、劳动过程中作业能力的动态变化

（一）体力劳动作业能力的动态变化

体力劳动作业能力的动态不仅可通过测定单位作业时间内产品的质和量来直接观察，还可通过测定劳动者某些生理指标（握力、耐力、视觉运动反应时、心率、血乳酸水平等）的动态情况来衡量。个体差异、环境条件、心理因素、劳动强度、操作紧张程度等都能影响作业能力的动态。以日班的轻或中等劳动为例，工作日开始时，工作效率一般较低。其后，劳动者的动作逐渐加快且更为准确，工作效率不断提高，持续 1 ～ 2 小时，称入门期（introduction period）。在此期间，产量逐渐增加，操作活动所需时间逐渐缩短，废次品数量减少。当作业能力达到最高水平时，即进入稳定期（steady period），维持 1 小时左右，此期各项指标变动不大。随后，即转入疲劳期（fatigue period），劳动者出现劳累感，操作活动的速度和准确性下降，产量减少，废次品数量增多。工间休息后，又重复午前的三个阶段。但一、二阶段较短，第三阶段则出现得较早（图 2-3）。有时在工作日快结束时，可见到工作效率一度增高，这与情绪激发有关，称终末激发（terminal motivation），但不能持久。

（二）脑力劳动作业能力的动态变化

脑力劳动的作业能力存在着极大的个体差异，由于每个人的记忆力、知识经验、分析综合能力不同，再加上缺乏直接衡量脑力劳动质量的尺度，故对其作业能力的变化更难确切地进行描述。目前更多采用脑力劳动负荷来评价脑力劳动作业能力，主要有如下 3 类：

（1）主观测量：是以劳动者对作业或系统功能的成绩判断为基础建立的一些心理学方法，如主观劳动负荷测量技术和作业负荷指数等。

（2）工作成绩测量：通过操作者完成作业或系统功能的成绩评价劳动负荷，如完成作业的负荷量，作业速度、时间和成绩，以及错误率等。

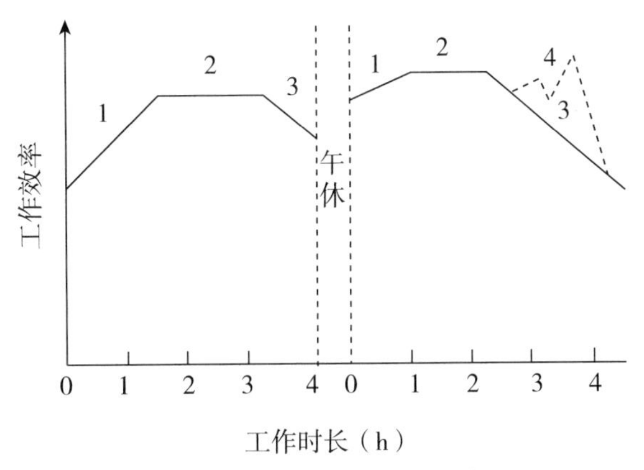

图 2-3　作业能力典型动态曲线

1．入门期；2．稳定期；3．疲劳期；4．终末激发期

（3）生理学测量：通过作业者对系统或作业需要的生理反应进行评价，如心率及其变异、呼吸、眨眼频率、眼电图、脑事件相关电位、脑地形图、脑磁图、磁共振成像、正电子发射扫描等。但这些指标仅能反映人体的某些生理、心理变动，而不能真正代表其脑力劳动作业能力的实际变动情况。

事实上，有的发明创造往往是在长期且持续紧张的思考之下取得的；而脑力劳动的作业能力更容易受环境因素的干扰和个人情感、意志、主观能动性的影响，因此，就更难找出其规律性。

二、影响作业能力的主要因素及其改善措施

从职业生理、心理和卫生以及人类工效学领域，研究探讨作业能力的影响因素以及如何提高作业能力是很重要的，影响作业能力的主要因素有：

（一）社会和心理因素

1．社会因素　在诸多社会因素中，对作业能力影响最大的是社会制度。不同的社会制度，劳动者所处的地位不同；其次是劳动贡献大小与其个人利益是否真正体现了“各尽所能，按劳分配”的原则；再次是家庭关系、上下级关系、同事关系等都对作业能力有明显影响。所以，建立健全医疗、失业、养老等社会保障体系，理顺分配关系，以实现“各尽所能，按劳分配”原则，并处理好人际关系、群众关系、家庭关系，是提高作业能力的社会性基本措施。

2．心理因素　主要指劳动者对工作是否满意，其动机是否得到充分激励；而这在很大程度上受社会因素的影响。此外，还与劳动者的个体因素和所受教育、训练能否适应工作要求有关。因此，领导者应该爱护和尊重员工，明确作业内容和职责，鼓励员工参与有关决策和整改过程。

（二）个体因素

体力劳动作业能力与年龄、性别、体型、健康和营养状况等有关。在工作场所、工具设备的工效学设计、人员招聘和工作任务分配等方面均应考虑个体因素或者人体测量学的特性。

（三）环境因素

工作场所的环境因素可直接或间接影响作业能力。空气污染、强噪声、严寒、高温、不良照明等都对体力和脑力作业能力有较大影响，应针对这些环境有害因素提出相应的规范标准，

以便通过卫生工程措施为保障作业能力提供良好的工作环境。值得注意的是，卫生标准旨在保证绝大多数人的健康，若要使作业能力不受影响，应采用相应的标准要求，如办公室内温度应采用适宜的温度标准等。

（四）工作条件和性质

1．生产设备与工具 作为劳动系统中的重要组成部分，生产设备与工具对作业能力至关重要，应该通过工效学设计使其适合于人体，以达到所谓匹配或人机界面友好。是否匹配主要取决于在提高作业能力的同时，是否能减轻劳动强度、减少静力作业成分、减轻作业的紧张程度等。

2．劳动强度与劳动时间 劳动强度大，作业不能持久进行；劳动强度小，劳动者缺乏工作的积极性，也会使作业能力下降。就体力劳动而言，能耗量的最高水平以不超过劳动者最大能耗量的三分之一为宜，在此水平以下即使连续工作 8 小时也不致引起过度疲劳。尚未能确定脑力劳动强度的适宜水平。

3．劳动组织与劳动制度 经济的全球化引起信息技术的快速变化，生产力大幅提高，作业人员的灵活性需求增加，减员增效，为了维持和增强生产力，工人增加工作时间和工作负荷、加快工作节奏、掌握多门技术、长期轮班、雇用关系频繁变动等。因此，劳动组织和劳动制度的安排合理与否、组织文化氛围等，对作业能力均有影响。

（五）疲劳

目前认为疲劳（fatigue）是体力和脑力出现功能性效率（functional efficiency）暂时性减弱，其程度取决于工作负荷的强度和持续时间，经适当休息又可恢复。一般认为，疲劳是效率下降的一种状态，其中生理疲劳又包括体力疲劳和脑力疲劳，前者是指由于肌肉持久、重复地收缩，能量减弱，因而工作能力降低以至消失的现象；后者是指由于能量消耗太多，大脑细胞受到破坏，大脑活动被迫减慢甚至停止的现象。而心理疲劳是指注意力不集中，思想紧张，思维迟缓，更主要是指情绪浮躁、厌烦、忧虑、感到工作无聊等现象。

还有一种所谓疲劳样状态（fatigue-like states），它是由工作任务或环境变动太小所致个体的应激状态，包括单调乏味、警觉性降低和厌烦。工作或环境变化后，疲劳样状态可迅速消失。

疲劳可视为机体的正常生理反应，起预防机体过劳（overstrain）的警告作用。疲劳出现时，可从轻微的疲倦感到精疲力竭的感觉，但这种感觉和疲劳并不一定同时发生。有时虽已出现疲倦感，但实际上机体还未进入疲劳状态，常见于对工作缺乏认识、动力或兴趣，故积极性不高的人。反之，也能见到虽无疲倦感而机体早已疲劳的情况，常见于对工作具有高度责任感或有特殊爱好以及处于紧急情况时。

疲劳的发生大致可分为三个阶段：①第一阶段：疲倦感轻微，作业能力不受影响或稍下降。此时，浓厚的兴趣、特殊刺激、个人意志等可战胜疲劳，使工作效率继续维持，但有导致过劳的危险；②第二阶段：作业能力下降趋势明显，但仅涉及生产的质量，对产量的影响不大；③第三阶段：疲倦感强烈，作业能力急剧下降或有起伏，最终感到精疲力竭、操作发生紊乱而无法继续工作。

根据中心器官或外周器官的功能发生变化，疲劳可分为中枢性疲劳和外周性疲劳。通过控制劳动强度、加强耐力锻炼、合理休息和膳食、改进思考技术等方法可以缓解疲劳。

（六）休息

休息一般是指工间休息（break），涉及人体功能从疲劳至正常状态的恢复过程。此外，还

有操作者自发的或由生产过程决定的休息性停顿，及社会对劳动和休息的时间规定。如何安排工间休息以预防疲劳和提高作业能力，是职业生理和工效学研究的重要内容之一。

从事不同类型的劳动和作业，机体疲劳恢复所需时间长短及其规律性仍有待研究。已证实，静态作业时，恢复时间占作业时间的比例明显高于同等劳动强度的动态作业，说明静态作业疲劳所需恢复时间相对较长。一般说来，重体力劳动需要休息的时间较长（一般以 10 ~ 15 分钟为宜，有的需 20 ~ 30 分钟），休息的次数较多；体力劳动强度不大，但精神或感觉器官特别紧张的作业，则应给予多次短时间的休息。

休息的方式也很重要，对重体力劳动可采取安静休息，即静坐和静躺；对轻、中体力劳动和脑力劳动，最好采取积极休息，则效果更好。同时针对环境因素，需要控制刺激持续时间和强度，使工作设备符合人体工效学原理，丰富工作内容，加强刺激对个体的吸引力，提高对所从事工作的动机和兴趣。业余时间、周末和节假日也要正确休息，才能消除疲劳，补偿生产劳动和日常家务劳动过多的能耗，达到恢复体力和作业能力的目的。在此期间，以适当的文娱、体育活动和安静充足的睡眠最合适。

（七）锻炼和练习

锻炼（training）是通过反复使用而改善劳动者先天固有的生理功能和能力，例如心血管和呼吸系统的功能或肌肉的力量。练习（exercise）是通过重复来改善那些后天学得的技能，例如执行某项操作或复述某条信息。锻炼的结果是肌纤维变粗、糖原含量增多、生化代谢发生有益的适应性改变。此外，可使心脏每搏输出量增大，心率增加不多；呼吸加深、肺活量增大；氧的利用系数显著提高。总之，锻炼可使人的固有能力提高、体魄强键。练习可使机体形成巩固的连锁条件反射——动力定型，结果可使参加活动的肌肉数量减少，动作更加协调、敏捷和准确，各项操作益臻“自动化”，故不易疲劳，同时也提高了作业能力。然而，实际应用并没有严格地区分锻炼和练习的含义。

锻炼和练习对脑力劳动也有很大作用，因为人类的智力不像体力那样受生理条件的制约。人脑有 120 亿～ 140 亿个神经元，一般人在一生中经常动用的大脑神经细胞仅占 10% ~ 25%，故人类智能还有很大的潜力。学习是有意识或无意识地获得某些知识和技能，而要将学到的内容加以巩固则要靠练习和重复。

因此，应鼓励人们坚持用脑，促进脑细胞的新陈代谢。其结果可使注意力集中、记忆力加强、理解力加深和思维活动更敏锐，从而提高脑力工作能力。

（何丽华）

第三章　职业工效学原理及应用

工效学（ergonomics）作为一门独立的学科形成于20世纪40年代。它是一门综合性应用学科，以解剖学、心理学、生理学、人体测量学、工程学、社会学等学科的理论技术和知识为基础，研究如何使人-机-环境系统的设计符合人的身体结构和生理心理特点，以实现人、机、环境之间的良好匹配，使人们能够有效、安全、健康和舒适地进行工作与生活的科学。工效学研究内容十分广泛，涉及人们工作和生活的各个方面。目前国际上通用的名称为工效学（ergonomics），我国也采用了这一名称。“ergonomic”原意指“人的工作规律”。

国际人类工效学协会（international ergonomic association，IEA）认为工效学是研究人在工作环境中的解剖学、生理学和心理学等方面的因素，研究人和机器及环境的相互作用，研究在工作和生活中怎样统一考虑工作效率以及人的健康、安全和舒适等问题的科学。

职业工效学是工效学的一个分支，是工效学的重要组成部分。职业工效学以人为中心，研究人、机器和设备环境之间的相互关系，旨在实现人在工作中的健康、安全、舒适，同时提高工作效率。

工效学具有多学科交叉、边缘性名称多样的特点，但是本学科在研究对象、研究方法、理论体系等方面不存在根本区别，这也是工效学作为一门独立学科存在的理由，同时也充分体现了学科边界广泛、学科内容综合性强、涉及面广等特点。

第一节　工作过程的生物力学

生物力学（biomechanics）是将力学与生物学的原理和方法有机地结合起来，研究生命过程中不断发生的力学现象及其规律的科学，简单来说就是研究生物与力学的有关问题。生物力学是近几十年发展起来的交叉学科，其研究内容十分广泛，其中研究人在生产劳动中肌肉骨骼力学的内容称为职业生物力学（occupational biomechanics），主要研究工作过程中人和机器设备（包括工具）间力学的关系，目的在于提高工作能力并减少肌肉骨骼损伤的发生。

一、肌肉骨骼的力学特性

人体运动系统主要由肌肉、骨骼和关节组成，其中肌肉是主动部分，骨骼是被动部分，在神经系统支配下，通过肌肉收缩，牵动骨骼以关节为支点产生位置变化，完成运动过程。体力劳动是通过人体或人体某一部分的运动来实现的。

（一）肌肉的力学特性

骨骼肌是可以随人的意志进行收缩的肌肉。劳动时肌肉做功的效率与负荷大小有关：负荷过大，肌肉收缩时不能缩短或缩短很少，较多的化学能转变为热能，这种情况不但工作效率

低，而且容易引起肌肉或骨骼的损伤；负荷过小，肌肉收缩时用来做功的能量也很少，效率同样很低。通过研究证明，当肌肉负荷为最大收缩力的 50% 左右时，肌肉做功效率较高。在组织生产劳动时应考虑肌肉的特点，如果劳动负荷适当，工作可以持久且不容易引起损伤。除了负荷以外，收缩速度也与做功效率有关，有实验证明当收缩速度为最大速度的 20% 左右时，做功效率最高。

（二）骨及软骨的力学特性

骨是身体的重要组成部分，主要功能是支持、运动和保护。人类的骨骼结构具有非常好的承受能力，但不同部位的骨骼对于压缩、拉伸、剪切等力的承受能力不同。青年人的骨骼强度比老年人高，男性比女性高约 5%。软骨是一种结缔组织，具有较好的弹性和韧性，长骨的软骨具有吸收冲击能量和承受负荷的作用，关节软骨磨擦系数很低，对运动十分有利。

骨间连结称为关节。关节的运动方式是转动，人体各部位的运动实际上是围绕关节的转动，关节面的形状及结构与运动形式密切相关。

二、合理用力

从事任何工作都需要保持一定的姿势或体位，工作人员还要克服人体各部位所产生的重力。根据生物力学基本原理，合理运用体力，可以减少能量消耗，减轻疲劳程度，降低慢性肌肉骨骼损伤的发病率，提高工作效率。

（一）动力单元

人的力量是由肌肉骨骼系统（包括骨连结）产生和传递的。人体运动系统主要由肌肉、骨骼和关节组成，其中肌肉是主动部分，骨骼是被动部分，起支撑或杠杆的作用，在神经系统支配下，通过肌肉收缩，牵动骨骼以关节为支点产生位置变化，完成运动过程。包括关节在内的某些解剖结构结合在一起可以完成以关节为轴的运动，称为动力单元（kinetic element）。动力单元由肌肉、骨骼、神经、血管等组成。一个动力单元可以完成简单的动作，两个以上的动力单元组合在一起称为动力链（kinetic chain），可以在较大范围内完成复杂的动作。生产劳动中多数操作是通过动力链来完成的，但是一个动力链包括的动力单元越多，出现障碍的机会也就越多。在组织生产劳动时，应尽可能选用较简单的动力链。

（二）重心

搬运重物或手持工具时需要克服物体的重力，重力以一定的力矩作用于人体，其中力臂是物体重心至人体支点（关节）的垂直距离。在物体重量固定的情况下，人体承受的负荷与物体重心到支点的垂直距离成反比。生产劳动中应尽可能使物体的重心靠近人体，这样可以使力矩变小，以减轻劳动负荷，减少用力。从另一种角度讲，如果做功相同，减少物体重心与人体的距离，可以搬运更重的物体（图 3-1）。

除了物体重心以外，人体本身也有重心。当人体向某一方向倾斜时，重心也随之发生偏移，此时需要肌肉收缩来保持某一特定姿势和维持平衡。除了整体重心以外，人体各个部分，又称体段（segment），也有各自的质量和重心，如头、手、前臂、上臂、躯干等，每一部分力矩的大小取决于该体段的空间位置与相应的关节（支点）之间的垂直距离。距离越大，力矩越大，机体的能量消耗也随之增加。生产或工作中人体同时承受姿势负荷和外加负荷。采取常见的站姿或坐姿工作时，既要注意避免人体整体重心的偏移，又要使人体各部分的重心尽量靠近脊柱及其延长线。

有些劳动需要克服某种阻力，如拧紧螺母或操纵轮盘等控制器时所遇到的力。在这些情况

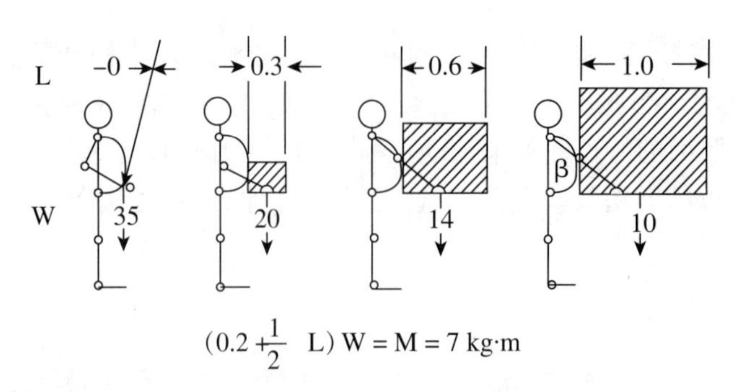

$$(0.2+\frac{1}{2}\ L)\ W = M = 7\ kg\cdot m$$

L：物体宽度（m）；W：物体重量（kg）；M：功（kg·m）；
0.2：常数，正常人腹壁至脊柱厚度（m）

图 3-1　物体重心位置与搬运重量

下，应尽量减少力的作用点和身体相应支点的垂直距离，以便减少用力和提高做功的效率（图 3-2）。

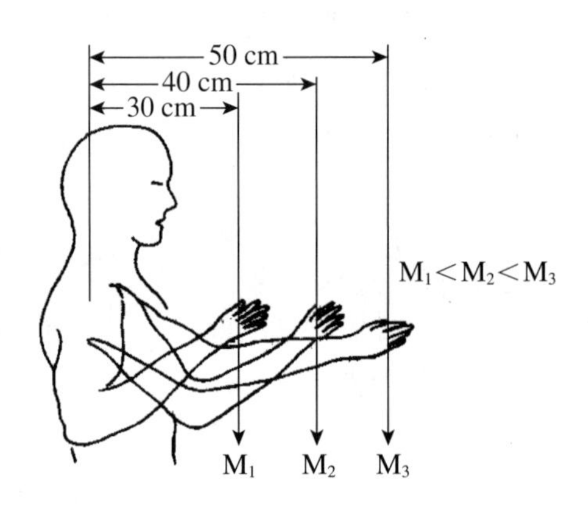

图 3-2　肢体重力力矩 M（*N*·m）变化情况

（三）姿势

人在劳动时需要保持一定的姿势（posture）。劳动时最常见的姿势是站姿和坐姿两种，其他还有跪姿、卧姿等。

站立状态下人体运动比较灵活，便于用力，适合从事体力劳动，特别是较重的体力劳动或活动范围较大的工作。采取坐姿时身体比较稳定，宜从事精细工作。坐姿时下肢不需要支撑身体，处于比较放松的状态，可以用足或膝进行某些操作，如机动车驾驶。随着科学技术的发展和生产方式的变化，采取坐姿工作的人员越来越多。

无论是站姿还是坐姿，都存在一些不利于健康的因素，如站姿时下肢负重大，血液回流差。坐姿状态下腹肌松弛，脊柱“S”型生理弯曲的下部由前凸变为后凸，使身体相应部位受力发生改变，长时间工作可以引起损伤。

不管采取何种姿势，人体都要承受由于保持某种姿势所产生的负荷，称作姿势负荷（posture load）。姿势负荷来自于相应的体段所产生的力矩，大小取决于该体段的质量及质心与相应支点的垂直距离。体力劳动强度越小，即外部负荷越小，为了克服姿势负荷所消耗的能量在总能耗中所占比例越大。

为了方便操作和减少姿势负荷及外加负荷的影响，在采用工作姿势时需注意：①尽可能使操作者的身体保持自然的状态；②避免头部、躯干、四肢长时间处于倾斜状态或强迫体位；③使操作者不必改变姿势即可清楚地观察到需要观察的区域；④操作者的手和前臂避免长时间位于高出肘部的地方；⑤如果操作者的手和脚需要长时间处于正常高度以上时，应提供合适的支撑物。

长时间保持任何一种姿势，都会使某些特定肌肉处于持续静态收缩状态，容易引起疲劳。在可能的情况下，应该让操作者在劳动过程中适当变换姿势。

（四）用力

生产中用力要对称，这样可以保持身体的平衡与稳定，减少肌肉静态收缩，减轻姿势负荷，降低能量消耗。比如，将一定重量的书包由单肩背改为双肩背，氧的消耗减少将近50%。搬运同样重量的物品，平均分配在两手比用一只手要轻松得多。

从事不同的工作，要根据工作特点和工效学基本原理，采取合理的用力方式。有些工作可以利用人体整体或某一部分的重力，以节省体力。例如，当作业者需要向下方用力安装某种零件时，可以将工作台适当降低，利用身体重力向下按压，提高工作效率。使用工具打击物体时，可以运用关节在尽可能大的距离上运动，利用冲击力，提高工作效率。

第二节　人体测量与应用

人体测量学（anthropometry）是利用适宜的仪器、设备和方法，通过对人体的整体和局部进行测量并统计分析，探讨人体的类型、特征、变异和发展规律的一门学科。在职业工效学领域，人体测量数据主要用于人机界面的设计，包括工作场所、仪器设备、使用工具等的设计。

一、人体测量的内容和类型

（一）人体测量内容

人体测量的内容即人体的各种参数，主要包括人体静态尺寸、动态尺寸、力量、比例、角度、重心、功能范围以及描述人体三维形态的特征点坐标数据等。在多种人体参数中，人体尺寸是人机系统设计的基本资料。

（二）人体测量类型

在工效学实际应用中，人体测量的类型通常分为静态测量和动态测量两种。

1．静态测量　静态测量又叫静态人体尺寸测量（static measurement of dimensions），是被测者取站立或坐姿，在静止状态下进行的测量。这种方法测量的是人体各部分的固定尺寸，如身高、眼高、上臂长、前臂长等。

2．动态测量　动态测量是被测者在规定的运动状态下进行的测量，又称动态人体尺寸测量（dynamic measurement of dimensions）。这种方法测量的是人体或某一部位的空间运动尺寸，即活动范围，又称功能人体尺寸测量（functional measurement of dimensions）。

在生产实践中仅有静态人体尺寸还不够，许多生产劳动是在运动过程中完成的，各种操作的准确性、可靠程度、做功效率以及对人体的影响等均与人体或某些体段的动态尺寸有密切关系。动态测量数据在生产场所的设计、布局以及仪器设备的制造等方面都有重要应用价值。

在进行动态测量时，除了活动范围以外，还要测量适宜范围。在可能的情况下，各种操作均应安排在适宜范围内，这样可以省时、省力，同时还可以减少肌肉紧张和能量消耗。图3-3

显示尽管脚可以以跟骨为轴在 60° 范围内活动，但图中阴影部分为适宜范围，脚动控制器安放在这一区域比较合适。同理，手动控制器或流水线生产中工件输送的位置均应设计在手部动态测量的适宜范围之内。

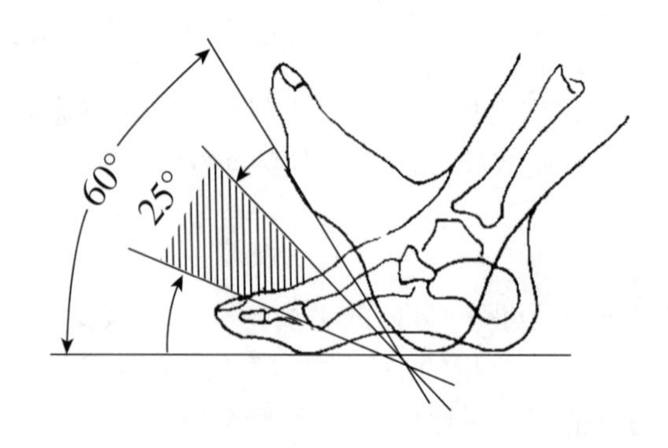

图 3-3　脚部活动范围及适宜范围

二、人体测量数据的应用

在实际工作中要正确应用人体尺寸数据，必须熟悉人体测量基本知识，知道各种数据的来源，同时还必须了解有关设备的操作性能、人所处的工作位置以及人的心理生理特征和人机环境系统的全面情况。

（一）人体尺寸的百分位数

人体测量项目很多，在分析计算时，对于每一个项目都要进行统计分析，分别计算出不同百分位数的人体尺寸，以满足不同设计需要。一般从小到大计算出 1%、2%、5%、10%……，直到 99% 的数值。

人体尺寸数据一般呈正态分布。按照人体尺寸的平均值设计产品和工作空间，往往只能适合 50% 的人群，而对另外 50% 的人群则不适合。因此一般不以平均值作为设计的依据。在实际工作中，使用人体测量数据要根据具体要求加以应用。

（二）人体尺寸的应用

在工业生产中，机器、工具、工作场所等都要参照人体尺寸进行设计。不同的设计要求和使用对象，对人体尺寸的使用方法也不相同。

1．适合于 90% 的人　最常见的设计是使产品适合于 90% 的人。所谓 90% 的人并非是指从低到高或由高到低排序 90% 的人群，而是要求适合第 5 百分位数至第 95 百分位数的人。

2．单限值设计　有些设计只需要一个人体尺寸的百分位数值作为上限值或下限值，称单限值设计。

3．一般设计　有一类设计不是采用上限值或下限值，通常以第 50 百分位数的值作为设计依据。如门的把手高度、墙壁上电灯的开关高度等，一般是按照这种方式设计。这种情况多见于要求不高且适合于多数人使用的设计。

另外，确定工作空间的尺寸范围，不仅与人体静态尺寸数据有关，同时也与人的肢体活动范围及工作方式方法有关。设计工作空间还必须考虑操作者进行正常运动时活动范围的增加量。

人体尺寸受年龄、性别、种族、年代、职业、地区等多种因素的影响，使用人体测量数据

进行设计的时候，需考虑各种影响因素。

第三节 机器和工作环境

一、机器和工具

生产劳动过程中，人和机器组成一个统一的整体，共同完成生产任务，称作人机系统（man-machine system）。

在人机系统中，人与机器的合理分工是：笨重、快速、单调、重复、操作复杂、精密以及危险的工作适合由机器承担；指令、监控、维修、设计、故障处理以及创造性的工作和应付突发事件等，应由人来完成。

在人机系统中，人和机器之间的信息传递是至关重要的，人机之间信息是通过人和机器之间的界面（interface）传递的。人机界面主要包括显示器和操纵装置，机器的信息通过显示器向人传递，人的信息（包括指令）通过控制器向机器传递。

按照职业工效学的要求，显示器和控制器的设计和选用应当适合于人的解剖、生理和心理特点。

（一）显示器

人机系统中，用来向人表达机械性能和状态的部分称为显示器（display）。显示器是机器信息的输出装置，包括各种仪表、指示灯、信号发生器等。按照人体接收信息的器官不同，分为视觉显示器、听觉显示器、触觉显示器等。

1．视觉显示器（visual display） 视觉显示器要求容易判读；在保证精度要求的情况下，尽可能使显示方式简单明了；单个显示器传递的信息不宜过多；对于数字显示器，要符合阅读习惯。此外，视觉显示器还应具有可见度高、阐明能力强等特点，并确保使用安全。

2．听觉显示器（auditory display） 听觉显示器是靠声音传递信息的装置，主要有音响及报警装置和言语传示装置，如铃、哨、汽笛、喇叭等，在生产劳动中常用于指示或报警。采用听觉显示器需选用人耳敏感的频率范围。需要传输很远的信号时，使用低频声音。紧急报警采用间断的声音信号或改变频率和强度，信号持续时间应适当。

（二）控制器

控制器是操作者用以改变机械运动状态的装置或部件，常见的有开关、按钮、旋钮、驾驶盘、操纵杆和闸把等。操纵装置通常是通过人体四肢的活动来操纵，据此分为手动操纵装置、脚动操纵装置、膝动操纵装置等，其中手动操纵装置应用最为广泛。此外，随着科学技术的发展，声（包括语言）操纵装置等更先进的控制装置也得到了广泛使用。

（三）工具

生产劳动中经常需要使用各种工具，如钳子、锤子、刀、钻、斧等，应该说工具是人类四肢的扩展。但传统的工具有许多已经不能满足现代生产及生活的要求，很难使人有效并安全操作。长期使用设计不良的手握式工具和设备，会给使用者造成各种疾患、损伤，降低工作效率（图 3-4）。工具的适当设计和选择及评价是职业工效学的重要内容之一。

从解剖学及生理学角度考虑，手握式工具的设计应该注意其外形、尺寸和重量分配，避免增加静态负荷，注意减少臂部上举或抓握时间；保持手腕处于自然状态，避免手掌局部组织受压，例如，工具的把柄应符合手的尺寸，并有合适的波纹以增加抓握的牢度。如果使用过程

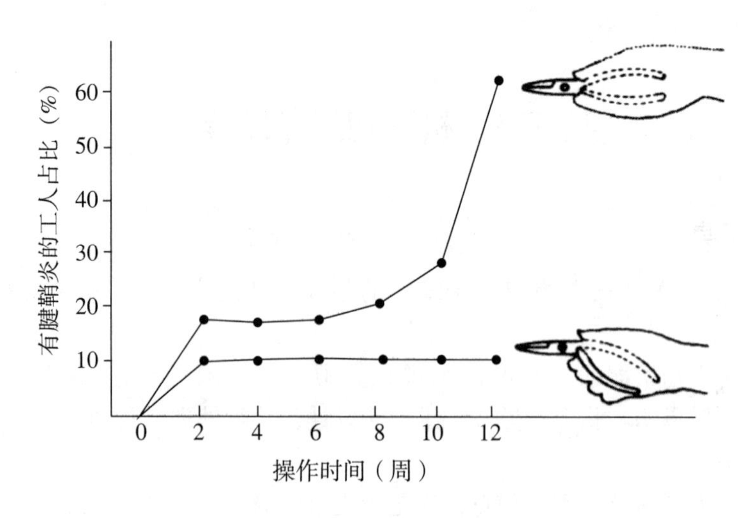

图 3-4　使用不同钢丝钳后患键鞘炎的人数比较

中需要利用工具的重力（如锤子），则工具的重心宜远离手部。使用工具时应使操作者的手和上肢保持自然体位，如果需要变化角度，应在工具设计中加以解决。如传统的电烙铁是直杆式的，在工作台上操作时，如果被焊物体平放于台面，则手臂必须抬起才行，故改良后将其设计成合适角度，操作时手臂可以处于较自然的水平状态，有效减少由于抬臂产生的静态负荷（图3-5）。此外，工具还需具有外形美观、坚实耐用、使用安全等优点。

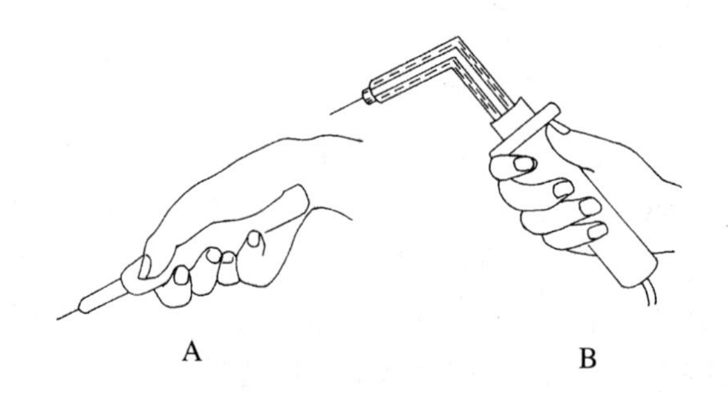

图 3-5　不同设计的电烙铁

A．错误设计　B．正确设计

二、工作环境

工作环境中能够对人的身心健康和工作效率产生影响的因素可以概括为社会环境因素和自然环境因素。社会环境因素，包括社会分工、劳动报酬、职位升迁、人际关系等，这些因素涉及范围广，对劳动者的影响复杂。对于自然环境中的因素，职业工效学主要根据本学科的特点，研究各种物理和化学因素对工作人员健康、安全、舒适和效率的影响，以及如何创造良好的工作环境。本节重点介绍几种常见物理因素与工效学的研究。

（一）气温

气温升高或降低不但可对人体健康产生影响，还会影响工作能力和工作效率。

（二）噪声

噪声是一种令人不适、影响工作和情绪、有害于健康的声音，可影响谈话、学习和工作，使人的注意力难以集中，严重时可以导致心情烦躁、反应迟钝和精神疲劳等。

（三）照明

任何工作环境和生活环境都离不开照明，照明条件的好坏直接影响视觉功能的发挥。生产劳动过程中，合适的照明条件可以增加周围物体的识别度，有利于提高获取信息的准确性和时效性，从而提高工作效率，也有利于安全。职业工效学要求根据工作特点，采用适宜或合理的照明条件，例如一般工作，照度可以低一些；而精细工作，照度要求高一些。对于重要工作的照度则有特殊要求，例如医院手术台照度要求达到 26 850 lx。

（四）颜色

颜色是物体的一种属性，也称色彩。适当的颜色可以帮助工作人员提高对信号或标志的辨别速度，进行正确的观察和识别，减少操作错误。例如橙色具有高的注目性特征，常作为标志性用色。

颜色对人的心理可以产生一定影响，使人产生某种感情或引起情绪变化。在机器设计和对工作环境进行颜色处理时，充分利用这些特点，可以创造良好的工作环境，使人心情愉快，既有利于工作人员的身心健康，也可以提高工作效率。

三、劳动组织

合理地组织生产劳动和各项工作，可以减轻劳动者的生理及心理负荷，提高工作能力。

（一）减少负重及用力

负重是造成肌肉骨骼损伤的重要原因之一。对于需要负重的工作（如搬运），应当根据相关标准限值，将搬运物体的重量限定在安全范围之内。手持工具如果超过一定重量，使用时应有支撑或采取悬吊的方式。

除了搬运重物以外，生产中经常采用推或拉的方式运输物体。对于这种工作方式，除了应对重量加以限制外，工作人员还需注意工作姿势和用力方式。在有条件的情况下，尽可能采用机械运输。

（二）改善人机界面

除了显示器和控制器以外，工作台的高低、工件的放置位置等，要有利于工作人员的操作和使用，有条件者应使用高度可调节的工作座椅或工作台，以便不同性别或不同身高的人使用时可以根据自身的情况，将其调节到合适位置（图 3-6）。

站姿工作（图 3-6A）：工作人员要保持上身直立，脚尖处要留有一定的空间，否则工作者适应性体位为前倾姿势，容易疲劳。站 - 坐姿工作（图 3-6B）：要求座椅高度可调，并且设有倾斜面的脚垫，工作人员可以随时调整姿势，改变腿与躯干部的角度，减轻姿势负荷。坐姿工作（图 3-6C）：工作人员肘部高度与桌面应基本相等，并且桌下有足够的空间以利于腿的休息。

座椅是坐姿工作的重要部分，为了适合不同的人使用并方便操作，座椅应该具有高低调节和旋转调节的功能，同时具有合适的腰部支撑。如果座椅不能降低到适当高度，应使用脚垫。随着计算机的普及以及生产的机械化，坐姿工作人员逐渐增多，尤其是视屏终端工作人员，需要注意保持合适的人 - 机界面（图 3-7）。

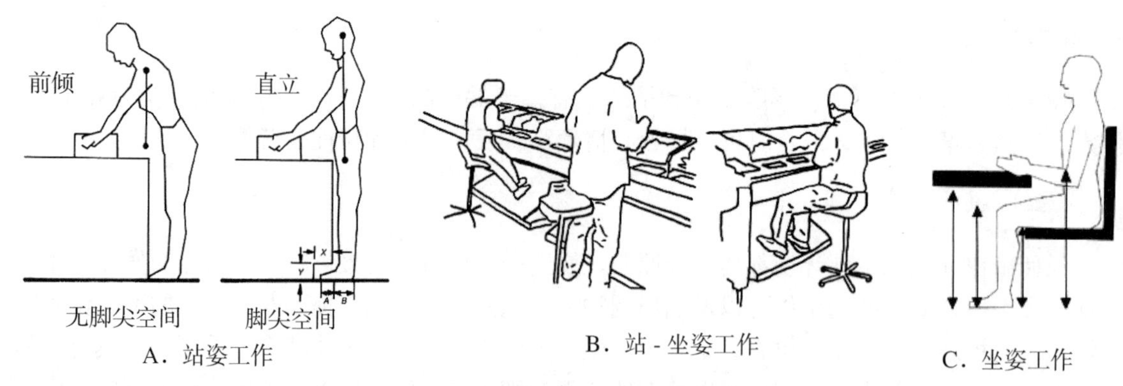

图 3-6　不同工作姿势的人机界面

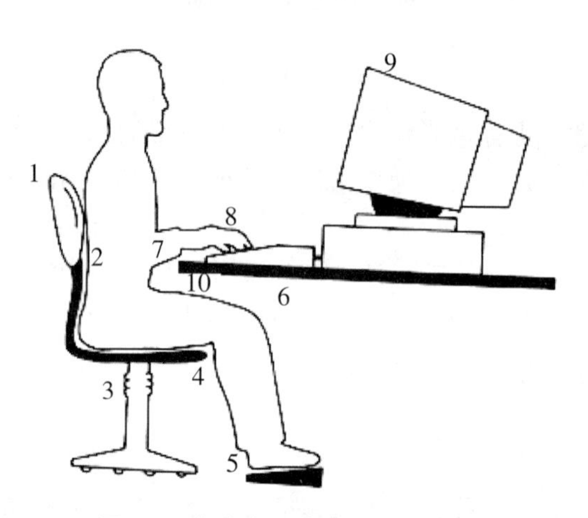

图 3-7　办公室工作人员的座椅和姿势

1．可调座椅背；2．良好的背部支持；3．座椅高度可调；4．大腿、膝盖无额外的压力；5．脚垫；6．桌下无障碍，有可以改变姿势的空间；7．前臂基本保持水平；8．腕部伸、屈、移位幅度尽可能小；9．显示器的高度和角度使头部保持舒适的姿势；10．键盘前有一定空间在打字间歇以支持手 / 腕

（三）人员的选择与培训

为了更好地完成生产任务，工作人员在就业前应经过严格挑选，选择的依据不限于是否有就业禁忌证，而是根据所从事工作的特点和要求，确定录用标准，如人体尺寸、体力、动作协调能力、反应速度、文化程度、心理素质等。

现代化生产一般不采用“跟班劳动”的方式培训操作人员，多采用模拟、强化的训练方法，按照标准、经济的操作方式对工作人员进行培训。

（四）轮班工作

有些现代化的生产过程需要轮班作业，如冶金、化工等。有些特殊职业，如医生、警察等，也需要轮班工作。轮班工作不符合人体的生物节律，不利于健康，夜间工作还容易发生事故。有研究认为，轮班频率越高，人体越不容易适应，对健康的影响越大。合理组织和安排轮班时间和顺序，可以减轻疲劳，提高出勤率，减少工伤事故的发生。

（五）工间休息

劳动过程中，随着时间延长，人们会逐渐感到疲劳，工作能力下降。适当安排工间休息，可以有效地减轻疲劳程度。工间休息时间长短和频率，视劳动强度、工作性质和工作环境等方面的因素确定。

（六）其他

组织生产劳动时，工作人员的劳动定额要适当。定额太低，影响劳动效率；定额太高，则容易引起过劳，危害人体健康。劳动过程中需要保持一定的节奏，节奏过快会造成紧张，节奏过慢也容易使人感觉疲劳。

第四节　劳动过程中的健康危害及其预防

生产劳动过程中，由于各种原因，有时需要劳动者长时间保持某种特定的姿势或处于某种强迫体位，也可能由于负荷过大或节奏过快等原因，引起机体某些部位的损伤或疾病。

一、不良工效学因素引起的健康危害

工作相关肌肉骨骼疾患（work-related musculoskeletal disorders，WMSDs）也称职业性肌肉骨骼损伤（occupational musculoskeletal injury），是一种慢性累积性疾患。美国劳工部将WMSDs定义为：由暴露于工作场所的相关危险因素所导致的肌肉、神经、肌腱、关节、软骨和椎间盘等的损伤疾病，包括由于身体部位长期处于静态姿势或重复性活动所导致的扭伤、负重、背痛、腕管综合征、肌肉骨骼系统和结缔组织的疾病。WMSDs是一种常见的工作有关疾病，影响范围很广，在各种行业都可以发生。主要包括下背痛以及颈、肩、臂和腿的各种疼痛、麻木、肿胀及活动受限。世界劳工组织（ILO）1960年就已认可WMSDs为职业病。瑞典、德国等也陆续将其列入了职业病名单。美国、日本等国家将职业性腰背痛作为赔偿性疾病（相当于职业病）。2010年ILO公布的职业病名单中属于职业性肌肉骨骼损伤的职业病包括：

①重复性运动、外力作用和腕部极端姿势所致的桡骨茎突腱鞘炎；

②重复性运动、外力作用和腕部极端姿势所致的手腕部慢性腱鞘炎；

③肘部长时间压力所致鹰嘴滑囊炎；

④长时间跪姿所致髌前滑囊炎；

⑤重复性外力所致上髁炎；

⑥长期跪位或者蹲坐位所致半月板损伤；

⑦重复性用力工作、振动作业和腕部极端姿势，或者三者结合所致腕管综合征；

⑧上述条目中没有提到的其他肌肉骨骼疾患，条件是有科学证据证明或者根据国家目前现况以适当方法确定作业者工作活动中的危险因素接触与作业人员罹患的肌肉骨骼疾病之间存在直接联系。

有学者对某汽车制造企业的1566名工人进行了随机抽样调查，WMSDs常见的患病部位是腰部（66.5%），其次是颈部（57.4%）、肩部（49.4%）。国内学者的一项大样本量的调查表明，膝部肌肉骨骼紧张的年患病率为25.5%。对焊接工进行肌肉骨骼损伤调查结果显示，下背痛患病率为41.6%，与对照组相比差异有统计学意义；对护理人员进行调查结果显示，下背痛患病率高达56.9%；对从事坦克专业的干部、战士进行调查结果显示，腰骶痛占肌肉骨骼损伤发病的72.7%，其中驾驶员发病率最高，车长最低；对火车站搬运工作人员腰部损伤的调查显示，货物及行李搬运工的腰痛发生率分别为44.2%和36.9%。有报道腰背痛年患病率在我国建筑工人中为70%～80%，在汽车生产工人中为52%～78%，且与工龄呈正比。

现场调查结果还显示，工作性质、工作中的反复用力及工作环境中的一些有害因素与该类疾患的发生密切相关。在实验室通过表面肌电图及生物力学分析证实，工作中的姿势及受力是影响肌肉骨骼损伤的重要因素。

（一）职业性肌肉骨骼疾患

1．下背痛（low back pain，LBP） 是WMSDs中最常见的一种，一般呈间歇性，严重发作时可丧失劳动力，间歇期数月至数年不等，不发作时症状消失且能正常活动。站姿工作和坐姿工作均可发生下背痛，其中以站立负重工作发病率最高。美国卫生保健政策与研究协会（AHCPR）将LBP定义为由于背部（位于$T_7 \sim S_1$及臀部）症状所致的活动限制和不舒适。背部症状主要包括背部及与背部有关的疼痛（坐骨神经痛），半数以上的劳动者在工作年龄曾患过下背痛。职业性下背痛发病原因主要有：①抬举或用力搬移重物；②弯腰和扭转（姿势不当）；③身体受震动；④气候因素（冷、潮湿、受风）；⑤重体力劳动；⑥与工作相关的心理社会因素（如应激、寂寞、缺乏社会支持、工作满意度低）等。

2．颈、肩、腕部损伤 主要见于坐姿工作，表现为疼痛、肌张力减弱、感觉过敏或麻木、活动受限等，严重者只要工作就可立即产生剧烈疼痛，以至于不能坚持工作。腕部损伤可以引起腱鞘炎、腱鞘囊肿或腕小管病（carpal tunnel disease），主要见于工作时腕部反复屈、伸的人员，由于腕小管内渗出增多，压力增高，以致正中神经受到影响，严重者还可引起手部肌肉的萎缩。

近年来，腕管综合征的高危人群趋向于电脑操作者。经常反复机械地点击鼠标，会使右手示指及连带的肌肉、神经、韧带处于一种不间歇的疲劳状态中，使腕管神经受到损伤或压迫，导致神经传导被阻断，从而造成手部的感觉和运动发生障碍。此外，由于不停地在键盘上打字，肘部经常低于手腕，而手高高地抬举，神经和肌腱经常被压迫，手会发麻，手指失去灵活性。这种病症已成为一种现代文明病，即“鼠标手”。

颈、肩、腕部损伤可以单独发生，也可以两种或三种损伤共同出现。主要原因是长时间保持一种姿势，特别是不自然或不正确的姿势，例如头部过分前倾，头部重心的偏移增加了颈部负荷；工作台高度不合适，前臂和上臂抬高，肩部肌肉过度紧张；手部反复屈、伸、用力等频繁活动或进行重复、快速的操作。常见的患病人群主要包括键盘操作者（如打字员、计算机操作人员）、流水线工人（如电子元件生产、仪表组装、食品包装）、手工工人（如缝纫、制鞋、刺绣者）、音乐工作者（如钢琴师、手风琴演奏者）等。

（二）下肢静脉曲张

劳动引起的下肢静脉曲张多见于长期站立或行走的工作者，例如警察、纺织工等，如果站立的同时还需要负重，则发生这种疾患的概率就更大。这种疾病随工龄延长而发病增加，女性比男性更容易患病，常见部位在小腿内上部。出现下肢静脉曲张后患者会感到下肢及脚部疲劳、坠胀或疼痛，严重者可出现水肿、溃疡、化脓性血栓性静脉炎等。

（三）扁平足

工作过程中足部长期承受较大负荷，如站姿工作、行走、搬运或需要经常用力踩动控制器，可使趾、胫部肌肉过劳，韧带拉长、松弛，导致足弓变平，称为扁平足。扁平足形成比较缓慢，但若青少年从事这类工作则发生和发展均较快。扁平足的早期表现为足跟及跖骨头疼痛，随着病情继续发展，可有步态改变、下肢肌肉疲劳、坐骨神经痛、腓肠肌痉挛，严重时，站立及行走均可出现剧烈疼痛，可伴有胫部水肿。

（四）腹外疝

腹外疝多见于长期从事重体力劳动者，由于负重或用力，使腹肌紧张，腹内压升高，久之可形成腹外疝，青少年从事重体力劳动者更容易发生这种疾病。其中脐疝和腹股沟疝比较常见，其次是股疝。一般无疼痛，对身体影响不大。劳动中突然发生的疝称为创伤性疝，疼痛剧

烈，但很快可缓解或转为钝痛。

（五）滑囊炎

滑囊炎是一种常见疾患，很多工种都可以引起，尤其多见于快速、重复性操作。滑囊炎可以发生于各种不同的部位，如包装工的腕部、跪姿工作者的膝部等。滑囊炎发生的原因主要是局部长期受到压迫和摩擦，这种压迫可以是来自外部的力，也可以是机体内部的力，如打字员的腕部受力主要是手腕反复屈伸产生的力。职业性滑囊炎呈慢性或亚急性过程，一般症状较轻，表现为局部疼痛、肿胀，对功能影响不大。

二、工效学负荷评价

工效学负荷是引起肌肉骨骼疾患的主要原因之一，工效学负荷的评价对研究肌肉骨骼疾患的发生、发展及预防控制具有重要意义。工效学负荷分为 4 类：由重体力的手工操作和重复用力的动作造成的力量负荷；由不良姿势引起的姿势负荷；由社会心理因素引起的心理负荷；由振动等其他因素造成的其他负荷。

（一）力量负荷的评价方法

力量负荷主要指由于重体力的手工操作或是重复用力而引起的作业者机体负荷。目前国内外关于力量负荷的评价方法主要有美国国立职业安全卫生研究所（NIOSH）的提举公式法，该法提出了人类提举限值和提举公式，从而对相关提举任务进行工效学负荷评价。该方法用于提举任务的工效学负荷的评价指标为提举指数（lifting index，LI），提举指数由提举重量推荐限值（recommended weight limit，RWL）计算获得。RWL 是指在特定的工作条件下，负荷的重量几乎可使所有的健康工人都能正常工作一段足够的时间（一般 8 h/d）且不引起发生提举相关疾患的危险度增加。LI 是提举重物实际的重量与 RWL 的比值，是评价提举任务的工效学负荷大小的主要指标。国际上通用的标准是：若 LI ＞ 1.0，则提示提举任务可能造成作业人群伤害；若 LI ＞ 2.0 甚至在 3.0 以上，则患肌肉骨骼疾患的危险度将会明显增加。

在实际工作中，根据提举任务的性质和特点，将提举任务分为 4 类：单个提举任务、多重提举任务、顺序性提举任务以及可变性提举任务。提举任务的类别不同，则计算 LI 的方法不同，但评价标准均相近，即由提举公式获得的最终结果越大，提举任务对工人造成职业伤害的可能性就越大，干预措施的实施就越紧迫。

（二）姿势负荷的评价方法

姿势负荷是由于劳动工具、设备和工作方法不符合工效学原则，引起姿势不良所造成的机体负荷。国内外关于姿势负荷的评价方法主要有全身快速评价法、快速上肢评估法、工作姿势与负荷分析法等。这些方法也涉及其他的不良因素，但以姿势负荷为主。

1. 全身快速评价法　全身快速评价法（rapid entire body assessment，REBA）是由 McAtamney 和 Hignett 提出的用于全身姿势负荷的快速评价方法。该方法主要通过观察工人身体局部的姿势负荷并评分，利用测量或观察扭曲、负重、接触及活动情况进行负荷分数加权，得出该工人最终负荷得分，根据最终得分来确定工人的工效学负荷和危险度等级，从而确定干预措施实施的紧急程度。初级负荷得分通过两部分获得：一部分为躯干、颈部、腿部三部位姿势按 REBA 法负荷等级评价标准进行分别评分，算出累计的分数；另一部分为上肢即上臂、下臂、手腕三部位的姿势评价，分别合计评分。将两部分合计得分分别参考负重大小和手物接触情况进行加权评分，两部分得分相加获得初级负荷得分，在参考身体活动情况加权加分后得出最终得分。最终得分通过危险度等级的评价标准进行分析，确定行动等级、危险度等级以及

干预措施实施等级，参考评价过程中的工人姿势、负重、接触、活动情况等，制订干预策略，以降低危险度等级，预防肌肉骨骼疾患的发生。

2．快速上肢评估法 在评估 WMSDs 接触风险方面，快速上肢评估法（rapid upper limb assessment，RULA）作为最常用的经典方法在国外已经得到广泛应用，可通过观察评分来评估职业人群不良作业姿势等因素导致 WMSDs 的接触风险。RULA 综合考虑了上肢不同部位的不良姿势、力量负荷、肌肉使用情况，首先对上下臂、手腕的不良姿势（得分 A）和躯干、颈部、腿部的不良姿势（得分 B）进行赋分，并结合相应的力量负荷及肌肉使用情况查表获得总的接触风险分值（得分 C），据此将接触风险分成 4 个等级（Ⅰ～Ⅳ级）。分数或等级越高，发生 WMSDs 的风险越高。

3．工作姿势系统分析法 工作姿势系统分析法（Ovako working posture analysis system，OWAS）是芬兰的 Karhu 等为评价劳动中工人不同的姿势负荷发展而来的评价方法。该方法主要根据身体局部姿势的负荷等级分别进行编码，并参考负重或力度的等级编码联合成为一个四位数的总编码，通过总编码获得劳动中该工人的姿势负荷水平。评价的身体部位主要为背部、手臂和下肢。根据三部位姿势水平的不同，按照 OWAS 法姿势负荷标准评价，分别获得三部位的姿势负荷编码，通过观察工人在劳动过程中的负重和力量水平来获得第四个编码数字。利用获得的四位数编码在 OWAS 法行为分类表中找到该姿势对应的负荷等级。负荷等级分为 4 级，从 1 到 4 依次指不需纠正、近期纠正、尽快纠正、立刻纠正。根据负荷等级以及评价过程中获得的劳动姿势情况，制订干预策略，降低肌肉骨骼疾患发生的危险度。

（三）重复性作业评价方法

职业重复性活动（occupational repetitive actions，OCRA）是国际标准化组织 ISO（ISO11228-3）和欧洲标准化委员会 CEN（1005-5）标准推荐的用于评估上肢重复性活动的方法，具有科学、系统且成本相对较低的特点，比其他方法更容易理解。该方法广泛应用于农业、汽车制造业、家具产品包装、雕刻工艺等除键盘、鼠标等电脑操作外的简单重复性活动。OCRA 方法有两个版本：OCRA 指数法和 OCRA 检查表法。OCRA 指数法复杂且费时，其简化版 OCRA 检查表法在国外有较好的应用，在国内应用较少。有调查表明，WMSDs 每年的发生率与 OCRA 结果呈正相关，基于流行病学调查的最后风险得分可以预测发展成 WMSDs 的风险。

（四）心理负荷的评价方法

心理负荷主要指由于社会心理因素，包括不良的工作组织、职业紧张等引起的工人心理负荷。工作内容量表法（job content questionnaire，JCQ）是由美国 Karasek 等研究的一种广泛用于职业紧张程度评价的工具。推荐问卷主要有 49 个条目，主要包括对以下内容的评价：技术水平、决定水平、宏观决定水平、心理工作需求、躯体工作需求、不稳定工作因素、上级支持、社会同事支持等。其中心理工作需求包括工作速度快、努力工作、过量工作、工作时间、需求冲突、注意力集中、需求任务中断、工作繁忙、等待他人。

（五）综合的工效学负荷评价方法

综合的工效学负荷评价方法主要指该评价方法涉及多种不良的工效学因素，几乎包含了全部不良的工效学因素的评价方法。国内外关于综合的评价方法主要有快速暴露检查法、手工操作评估表法以及肌肉骨骼紧张因素判定法等。

1．快速暴露检查法 快速暴露检查法（quick exposure check，QEC）是由英国 Surrye 大学 Rohens 工效学中心研制开发的一种工效学负荷评价方法。主要采取观察者观察和被观察者

自评相结合的方式进行检察。观察者主要观察工人在劳动过程中身体4个部位，分别为颈部、背部、肩部以及手腕的位置变化和运动幅度大小，据此将4个部位的工效学负荷分出若干等级，并根据QEC法负荷等级评价标准予以相应评分。被观察者自评主要通过自填问卷的形式，获得工人如下信息：手部最大重量、工作任务时间、最大力量水平、视力要求、操作时间、振动情况、工作空间大小以及压力，根据工人的主观回答确定各指标的等级水平和评分。将观察者所获得的信息与工人自评的结果相结合，综合相关两个指标获得一项得分，按照身体的4个部位分别获得该工人各部位的工效学负荷总得分，以及操作、振动、工作空间及压力4个不良因素的得分，根据QEC法得分的评价标准，进行劳动任务的评价，从而提出改善干预措施，降低肌肉骨骼疾患发生的危险度。

2．手工操作评估表法　手工操作评估表法（manual handing assessment chart，MHAC）是由英国健康与安全委员会（HSE）制定，用于评价提举、搬运、手部操作过程中的不良工效学因素的方法。该方法主要评价劳动过程中的以下10项内容：负担重量、搬举频率、上肢位置、不对称躯干负重、动作限制、抓举情况、操作者的能力、地面情况、搬运距离、搬运途中障碍及环境因素等。将实际观察到的工作场所情况按照MHAC法等级评分的标准进行评估，分别获得该场所的劳动任务各个因素的评分。将10个因素的等级评分相加，获得整个任务的工效学负荷得分，根据分数的等级进行劳动任务的评价，从而提出干预措施。

3．美国工效学基本因素检查表　美国工效学基本因素检查表（baseline risk identification of ergonomic factors，BRIEF）是一项简单、易于理解、可靠的不良工效学因素识别方法，用于识别不同任务单元身体各部位存在的危险因素，包括姿势、用力、持续时间和重复性频率。美国BRIEF检查表是对上肢的左右手腕、肘、肩，以及躯干的颈、背、腿6个部位动作活动的姿势、力量、持续时间和动作频率4项指标进行整体调查和观测，以计分大小判定风险，每个部位共4项指标，每项记1分，最高记4分。4项指标中姿势和力量两个分项指标在不同部位会有多项检查内容，只要有1个存在，则该分项指标记为1分。一般将分值≥2分作为判定危险的标准。

4．瑞典工效学因素识别表　瑞典工效学因素识别表（PLIBEL）为瑞典国立职业安全健康委员会于1986年提出的用于识别和预评估WMSDs工效学危险因素的一种方法。瑞典PLIBEL检查表是在针对身体5个部位涉及姿势、活动和使用工具、组织和环境因素等17个方面问题进行访谈和观测的基础上，综合判断评估身体不同部位WMSDs工效学危险因素的方法。

身体的5个部位包括：颈肩、上背部，手、前臂、肘部，足部，膝盖、大腿部，以及下背部；回答的问题共有17个，主要是关于工作场所地面，空间限制，工具及设施舒适度，工作高度，座椅，坐与休息，踏板情况，腿部（包括凳子上重复脚踏、重复跳跃、长时间蹲跪、经常单脚支撑身体），重复持续工作背部状况（包括轻微前屈、严重前屈、侧弯或轻度扭曲、严重扭曲），重复持续工作颈部状况（包括前屈、侧弯或轻度扭曲、严重扭曲、向后延伸），搬举负重，重复、持续、不舒服的手部操作，重复持续工作单手情况，手部操作情况（包括材料或工具重量、不良抓举姿势），视力要求，前臂与手部在重复作业中的姿势情况。通过使被调查者回答上述17个问题涉及的状况是否存在，最终统计得出每个问题回答肯定的被调查者占总调查者的比例，超过80%则表明该问题中涉及的状况是需要进行干预和改善的不良因素。

5．其他评价方法　有关工效学负荷的综合评价方法还有：利用表面肌电仪等的表面肌电描述技术、肢体倾角评价法、肌力测试法、仿真分析法等。

三、预防措施

劳动过程中的各种损伤和疾病，可以通过科学调查，分析损伤产生的原因，采取相应的防护措施，减少或预防其发生。

（一）流行病学调查及工效学分析

要明确一种工作可以引起哪些损伤或疾病，首先要进行流行病学调查，了解损伤的范围、程度及其与工作的关系，同时调查工作环境中可能存在的有害因素。如前所述，采用工效学分析方法，分析工作者在工作过程中的负荷、节奏、姿势、持续时间以及人机界面是否合理、正确等。对于确认与工作有关的损伤，可以根据工效学的基本原理，分析损伤产生的原因，从而有针对性地采取防护措施。

（二）采用正确的工作姿势

工作中尽量避免不良姿势，如将躺卧在地上修理汽车改为站在沟槽内修理，既便于操作，又可以减少上肢的紧张。在站姿或坐姿状态下工作时，要注意使身体各部位处于自然状态，避免倾斜或过度弯曲。如果需要调节高度，应在工作台或座椅设计中加以解决。此外，在生产容许的情况下，可以适当变换操作姿势。

（三）改善人机界面

除了显示器和控制器外，工作台的高低、工件的放置位置等要有利于工作人员的使用，并便于保持良好的姿势，有条件者使用高度可调节的工作台。对于坐姿工作的人员，座椅是“机”的重要部分，为了适合不同的人使用并方便操作，座椅应该具有高低可调和旋转调节功能，同时具有合适的腰部支撑。如果座椅不能降低到合适位置，可以使用脚垫。

（四）减少负重工作、减少压迫和摩擦

负重是造成肌肉骨骼损伤的重要原因之一，在可能的情况下应尽量减少工作过程中的外加负荷，以减轻机体负担。对于需要负重的工作，应当按相关标准规定，将搬运物体的重量限定在安全范围之内。

使用合适的工具或控制器（包括脚控制器），特别是抓握部位的尺寸、外型和材料要适合于手的特点，避免局部受力过大。对于经常产生摩擦或需要反复运动的部位，如手和手腕，可使用个人防护用品加以保护。

（五）改善工效学管理

应根据所从事工作的特点和要求，确定录用标准，挑选工作人员。按照标准、经济的操作方式对工作人员进行强化培训，使培训的内容密集化，可以缩短培训时间，提高技术水平。

根据工作特点合理安排工间休息，可以解除疲劳，预防损伤和疾病。

组织生产劳动时，劳动定额要适当，劳动过程中需要保持一定的节奏，需要轮班的工作，合理组织和安排轮班时间和顺序。

（六）改善工作环境

为了防止劳动过程中引起的损伤或疾病，一方面要控制工作环境中的各种有害因素，另一方面要努力创造良好的生产环境，如适宜的温度、湿度、照度和色彩等，既有利于工作人员健康，还可以提高劳动效率。

采用个人防护用品，如使用腰椎保护带，或在工作过程中定时活动腰椎，对于腰部职业性骨骼肌肉损伤能起到一定的预防作用。

第五节 肌肉骨骼疾患调查问卷

肌肉骨骼疾患及其危险因素的评价方法，根据调查方式的不同，主要可分为自评问卷法、观察法和直接测量法。问卷法收集信息的能力强大、费用低，且无需专业人员，在流行病学研究中有无可替代的优势。

一、症状类肌肉骨骼调查问卷

工作相关肌肉骨骼疾患（WMSDs）是一类慢性累积性疾患，早期症状多为非特异性疼痛，临床上尚无客观统一的诊断标准。症状调查问卷成为获取 WMSDs 患病信息最直接的方式。

（一）北欧肌肉骨骼调查问卷

北欧肌肉骨骼调查问卷（Nordic Musculoskeletal Questionnaire，NMQ）最初源于北欧部长理事会资助的科研项目，目的是开发一套标准化的肌肉骨骼疾患调查问卷，以方便各项研究之间的比较。此后被翻译成多国语言版本，现已成为肌肉骨骼疾患领域应用最普遍的问卷之一。

现行问卷有标准版和扩展版。标准版 NMQ 是在简单询问一般情况后，提供一张人体解剖图，将身体分为颈部、肩部、上背、肘部、下背、腕部、臀部、膝盖和足部共 9 个部位，依次询问调查对象在过去 12 个月内各部位有无不适症状，如有，进一步询问是否对工作和生活产生影响以及过去 7 天内有无不适发生。扩展版则针对肌肉骨骼疾患的好发部位（下背、颈部、肩部）进行更深入的调查，包括症状持续时间、严重程度及其对工作的影响程度等。病例定义为研究对象在过去 1 年或 1 周内肌肉骨骼系统的任何部位出现不适超过 24 小时，最后可分别统计年患病率和周患病率。问卷采用自填或结构访谈的方式完成，标准版问卷完成需 3 ~ 5 分钟。问卷可作为职业场所肌肉骨骼疾患的筛查工具，以筛选出高危个体进行深入检查；也可根据疾患发生情况评价作业环境和工作负荷，据此提出改进措施。

（二）McGill 疼痛问卷

McGill 疼痛问卷（McGill Pain Questionnaire，MPQ）是由 Melzack 和 Torgerson 等建立的一种说明疼痛性质和强度的评价方法。经过多年的发展，该法已经成为疼痛测量领域最常用的自我评估手段。而疼痛是 WMSDs 最典型和常见的症状，所以 MPQ 常被用于获取 WMSDs 相关信息。MPQ 有标准版和简化版两种。标准版将 102 个疼痛描述词分为 20 组，包含感觉类、情感类、评价类和其他类。每组词按疼痛程度递增的顺序排列，患者可从各组词中选择与自己痛觉程度相同的词，所选词在各组中的位置决定其分值。最后可通过疼痛评级指数（即所选词分值之和）、所选词的个数以及现时疼痛强度（5 分法评价总体疼痛水平）3 项指标全面评价患者的疼痛情况。简化版只保留 15 个疼痛描述词，每个词分无、轻、中、重 4 个等级，患者根据自己的疼痛感觉依次对每个词进行评分，除了疼痛评级指数和现时疼痛强度外，简化版还引入视觉模拟量表以实现对疼痛强度的快速评估。近年来还有学者在简化版的基础上开发出 SF-MPQ-2，主要针对神经病理性疼痛。MPQ 简单实用，临床上可协助医师进行疼痛的鉴别诊断，在 WMSDs 研究中则可评价患者肌肉骨骼系统的慢性疼痛程度。但需注意，不同人对疼痛的理解、感觉和承受力有所差异，这在一定程度上会影响问卷的可靠性。

（三）Orebro 肌肉骨骼疼痛筛查问卷

Orebro 肌肉骨骼疼痛筛查问卷（Orebro Musculoskeletal Pain Screening Questionnaire，

OMPSQ）也被称为急性下背痛筛查问卷，主要是利用社会心理因素预测未来发生慢性肌肉骨骼疼痛风险较高的人群。问卷分标准版和简化版。标准版共含 25 个条目，主要收集疼痛情况、感觉功能、心理变量、克服恐惧的信念、患者的背景和人口学特征 6 方面信息。其中心理变量是指根据以往研究导致急性、亚急性肌肉骨骼损伤转为慢性的危险因素。除了背景、既往病史、疼痛部位和持续时间等分类变量外，其余每个条目通过 0 ～ 10 分的量表评分，各条目权重相同，总分在 0 ～ 210 分之间，分值可以反映慢性疼痛的患病风险。可采取自填或由医师访谈的形式填写问卷，耗时 5 ～ 10 分钟。研究者需根据人群确定不同的分值截断点，从而筛选出需要实施干预的人群。简化版 OMPSQ 只保留 10 个条目，大大缩短了答卷时间。OMPSQ 强化了心理特征、实用特征和预测能力，可以帮助职业病医师识别慢性疾患风险较高的工人，从而实现一级预防。但仍需注意，问卷只能预测未来 6 个月的风险，且部分患者仍有被漏诊的风险。

二、危险因素类肌肉骨骼调查问卷

为了预防 WMSDs 的发生，往往要尽可能识别和评价工作场所中的不良工效学因素，以便采取适宜的控制措施改善作业环境，提高劳动者的健康水平。

（一）荷兰肌肉骨骼调查问卷

荷兰肌肉骨骼调查问卷（Dutch Musculoskeletal Questionnaire，DMQ）由荷兰应用科学研究所研发，用于测量作业场所肌肉骨骼疾患及相关危险因素的分布情况。由于其条目设置合理，后来成为该领域很多问卷编制的重要参考。

问卷标准版包括一般情况、健康状况和工作情况 3 部分内容，选择的危险因素主要涉及用力情况、动态负荷、静态负荷、重复作业、气候因素、振动和工效学环境 7 个方面，力求全面探索工作负荷与疾病发生的关系。问卷还可根据需要决定是否加入员工改进意见的相关条目。大多问题只收集定性数据，而不关注频率和持续时间等定量信息。完成一份标准版问卷约需 30 分钟。DMQ 操作简单，可以快速提供职业暴露和健康状况的信息，帮助识别高危作业和重点人群，还可获取工人意见，激励员工参与工效学改善过程。但问卷耗时较长，且无法定量评估暴露水平，个体的自报暴露情况还可能会在一定程度上受到不适症状的影响。

（二）马斯特里赫特上肢肌肉骨骼损伤问卷

马斯特里赫特上肢肌肉骨骼损伤问卷（Maastricht Upper Extremity Questionnaire，MUEQ）是荷兰学者在工作内容问卷（Job Content Questionnaire，JCQ）和 DMQ 的基础上研制出的、专门用来评价电脑办公人员工作相关上肢肌肉骨骼疾患患病情况及其危险因素的工具。问卷共包含 95 个条目，主要收集人口学特征、潜在危险因素及上肢各部位（肩、颈、上臂、下臂、肘、手、腕）不适症状的信息。其中危险因素涉及 7 个维度：工作站、身体姿势、工作控制、工作需求、休息时间、工作环境和社会支持。除工作站为二分类变量外，其余各维度条目根据危险因素出现的频率采用 5 点法评分。病例定义为研究对象在过去 1 年内上肢任何部位出现不适症状超过 1 周。问卷多由受试者自行填写，无需培训，预计 20 分钟完成。MUEQ 结合电脑办公人员行业特点，更侧重社会心理因素的测量，专业性和特异性强，但应用人群相对局限，且未考虑危险因素间的联合作用。

三、中国肌肉骨骼疾患调查问卷

我国研制出的中国肌肉骨骼疾患调查问卷（China Musculoskeletal Questionnaire，CMQ），是由北京大学公共卫生学院劳动卫生环境卫生学系物理因素与工效学课题组自主研发。该问卷

参考 NMQ 和 DMQ 的相关条目，结合我国作业人员实际情况，评价中国人群的肌肉骨骼疾患情况及其相关危险因素。问卷包括一般情况、肌肉骨骼疾患症状、工作情况等内容，还增加了工作内容量表（JCQ）中工作组织和社会心理因素的部分条目。中国肌肉骨骼疾患问卷采用的病例定义为，在过去 12 个月内，颈、肩、腰、背、四肢等部位出现疼痛、麻木、酸胀等症状，不适症状持续时间超过 24 小时，且经休息后未能缓解，排除其他急症、伤残或后遗症等。问卷中涉及工效学负荷的调查内容共计 48 个条目，包括姿势负荷、社会心理、工作环境、工作制度、工作设施等危险因素。姿势负荷包括背部姿势负荷、颈部姿势负荷、上下肢姿势负荷。社会心理因素包括工作要求、社会支持、工作自主性。问卷设计内容简明，10 ~ 15 分钟即可完成填写，除个别条目为二分类变量，其余各维度条目采用 5 点法评分，部分姿势负荷条目予以配图，方便调查对象更形象地理解调查内容的含义。

（何丽华）

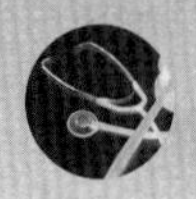

第四章 职业心理与职业紧张

职业心理学（occupational psychology）是应用心理学的分支，是研究职业群体中人与人、人与群体（职业对象、同事、上级等）之间的心理互动关系的一门学科。在职业心理学中，职业是一个人一生中所从事的各种工作的统称，同时职业也代表了一个人一生中的价值观、态度和动机的变化过程。职业心理学的研究主要集中在人们选择、从事和改变职业方面有关的个体差异和特点，重点关注职业意愿、职业能力、职业观、职业选择、职业适应、职业兴趣、职业压力与调节、职业生涯发展、职业流动、职业满意度、职业承诺等，主要任务是研究如何用心理学的原理和方法分析人在劳动过程中的心理状态，以及影响心理状态的各种主观和客观因素，以减少职业紧张和疲劳，提升工作满意度，促进心理健康。

职业紧张（occupational stress）也叫工作紧张（work stress），是指在某种职业条件下，客观需求与个人适应能力之间的失衡所带来的生理和心理压力，是个体对内外因素（或需求）刺激的一种反应，当需求和反应失衡时，就会产生明显的（能感觉到的）后果（如功能变化）。

一、工作中的心理与社会因素

（一）与职业有关的心理因素

1. 作业方式

（1）单调作业（monotonous work）：是指那种千篇一律、平淡无奇，重复、刻板的劳动（工作）过程。在现代工业生产中极为常见。单调作业可分为两种类型：第一种是在现代集体生产劳动中，将复杂的生产劳动过程分解为若干细小的阶段任务，每位劳动者要完成的工作内容有限，操作活动较为简单、刻板，并需不断地重复；第二种是在生产过程中被分配在需密切注视、感觉信息量极其有限的自动化或半自动化生产控制台（室）前，从事观察、监视仪表的工作，其工作内容只是当发现某一或某些数值异常时及时加以调整。通常即使生产活动一直正常，亦需注意观察。

不同种类的单调作业都能导致不同程度的单调状态。单调状态的主观感觉为不同程度的倦怠感、瞌睡、情绪不佳、无聊感、中立态度等。长期从事单调作业而不适应的劳动者，除产生疲劳症状外，常会出现身心健康水平下降、劳动能力与生产能力下降、工伤事故增多、因病缺勤率增高、创造精神受到抑制，以及下班后不想参加社会活动等。因此，从心理卫生的角度看，应把单调作业作为一种职业性有害因素来认真加以对待，特别是对那些缺乏耐心的人，危害更为明显。

（2）夜班作业（night work）：是轮班劳动（shift work）中对劳动者身心影响最大的作业类型，若安排不当，对劳动者的安全和健康影响较大。夜班作业是指在一天中通常用于睡眠的时间段内进行的职业活动。各国、各地区因所处的地理位置、海拔高度、气象条件、文化水平

不同，而使“夜晚”的长短和起止时间各异。

夜班作业对劳动者的心理功能会产生明显的不良影响。测试发现，夜间人的神经行为能力下降，对复合信号刺激的反应时间明显延长，警惕性明显降低。此外，在轮值夜班作业后，因睡眠不足常会引起进一步的心理障碍。夜班作业对社会和家庭生活也有明显影响。长期值夜班的劳动者，白天需要休息，不宜参加社会活动，因此隔绝了社会信息，使其常常产生与世隔绝的孤独感。如何对夜班进行科学安排，既要保障生产，又要兼顾劳动者的身心健康，这不仅对生产的组织者是一种考验，同时对劳动者的心理素质也是一种考验。

（3）脑力作业：脑力劳动人群属于职业紧张水平较高的人群。脑力劳动者应具备丰富的知识储备、良好的记忆力、敏锐的思维能力，以及联想、推想、归纳、想象、创新等的能力。这些能力与后天的学习、训练、所处的家庭与社会环境以及营养和其他个体因素等关系密切。现代工农业与国防现代化和科学技术的迅速发展，导致生产结构的转变与信息化产业的突飞猛进，劳动者的作业方式已由过去的单纯体力劳动、脑力劳动和体脑相结合的劳动方式逐渐向以脑力劳动为主的方式过渡。因此，脑力劳动者的人数将会迅速增多。但是，脑力劳动的范围很广、职业种类繁多，不同岗位的脑力作业都有不同的任务与要求，存在着不同的脑力劳动负荷与工作压力，从而产生脑力疲劳、职业倦怠和各类不同的心理健康问题。

2．职业接触

（1）物理因素接触：接触物理因素如噪声、振动、高低气压、高低气温以及辐射等对劳动者的心理也可产生不同程度的影响。

1）噪声：在噪声环境下工作常使人产生烦恼。这是由于噪声能干扰谈话或工作，妨碍注意力集中，破坏休息、睡眠或某些活动时所需的宁静环境，因而使人产生不快感，即烦恼。烦恼程度与噪声的强度、频谱及其持续时间的变化有一定关系，但有时并不一定与噪声大小直接关联。

复杂的脑力劳动需要集中注意力、汲取重要的信息，需要理解、思考和记忆。由于噪声会分散注意力，就可能对需要将记忆和解决问题相结合的作业能力产生不良影响，对需要迅速准确作出判断的警觉活动作业，如监视自动化生产的作业，影响更大。嘈杂的噪声，尤其是突然产生或停止的高强度噪声，常常导致错误和事故发生率增高。

2）高温：高温环境的热作用可降低中枢神经系统的兴奋性，使机体体温调节功能减弱，热平衡遭受破坏，因而促发中暑。

高温作业所引起的疲劳可使大脑皮质功能降低和适应能力减退。对神经心理和脑力劳动能力均有明显影响。人体受热时，首先会感到不舒适，然后才会出现体温逐渐升高，产生困倦感、厌烦情绪、不想动、无力与嗜睡等症状，进而使作业能力下降、错误率增加。当体温升至38℃以上时，对神经心理活动的影响更加明显。如及时采取降温措施，使体温降到37℃以下、主观感觉舒适时，错误率也会随之减少。

（2）生产性毒物接触：生产性毒物种类繁多、接触面广，毒物可通过呼吸道、皮肤和消化道进入人体。很多毒物（如铅、锰、汞、有机溶剂、农药等）可引起神经系统的损害，导致一系列神经和精神症状，其临床表现可因毒物的毒性、接触的浓度、接触时间和个体敏感性的差异而不同，常表现为类神经征、精神障碍、中毒性脑病和周围神经病。接触毒物作业人员一般存在以下心理状态：①对所接触的毒物缺乏认识，没有基本的防护知识，因而掉以轻心，不按正常的操作规程作业，以致造成严重后果；②对所接触的毒物有正确的认识，能按操作规程作业，采取正确有效的预防措施，保持积极良好的心理状态；③对所接触的毒物有不正确的认识，过高地估计了毒物的危害，对毒物产生恐惧心理，影响了正常的工作、学习和生活，产生一系列心理问题。

绝大多数毒物在导致急、慢性中毒时，经常引起大脑皮质功能失调的症状，由于毒物的

作用，首先引起大脑皮质抑制过程减弱，因而兴奋性相对增高，患者出现睡眠障碍、入睡困难、易醒、早醒、多梦、噩梦等，还可表现为易怒烦躁、情绪不稳，常因微不足道的事情产生剧烈的情绪反应，有时情绪低落、忧伤沮丧；可有紧张性疼痛，如头痛、头部紧压感、肌肉疼痛等。大脑皮质功能进一步受到损害，可出现“脑衰弱”的一系列症状，如精神不振、困倦无力、嗜睡、注意力不集中、记忆力减退、头昏、易疲劳、工作和学习不能持久、效力明显降低等。有的患者同时具有兴奋增强和减弱的症状，既易兴奋，又易疲劳，可伴有焦虑情绪和疑病观念。

接触神经性毒物可引起精神障碍，主要以类精神分裂症、癔病样发作、类躁狂 - 抑郁症、痴呆症、抑郁症和焦虑症较为多见，其中前三种精神障碍以意识、认知功能障碍和情感反应障碍为主。痴呆症常是慢性中毒性脑病的主要临床表现之一，或见于急性中毒性脑病的后遗症，以智能障碍和情感障碍为主要特征。抑郁症、焦虑症以情感障碍为主，发病除因接触毒物以外，也与社会因素和心理因素有关。

（3）生产性粉尘接触：接触粉尘作业工人的工作环境中常常同时存在着多种职业性有害因素，它们不仅损害了工人的部分生理功能（如肺功能），还可引起生理和心理紧张反应，使工作能力进一步下降，最终可导致尘肺病的发生和劳动能力丧失。某些从事粉尘作业、尤其是高浓度粉尘作业的工人，其文化水平不高，对粉尘的危害及其防护缺乏正确认识；有的工人为了贪图方便、快速完成工作任务，不按粉尘作业规定要求操作，致使有的防尘设施遭到破坏；有的工人认为自己身体强壮，不需佩戴防护用品，将厂方发放的防护用品如防护口罩束之高阁；工人处于营养不良状况；不良的个人生活习惯如吸烟、饮酒等，都会加重粉尘对作业工人的健康危害。

粉尘作业是有害工种，作业环境差及对职业病（尘肺病）的恐惧均可影响作业者心理。由于现场作业条件差，尤其是煤矿井下作业，工人长期在阴冷、潮湿的环境中进行近乎个体的劳动，会对粉尘作业产生抵触甚至恐惧心理，甚至认为从事该工作就低人一等，但又迫于生存与经济压力不得不继续从事此项工作，进而产生自卑、焦虑、恐惧、绝望等悲观情绪；8 小时工作期间大多无法与人进行交流，致使有的工人表现为自我封闭、性格内向、孤独、不善交际，缺乏友谊，很少与同事们进行思想交流，进而出现心理障碍。另外，粉尘在感官上也会给人以不愉快的情绪体验；吸入粉尘直接刺激感官、咽喉，出现“喉咙有梗塞感”症状等，使粉尘作业人员主观有较多的躯体感觉不适，并伴轻度的睡眠、饮食障碍；对粉尘所致疾病如尘肺病的恐惧，使粉尘作业人员情绪低落、焦虑，常伴恐惧与强迫感，这些不良情绪又可加重躯体感觉不适及睡眠饮食障碍。尘肺病属于慢性进行性疾病，具有不可逆性，且合并症多，目前尚缺乏特效治疗措施。患者终生不愈，生理上长期承受病痛的反复折磨，再加上长期治疗带来的家庭经济压力，使得患者心理压力很大，进而引发一系列严重的心理健康问题，其中心理障碍多以烦躁、焦虑、忧郁、恐惧等为主，情感障碍表现为被动性和依赖性增强、自尊心增强、猜疑心重、信任感差等。

（二）社会心理因素

社会心理因素的刺激可能来源于家庭生活，包括家庭人际关系不良、生活困难、家庭生活不完美、家庭成员生病或亡故等。由于家庭是一个具有密切感情接触的团体，是人们休息、娱乐、寻求感情慰藉的主要场所，也是人们藉以恢复体力、调节情绪的良好处所，所以当这种亲密的感情遭到破坏或这种场所成为烦恼的来源，必然会对人的心理造成严重打击。另外，作业负荷过重以至超出个人的能力；或与个人的愿望不相符合；或人际关系差，缺乏社会支持，不能从社会、家庭、同事处得到帮助等也可造成心理冲突。20 世纪以来，在工业化和城市化的变迁过程中，城市人口密度剧增所导致的居住拥挤、交通事故、噪声干扰、职业污染、环境恶

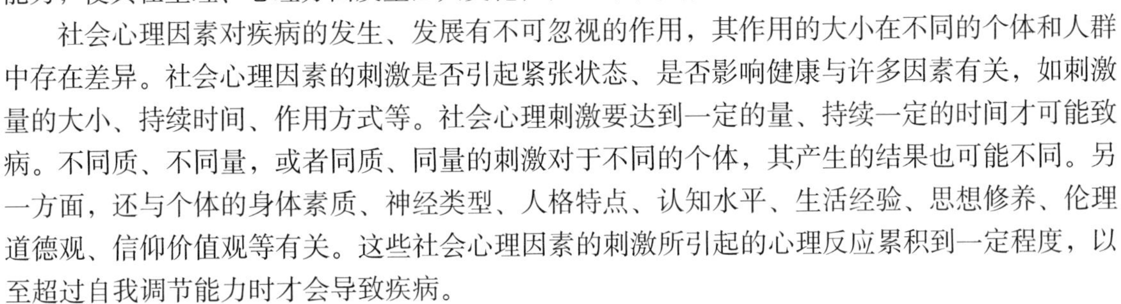

化、被迫迁移等问题日益严重，这些均可能给人们造成严重的心理负担，以至超出人们的承受能力，使其在生理、心理方面发生巨大变化，甚至导致疾病。

社会心理因素对疾病的发生、发展有不可忽视的作用，其作用的大小在不同的个体和人群中存在差异。社会心理因素的刺激是否引起紧张状态、是否影响健康与许多因素有关，如刺激量的大小、持续时间、作用方式等。社会心理刺激要达到一定的量、持续一定的时间才可能致病。不同质、不同量，或者同质、同量的刺激对于不同的个体，其产生的结果也可能不同。另一方面，还与个体的身体素质、神经类型、人格特点、认知水平、生活经验、思想修养、伦理道德观、信仰价值观等有关。这些社会心理因素的刺激所引起的心理反应累积到一定程度，以至超过自我调节能力时才会导致疾病。

二、职业紧张

（一）概述

职业紧张可以理解为在某种职业条件下，客观需求与个人适应能力之间的失衡所带来的生理和心理压力。职业紧张是普遍存在的，适度的紧张有利于劳动者的工作和生活，但长期过度紧张可损伤劳动者身心健康。

根据发生的时间特点不同，可将劳动者工作中出现的紧张反应分为三类：①急性紧张反应：是突然发生的（如冲突）；②慢性紧张反应：是对一种压力经较长时间累积性的反应（如有些身心慢性疾患：冠心病、高血压等）；③创伤后紧张反应（post-traumatic stress disorder，PTSD）：发生于天灾人祸、严重威胁生命的事件（如车祸、火灾等）之后，可造成抑郁、敏感、忧虑等疾患。职业紧张引起的更为特征性的问题是精疲力竭症（burnout）与过劳死。

（二）职业紧张模式

对紧张模式（model of stress）产生的探讨和不良作用的理解，有利于成功应对紧张。理想的职业紧张模式应能从理论和因果关系上阐明产生紧张的源头（作业环境）、易感者（个体特征）和影响或制约应激反应因素（家庭及社会支持）间的交互作用、过程及紧张效应后果。为成功地应对紧张，了解紧张是如何产生的、受到哪些因素的影响以及怎样对健康产生不良影响，研究者们提出了一系列职业紧张模式。比较有代表性的职业紧张模式包括：NIOSH 模式（图 4-1）、生态学模式（图 4-2）、付出 - 回报失衡模式（图 4-3）和工作要求 - 自主模式。

NIOSH 模式（图 4-1）是由来自于美国国家职业安全与卫生研究所（National Institute for Occupational Safety and Health，NIOSH）的研究者所提出。该模式将职业紧张视为作业条件或综合的作业环境所存在应激源与个体特征交互作用，并考虑在相关制约因素影响下，所导致的急性心理或生理学自稳状态的失衡和扰乱，继而可导致一系列与紧张有关的心身疾病，如高血压、冠心病、酗酒、心理障碍等。

生态学模式：Salarza 等运用“人类生态学”（human ecology）理论，着眼于人类发展所需要的微观和宏观环境，探讨个体或群体对作业环境生态学的生理、心理、人文和社会政治条件的需求与适应，来阐明职业紧张构成的生态学模式（ecological model of occupational stress）（表 4-1、图 4-2）。

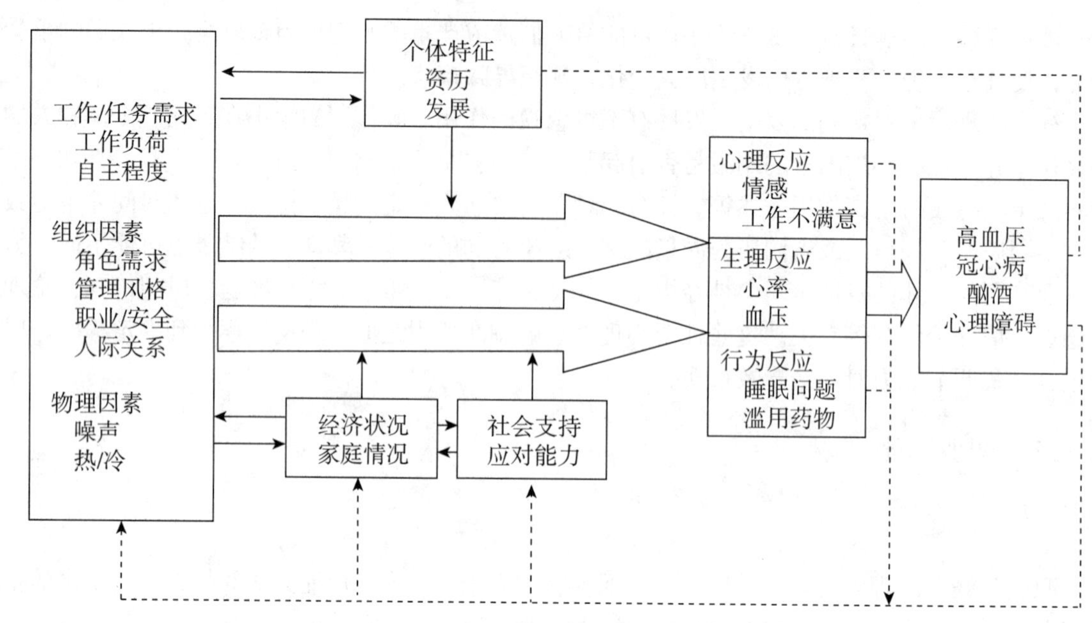

图 4-1 NIOSH 职业紧张与健康模式

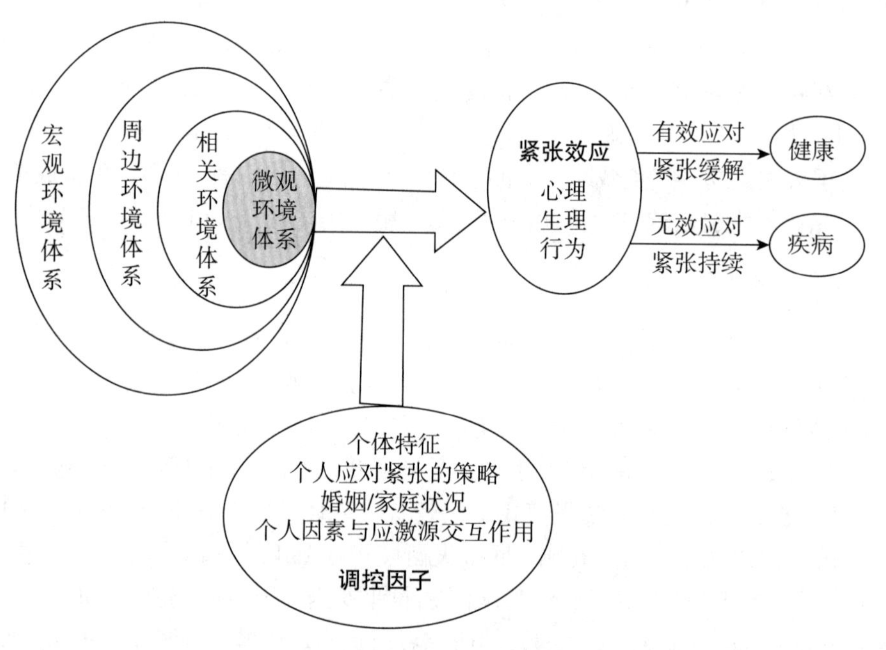

图 4-2 职业紧张生态学模式

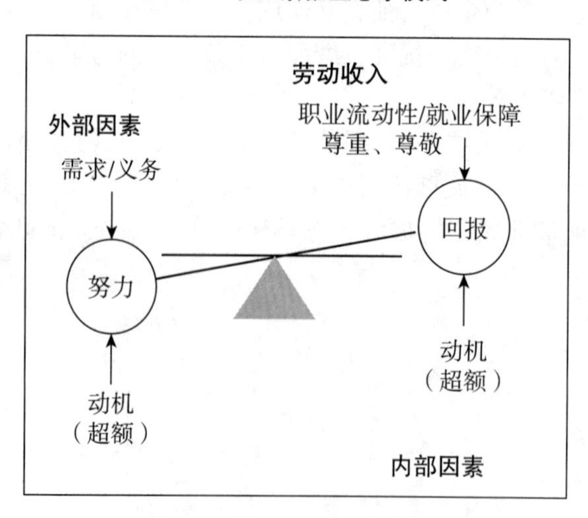

图 4-3 付出 - 回报失衡模式

表4-1　职业紧张生态学模式四个层次应激源及健康效应或危险因素

环境系统层次	相关职业紧张应激源	健康效应或危险因素
微观环境体系（与作业者直接联系的环境）	①作业结构：工作时间、班次、流水线速度、计件要求、出差频率、自控程度 ②作业内容：复杂性、难易度、单调性 ③作业环境：作业点布局、照明、温度、个人防护、对工作意义的理解、家庭负担（责任）、人际关系	疲劳、厌烦、过度负荷 时间压力 厌烦、缺乏适宜技能、完成任务信心不足、担心失败或错误、疲劳、失落感 隔离或孤独感
相关环境体系（支持性环境）	工会组织 工人在作业中的地位 正式及非正式规章政策 作业要求或责任不明确 领导风格	管理者态度 失落感、愤怒 有关规章对健康不利 作业要求或工作目标不明 不适宜的领导风格
周边环境体系（区域性经济与人文环境）	失业率 对社区的贡献及地位 社区对相关组织服务的看法 出现问题时社区的冷漠 缺乏足够的支持系统（如儿童日托、交通等）	职业不安全感 自信心：自豪感或困惑 愤怒、戒备、敌意 失落感、激怒、担心儿童照料和上下班交通 担心暴力、伤害或疾病
宏观环境体系（政治与法律法规环境）	社区的安全与卫生服务 时尚风气、偏见 职业伦理学 对慢性病的态度 政府有关标准和法规 不利的规章制度（如请假）	因性别和种族歧视而困惑 不平等待遇、不安全感 担心难以抵御疾病 标准和法规不足以保护工人 排外性政策

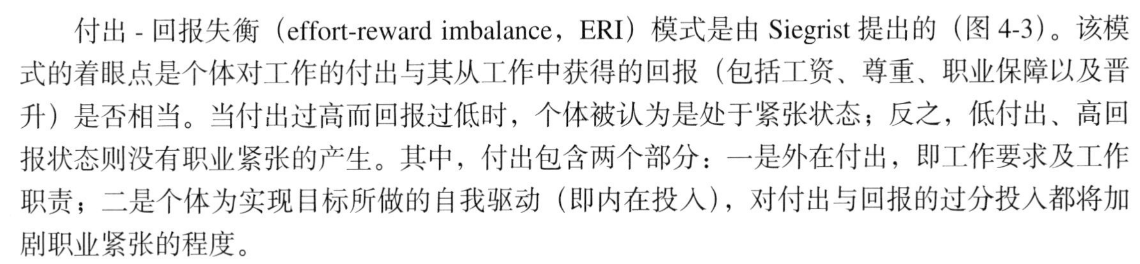

付出 - 回报失衡（effort-reward imbalance，ERI）模式是由 Siegrist 提出的（图 4-3）。该模式的着眼点是个体对工作的付出与其从工作中获得的回报（包括工资、尊重、职业保障以及晋升）是否相当。当付出过高而回报过低时，个体被认为是处于紧张状态；反之，低付出、高回报状态则没有职业紧张的产生。其中，付出包含两个部分：一是外在付出，即工作要求及工作职责；二是个体为实现目标所做的自我驱动（即内在投入），对付出与回报的过分投入都将加剧职业紧张的程度。

工作要求 - 自主（job demand-control，JDC）模式由美国的 Karasek 提出，该模式认为除了工作要求外，工作自主程度（包括技术使用与决定权）对紧张状态的产生也起着重要的作用。根据这种模式，可以产生不同的紧张状态："高要求、低自主"作业，势必导致"高紧张效应"；而"低要求、高自主"作业，则趋向于"低紧张效应"。从作业能力考虑，"高要求、高自主"作业，有利于激发作业者的积极性和主动性；而"低要求、低自主"作业，则易使作业者处于消极被动状态。此后，该模式不断发展，形成了"工作要求 - 自主程度 - 社会支持模式"（Job Demand-Control-Support Model）。在这个模式中，由于多层面的互动，使其更为复杂，但同时也更加接近实际情况。三个层面的不同结合方式在个体中表现出不同的心理效应，社会支持在其中起到缓冲与调节作用，可增高或降低作业者的紧张状态。

（三）劳动过程中的紧张因素

1. 个体特征　个体特征包括 A 型特征、性别、年龄、学历和支配感。

（1）A 型特征（或 A 型行为）：Friedman 和 Olmer 提出，具有 A 型特征者有如下特点：

①时间紧迫感：这类人欲望很高，常感时间紧迫，做事极不耐心，言谈举止也快速伶俐；②竞争性：个人奋斗的心理表现得十分充分（很容易忽视他人的情感），具有高度的竞争力（表现在职业生活、家庭生活甚至休闲活动中）；③敌对性：对他人疑虑甚至愤恨，表现出明显的敌对性格。

（2）性别：劳动形式在现代社会中有很大变化，尤其是对于女性，女性的生活形式从家庭责任与工作责任的相继性到家庭与工作责任同时发生，即参加职业活动的女性正经历着多重任务的紧张状态。Scoresen 和 Verbrugge 提出女性参加职业活动后，能增强自尊感，增强应对能力，但同时增加了职业紧张，表现为压力增大、冲突明显，每周职业任务超重的平均频率是丈夫的 2 ~ 3 倍。

（3）年龄：随年龄增长，人的体力不断下降，抵抗和应付紧张因素的能力也随之降低；且年轻人更能适应环境，更容易接受新知识、新事物，尤其更容易得到各方面的社会支持，并较重视休闲娱乐。因此，面对同样的工作，年长者比年轻人易产生紧张。

（4）学历：高学历人群易因工作强度大、竞争激烈、知识储备更新、个人发展空间等造成职业紧张；低学历人群因担心工作福利差、完不成任务、被解雇、生活压力大等而倍感紧张。另外，面对同样的工作任务，文化程度较高者拥有更多的应对资源，从而可以缓解紧张因素对个体的影响。

（5）支配感：支配决策权对职业紧张的发生有重要意义，对于被支配或低支配状况下，或无决策权者，则更倾向于发生职业紧张。

2．职业因素 劳动过程中引起职业紧张的职业因素主要有以下几个方面。

（1）角色特征：近年来有人提出角色理论来理解职业紧张和测试角色压力如何导致职业紧张的问题。角色特征表现在任务模糊（任务不清，目的不明）；任务超重（工作的数量和质量超重，前者是指工作量大，无足够时间完成任务；后者是指由于个体能力或技能低下而不能完成任务）；任务不足（个体能力强，而工作任务少）；任务冲突（即表现在两个个体需求之间的冲突，个体同时接受多个任务的冲突）；个体价值（如大材小用的冲突及角色间的冲突等方面）。

（2）工作特征：与职业紧张有关的工作特征表现在 4 个方面：①工作进度（包括机器的进度和人的进度，进度越快越紧张）；②工作重复（重复愈多，愈单一，愈易紧张）；③工作换班（不合理的换班制度可影响人的生物钟，导致紧张）；④工作属性（工作种类，所需知识和技巧不足，均可导致情感和行为反应异常）。

（3）人际关系：个体间或上下级之间关系较差，会降低相互信任和支持，影响情感和工作兴趣，这是造成紧张的重要原因。领导作风在下级克服紧张方面最为重要。

（4）组织关系：与职业紧张有关的组织关系特征包括：组织结构、个体地位、文化素质等。Donnelly 研究了高、中、低层组织结构中个体满意度和紧张水平，认为在低层组织结构中个体更有满足感。如组织能给职工更多决策权，职业紧张反应可明显降低，满意度更高，工作效率更高。若能使职工认识到自己工作的意义，则会增加工作责任感和主人翁意识。当比较组织结构中不同职位的职工时，发现地位最低的职工如普工、操作工、秘书和低级管理员、技术员等有更为强烈的紧张感。组织结构中文化素质也是重要的因素，主要表现在竞争力，如职工晋升、技能定级、提升和进修机会等。

（5）人力资源管理：这是职业卫生管理体系中又一重要的紧张源，包括培训、业务发展、人员计划、工资待遇和工作调离等。缺乏培训是产生紧张的重要原因。即使是老职工面对新技术也渴望再学习，才能适应强烈的社会竞争机制。所以业务的提高和发展是职工尤其是中年职工最为关心的问题，这与职业紧张密切相关。同时职工福利、待遇、人员安排、调离、解雇、离退休、失业等都与职业紧张的发生密切相关。

（四）职业紧张反应的表现

紧张不都是有害的，适度的紧张是有益的、个体必需的。只有长期过度紧张才是对个体不利的，甚至是有害的。紧张反应主要表现在心理、生理和行为的变化，以及精疲力竭几个方面。

1．心理反应 过度紧张可引起人们的心理异常反应，主要表现在情感和认知方面。例如工作满意度下降、抑郁、焦虑、易疲倦、感情淡漠、注意力不集中、记忆力下降、易怒、社会退缩，使其个体应对能力下降。

2．生理反应 主要是躯体不适，如血压升高、心率加快、血凝加速、皮肤电生理反应增强、血和尿中儿茶酚胺和 17- 羟类固醇增多、尿酸增加。对免疫功能可能有抑制作用，可致肾上腺素和去甲肾上腺素分泌增多，导致血中游离酸和胰高血糖素增多。

3．行为表现 行为异常主要表现在个体和组织两方面。个体表现是逃避工作、怠工、酗酒、频繁就医、滥用药物、食欲不振、敌对行为等；组织表现为旷工、缺勤、事故倾向、工作能力下降、工作效率低下等。

4．精疲力竭（burnout） 有研究认为精疲力竭的发生是职业紧张的直接后果，是个体不能应对职业紧张的最重要的表现之一。Maslach 提出的精疲力竭症三维模式，确认了职业紧张体验的多样性，并为深入研究提供了新的思路。三维模式的主要内容是：①情绪耗竭（emotional exhaustion）：指个体的情绪资源（emotional resources）过度消耗，表现为疲乏不堪、精力丧失、体力衰弱和疲劳；②人格解体（depersonalization）：是一种自我意识障碍，体验自身或外部世界的陌生感或不真实感（现实解体），体验情感的能力丧失（情感解体），表现为对他人消极、疏离的情绪反应，尤指对职业服务对象的麻木、冷淡、易激惹的态度；③职业效能下降：指职业活动的能力与效率降低，职业动机和热情下降，职业退缩（离职、缺勤）以及应付能力降低等。精疲力竭的后果是严重的，不仅会丧失工作能力，还可能危及生命。

（五）职业紧张的控制和干预

预防职业紧张首先应探寻和确定紧张源，可从个体和组织两个方面采取干预措施。对个体应增强其应对能力，对组织则努力消除紧张源。但无论从哪方面干预，都需要采取综合性措施。

1．明确紧张源 测量工作中的社会心理紧张因素最重要和常用的方法是问卷调查法。目前在职业紧张模式理论指导下建立起来的职业紧张自评问卷呈现出多样化现象，其中使用较多的包括英国学者 Cooper 研制的职业紧张指数调查表（Occupational Stress Indicator，OSI）、McLean' s 工作紧张问卷（McLean' s Work Stress Questionnaire）、职业紧张量表（Occupational Stress Inventory Revised Edition，OSI-R）、基于 NIOSH 模式的工作控制问卷（Job Control Questionnaire）、基于工作要求 - 自主模式的工作内容问卷（Job Content Questionnaire，JCQ）、基于付出 - 回报失衡模式的付出 - 回报失衡问卷（Effort-Reward Imbalance Questionnaire，ERI）等。

2．增强个体应对能力 个体应对资源（personal coping resource）是指能增强个体应对（coping）能力的因素。研究较多的应对能力因素是社会支持（social support）。Hersey 首次提出社会支持对降低职业紧张的重要性，尤其是同事和领导的支持，对个体的生理、心理反应极为有利。

社会支持主要表现在：

（1）情感支持，个体遇到困难时可从朋友那里得到安慰；

（2）社会的整体性，使个体感到自己是社会的一员，有共同的关心；

（3）社会支持是切实的、明确的，如在经济上、工具或任务上互助等；

（4）社会信息，可获得有关任务的信息，从而获得指导和帮助；

（5）相互尊重和帮助，体现在技术和能力方面得到承认和尊重；

（6）社会支持具有缓冲作用。

3．增强应对反应 应对反应（coping response）是个体对职业紧张源刺激的反应活动。Penalin 和 Schode 把应对（coping）定义为个体对外部刺激所发生的为预防、避免和控制紧张情绪的反应活动。

应对反应可分为三种类型：

（1）改变紧张状态的应对反应：即改变或修改紧张状态的反应；

（2）改变紧张状态含义的应对反应：如自感工资待遇虽不高，但做该项工作很有意义，这就可使发生的紧张程度降低，甚至不发生；

（3）改变已发生紧张后果的应对反应：如尽量克制、忍耐、回避或抒发情感等，以将紧张状态的负面影响降至最低程度。

4．组织措施 组织应在工作方式和劳动组织结构的设计和安排上尽可能符合卫生学要求，以满足作业者心理需求，提高自主性和责任感，促进职业意识，充分发挥职业技能。

5．培训和教育 为增强个体对职业环境的适应能力，应先充分了解个体特征，针对不同情况进行职业指导或就业技术培训，帮助其克服物质、精神和社会上的困难或障碍，鼓励个体主动适应或调节职业环境，创造条件以改善人与环境的协调性。

6．法律保障 从立法上明确生产技术、劳动组织、工作时间和福利待遇等制度都应充分有利于促进生产，减少或避免个体产生心理、生理负面影响，从制度上保证个体获得职业安全与卫生的依据、自主决策权利、得到承认和尊重以及以主人翁态度参加生产计划、民主管理等。

7．健康促进 开展健康教育和健康促进活动，增强个体应对职业紧张的能力。

三、心身疾病

（一）概述

心身疾病（psychosomatic diseases）又称心理生理障碍（psychosomatic disorders），是指一组与心理和社会因素密切相关，但以躯体症状表现为主的疾病。心身医学就是研究心理和社会因素与人体健康和疾病的相互关系的学科，是一门跨多种学科的边缘学科。

心身疾病的范围甚为广泛，可以累及人体的各个器官和系统。心身医学不是研究某一器官或某个系统的疾病，而是一种关于健康和疾病整体性和综合性的理论。心身疾病目前包括了由情绪因素所引起的，以躯体症状为主要表现，受自主神经所支配的系统或器官的多种疾病。由于世界各国对心身疾病分类的方法不同，包括的疾病种类很不一致。根据美国心理生理障碍学会所制订的较为详细的分类，结合其他有关资料，对各系统的心身疾病阐述如下：

1．皮肤系统的心身疾病 神经性皮炎、瘙痒症、斑秃、牛皮癣、多汗症、慢性荨麻疹、湿疹等。

2．肌肉骨骼系统的心身疾病 腰背痛、肌肉疼痛、痉挛性斜颈、书写痉挛。

3．呼吸系统的心身疾病 支气管哮喘、过度换气综合征、神经性咳嗽。

4．心血管系统的心身疾病 冠状动脉粥样硬化性心脏病、阵发性心动过速、心律不齐、高血压、偏头痛、低血压、雷诺氏病。

5．消化系统的心身疾病 胃十二指肠溃疡、神经性厌食、神经性呕吐、溃疡性结肠炎、幽门痉挛、过敏性结肠炎。

6．泌尿生殖系统的心身疾病 月经紊乱、经前期紧张症、功能性子宫出血、性功能障碍、功能性不孕症。

7．内分泌系统的心身疾病 甲状腺功能亢进、糖尿病、低血糖。

8．神经系统的心身疾病　痉挛性疾病、紧张性头痛、睡眠障碍、自主神经功能失调。

9．其他　按学科分类，属于耳鼻喉科的心身疾病有：梅尼埃综合征、咽部异物感等；属于眼科的心身疾病有：原发性青光眼、眼睑痉挛、弱视；属于口腔科的心身疾病有：特发性舌炎、口腔溃疡、咀嚼肌痉挛等。其他与心理因素有关的疾病还有癌症和肥胖症等。

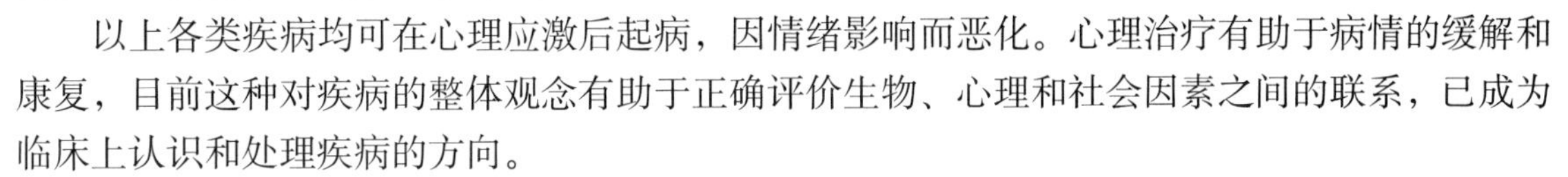

以上各类疾病均可在心理应激后起病，因情绪影响而恶化。心理治疗有助于病情的缓解和康复，目前这种对疾病的整体观念有助于正确评价生物、心理和社会因素之间的联系，已成为临床上认识和处理疾病的方向。

（二）常见的心身疾病

1．支气管哮喘　患者的躯体素质具有敏感、易受暗示的特征，社会心理因素对其有较大的影响。由于遗传或早年环境因素的影响而形成支气管反应的个体类型，使这类患者容易发生气管痉挛反应 - 迷走神经兴奋。具有这种哮喘素质的人，可因炎症、过度劳累、吸入致敏原或在环境刺激引起情绪变化等因素影响下，导致哮喘发作。每次发作后，可能又以条件反射的方式固定下来，在遭遇同样情境时，即再度发作。对于儿童患者，若父母对患儿的哮喘行为过分关注，亦可强化已形成的条件反射，使发作容易固定持续。支气管哮喘患者典型的特征是：支气管系统的极端不稳定性；矛盾心理冲突；恐惧，可以分为两种，即害怕哮喘的恐惧和因人而异的恐惧。因此，心身医学的文献把支气管哮喘看作是各种躯体和心理因素的“最终躯体反应”。有文献资料统计表明，对于哮喘发作的诱因，75% 是感染，47% 是过敏，61% 是心理因素。从上述统计数字可以发现，哮喘发作是多个诱因在起作用。还有一些学者认为，除了感染和过敏两种因素以外，至少有四分之一的患者其哮喘发作诱因是心理因素。

2．消化性溃疡　胃肠道被认为是最能表达情绪的器官。实验室研究发现，心理因素可影响胃液分泌、胃黏膜血管充盈的程度和胃壁蠕动的变化。当心理因素与各种体质因素联合作用时，就有可能引发溃疡。临床上常见消化性溃疡的发生与恶化常与紧张的生活事件有关。心理应激导致大脑皮质的功能失调，作用于下丘脑下部，促使迷走神经兴奋，引起胃酸分泌持续升高。心理应激还可通过垂体 - 肾上腺皮质内分泌系统，促使消化性溃疡的发生。

有学者认为溃疡病是与环境压力有一定关联的胃肠溃疡的发展，患者由于自身的性格特点和生活经历，会以机体胃肠功能紊乱的形式反映出来。

胃的功能、运动、血液循环和分泌与高级神经系统活动有密切关系，因而与情感状态也有密切关系。好斗和发怒会影响食物的胃排出量，恐惧或强烈的情绪波动则会由于幽门痉挛而减慢食物的排出量。在恐惧、无法满足的逃避愿望、消极悲观或丧失勇气等各种情绪的影响下，胃酸分泌减少，胃运动和血液流通减慢。好斗的性格、长期的恐惧和冲突环境会导致胃酸分泌增多，并且在以上环境持续出现的情况下造成胃黏膜变化，在这种条件下胃黏膜特别容易受损，长期和胃液接触导致了胃溃疡的产生。

3．原发性高血压　原发性高血压患者常具有 A 型行为特征：性情急躁，完美主义，对外界要求过高，容易受到挫折。A 型行为特征可具有家族遗传特点。由于长期或强烈的心理应激，反复的情绪波动使大脑功能失调，不能正常调节皮质下中枢，使血管舒缩中枢受到刺激，促使外周血管长期过度收缩，从而使血压升高。此外，由于肾小动脉的持续收缩，也促使血压进一步上升。在发病原因中还有内分泌等其他因素的参与，其中社会心理因素占有重要地位。因此，在治疗时宜采取躯体活动、生物反馈、松弛训练和各种心理治疗等，降压药因不能治本，故要慎用。

4．癌症　大量实验研究表明，心理应激可降低动物的免疫功能，流行病学调查资料也显示，癌症患者患病前曾受到过较多的精神刺激。此外，性格特点常较内向，情绪不易外露，自我克制，容易产生苦闷、怨恨和绝望感。发现患癌症以后，又易出现否认、愤怒、委屈和忧郁

等情绪。这些心理状态对癌症的治疗和康复不利，可能加重病情的发展。因此在癌症的治疗过程中，必须重视心理因素，在应用药物、放射治疗的同时，应配合心理治疗和社会环境方面的支持和帮助，以促使患者更好地康复。

5．甲状腺功能亢进症 近年研究证明甲状腺功能亢进症主要因精神刺激而诱发。曾有报道，有人在极度恐惧和精神创伤后的几小时内发病。病前性格为：内向、情绪不稳、紧张、焦虑、抑郁、神经质、对外界刺激敏感。在心理应激的条件下，引起皮质激素及免疫抑制剂的释放，干扰了机体正常的免疫监视功能，因而导致出现甲状腺功能亢进。因此在治疗上必须注意心理支持和帮助。

（王　云）

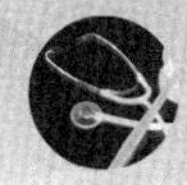

第五章 物理因素及其对健康的影响

第一节 概 述

在生产和工作环境中，与劳动者健康密切相关的物理因素有：①气象条件：如气温、气湿、气流、气压；②噪声和振动；③电磁辐射：如X射线、γ射线、紫外线、可见光、红外线、激光、微波和射频辐射等。与化学因素相比，作业场所常见的物理因素具有下列特点：

1．正常情况下，有些因素不但对人体无害，反而是人体生理活动或从事生产劳动所必需的，如气温、可见光等。因此，对于物理因素，除了研究其不良影响或危害以外，还应研究其“适宜”的范围，如最适的温度范围，以便创造良好的工作环境。

2．每一种物理因素都具有特定的物理参数，物理因素对人体是否造成伤害以及危害的程度，是由这些参数决定的。

3．作业场所中的物理因素一般有明确的来源。当产生物理因素的装置处于工作状态时，其产生的因素可以造成环境污染，影响人体健康；一旦装置停止工作，则相应的物理因素便消失，不会造成健康损害。

4．作业场所空间中物理因素的强度一般不是均匀的，多以发生装置为中心，向四周传播，如果没有阻挡，其强度一般随距离增加呈指数关系衰减。在研究人体危害和进行现场评价时需要注意这一特点，在采取防护措施时也可以利用这种特点。

5．有些物理因素，如噪声、微波等，可有连续波和脉冲波两种传播形式。性质的不同使得这些因素对人体危害的程度有所不同，在进行现场调查和分析时应注意区分，制订卫生标准时大多需要分别制订。

6．许多情况下，物理因素对人体的危害程度与物理参数不呈直线相关关系，常表现为在某一范围内无害，当高于或低于这一范围则对人体产生不良影响，而且影响的部位和表现可能完全不同。比如气温，正常气温对人体是必需的、有益的，而高温则会引起中暑，低温可引起冻伤或冻僵。

有鉴于此，对物理因素采取防护措施或制订卫生标准，一般不是为了消除某种因素，也不是将某种因素的强度控制得越低越好，更不能采取用其他因素代替的办法，而是应该通过各种措施，将某种因素控制在某一限度或正常范围内。条件容许时使其保持在适宜范围则更好。

此外，由于除了某些放射性物质进入人体可以产生内照射以外，绝大多数物理因素在脱离接触后并不会在体内残留，因此对于物理因素对人体所造成的伤害或疾病，其治疗一般不需要采用“驱除”或“排出”有害因素的方法，而主要是针对人体的病变特点和程度采取相应的临床治疗措施。目前，对于许多物理因素引起的严重损伤，尚缺乏有效的治疗措施，对于物理因素的职业危害，主要应加强预防。

（何丽华）

第二节　不良气象条件

一、生产环境中的气象条件及其特点

生产环境中的气象条件主要指气温、气湿、气流、气压和热辐射，这些因素共同构成了工作场所的微小气候（microclimate）。热辐射在严格意义上并不属于气象条件，但它对生产环境的气象条件以及人体散热和获热有很大影响，故也被列入气象条件加以讨论。

1．气温　生产环境中的气温除取决于大气温度外，还受太阳辐射和生产性热源散热等的影响。辐射虽不直接加热空气，但可以加热周围物体，形成第二次热源，扩大了加热空气的面积；热源通过传导、对流，使生产环境中的空气加热，气温升高。

2．气湿　生产环境中的气湿以相对湿度表示。相对湿度在 80% 以上称为高气湿，30% 以下称为低气湿。高气湿主要是由水分蒸发释放蒸气所致，低气湿可发生于冬季的高温车间。

3．气流　生产环境中的气流除受外界风力的影响外，主要与厂房中的热源有关。热源使空气加热而上升，室外冷空气从厂房门窗和下部空隙进入室内，造成空气对流。室内外温差愈大，产生的气流愈大。

4．热辐射　热辐射主要是指红外线及部分可视线。红外线并不能直接加热空气，但可以加热周围物体。当物体表面温度超过人体表面温度时，则向人体辐射而使人体受热，称为正辐射；反之，称为负辐射。热辐射的能量大小与辐射源的温度成正比，辐射能量与辐射源距离的平方成反比。热辐射强度以每分钟每平方厘米表面的焦耳（J）热量表示（$J/cm^2 \cdot min$）。

二、高温作业

（一）高温作业的主要类型

高温作业系指在生产过程中工作地点有高气温、强烈的热辐射或伴有高气湿等异常气象条件，且湿球-黑球温度指数≥25℃的作业。高温作业按其气象条件的特点可分为下列三个基本类型。

1．高温、强热辐射作业　如冶金工业的炼焦、铁车间，机械工业的铸造、锻造车间等，这些场所的气象特点是高气温、强辐射，而相对湿度较低，呈干热环境。

2．高温、高湿作业　其特点是高气温和气湿，而热辐射强度不大，呈湿热环境。主要是由于生产过程中产生大量蒸气或生产上要求车间内保持较高湿度所致。例如印染、缫丝、造纸、深矿井等。

3．夏季露天作业　夏季农田劳动、建筑、搬运等露天作业，除受太阳辐射外，还受被加热的地面和周围物体的热辐射，形成高温、强热辐射的作业环境。

（二）高温作业对机体生理功能的影响

高温作业时，人体可出现一系列生理功能改变，主要包括体温调节、水和电解质代谢、循环系统、消化系统、神经系统、泌尿系统等方面的适应性变化。这些变化若超过一定限度，则可对健康产生不良影响。

1．体温调节　人体与环境不断进行热交换，使中心体温在 37℃保持平衡，其正常变动范围很窄。机体与环境的热平衡可用下列公式表示：

$$S = M - E \pm R \pm C_1 \pm C_2$$

其中，S 为热蓄积的变化，M 为代谢产热，E 为蒸发散热，R 为经辐射的获热或散热，C_1

为对流的获热或散热，C_2 为传导的获热或散热。

在高温环境下劳动时，人体的体温调节受到气象条件和劳动强度的共同影响。气象条件诸因素中，气温和热辐射起主要作用。气温以对流作用于人体体表，通过血液循环使全身加热；热辐射则直接加热机体深部组织。

2. 水、电解质代谢　环境温度愈高，劳动强度愈大，人体出汗量则愈多。高温作业工人一个工作日出汗量可达 3000 ~ 4000 g，经出汗排出电解质 20 ~ 25 g。故大量出汗可致水和电解质代谢障碍，甚至导致热痉挛。出汗量是衡量高温作业工人受热程度和劳动强度的综合指标。一般认为，一个工作日出汗量 6 L 为生理最高限度，失水不应超过体重的 1.5%。

3. 循环系统　高温环境下从事体力劳动时，一方面，心脏要向高度扩张的皮肤血管网输送大量血液，又要向工作肌群灌注足够的血液；另一方面，由于出汗导致血液浓缩，有效循环血量降低。这种供求矛盾使循环系统处于高度应激状态，可导致热衰竭。血压改变没有明确的规律，工龄较长的工人可出现心脏代偿性肥大。

4. 消化系统　高温作业时，消化液分泌减少，消化酶活性和胃液酸度（游离酸和总酸）降低，导致工人患食欲减退、消化不良和胃肠道疾病的概率明显增加。

5. 神经系统　高温作业可使中枢神经系统受抑制，肌肉工作能力低下，产热量因此而减少，负荷得以减轻。因此，这种抑制可看作是保护性反应。但由于工人注意力、动作的协调准确性及反应速度降低，易发生事故。

6. 泌尿系统　高温作业时，大量水分经汗腺排出，肾血流量和肾小球滤过率下降，经肾排出的尿液大量减少，如未及时补充水分，血液浓缩使肾负担加重，可致肾功能不全，尿中出现蛋白、红细胞、管型等。

7. 热适应　指人在热环境工作一段时间后对热负荷产生适应的现象。一般在高温环境下工作数周时间，机体可产生热适应。主要表现为上述各个系统的功能有利于降低产热、增加散热。近年发现细胞在机体受热时及热适应后可诱导合成一组蛋白质，即热休克蛋白，后者可保护机体免受一定范围内高温的致死性损伤，有助于防止中暑和减轻热损伤。热适应状态并不稳定，停止接触热一周左右将返回到适应前的状况，即脱适应。

（三）中暑

中暑是高温环境下由于热平衡或水和电解质代谢紊乱等而引起的一种以中枢神经系统和（或）心血管系统障碍为主要表现的急性热致疾病（acute heat illness）。

1. 致病因素　环境温度过高、湿度大、风速小、劳动强度过大、劳动时间过长是中暑的主要致病因素。疲劳、睡眠不足、体弱、肥胖、尚未热适应易诱发中暑。

2. 发病机制与临床表现　按发病机制可将中暑分为三种类型：热射病（heat stroke）、热痉挛（heat cramp）和热衰竭（heat exhaustion）。临床上往往难以区分，我国职业病统称其为中暑。

（1）热射病：体温极度升高，损伤机体尤其是中枢神经系统的组织所致。临床特点：突然发病，体温可高达 40℃以上，开始大量出汗，以后则“无汗”而呈“干热”，并伴有意识障碍、嗜睡、昏迷等中枢神经系统症状。

（2）热痉挛：大量出汗，体内钠、钾过量丢失所致。主要表现为明显的肌肉痉挛，伴有收缩痛。痉挛以四肢肌肉及腹肌为多见，尤以腓肠肌为最；痉挛常呈对称性，时发作，时缓解。患者神志清醒，体温多正常。

（3）热衰竭：外周血管极度扩张，血容量不足所致。此时，身体的一些重要部位会出现供血减少，如因脑暂时供血不足而发生晕厥。体温正常或稍高。有头痛、头晕、虚弱感和恶心，皮肤先微红，然后苍白，出冷汗，心率升高。

上述三种类型的中暑，以热射病最为严重，即使治疗及时，仍有 20% ~ 40% 的患者死亡。

3．诊断 根据高温作业人员的职业史及体温升高、肌痉挛或晕厥等主要临床表现，排除其他类似的疾病，可诊断为职业性中暑，按临床症状的轻重分为中暑先兆、轻症和重症中暑（参见 GBZ41-2002《职业性中暑诊断标准》）。

4．处理原则 ①中暑先兆：暂时脱离高温现场，并予以密切观察；②轻症中暑：迅速脱离高温现场，到阴凉通风处休息；给予含盐清凉饮料及对症处理；③重症中暑：迅速予以物理降温和（或）药物降温，纠正水与电解质紊乱，对症治疗。中暑患者一般可很快恢复，不必调离原作业；若因体弱不宜继续从事高温作业，或有其他就业禁忌证者，应调换工种。

5．预防措施

（1）技术措施

1）合理设计工艺流程，使工人远离热源，是改善高温作业劳动条件的根本措施。

2）隔热是防暑降温的一项重要措施。

3）通风降温，包括自然通风和机械通风。

（2）保健措施

1）供给饮料和补充营养：高温作业工人应补充与出汗量相当的水分和电解质。一般每人每天供水 3 ~ 5 L，电解质 20 g 左右。饮料的电解质含量以 0.15% ~ 0.2% 为宜。饮水方式以少量多次为宜。

2）个人防护：高温工作服，应采用耐热、导热系数小而透气性能好的织物制成。

3）加强医疗预防工作：对高温作业工人应进行就业前和入暑前体检。

（3）组织措施：我国防暑降温已有较成熟的经验，关键在于加强领导，改善管理，严格遵照国家有关高温作业卫生标准和《防暑降温措施暂行办法》做好厂矿防暑降温工作。

（四）高温作业卫生标准

高温作业时，人体与环境的热交换和平衡既受气象因素影响，又受劳动代谢产热的影响。一般以湿球 - 黑球温度（Wet-Bulb-Globe-Temperature，WBGT）指数制订高温作业卫生标准。

我国制订的综合性高温作业卫生标准 GBZ 2.2-2010《工作场所有害因素职业接触限值》，以综合温度反映高温气象诸因素构成的热负荷（综合温度相当于 WBGT 指数），还考虑了劳动强度，在该高温环境下劳动，约 90% 的工人其中心体温不会超过 38℃（表 5-1）。

表5-1　工作场所不同体力劳动强度的WBGT限值（℃）

接触时间率	体力劳动强度			
	Ⅰ	Ⅱ	Ⅲ	Ⅳ
100%	30	28	26	25
75%	31	29	28	26
50%	32	30	29	28
25%	33	32	31	30

三、低温作业

（一）低温作业及分级

低温作业是指在生产劳动过程中，工作地点平均温度≤ 5℃的作业类型。按照工作地点的温度和低温作业时间率，可将低温作业分为 4 级，级数越高则冷强度越大（参见 GB/T 14440-

1993《低温作业分级》)。

(二) 职业接触

低温作业主要包括寒冷季节从事室外或室内无采暖设备的作业，以及工作场所有冷源装置的作业。这些作业人员在接触低于0℃的环境与介质时，均有发生冻伤的可能。

(三) 低温作业对机体的影响

1. 体温调节　寒冷刺激使得机体散发到环境的热量减少，同时代谢产热增加，因而体温能够维持恒定。人体具有适应寒冷的能力，但有一定的限度。如果在寒冷（-5℃以下）环境下工作时间过长，或浸于冷水中（可使皮肤温度及中心体温迅速下降），以至超过机体适应能力，体温调节发生障碍，则体温降低，甚至出现体温过低，影响机体功能。

2. 中枢神经系统　低温条件下，可出现神经兴奋与传导能力减弱，出现手脚不灵活、运动失调、反应减慢及发音困难。寒冷引起的这些神经效应使低温作业工人易受机械和事故的伤害。

3. 心血管系统　低温作业的初期，心率加快，心输出量增加，后期则心率减慢，心输出量减少。

4. 体温过低　一般将中心体温降低到35℃或以下称为体温过低，此时寒战达到最大程度；体温若再下降，寒战反而停止。

在寒冷的环境中，大量血液由外周流向内脏器官，外周与中心之间形成很大的温度梯度，所以中心体温尚未至过低时，即可出现四肢或面部的局部冻伤。

(四) 防寒保暖措施

1. 做好防寒保暖工作　应按《工业企业设计卫生标准》和《采暖、通风和空气调节设计规范》的规定，设置必要的采暖设备，使低温作业地点保持合适的温度。冬季露天作业时，应在工作地点附近设立取暖室，供工人取暖休息之用。此外，应加强健康教育。除低气温外，应注意风冷效应。

2. 注意个人防护　为低温作业人员提供御寒服装。在潮湿环境下劳动，应发给防湿劳保用品；工作时若衣服浸湿，应及时更换。

3. 增强耐寒体质　在长期寒冷作用下，人体皮肤表皮会增厚，御寒能力增强，从而适应寒冷。此外，可适当增加富含脂肪、蛋白质和维生素的食物。

四、异常气压

有些特殊工种需要在异常气压下工作，此时因气压与正常气压相差甚远，若不注意防护，则可对人体健康产生不利影响。

(一) 高气压

1. 高气压作业

(1) 潜水作业：为最常见的高气压作业，如打捞沉船、水下施工等。潜水员在水下作业呼吸的是高压气体，需要穿特制潜水服，通过一条导管供给相应的压缩空气。

(2) 潜涵作业：又称沉箱作业，指在地下水位以下潜涵内进行的作业。如建造桥墩，需要高气压沉箱，以防止渗水，工作人员在高气压下的沉箱内工作。

(3) 其他：如加压治疗舱、高气压研究舱工作人员。

2. 高气压对人体的影响　在加压过程中，因外耳道所受压力较大，引起鼓膜内陷而产生

内耳充塞感、耳鸣和头晕等，甚至鼓膜破裂。在高气压环境下，当气压小于 709.3 kPa（7 个大气压）时，高的氧分压可引起心搏和外周血流减慢；而当气压在 709.3 kPa 以上时，则主要表现为氮的麻醉作用，如酒醉样、意识模糊、幻觉等；以及对心血管运动中枢的刺激作用，如血压升高、血流速度加快等。

3．减压病 减压病（decompression disease）是指在高气压下工作一定时间后，在转向正常气压时，因减压过速、气压幅度降低过大所致的职业病。此时人体组织和血液中产生大量气泡，导致血液循环障碍和组织损伤。

（1）发病机制：若减压过速，溶解在体内的气体（主要是氮气）可呈气相而在血管内外及组织与细胞中形成气泡，阻塞血管、压迫组织等，从而产生相应的一系列症状。

（2）临床表现：急性减压病大多在数小时内发病，减压后 1 小时内发病者占 85%，6 小时内发病者占 99%，6 ~ 36 小时发病者仅占 1%，超过 48 小时仍无症状者，以后发病的可能性极小。一般减压速度愈快、幅度愈大，则发病愈早，病情也较严重。

1）皮肤：皮肤瘙痒为较早、较常见的症状，并伴有烧灼感、蚁爬感。

2）肌肉关节痛：为本病的典型表现，最常见的为关节痛，轻者出现酸痛；重者可呈跳动样、针刺样、撕裂样剧痛，因疼痛迫使患者关节呈半屈曲状态，称“屈肢症”。骨质内气泡远期后果为产生无菌性骨坏死。

3）神经系统：多发生于脊髓，可产生截瘫、四肢感觉和运动功能障碍及直肠、膀胱功能麻痹等。

4）循环、呼吸系统：血液循环中有大量气泡栓塞时可引起循环障碍。肺血管内气泡严重时可引起肺梗死。

5）消化系统：大网膜、肠系膜及胃血管中有气泡栓塞时，可有恶心、呕吐、腹痛等。

（3）诊断：根据 GBZ24-2017《职业性减压病诊断标准》，急性减压病分为轻、中、重三度；减压性骨坏死按骨骼 X 线改变分 Ⅰ、Ⅱ、Ⅲ期。

（4）处理原则：加压治疗，及时清除体内气泡是根治减压病的唯一有效手段。将患者立即送入特制的加压舱内，升高舱内气压到作业时的程度，停留一定时间，待患者症状消失后，按减压规程要求，逐渐减至常压，然后出舱。及时正确运用加压舱，急性减压病的治愈率可达 90% 以上，对减压性骨坏死也有一定的疗效。

（5）预防措施

1）技术革新：用常压沉箱代替高压沉箱可避免操作者在高气压环境下工作。

2）严格遵守安全操作规程：高压作业后均须按规定程序减压。

3）加强安全教育：使潜水员了解减压病的发病原因和预防方法，自觉遵守减压规则。

4）卫生保健措施：做好就业前、定期和下潜前的体格检查。凡患有神经、循环、呼吸、泌尿、血液、运动、内分泌、消化系统器质性疾病和明显的功能性疾病者，患眼、耳、鼻、喉及前庭器官器质性疾病者不宜从事此项工作。此外，年龄超过 50 周岁、各种传染病未愈、有过敏体质者也不宜从事此项工作。

（二）低气压

通常将海拔在 3000 m 以上的地区称为高原地区。高原地区属于低气压环境，海拔越高，氧分压越低，越易引起人体缺氧。另外，高原和高山地区还有强烈的紫外线与红外线辐射、日温差大、温湿度低及气候多变等不良气象条件。

1．低气压对机体的影响 人体对低氧环境可产生一系列适应性和不适应性反应，个体差异很大。在高海拔低氧环境下，人体为保持正常活动和进行作业，在细胞、组织和器官水平首先发生功能性的适应性变化，逐渐过渡到稳定的适应，称为习服（acclimatization）。一般在

3000 m 以内，能够较快适应；在 3000 ~ 5000 m 高度，部分人需较长时间适应；5000 m 为人体适应的临界高度。

低气压对人体的影响主要是缺氧，大气氧分压与肺泡气氧分压的差随高度的增加而缩小，直接影响肺泡气体交换、血液携氧和结合氧在组织内释放的速度，使机体供氧不足，产生缺氧。

2．高原病（high-altitude illness） 职业性高原病是在高海拔低氧环境下从事职业活动所致的一种疾病。低气压性缺氧是主要病因。

（1）临床表现

1）急性高原反应：短时间内进入 3000 m 以上高原时，可出现高原反应症状，表现为头痛、头晕、心悸、气急、胸闷、胸痛、恶心、呕吐、食欲减退、发绀、面部轻度水肿、口唇干裂、鼻出血等。有些人出现兴奋性增高，如酩酊感、失眠等。急性高原反应多发生在登山后 24 小时内，大部分症状在 4 ~ 6 天内基本消失。

2）急性高原病：①高原肺水肿：多发生在海拔 4000 m 以上未经习服者。除有急性高原反应症状外，严重者有咳嗽、泡沫样痰、发绀、呼吸极度困难、胸痛、烦躁不安等。听诊可闻及两肺广泛湿啰音。X 线胸部检查见两肺中下部密度较淡、云絮状边缘不清阴影。②高原脑水肿：发病急，主要发生在海拔 4000 m 以上未经习服的登山者。由于缺氧严重，可引起大脑皮质损害和脑水肿。患者除有急性高原反应症状外，还可出现相应的神经系统症状，如剧烈头痛、谵妄，并有明显发绀、呼吸困难等，随后出现嗜睡，并逐渐转入昏迷。少数患者可有抽搐及脑膜刺激症状等。

3）慢性高原病：指失去了对高海拔的适应而产生慢性肺源性心脏病并伴有神经系统症状，主要发生在较长期居住在高原的人。

①高原红细胞增多症：多发生于海拔 3000 m 以上，表现为发绀、头痛、呼吸困难、全身乏力等。高原红细胞增多症常与高血压、心脏病同时存在而呈混合型。

②高原心脏病：以儿童多见，因肺小血管痉挛，导致肺动脉高压，右心室持续负荷过重而增大，最终因失代偿而引起右心衰竭。

（2）处理原则：由于高原病的病因为低氧性缺氧，故应早期发现，及时吸氧和进行其他治疗，对较严重患者，需及时就地抢救；若疗效不佳，应及早由高原转至平原或低地治疗。如经治疗病情好转或稳定，但仍不能获得对高原适应者，则应转往低地。在治疗过程中应严密预防高原肺水肿和高原脑水肿，一旦出现，须立即进行相应的急救处理，原则同内科急救治疗。

（3）预防措施

1）适当控制登高速度与高度：逐渐缓慢地步行登山者，发生急性高原病相对较少，故由平原向高山攀登时，应坚持阶梯式升高的原则，逐步适应。

2）适应性锻炼：高原适应的速度和程度，可以通过适应性锻炼得到逐步提高。

3）卫生保健措施：高原地区人员的饮食应有足够的热量和合理的营养，如供给多种维生素、高蛋白、中等脂肪及适当的糖类等。应注意保暖，防止急性呼吸道感染等。

对进入高原地区的人员需要进行体格检查，凡患有明显的心、肺、肝、肾等疾病，以及高血压Ⅱ期、严重贫血者，均不宜进入高原地区。

（何丽华）

第三节 非电离辐射

非电离辐射与电离辐射均属于电磁辐射。电磁辐射以电磁波的形式在介质中辐射传播，波动频率以“赫兹”（Hz）表示，常采用千赫兹（kHz）、兆赫兹（MHz）和吉赫兹（GHz）。

1 kHz = 1000 Hz，1 MHz = 1000 kHz，1 GHz = 1000 MHz。

电磁辐射的生物学作用性质主要取决于辐射能的大小。波长短，频率高，辐射能量大，生物学作用强。当量子能量水平达到 12 eV 以上时，对生物体有电离作用，这类电磁辐射称为电离辐射（ionizing radiation），如γ射线、X射线等；量子能量水平 < 12 eV 的电磁辐射，称为非电离辐射（nonionizing radiation），如紫外线、可见光、红外线、激光和射频辐射等。因此，可根据电磁辐射能否引起生物组织发生电离作用而将其分为电离辐射和非电离辐射。

一、射频辐射

射频辐射（radiofrequency radiation）指频率从 100 kHz 到 300 GHz 的电磁辐射，包括高频电磁场和微波，是电磁辐射中量子能量较小、波长较长的频段，波长范围为 1 mm ~ 3 km（表5-2）。射频电磁辐射由交变电场和磁场组成，一般将高频（短波）和超高频（超短波）辐射称为“场”，电场和磁场的计量单位分别为 V/m 和 A/m。微波辐射称为“波”，其计量单位为 W/m^2，通常使用 mW/cm^2 或 $\mu W/cm^2$。

表5-2 射频辐射波谱的划分

	高频电磁场				微波		
波段	长波	中波	短波	超短波	分米波	厘米波	毫米波
频谱	低频	中频	高频	甚高频	特高频	超高频	极高频
	（LF）	（MF）	（HF）	（VHF）	（UHF）	（SHF）	（EHF）
波长	3 km ~	1 km ~	100 m ~	10 m ~	1 m ~	10 cm ~	1 cm ~ 1 mm
频率	100 kHz ~	300 kHz ~	3 MHz ~	30 MHz ~	300 MHz ~	3 GHz ~	30 ~ 300 GHz

射频辐射的辐射区域可相对地划分为近区场（near-field）和远区场（far-field）。在感应近区场，电场和磁场强度不呈一定比例关系，所以，电场强度（E）和磁场强度（H）需分别测定。

1. 接触机会

（1）高频感应：使用频率在 300 kHz ~ 3 MHz，加热对象主要是铁磁性金属材料。

（2）高频介质加热：使用频率通常为 10 ~ 30 MHz，加热对象主要是电介质，即绝缘体。

（3）微波加热：使用频率通常采用 2450 MHz 和 915 MHz 两种固定频率，加热对象通常与介质加热相同，也用于食品加工和烹饪，以及医学上的理疗等。

2. 生物学效应

（1）致热效应：生物体组织接受一定强度的电磁辐射，达到一定的时间，会使照射局部或全身的体温升高，此谓射频辐射的热效应（thermal effect）。

（2）非致热效应：不足以引起机体产热而产生的生物效应称为非致热效应（nonthermal effect）。

生物学效应的一般规律是随着频率的增加和波长变短而效应递增，故其强弱顺序为微波 > 超短波 > 短波 > 中长波。在微波波段中，功率密度相同时，脉冲波的作用大于连续波。

3. 对机体的影响 高强度暴露可致急性伤害，但仅见于事故性照射。射频辐射对机体的作用主要是引起功能性改变，往往在停止接触数周或数月后可恢复。但在大强度持续作用下，心血管系统的症状可持续较长时间，并可呈进行性变化。

（1）对神经系统的影响：表现为轻重不一的类神经症。主诉有全身无力易疲劳、头晕、头痛、胸闷、心悸、睡眠不佳、记忆力减退等。

（2）血液及生化改变：周围血象中红细胞无规律改变。高频电磁场对周围血象一般无影

响，微波则可引起外周血白细胞总数下降。

（3）对眼的作用：高频电磁场不影响视力。长期接触大强度微波的工人，可出现眼晶状体点状或小片状混浊，主要危害频率为 1000 ~ 3000 MHz。职业性低强度微波慢性作用可加速晶状体自然老化过程，有时可见视网膜改变。

（4）对生殖系统的影响：男性接触微波可引起性功能减退，但未发现影响生育。女性表现为月经紊乱。

4．防护措施

（1）高频辐射防护：最根本、最有效的方法是采取屏蔽措施。①场源屏蔽：用金属类物质将场源包围，反射或吸收电磁波，减低作业场所电磁场的强度；②距离防护：电磁场辐射源产生的场能与距离平方成反比，故应尽量远离辐射源。

（2）微波辐射防护：①在调试高功率微波设备（如雷达）的电参数时，使用等效天线，以减少对操作者不必要的辐照；②采用微波吸收或反射材料屏蔽辐射源；③使用防护眼镜和防护服等个人微波防护用品。

（3）定期测定作业场所射频场强，使劳动者非电离辐射作业的接触水平符合 GBZ2.2-2007《工作场所有害因素职业接触限值 第 2 部分：物理因素》的要求。

二、红外辐射

红外辐射（infrared radiation，IR）是指波长为 0.76 ~ 1000 μm 范围的电磁波，即红外线，亦称热射线。根据国际照明委员会（CIE）的规定，按其生物学作用，可将红外辐射分成 IR-A（0.76 ~ 1.4 μm）、IR-B（1.4 ~ 3.0 μm）和 IR-C（3.0 ~ 1000 μm）三个波段。另外一种分类法为分成近红外线（0.78 ~ 3.0 μm）、中红外线（3.0 ~ 30 μm）和远红外线（30 ~ 1000 μm）三部分。

（一）接触机会

太阳光以及生产中的炼钢、锻造、熔融玻璃等作业，若无适当防护，可造成职业危害。

（二）对机体的影响

1．对皮肤的作用 红外线照射皮肤时，大部分可被表层皮肤吸收。较大强度短时间照射，可导致局部皮肤温度升高、血管扩张，进而出现红斑，停止照射后红斑消失。反复照射后，局部可出现色素沉着。过量照射，甚至可引起机体过热而出现全身症状。

2．对眼的作用 长期暴露于低能量红外线下，可致眼的慢性损伤，常见慢性充血性睑缘炎。短波红外线能被角膜吸收产生角膜热损伤，并能透过角膜伤及虹膜，而白内障多见于工龄长的工人。诱发白内障的波段主要是 0.8 ~ 1.2 μm 和 1.4 ~ 1.6 μm。临床表现主要为视力下降，一般两眼同时发生，进展缓慢。红外线视网膜灼伤多见于波长小于 1 μm 的红外线和可见光，主要损伤黄斑区。

（三）防护措施

反射性铝制遮盖物和铝箔衣服可减少红外线暴露量及降低熔炼工、热金属操作工的热负荷。严禁裸眼观看强光源。热操作工应戴能有效过滤红外线的防护眼镜。

三、紫外辐射

紫外辐射（ultraviolet radiation，UV）又称紫外线（ultraviolet light），是波长为 100 ~ 400 mm 的电磁辐射，可分为长波紫外线（UVA）、中波紫外线（UVB）和短波紫外线（UVC）。

（一）接触机会

凡物体温度达1200℃以上时，即可产生紫外辐射。随着温度升高，紫外线的波长变短，强度增大。从事冶炼、电焊、气焊、电炉炼钢、碳弧灯和水银弧灯制版或摄影，以及紫外线灯消毒工作等，亦会受到过度紫外线照射。

（二）对机体的影响

在生产中，接触过强的紫外线，会对机体产生有害作用。

1．对皮肤的作用 皮肤对紫外线的吸收程度随波长而异。波长在200 nm以下，几乎全部被角化层吸收；波长在220 ~ 330 nm，可被深部组织吸收；接触300 nm波段，可引起皮肤灼伤；波长为297 nm的紫外线对皮肤作用最强，能引起皮肤发生红斑反应。由紫外线引起的皮肤急性炎症又称电光性皮炎，临床表现为皮肤的受照部位于照射数小时后出现界限明显的水肿性红斑，严重的可以导致水疱或大疱甚至组织坏死。患部有明显烧灼感和刺痛感，并常伴有全身症状如头痛、疲劳、周身不适等，一般几天内消退并有色素沉着。长期接触紫外辐射还可引起皮肤癌。

2．对眼的作用 波长为250 ~ 320 nm的短波紫外线，可大量被角膜和结膜上皮所吸收，引起急性角膜结膜炎，称为电光性眼炎（electric ophthalmia），此为最常见的辐射线眼病。在阳光照射的冰雪环境下作业时，会受到大量反射的紫外线照射，引起急性角膜、结膜损伤，称为雪盲症。

（三）防护措施

防护措施以屏蔽和增大与辐射源的距离为原则。电焊工及其辅助工必须佩戴专门的面罩和防护眼镜，以及适宜的防护服和手套。电焊工操作时应使用移动屏障围住操作区，以免其他工种工人受到紫外线照射。非电焊工禁止进入紫外线操作区域裸眼观看电焊。我国职业卫生标准GBZ2.2-2007《工作场所有害因素职业接触限值 第2部分：物理因素》规定了工作场所紫外线辐射接触限值。

四、激光

激光（light amplification by stimulated emission of radiation，Laser）是在物质的原子或分子体系内，因受激发辐射的光得到放大的一种人工制造特殊光源。激光具有亮度高、单色性、相干性好等一系列优异特性。

（一）接触机会

工业上，激光用于金属和塑料部件的切割、微焊、钻孔等；军事上，激光用于高容量通讯技术、测距、瞄准、追踪、导弹制导等；医学上，激光用于眼科、外科、皮肤科、肿瘤科等诸多疾病的治疗。此外，激光在生命科学等领域中也被广泛利用。

（二）对机体的影响

激光对机体的影响主要取决于激光的波长、光源类型、发射方式、入射角度、辐射强度、受照时间及生物组织的特性与光斑大小。靶器官主要为眼睛和皮肤。

1．对眼睛的损伤 一般情况下，可见光与近红外波段激光主要伤害视网膜，紫外与远红外波段激光主要损伤角膜，而在远红外与近红外波段、可见光与紫外波段之间，各有一过渡光谱段，可同时造成视网膜和角膜的损伤，并可危及眼的其他屈光介质，如晶状体。

（1）对角膜的损伤：波长为295 ~ 1400 nm的紫外、可见光和红外激光，均可透过角膜，

唯有 295 nm 的紫外激光几乎全被角膜吸收，因此是损伤角膜的最主要波段。角膜上皮细胞对紫外线最为敏感，临床上表现为急性角膜炎和结膜炎。一旦激光伤及角膜基层，形成乳白色混浊斑，则很难恢复。

（2）对晶状体的损伤：长波紫外和短波红外激光可大量被晶状体吸收。波长在 320 ~ 400 nm 波段的长波紫外激光被晶状体吸收后，可使之混浊导致白内障。

（3）对视网膜的损伤：激光对视网膜的损伤程度，除取决于波长、发射角、时间、方式和曝光强度外，主要与视网膜成像大小、视网膜和脉络膜的色素数量和瞳孔直径诸因素有关，其中以视网膜成像大小直接决定伤害的程度。

2．对皮肤的损伤　激光对皮肤的损伤主要由热效应所致，以可见光和红外激光为多见。轻度损伤表现为红斑反应和色素沉着。随着辐照剂量的增加，可出现水疱，以至皮肤退色、焦化、溃疡形成。250 ~ 300 nm 的紫外激光，可使皮肤产生光敏作用。大功率激光辐射皮肤时，也能透过皮肤使深部器官受损。

（三）防护措施

对激光的防护应包括激光器、工作环境及个体防护三方面。

1．安全措施　作业场所应制订安全操作规程、确定操作区和危险带，要有醒目的警告牌，无关人员禁止入内。工作人员入职前应做健康检查，以眼睛为重点检查部位。

2．工作环境　凡有光束漏射可能的部位，应设置防光封闭罩。激光工作室围护结构应用吸光材料制成，色调宜暗。实验室和车间应设有良好的照明条件。室内不得有反射、折射光束的用具和物件。

3．个体防护　严禁裸眼直视激光束，防止靶点光斑反射光伤眼。穿防燃工作服，工作服颜色以略深为佳，以减少反射光。

4．职业卫生标准　定期测定工作点曝光强度，严格遵守我国 GBZ 2.2-2007《工作场所有害因素职业接触限值　第 2 部分：物理因素》激光辐射卫生标准中规定的眼直视和皮肤照射激光的最大容许值。

（何丽华）

第四节　电离辐射

一、基本概念

1．电离辐射（ionizing radiation，IR）　电离辐射是对能够引起物质电离的各种辐射的总称，包括属于粒子型辐射的 α 射线、β 射线、中子、质子，以及属于电磁波谱的 γ 射线、X 射线等。电离辐射可以来自自然界的宇宙射线及地壳中的铀、镭、钍等，也可以来自人工辐射源。

2．辐射相关剂量单位

（1）放射性活度：即放射性强度，指每秒钟发射的核衰变数，是度量放射性物质的物理量。国际单位为贝可（Bq）。

（2）照射量：指 X 射线、γ 射线在单位质量空气中打出的所有次级电子，完全阻止在空气中时产生同一种符号的离子的电荷量绝对值，即 X 射线、γ 射线在空气中产生电离作用的能力大小。国际制单位是库仑 / 千克（c/kg），专用单位为伦琴（R），1 库仑 / 千克 = 3.877×10^3 伦琴。

（3）吸收剂量：指受照射物质吸收辐射能量的水平。专用单位为戈瑞（Gy）。

（4）剂量当量：指人体组织吸收剂量产生的效应与吸收剂量、辐射类型、射线能量等因素有关，根据综合因素修正后的吸收剂量即为“剂量当量”或“当量剂量”。用于度量不同类

型电离辐射的生物效应，剂量当量的SI单位是希（Sievert，Sv）。

二、接触机会

人类在生产和生活过程中都会接触电离辐射，通常情况下人体接触的主要是当地的自然本底辐射。而在生产过程中会有许多机会接触电离辐射。

1．核工业生产中对放射性物质的开采、冶炼、加工、储运和使用等。

2．放射性核素的生产、加工、包装、储运和使用环节。

3．射线发生器的生产和使用，如各种研究或生产用加速器、电离辐射类设备、辐射装置等。

4．医疗单位使用的与放射性核素相关的检查、治疗设备和制品。

5．共生或伴生天然放射性核素的矿物的勘探、开采作业，如铅锌矿、稀土矿、钨矿等开采作业，以及多种建设开挖作业。

三、电离辐射的作用及其影响因素

（一）电离辐射的作用方式及生物学效应

1．作用方式 电离辐射对人体的作用方式按照辐射源与人体的位置关系可分为外照射、内照射、放射性核素体表沾染以及复合照射。外照射的特点是只要脱离或远离辐射源，辐射作用即减弱或停止。内照射是由于放射性核素经呼吸道、消化道、皮肤或注射途径进入人体后，对机体产生作用。其作用直至放射性核素排出体外，或经过10个半衰期以上的衰减，才可忽略不计。由于各种原因造成的放射性核素留存于人体表面称为放射性核素体表沾染。沾染的放射性核素在体表对人体形成外照射，若经吸收进入机体就可形成内照射。一种以上辐射照射方式同时作用于人体，或一种及以上辐射照射和非放射性损伤因素共同作用于人体的作用方式称为复合照射。

按照电离辐射对生物学大分子的影响特征分为直接作用和间接作用：①直接作用：电离辐射直接作用于核酸、蛋白质等生物学大分子，使其发生电离，导致生物学大分子的结构和性能发生改变，而表现出生物学效应的作用方式；②间接作用：电离辐射并非直接作用于机体的生物学大分子，而是直接作用于其他小分子物质（如水），引起小分子物质电离和（或）激发，形成异常活泼的产物，这些产物与机体生物学大分子相互作用，并引发相应生物学效应发生的作用方式。

2．生物学效应 电离辐射作用于人体，并将其能量传递给人体的分子、细胞、组织、器官，进而对其功能和形态产生影响，即为辐射生物效应。该效应按剂量 - 效应关系分为确定性效应和随机性效应；按效应影响的个体分为躯体效应和遗传效应；按效应程度和时间特点分为急性效应、慢性效应和远期效应。

（1）确定性效应和随机性效应：①确定性效应：辐射效应的严重程度取决于所受剂量的大小，且有明确的剂量阈值，在阈值以下不会发生有害效应。②随机性效应：电离辐射效应发生的概率与辐射照射剂量相关，而效应的严重程度与照射剂量无关，不存在阈剂量值。

（2）躯体效应和遗传效应：①躯体效应：指电离辐射作用致受照机体自身的细胞、组织、器官发生改变的电离辐射效应；②遗传效应：指电离辐射作用于生殖细胞，改变其结构和（或）功能，并将这种改变的后果传递给子代，导致子代的功能、形态出现异常的一类生物学效应。

（3）急性效应、慢性效应和远期效应：①急性效应：短时间大剂量辐射照射，致使受照机体在短时间内出现明显异常变化的生物学效应；②慢性效应：长时间、低剂量辐射照射，致使受照机体经过较长时间后出现异常变化的生物学效应；③远期效应：电离辐射照射机体后，

经过相当长的时间后表现出致癌、致畸、致突变后果或遗传后果的生物学效应。

（二）电离辐射效应的影响因素

1. 电离辐射因素

（1）辐射的物理特性：辐射的电离密度和穿透力是影响损伤的主要因素。如X射线和γ射线穿透力强，对人体的穿透辐射作用明显；α粒子的电离密度大，而穿透性低，主要形成内照射。

（2）辐射剂量和剂量率：辐射剂量和剂量率是决定辐射损伤生物学效应的主要因素，剂量愈大，生物学效应愈强，但并不完全呈直线关系。在超过阈剂量后，确定性效应随着剂量增大而增加。

（3）受照部位和受照面：受照部位的重要性决定辐射损伤的危害性，同样的照射剂量和剂量率，照射躯干所引起的效应常大于照射四肢所引起的效应；受照射的面积越大，生物学效应也越严重。

（4）照射次数：要产生同样的生物学效应，多次照射的总剂量通常高于单次照射所需剂量。这是因为机体对辐射损伤的修复作用所致。

2. 机体因素　对辐射损伤的敏感性是机体影响辐射效应最重要的因素。种系演化愈高，机体组织结构愈复杂，辐射易感性愈强。组织对辐射的易感性与细胞的分裂活动成正比，与分化活动成反比。辐射敏感性还与细胞DNA含量有关。就整体而言，机体对辐射照射的敏感性自高向低的顺序依次是腹部、盆腔、头颈、胸部、四肢；不同种类细胞的辐射敏感性自高向低的顺序依次为淋巴细胞、原红细胞、髓细胞、骨髓巨核细胞、生精细胞、卵子、皮肤和器官上皮细胞、眼晶状体上皮细胞、软骨细胞、骨母细胞、血管内皮细胞、腺上皮细胞、肝细胞、肾小管上皮细胞、神经胶质细胞、神经细胞、肺上皮细胞、肌肉细胞、结缔组织细胞、骨细胞。具有增殖能力的细胞在DNA合成期敏感性最高，因为辐射敏感性与细胞间期染色体的体积呈正比。

3. 环境因素和其他因素　除上述因素外，与辐射源的距离、反复照射的时间间隔、辐射源与受照部位间有无其他阻隔、是单一暴露还是多因素暴露、暴露后是否及时处理等都会影响辐射所致的生物学效应。

四、电离辐射危害的临床表现

一定剂量的电离辐射作用于人体所引起的局部性或全身性的放射性损伤，临床上分为外照射放射病和内照射放射病。外照射放射病又分为急性放射病和慢性放射病。

（一）外照射放射病

1. 外照射急性放射病　指人体受到一次或几日内受到多次全身外照射，当吸收剂量达到1 Gy以上时所引起的全身性疾病。临床上分为骨髓型（1 ~ 10 gy）、胃肠型（10 ~ 50 gy）和脑型（> 50 gy）。临床上病程可分为初期、假愈期、极期和恢复期。

（1）骨髓型：以骨髓等造血系统损伤为主，临床表现为白细胞减少和感染性出血。病程表现时相特征明显。

（2）胃肠型：主要出现消化系统的症状和体征，临床表现为呕吐、腹泻、血水便和水样便，失水，常发生肠麻痹、肠套叠、肠梗阻等。

（3）脑型：主要出现中枢神经系统障碍，临床表现为精神萎靡、意识障碍、共济失调、躁动、抽搐，甚至休克。

急性放射病有明显的大剂量照射史，常见于核事故和核爆炸，结合临床表现和实验室检查，并依据GBZ104-2017《职业性外照射急性放射病诊断标准》进行诊断。

2．外照射慢性放射病 指人体在较长时间内连续或间断受到超过当量剂量限值 0.05 Sv 的外照射而发生的全身性放射性疾病。累计剂量超过 1.5 Sv 时，常出现以造血组织为主的损伤，并伴有其他系统的异常表现。

外照射慢性放射病早期主要表现为头昏、头痛、乏力、记忆力减退、睡眠障碍等，常伴有消化系统和性功能障碍。

慢性放射病多见于长期从事放射工作的职业人群，结合临床表现和实验室检查结果，依据 GBZ105-2017《职业性外照射慢性放射病诊断标准》进行诊断。

（二）内照射放射病

内照射放射病指大量放射性核素进入机体，在组织器官内沉积形成源器官，在沉积过程中和沉积后作为放射源对机体照射而出现的全身性放射病。

内照射放射损伤时，进入体内的放射性核素持续作用，损伤与修复同时存在。有的放射性核素所致的放射性损伤与化学性损伤同时存在，更加重了对机体的损害作用。内照射放射病的诊断依据是 GBZ 96-2011《内照射急性放射病诊断标准》。

（三）其他放射性损伤

1．放射性复合伤 指平时核事故或战时核爆炸所造成的、人体同时发生或相继发生的以放射损伤为主，并伴有烧伤、冲击伤的复合损伤。

2．放射性皮肤损伤 指身体局部一次或数日内几次受到大剂量照射而引起的皮肤损伤。可以表现为急性放射性皮肤损伤和慢性放射性皮肤损伤。放射性皮肤损伤类型及程度因电离辐射的性质、剂量、暴露时间、暴露面积等而不同。放射性皮肤损伤的诊断依据为 GBZ 106-2016《放射性皮肤损伤诊断》。

3．电离辐射远后效应 指机体在受电离辐射照射后几个月、几年、几十年，甚至更长时间才发生的慢性效应。远后效应可以发生在一次大剂量照射后，也可以发生在长期反复累积作用后。远后效应可以发生在受照射的机体本身，也可以发生在其后代身上。

五、电离辐射的卫生防护

电离辐射卫生防护的目标是防止辐射对机体危害的肯定效应，积极采取措施极力减低随机效应发生率，将照射量控制在可接受的水平。

1．辐射防护的基本原则 辐射防护要认真执行三原则：任何照射必须有正当理由；辐射防护应当实现最优化配置；遵守个人剂量当量限制规定。

（1）实践正当性原则：在考虑了社会、经济和其他相关因素之后，引入的辐射实践为个人或社会带来的利益足以弥补其可能产生的辐射危害时，该实践才是正当的。

（2）防护最优化原则：在综合考虑了社会和经济因素前提下，一切辐射照射都应当保持在可合理达到的尽可能低的水平。

（3）个人剂量限值：所有辐射实践带来的个人受照剂量必须低于规定的剂量限值。当个人受到有关实践产生的照射时，应当遵守个人剂量限值，以保证个人不会受到相关实践活动条件下不可接受的辐射危害。

我国电离辐射防护与辐射源安全基本标准（GB18871-2002）中规定，在限定的连续 5 年内平均有效剂量不得超过 20 mSv，且任何一年的有效剂量不得超过 50 mSv；公众成员受到的年有效剂量不超过 1 mSv。

2．外照射防护 缩短受照时间和减少受照剂量是简易有效的时间防护；要选择和使用有效屏蔽设施，在人与放射源之间设置防护屏障，如利用铅、钢筋水泥等对辐射线的吸收作用，

降低照射到人体的辐射，此种防护为屏蔽防护。保持与辐射源间的安全距离，靠增加人与放射源的距离来减少受照量，以达到防护目的，此为距离防护。

3．内照射防护　防止放射性核素经各种途径进入机体，有效控制放射性核素向空气、水体、土壤的逸散。

4．健康监护　在控制放射性工作场所放射性危害因素的前提下，按照国家《放射工作人员职业健康监护技术规范》（GBZ235-2011）的要求，定期规范进行放射工作人员的职业健康体检，并严格进行个人剂量监测。

5．强化监管　严格按照国家有关法律、法规、规范、标准等，对涉及放射作业的物料、机构、人员、设备、环境等进行规范管理，并不断提高监管水平，严格控制涉及放射危害的各环节，从而控制危害发生。

（何丽华）

第五节　噪声和振动

一、噪声

（一）噪声的概念和分类

物体受到振动后，振动能在弹性介质中以波的形式向外传播，传到人耳引起的音响感觉称为声音（sound）。从卫生学意义上讲，凡是人类不需要、使人感到厌烦或有损健康的声音都称为噪声（noise）。生产过程中产生的、频率和强度一般没有规律、使人感到厌烦的声音称为生产性噪声（productive noise）。除此以外，还有交通噪声和生活噪声等。在职业卫生领域，最受关注的是生产性噪声。

噪声的分类方法有多种。

1．根据噪声的来源，生产性噪声可以分为以下三类：

（1）机械性噪声：由于机械的撞击、摩擦、转动所产生的噪声，如冲压、切割、打磨机械等发出的声音。

（2）流体动力性噪声：气体压力或体积的突然变化或流体流动所产生的声音，如空气压缩或施放（气笛）发出的声音。

（3）电磁性噪声：指由于电磁设备内部交变力相互作用而产生的声音，如变压器所发出的声音。

2．根据噪声随时间的分布情况，生产性噪声可分为连续声和间断声。连续声又可分为稳态噪声和非稳态噪声；间断声中有一类噪声称之为脉冲噪声。

（1）稳态噪声：指噪声声压级的变化较小 [一般小于 3 dB（A）]，且不随时间出现大幅度的变化，如电机、风机及其他电磁噪声，固定转速的摩擦、转动等噪声。对于稳态噪声，根据其频谱特性，又可分为低频噪声（主频率在 300 Hz 以下）、中频噪声（主频率在 300 ~ 800 Hz）和高频噪声（主频率在 800 Hz 以上）。此外，依据噪声频谱宽度，还可将其分为窄频带和宽频带噪声等。

（2）非稳态噪声：指噪声声压级随时间波动较大 [一般不小于 3 dB（A）]。有的呈周期性噪声，如锤击；有的呈无规律的起伏噪声，如交通噪声。

（3）脉冲噪声：指声音持续时间≤ 0.5 秒，间隔时间＞ 1 秒，声压有效值变化＞ 40 dB(A) 的噪声。脉冲噪声往往是突发的高强噪声，如锻造工艺使用的空气锤发出的声音，爆破、火炮

发射等所产生的噪声等。

生产性噪声通常较生活噪声具有更强的健康危害性，一般具备以下特征：①强度高：生产性噪声强度多超过 80 dB（A），甚至高达 110 dB（A）以上，其危害远不止干扰工作，长期接触对人体听觉系统和非听觉系统均可造成损伤。②高频声所占比例大：工业噪声以高频声为多见，其危害大于中、低频声。③持续暴露时间长：在生产过程中，作业工人每个工作日持续接触强噪声的时间可长达数小时。④其他有害因素联合作用：生产环境中往往同时存在振动、高温、毒物等有害因素，这些生产性有害因素可与噪声产生联合作用。

（二）噪声的物理特性及其评价

噪声是声音的一种，具有声音的基本物理特性。

1．频率（frequency）和频谱（frequency spectrum） 频率是声音重要的物理参数之一，指物体每秒振动的次数，用“*f*”表示，单位是赫兹（Hz）。人耳能够感受到的声音频率在 20 ~ 20 000 Hz 之间，这一频率范围的振动波被称为声波（sound wave）。频率小于 20 Hz 的声波称为次声波（infrasonic wave），大于 20 000 Hz 的声波称为超声波（ultrasonic wave）。随着科学技术的发展，次声波和超声波在工业生产、医疗、航海等方面均有广泛应用，其对从业人员的健康危害也已经引起人们的重视。

由单一频率发出的声音称纯音（pure tone），例如音叉振动所发出的声音。但在日常生活和工作环境中，绝大部分声音是由不同频率组成的，称作复合音（complex tone）。声学上把组成复合音的各种频率由低到高进行排列而形成的连续频率谱称为频谱（frequency spectrum）。用频谱表示可以使声音的频率组成变得更加直观。

在实际工作中，对于构成某一复合音的连续频谱，一般不需要也不可能对其中每一频率成分进行具体测量和分析。通常人为地把声频范围（20 ~ 20 000 Hz）划分成若干个小的频段，称为频带或频程（octave band）。实际测量中最常用的是倍频程，也可采用 1/2 倍频程或 1/3 倍频程进行声音频谱分析。

倍频程按照频率之间的倍比关系将声频划分为若干频段。每个频段的上限频率（$f_{上}$）和下限频率（$f_{下}$）之比为 2∶1，即 $f_{上} = 2f_{下}$。根据声学特点，每一个频段用一个几何中心频率代表，中心频率用公式计算：

$$f_{中} = \sqrt{f_{上} f_{下}}$$

在实际工作中，为了解某一声源所发出声音（复合音）的性质，除了分析其频率组成以外，还要分析各频率声音的相应强度，即频谱分析。通常是以频率为横坐标，声音强度为纵坐标，把二者的关系用曲线图来表示，称其为频谱曲线或频谱图（图 5-1）。根据频谱曲线主频率的分布特点，可判断噪声属于低频或高频、窄频或宽频。

2．声强与声强级 声波具有一定的能量，用能量大小表示声音的强弱称为声强（sound intensity）。声音的强弱决定于单位时间内垂直于传播方向的单位面积上通过的声波能量，通常用“*I*”表示，单位为瓦 / 米 ^{2}（W/m^2）。

人耳所能感受到的声音强度范围较广。以 1000 Hz 声音为例，正常青年人刚能引起音响感觉，即最低可听到的声音强度（听阈，threshold of hearing）为 10^{-12} W/m^2，而声音增大至产生痛感时的声音强度（痛阈，threshold of pain）为 1 W/m^2，二者相差 10^{12} 倍。在如此宽的范围内，若用声强绝对值表示声音强度，不仅繁琐而且也无必要。因此，在技术上和实践上引用了“级”的概念，即用对数值来表示声强的等级，称为声强级。通常规定以听阈声强 $I_0 = 10^{-12}$ W/m^2 作为基准值来度量任一声音的强度 *I*，取常用对数，则任一声音声强级的计算公式：

$$L_I = \lg I / I_0$$

上式的计算单位是贝尔（bell）。但在实际应用中，贝尔单位显得太大，故采用贝尔的十

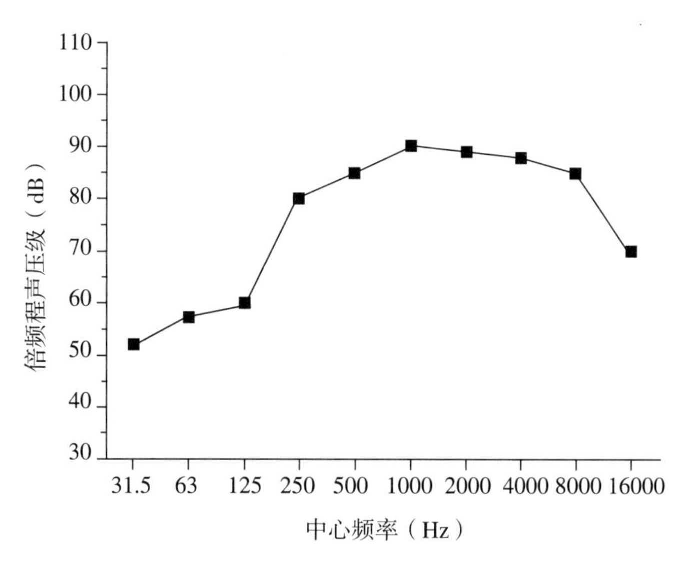

图 5-1　某组装车间噪声频谱曲线

分之一作为声强级的单位，称其为分贝（decibel，dB）。以分贝为单位时，上面的公式则变为：

$$L_I = 10\lg I/I_0\ (\text{dB})$$

式中：L_I 为声强级（dB），I 为被测声强（W/m^2），I_0 为基准声强（1000 Hz 纯音的听阈声强，声强级为 0 dB）。

根据上述公式可以计算出：从听阈到痛阈的声强范围是 120 dB；如果一个声音的强度 I 增加一倍，比如同样的机器由一台增加为两台，则声强级 L_I 增加约 3 dB；根据同样的道理，如果一个作业场所的声音强度通过治理，减少了 3 dB，则表明治理措施使声音能量减少了一倍。在噪声卫生标准制订和噪声控制效果评价时，通常以声音能量的变化为依据。

在实际工作中，测量声强比较困难，而测量声压比较容易。目前，通常使用的声级计就是用来测量声音声压值的仪器。

3．声压与声压级　声波在空气中传播时，引起介质质点振动，使空气产生疏密变化，这种由于声波振动而对介质（空气）产生的压力称声压（sound pressure），声压可以看作垂直于声波传播方向上单位面积所承受的压力，以 P 表示，单位为帕（Pa）或牛顿 / 米 ^{2}（N/m^2），$1\ Pa = 1\ N/m^2$。声压大时音响感强，声压小则音响感弱。对正常人耳刚能引起音响感觉的声压称为听阈声压或听阈（threshold of hearing），其声压值为 20 μPa 或 $2\times10^{-5}\ N/m^2$。声压增大至人耳产生不适感或疼痛时称为痛阈声压或痛阈（threshold of pain），声压值为 20Pa 或 20 N/m^2。从听阈声压到痛阈声压的绝对值相差 10^6 倍。为了计算方便，也用对数值（级）来表示其大小，即声压级（sound pressure level，SPL），单位也是分贝（dB）。任一声音的声压级都是以 1000 Hz 纯音的听阈声压为基准声压（定为 0 dB），其与被测声压的比值取对数后即为被测声压的声压级。

当声波在自由声场中传播时，声强与声压的平方成正比关系：

$$I = P^2/\rho C$$

式中：P 为有效声压（Pa），I 为声强（W/m^2），ρC 为声特异性阻抗（Pa · S/m）。

由上述公式可以得出声压级的计算公式：

$$L_I = 10\lg I/I_0 = 10\lg P^2/P_0^2 = 10\lg (P/P_0)^2 = 20\lg P/P_0 = L_p$$

即：$L_p = 20\lg P/P_0\ (\text{dB})$

式中：L_p 为声压级（dB），P 为被测声压（N/m^2），P_0 为基准声压（$2\times10^{-5}\ N/m^2$）。

从上述公式可以看出，听阈声压和痛阈声压之间也是相差 120 dB。

普通谈话声压级为 60 ~ 70 dB（A），载重汽车的声压级为 80 ~ 90 dB（A），球磨机的声压级为 120dB（A）左右，喷气式飞机附近声压级可达 140 ~ 150 dB（A），甚至更高。常见声音的声压级参见表 5-3。

表5-3　常见声音的声压级

声音类型	声压级［dB（A）］	人体感觉
风吹树叶的沙沙声	10	极静
耳语	20	极静
静夜	30	安静
室内一般说话声	50	安静
大声说话	70	较吵闹
嘈杂的闹市	90	较吵闹
电锯	110	很吵闹
响雷	120	鼓膜震痛
螺旋桨飞机起飞	130	无法忍受
喷气式飞机起飞	140	无法忍受
火箭、导弹发射	150	无法忍受

4．声压级的合成　在作业场所，经常有一个以上的声源同时发出噪声，这些声源可以是相同的，如车间内同一种型号的机器；也可以是不同的，即每个声源发出的声音强度大小不等。由于声音的声压级是按照对数值换算的，在多个声源存在的情况下，作业场所总的声压级并非是各个声源所发出声音的声压级算术值总和，而是按照对数法则进行叠加。如果一个作业场所中各声源的声压级是相同的，合成后的声压级可按下列公式进行计算：

$$L_{总} = L + 10\lg n$$

式中：L 为单个声源的声压级（dB）；n 为声源的数目。

根据这个公式可以看出，如果有两个相同的声源同时存在，则 n 为 2，总声压级比单个声源的声压级增加 3 dB；如果 n 为 10，则总声压级增加 10 dB。

然而，同一作业场所中各种声源的声音强度往往是互不相同的，对于这种合成声压级的计算，需按各声源的声音声压级的大小，从大到小依次排列，然后按照两两合成的方法逐一计算出合成后的声压级。对于两个不同声压级的声源，先要计算出声压级的差值，即 $L_1 - L_2$，根据差值从增值表（表 5-4）中查出增值 ΔL，较高的声压级与增值 ΔL 之和，便是合成后的声压级，即 $L_{总} = L_1 + \Delta L$。例如，某作业场所有三个声源，声压级分别是 90 dB（A）、88 dB（A）、85 dB（A），$L_1 - L_2$ = 90 dB（A）－ 88 dB（A）＝ 2 dB（A），查表 ΔL=2.1dB（A），则 L_1 与 L_2 的合成声压级 $L_{合}$ = 90 dB（A）＋ 2.1 dB（A）＝ 92.1 dB（A），第一次合成后的声压级与 L_3 差值为 $L_{合} - L_3$ = 92.1 dB（A）－ 85 dB（A）＝ 7.1 dB（A），查下表可知 ΔL = 0.8 dB（A），$L_{总}$ = $L_{合} + \Delta L$ = 92.1 dB（A）＋ 0.8 dB（A）＝ 92.9 dB（A）。

表5-4　声压级［dB（A）］相加时的增值（ΔL）表

两声级差（L_1-L_2）	0	1	2	3	4	5	6	7	8	9	10
增加值 ΔL[dB（A）]	3.0	2.5	2.1	1.8	1.5	1.2	1.0	0.8	0.6	0.5	0.4

采用上述方法进行计算时，当合成的声压级比其他待纳入计算的声压级高 10 dB（A）以上时，因为 $\Delta L \leqslant 0.3$ dB（A），对总声压级影响不大，因此其他声源的声压级可以忽略不计。

5．人体对声音的主观感觉

（1）等响曲线：在实践中，人们认识到声强或声压这一物理参量大小，与人耳对声音的生理感觉（响的程度）并非完全一致。对于相同强度的声音，频率高则感觉音调高，声音尖锐，响的程度高；频率低则感觉音调低，声音低沉，响的程度低。根据人耳对声音的感觉特性，联系声压和频率测定出人耳对声音音响的主观感觉量，称为响度级（loudness level），单位为（昉）(phone)。

响度级是通过大量严格的实验测试得来的。具体方法是：以 1000 Hz 的纯音作为基准音，其他不同频率的纯音通过实验听起来与某一声压级的基准音响度相同时，即为等响。该条件下的被测纯音响度级（昉值）就等于基准音的声压级（dB 值）。如 100 Hz 的纯音当声压级为 62 dB（A）时，听起来与 40 dB（A）的 1000 Hz 纯音一样响，则该 100 Hz 纯音的响度级即为 40 昉。

利用与基准音比较的方法，可得出听阈范围内各种声频的响度级，将各个频率相同响度的数值用曲线连接，即可绘出各种响度的等响曲线图，称为等响曲线（equal loudness curves），如图 5-2 所示。

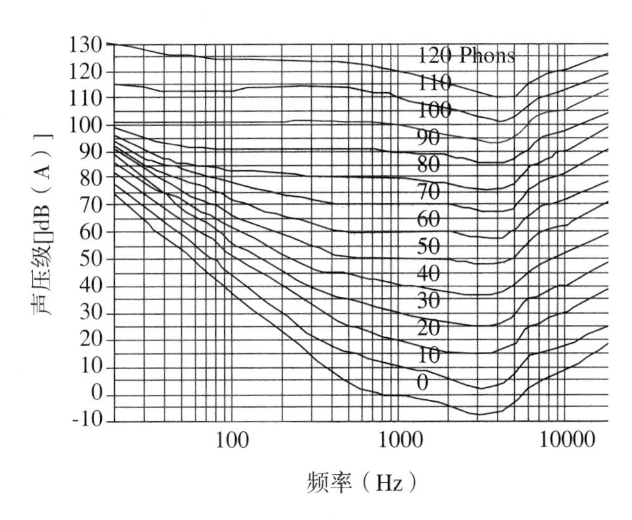

图 5-2　等响曲线

从等响曲线可以看出，人耳对高频声特别是 2000 ~ 5000 Hz 的声音比较敏感，对低频声则不敏感。例如，同样是 60 昉的响度级，对于 1000 Hz 声音，声压级是 60 dB(A)；对于 3000 ~ 4000 Hz 声音，声压级是 57 dB（A）；而相对于 100 Hz 的声音，其声压级是 71 dB（A）；对于 30 Hz 的声音，声压级要提高到 85 dB（A）才能达到 60 昉的响度。

（2）声级：为了准确评价噪声对人体的影响，在进行声音测量时，所使用的声级计是根据人耳对声音的感觉特性（模拟等响曲线），用不同类型的滤波器（计权网络）对不同频率声音进行叠加衰减。计权网络通常有“A”“B”“C”“D”等几种。使用频率计权网络测得的声压级称为声级。声级不等同于声压级，声级是用滤波器进行频率计权后的声压级。声级单位也是分贝（dB）。根据滤波器的特点，分别称为 A 声级、B 声级、C 声级或 D 声级，分别用 dB（A）、dB（B）、dB（C）、dB（D）等表示。

C 计权网络模拟人耳对 100 昉纯音的响应特点，对所有频率的声音几乎都同等程度地通过，故 C 声级可视作总声级。B 计权网络模拟人耳对 70 昉纯音的响应曲线，对低频音有一定程度的衰减。A 计权网络则模拟人耳对 40 昉纯音的响应，对低频段（小于 50 Hz）有较大幅

度的衰减，对高频不衰减，这与人耳对高频敏感、对低频不敏感的感音特性相似（图 5-2)。D 计权网络是为测量飞机噪声而设计的，可直接用于测量飞机噪声的噪声级。

国际标准化组织（international organization for standardization，ISO）推荐，用 A 声级作为噪声卫生评价指标。在我国的职业卫生标准《工作场所有害因素职业接触限值　第 2 部分：物理因素》(GBZ2.2-2007）中也使用 A 计权网络测得的声压级作为噪声职业接触限值的指标。

（三）噪声对人体健康的影响

长期接触一定强度的噪声，可对人体健康产生不良影响。此影响是全身性的，即除听觉系统外，也可影响非听觉系统。噪声对人体产生的不良影响，早期多为可逆性、生理性改变。但若长期接触强噪声，机体可出现不可逆的、病理性损伤。

1．听觉系统　听觉系统是感受声音的系统，外界声波传入听觉系统有两种途径：一是通过空气传导，声波经外耳道进入耳内，使鼓膜振动，此振动波通过中耳的听骨链传至内耳卵圆窗的前庭膜，引起耳蜗管中的外淋巴液振荡，内淋巴液受此影响而振荡，从而使基底膜上的听毛细胞感受振动，听毛细胞将此振动转变成神经纤维的兴奋，经第Ⅷ对脑神经传达到中枢，产生音响感觉；另外一条途径是骨传导，即声波经颅骨传入耳蜗，通过耳蜗骨壁的振动传入内耳。

噪声引起听觉器官的损伤，一般都经历由生理变化到病理改变的过程，即先出现暂时性听阈位移，如暂时性听阈位移不能得到有效恢复，则逐渐发展为永久性听阈位移。

（1）暂时性听阈位移（temporary threshold shift，TTS)：指人或动物接触噪声后引起听阈水平变化，脱离噪声环境后，经过一段时间听力可以恢复到原来水平。①听觉适应：短时间暴露在强烈噪声环境中，机体听觉器官敏感性下降，听阈可提高 10 ～ 15 dB。脱离噪声接触后，对外界的声音有“小”或“远”的感觉，离开噪声环境 1 分钟之内即可恢复，此现象称为听觉适应（auditory adaptation)。听觉适应是机体一种生理性保护现象。②听觉疲劳：较长时间停留在强噪声环境中，引起听力明显下降，听阈提高超过 15 ～ 30 dB，离开噪声环境后，需要数小时甚至数十小时听力才能恢复，称为听觉疲劳（auditory fatigue)。通常以脱离接触后到第二天上班前的间隔时间（16 小时）为限，如果在这样一段时间内听力不能恢复，因工作需要而继续接触噪声，即前面噪声暴露引起的听力变化未能完全恢复又再次暴露，导致听觉疲劳逐渐加重，听力下降出现累积性改变，听力难以恢复，听觉疲劳便可能发展为永久性听阈位移。

（2）永久性听阈位移（permanent threshold shift，PTS)：指由噪声或其他因素引起的不能恢复到正常听阈水平的听阈升高。永久性听阈位移属于不可恢复的改变，具有内耳病理性基础。常见的病理性改变有听毛倒伏、稀疏、缺失，听毛细胞肿胀、变性或消失等。永久性听阈位移的大小是评判噪声对听力系统损伤程度的依据，也是诊断职业性噪声聋的依据。国际上将由职业噪声暴露引起的听觉障碍通称为“职业性听力损失”(occupational noise hearing loss)。噪声引起的永久性听阈位移早期常表现为高频听力下降，听力曲线在 3000 ～ 6000 Hz（多在 4000 Hz）出现“V”型下陷，又称听谷（tip)。此时患者主观无耳聋感觉，交谈和社交活动能够正常进行。随着病损程度加重，除了高频听力继续下降以外，语言频段（500 ～ 2000 Hz）的听力也受到影响，出现语言听力障碍。高频听力下降（特别是在 4000 Hz）是噪声性耳聋的早期特征。

（3）职业性噪声聋：职业性噪声聋是指劳动者在工作过程中，由于长期接触噪声而发生的一种渐进性的感音性听觉损伤，属于国家法定职业病。职业性噪声聋也是我国最常见的职业病之一。根据我国《职业性噪声聋诊断标准》(GBZ49-2014)，职业性噪声聋的诊断需要有明确的噪声接触职业史（连续噪声作业工龄不低于 3 年；暴露噪声强度超过职业接触限值)，有自觉听力损失或耳鸣等其他症状，纯音测听为感音性聋，结合动态职业健康检查资料和现场卫生学调查，排除其他原因所致听力损失（如语频听损大于高频听损；中毒性或外伤性听损)，

方可进行诊断。

（4）爆震性耳聋：在某些特殊条件下，如进行爆破，由于防护不当或缺乏必要的防护设备，可因强烈爆炸所产生的冲击波造成急性听觉系统的外伤，引起听力丧失，称为爆震性耳聋（explosive deafness）。爆震性耳聋因损伤程度不同，可伴有鼓膜破裂、听骨破坏、内耳组织出血等，还可伴有脑震荡等。患者主诉耳鸣、耳痛、恶心、呕吐、眩晕，听力检查显示严重障碍或完全丧失。经治疗，轻者听力可以部分或大部分恢复，损伤严重者可致永久性耳聋。

2．非听觉系统

（1）对神经系统的影响：听觉器官感受噪声后，神经冲动信号经听神经传入大脑的过程中，在经过脑干网状结构时发生泛化，投射到大脑皮质的有关部位，并作用于丘脑下部自主神经中枢，引起一系列神经系统反应，可出现头痛、头晕、睡眠障碍和全身乏力等类神经征，有的表现为记忆力减退和情绪不稳定，如易激怒等。客观检查可见脑电波改变，主要为α节律减少及慢波增加。此外，可有视觉运动反应时潜伏期延长、闪烁融合频率降低等。自主神经中枢调节功能障碍主要表现为皮肤划痕试验反应迟钝。

（2）对心血管系统的影响：在噪声作用下，心率可表现为加快或减慢，心电图 ST 段或 T 波出现缺血型改变。血压变化早期表现不稳定，长期接触强的噪声可以引起血压持续性升高。脑血流图呈现波幅降低、流入时间延长等，提示血管紧张度增加，弹性降低。

（3）对内分泌及免疫系统的影响：有研究显示，在中等强度噪声 [70 ～ 80 dB（A）] 作用下，机体肾上腺皮质功能增强；而受高强度噪声 [100 dB（A）] 作用时，功能则减弱；部分接触噪声的工人其尿 17- 羟皮质类固醇或 17- 酮类固醇含量升高等。接触强噪声的工人或实验动物可出现免疫功能降低，且接触噪声时间愈长，变化愈显著。

（4）对消化系统及代谢功能的影响：接触噪声的工人可以出现胃肠功能紊乱、食欲不振、胃液分泌减少、胃的紧张度降低、蠕动减慢等变化。有研究提示噪声还可引起人体脂代谢障碍，血胆固醇升高。

（5）对生殖功能及胚胎发育的影响：国内外大量的流行病学调查表明，接触噪声的女工有月经不调现象，表现为月经周期异常、经期延长、经血量增多及痛经等。月经异常以年龄 20 ～ 25 岁、工龄 1 ～ 5 年的年轻女工多见。接触高强度噪声，特别是 100 dB（A）以上强噪声的女工中，妊娠高血压综合征发病率有增高趋势。

（6）诱发工伤事故：噪声对日常谈话、听广播、打电话、阅读、上课等都会产生影响。当噪声达到 65 dB（A）以上，即可干扰普通谈话；如果噪声达 90 dB（A），大声叫喊也不易听清。打电话在 55 dB（A）以下不受干扰，65 dB（A）时对话有困难，80 dB（A）时就难以听清。在噪声干扰下，人会感到烦躁，注意力不能集中，反应迟钝，不仅影响工作效率，而且会降低工作质量。在车间或矿井等作业场所，由于噪声的影响，掩盖了异常的声音信号，容易发生各种事故，造成人员伤亡及财产损失。

3．影响噪声对机体作用的因素

（1）噪声的强度和频谱特性：噪声的危害随噪声强度增加而增加。噪声强度越大，则危害越大。80 dB（A）以下的噪声，一般不会引起器质性的变化；长期接触 85 dB（A）以上的噪声，主诉症状和听力损失程度均随声级增加而增加。除了声音强度以外，声音频率与噪声对人体的影响程度也有关系。接触强度相同的情况下，高频噪声对人体的影响比低频噪声大。

（2）接触时间和接触方式：同样强度的噪声，接触时间越长，对人体影响越大。接触噪声的工人其噪声性耳聋的发病率与接触噪声的工龄有直接相关关系。实践证明，缩短接触时间可以减轻噪声的危害。连续接触噪声比间断接触对人体影响更大。

（3）噪声的性质：脉冲噪声比稳态噪声危害大，如果接触噪声的声级、时间等条件相同，暴露于脉冲噪声的工人其耳聋、高血压及中枢神经系统功能异常等的发病率均较接触稳态噪声

的工人高。

（4）其他有害因素共同存在：振动、高温、寒冷或某些有毒物质共同存在时，可加大噪声的不良作用，其对听觉器官和心血管系统等方面的影响比噪声单独作用更为明显。

（5）机体健康状况及个人敏感性：在同样条件下，对噪声敏感或有某些疾病的人，特别是患有耳病者，对噪声比较敏感，可加重噪声的危害程度，即使接触时间不长，也可以出现明显的听力改变。因此，接触噪声职业人群的就业前体检和在岗体检都非常重要，其目的是筛检职业禁忌证和早期发现噪声敏感个体，避免造成严重健康损害。近年一些研究发现遗传因素在噪声的个体敏感性方面也发挥重要作用，如过氧化氢酶基因 *rs*208679 位点由 AA 突变为 GA 或 GG 可能是噪声性听力损失易感性的危险因素之一。

（6）个体防护：个体防护是预防噪声危害的有效措施之一。在较强的噪声环境中工作，是否使用个体防护用品以及使用方法是否正确都与噪声危害程度有直接关系。

（四）噪声危害的预防措施

1．控制噪声源 根据具体情况采取技术措施，控制或消除噪声源，是从根本上解决噪声危害的方法。可以采用无声或低声设备代替发出强噪声的机械，如用无声液压代替高噪声的锻压、以焊接代替铆接等，均可收到较好效果。对于噪声源，如电机或空气压缩机，如果工艺过程允许远置，则应移至车间外或更远的地方。此外，设法提高机器制造的精度，尽量减少机器部件的撞击和摩擦，减少机器的振动，也可以明显降低噪声强度。在进行工作场所设计时，合理配置声源，将噪声强度不同的机器分开放置，有利于减少噪声危害。

2．控制噪声的传播 在噪声传播过程中，应用吸声和消声技术，可以获得较好效果。采用吸声材料装饰车间内表面，如墙壁或屋顶，或在工作场所内悬挂吸声体，吸收辐射和反射的声能，可以使噪声强度减低。消声是降低流体动力性噪声的主要措施，用于风道和排气管，常用的有阻性消声器和抗性消声器，如二者联合使用则消声效果更好。在某些情况下，还可以利用一定的材料和装置，将声源或需要安静的场所封闭在一个较小的空间中，使其与周围环境隔绝起来，即隔声，如隔声室、隔声罩等。为了防止通过固体传播的噪声，在建筑施工中将机器或振动体的基础与地板、墙壁联接处设隔振或减振装置，也可以起到降低噪声的效果。

3．制订工业企业卫生标准 尽管噪声可以对人体产生不良影响，但在生产中要想完全消除噪声，既不经济，也不可能。因此，制订合理的卫生标准，将噪声强度限制在一定范围之内，是防止噪声危害的重要措施之一。我国现阶段执行的《工作场所有害因素职业接触限值 第 2 部分：物理因素》（GBZ2.2-2007）规定，噪声职业接触限值为每周工作 5 天，每天工作 8 小时，稳态噪声限值为 85 dB（A），非稳态噪声等效声级的限值为 85 dB（A）；每周工作 5 天，每天工作时间不等于 8 h，需计算 8 h 等级声级，限值为 85 dB（A）；每周工作日不足 5 天时，需计算 40 小时等效声级，限值为 85 dB（A），见表 5-5。

表5-5 工作场所噪声职业接触限值

接触时间	接触限值［dB（A）］	备注
5 d/w，= 8 h/d	85	非稳态噪声计算 8 h 等效声级
5 d/w，≠ 8 h/d	85	计算 8 h 等效声级
≠ 5 d/w	85	计算 40 h 等效声级

脉冲噪声工作场所，噪声声压级峰值和脉冲次数不应超过表 5-6 的规定。

表5-6　工作场所脉冲噪声职业接触限值

工作日接触脉冲次数（n，次）	声压级峰值［dB（A）］
n ≤ 100	140
100 < n ≤ 1000	130
1000 < n ≤ 10000	120

注：噪声测量方法，按 GBZ/T 189.8 规定的方法进行。

4．个体防护　如果因为各种原因，导致生产场所的噪声强度不能得到有效控制，需要在高噪声条件下工作时，则佩戴个人防护用品是保护劳动者听觉器官的一项有效措施。最常用的是耳塞，一般由橡胶或软塑料等材料制成，根据人体外耳道形状，设计大小不等的各种型号，隔声效果可达 20 ~ 35 dB（A）。此外，还有耳罩、帽盔等，其隔声效果优于耳塞，可达 30 ~ 40 dB（A），但佩戴时不够方便，成本也较高，普遍采用存在一定的困难。在某些特殊环境下，由于噪声强度很大，需要将耳塞和耳罩合用，使工作人员听觉器官实际接触的噪声低于 85 dB（A），以保护作业人员的听力。

5．健康监护　定期对接触噪声的工人进行健康检查，特别是听力检查，观察其听力变化情况，以便早期发现听力损伤，及时采取有效的防护措施。从事噪声作业的工人应进行就业前体检，取得听力相关的基础资料，便于以后的观察、比较。凡有听觉器官疾患、中枢神经系统和心血管系统器质性疾患或自主神经功能失调者，不宜从事强噪声作业。在对噪声作业工人定期进行体检时，发现高频听力下降者，应注意观察。对于上岗前听力正常、接触噪声 1 年便出现高频段听力改变，即在 3000 Hz、4000 Hz、6000 Hz 任一频率任一耳听阈达 65 dB（HL）者，应调离噪声作业岗位。对于诊断为轻度以上噪声聋者，更应尽早调离噪声作业，并定期进行健康检查。

6．合理安排劳动和休息　噪声作业应避免加班或连续工作时间过长，否则容易加重听觉疲劳。有条件的可适当安排工间休息，休息时应离开噪声环境，使听觉疲劳得以恢复。噪声作业人员要合理安排工作以外的时间，在休息时间内尽量减少或避免接触较强的噪声，包括音乐，同时保证充足的睡眠。

二、振动

（一）振动的概念和分类

振动（vibration）系指质点或物体在外力作用下，沿直线或弧线围绕平衡位置（或中心位置）进行往复运动或旋转运动。由生产或工作设备产生的振动称为生产性振动。长期接触生产性振动对机体健康可产生不良影响，严重者可引起职业病。

根据振动作用于人体的部位和传导方式，可将生产性振动划分为手传振动（hand-transmitted vibration）和全身振动（whole body vibration）。

手传振动亦称作手臂振动（hand-arm vibration）或局部振动（segmental vibration），系指生产中使用手持振动工具或接触受振工件时，直接作用或传递到人手臂的机械振动或冲击。常见接触手传振动的作业是使用风动工具（如风铲、风镐、风钻、气锤、凿岩机、捣固机或铆钉机）、电动工具（如电钻、电锯、电刨等）和高速旋转工具（如砂轮机、抛光机等）。

全身振动系指工作地点或座椅的振动，人体足部或臀部接触振动，通过下肢或躯干传导至全身。在交通工具上作业如驾驶拖拉机、收割机、汽车、火车、船舶和飞机等，或在作业台如钻井平台、振动筛操作台、采矿船上作业时，作业工人主要受全身振动的影响。有些作业如摩托车驾驶等，可同时接触全身振动和手传振动。

（二）振动卫生学评价的物理参量

描述振动物理性质的基本参量包括振动的频率、位移、振幅、速度和加速度。频率（frequency）指单位时间内物体振动的次数，单位为赫兹（Hz）。位移（displacement）指振动体离开平衡位置的瞬时距离，单位为毫米（mm）。振动体离开平衡位置的最大距离称为振幅（amplitude）。速度（velocity）指振动体单位时间内位移变化的量，即位移对时间的变化率，单位为米/秒（m/s）。加速度（acceleration）指振动体单位时间内速度变化的量，即速度对时间的变化率，以米/秒 ^{2}（m/s^2）或以重力加速度 g（$1\ g = 9.81\ m/s^2$）表示。

位移、速度、加速度均是代表振动强度的物理量，取值时可分别取峰值（peak value）、峰峰值（peak-to-peak value）、平均值（average value）和有效值，有效值也称均方根值（root mean square value，rms）。各值之间的关系可用下式表示：

$$\text{有效值}（rms）= \frac{\pi}{2\sqrt{2}} \cdot \text{平均值} = \frac{1}{\sqrt{2}} \cdot \text{峰值}$$

在位移、速度和加速度三个振动物理量中，反映振动强度对人体作用关系最密切的是振动加速度。振动对人体健康的影响除与振动的强度（位移、速度和加速度）有关外，还取决于机体对不同频率振动的感受特性和接触时间。因此，振动评价常用的物理参量多采用振动频谱、共振频率和 4 小时等能量频率计权加速度有效值。

1．振动频谱　振动频率是影响振动对人体作用的重要因素之一。20 Hz 以下低频率大振幅的全身振动主要影响前庭及内脏器官；40 ～ 300 Hz 高频振动对末梢循环和神经功能的损害较明显。生产性振动很少由单一频率构成，绝大多数都含有极其复杂的频率成分。振动频谱是将复杂振动的各频带测得的振动强度（如加速度有效值）数值按频率大小排列的图形。常用的频带为 1/1 倍频带（简称倍频带）和 1/3 倍频带两种：按中心频率，前者为 6.3 ～ 1250 Hz，后者为 8 ～ 1000 Hz。通过对振动的频谱特性进行分析可了解振动频谱中振动强度分布特征及其对机体的危害性，为制订防振措施提供依据。

2．共振频率　任何物体均有其固有频率（natural frequency），给该物体再加上一个振动（称为策动）时，如果策动力的频率与物体的固有频率基本一致，则物体的振幅达到最大，该现象称为共振。因此，该物体的固有频率又可称为共振频率（resonant frequency）。人体各部位或器官也有其固有频率，当人们接触振动物体时，如果策动力的频率与人体固有频率范围相同或相近，则可引起共振，从而加重振动对人体的影响。

3．4 小时等能量频率计权振动加速度　振动对机体的不良影响与振动频率、强度和接触时间有关。为便于比较和进行卫生学评价，我国目前以 4 小时等能量频率计权振动加速度［four hour energy equivalent frequency weighted acceleration rms，a_{hw}（4）］作为人体接振强度的定量指标，即在固定日接振时间为 4 小时的原则下，以 1/3 倍频带分频法将振动频谱中各频带振动加速度有效值乘以相应的振动频率计权系数，按下列公式计算，所得的计权加速度有效值表示人体接振强度。

$$a_{hw} = \sqrt{\sum_{i=1}^{n} (K_i a_{hi})^2}$$

式中：a_{hw} 为手传振动频率计权加速度（m/s^2），n 为频带数，K_i 为第 i 频带的计权系数，a_{hi} 为第 i 频带的加速度有效值（m/s^2）。

若每日接振时间为 4 小时，其频率计权加速度有效值（a_{hw}）即为 4 小时等能量频率计权振动加速度，a_{hw}（4）；若每日接振时间不足或超过 4 小时，则需按下列公式换算为 a_{hw}（4）。

$$a_{hw}(4) = \sqrt{\frac{T}{4}} \cdot a_{hw(T)}$$

式中：T为日接振时间（小时），$a_{hw(T)}$为日接振T小时的手传振动频率计权加速度（m/s^2）。

（三）振动对人体健康的影响

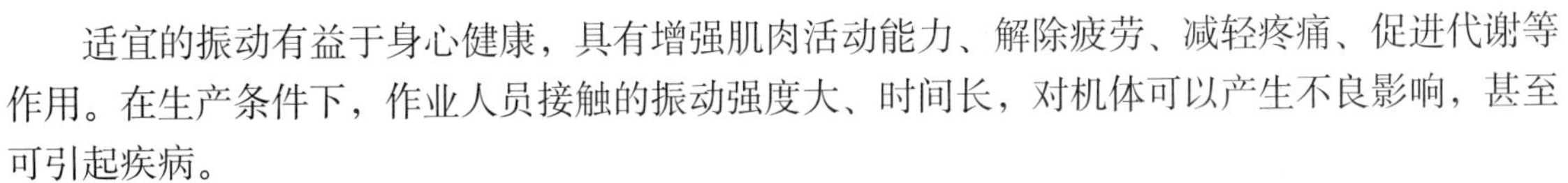

适宜的振动有益于身心健康，具有增强肌肉活动能力、解除疲劳、减轻疼痛、促进代谢等作用。在生产条件下，作业人员接触的振动强度大、时间长，对机体可以产生不良影响，甚至可引起疾病。

1．全身振动 人体接触振动最敏感的频率范围，对于垂直方向的振动（与人体长轴平行）为4～8 Hz，对于水平方向的振动（垂直于人体长轴）为1～2 Hz。超过一定强度的振动可以使人出现不适感，甚至不能忍受。高强度剧烈的振动可引起内脏移位或某些机械性损伤，如挤压、出血，甚至撕裂，但这类情况并不多见。低频率（2～20 Hz）的垂直振动可损害腰椎，接触全身振动的作业工人脊柱疾病发生率居首位（约24%），如工龄较长的各类司机中腰背痛、椎间盘突出、脊柱骨关节病变的检出率增加；另外还常见胃肠疾病（胃溃疡、疝等）。

低频率、大振幅的全身振动，如车、船、飞机等交通工具的振动，可引起运动病（motion sickness），也称晕动病，是振动刺激前庭器官引起的急性反应症状。常见表现为眩晕、面色苍白、出冷汗、恶心、呕吐等。脱离振动环境后经适当休息可以缓解，必要时可给予抗组胺或抗胆碱药物，如茶苯海明、氢溴酸东莨菪碱，但不宜作为交通工具司乘人员的预防用药。

全身振动因其直接的机械作用或对中枢神经系统的影响，可使姿势平衡和空间定向发生障碍，外界物体不能在视网膜形成稳定的图像，因而出现视物模糊、视觉分辨力下降、动作准确性降低；或因全身振动对中枢神经系统的抑制作用，导致注意力分散、反应速度降低、疲劳，从而影响作业效率或导致工伤事故的发生。

全身振动的长期作用还包括前庭器官刺激症状及自主神经功能紊乱，如眩晕、恶心、血压升高、心率加快、疲倦、睡眠障碍；胃肠分泌功能减弱、食欲减退、胃下垂患病率增高；内分泌系统调节功能紊乱、月经周期紊乱、流产率增高等。

2．手传振动 手传振动的主要危害是手臂振动病（hand-arm vibration disease）。手臂振动病是长期从事手传振动作业而引起的以手部末梢循环和（或）手臂神经功能障碍为主的疾病，并可引起手、臂骨关节 - 肌肉的损伤。其典型表现为振动性白指（vibration-induced white finger，VWF），又称职业性雷诺现象（Raynaud′s phenomenon）。手臂振动病早期表现多为手部症状和类神经征。其中以手麻、手痛、手胀、手僵等较为普遍。类神经征常表现为头痛、头晕、失眠、乏力、记忆力减退等，也可出现自主神经功能紊乱表现。检查可见皮温降低，振动觉、痛觉阈值升高，前臂感觉和运动神经传导速度减慢和远端潜伏期延长，肌电图检查可见神经源性损害。按我国《职业性手臂振动病诊断标准》（GBZ7-2014），根据长期从事手传振动作业的职业史，手臂振动病的主要症状和体征，结合末梢循环和手臂周围神经功能检查，参考作业环境职业卫生学调查资料综合分析，排除其他病因所致类似疾病，方可进行诊断分级。

手臂振动病目前尚无特效疗法，基本原则是根据病情进行综合性治疗。应用扩张血管及营养神经的药物，改善末梢循环。也可采用活血化淤、舒筋活络类的中药治疗并结合物理疗法、运动疗法等，促使病情缓解。必要时进行外科治疗。患者应加强个人防护，注意手部和全身保暖，减少白指的发作。观察对象一般不需调离振动作业，但应每年复查一次，密切观察病情变化。轻度手臂振动病者调离接触手传振动的作业，进行适当治疗，并根据情况安排其他工作。中度和重度手臂振动病者必须调离振动作业，积极进行治疗。如需做劳动能力鉴定，参照《职工工伤与职业病致残程度鉴定标准》（GB/T 16180-2006）的有关条文处理。

手传振动也可以对人体产生全身性的影响。长期接触较强的手传振动，可以引起外周和中枢神经系统的功能改变，表现为条件反射抑制，潜伏时间延长，神经传导速度减慢和肢端感觉障碍，如感觉迟钝、痛觉减退等。检查可见神经传导速度减慢、反应潜伏期延长。自主神经功

能紊乱表现为组织营养障碍、手掌多汗等。手传振动对听觉也可以产生影响，引起听力下降，振动与噪声联合作用可以加重听力损伤，加速耳聋的发生和发展。手传振动还可影响消化系统、内分泌系统和免疫系统的功能。

3．影响振动对机体作用的因素

（1）振动的频率：一般认为，低频率（20 Hz 以下）、大振幅的全身振动主要作用于前庭、内脏器官。振动频率与人体器官固有频率一致时，可产生共振，使振动强度加大，作用加强，从而加重器官损伤。

低频率、高强度的手传振动，主要引起手臂骨 - 关节系统的障碍，并可伴有神经、肌肉系统的变化。如 30 ~ 300 Hz 的振动对外周血管和神经功能的损害明显；300 Hz 以上的高频振动使血管的挛缩作用减弱，对神经系统的影响较大；而 1000 Hz 以上的振动则难以被人体主观感受。据调查，许多振动工具产生的振动，其主频段的中心频率多为 63 Hz、125 Hz、250 Hz，容易引起外周血管的损伤。频率一定时，振动的强度越大，对人体的危害越大。

（2）接触振动的强度和时间：手臂振动病的患病率和严重程度取决于接触振动的强度和时间。流行病学调查结果表明：振动性白指检出率随接触振动强度的增大和接触时间的延长而增高，严重程度亦随接触振动时间延长而加重。

（3）环境气温、气湿：环境温度和湿度是影响振动危害的重要因素，低气温、高气湿可以加速手臂振动病的发生和发展，尤其全身受冷是诱发振动性白指的重要条件。所以手臂振动病多发生在寒冷地区和寒冷季节。但值得注意的是，我国秦岭淮河流域以南的广大地区一月份平均气温在 0℃以上，属亚热带，以往很少报告手臂振动病，但近年也时有发病报道。

（4）操作方式和个体因素：劳动负荷、工作体位、技术熟练程度、加工部件的硬度等均能影响作业时的姿势、用力大小和静态紧张程度。人体对振动的敏感程度与作业时的体位及姿势有很大关系，如立位时对垂直振动比较敏感，卧位时则对水平振动比较敏感。有些振动作业需要采取强迫体位，甚至胸腹部直接接触振动工具或物体，导致人体更加容易受到振动的危害。静态紧张可影响局部血液循环并增加振动的传导，加重振动的不良作用。常温下女性皮肤温度较低，对寒冷、振动等因素比较敏感。另外，年龄也是振动危害的易感因素。

（四）振动危害的预防措施

1．控制振动源　改革工艺过程，采取技术革新，通过减振、隔振等措施，减轻或消除振动源的振动，是预防振动职业危害的根本措施。例如，采用液压、焊接、粘接等新工艺代替风动工具铆接工艺；采用水力清砂、水爆清砂、化学清砂等工艺代替风铲清砂；设计自动或半自动的操纵装置，减少手部和肢体直接接触振动的机会；工具的金属部件改用塑料或橡胶，减少因撞击而产生的振动；采用减振材料或工艺以降低交通工具、作业平台等大型设备的振动。

2．限制作业时间和振动强度　通过研制和实施振动作业的卫生标准，限制接触振动的强度和时间，可有效保护作业者的健康，是预防振动危害的重要措施。国家职业卫生标准（GBZ 2.2-2007）《工作场所有害因素职业接触限值 第 2 部分：物理因素》，规定的作业场所手传振动职业接触限值以 4 小时等能量频率计权振动加速度［*ahw*（*4*）］不得超过 5 m/s^2。当振动工具的振动暂时达不到标准限值时，可按振动强度大小相应缩短日接振时间（表 5-7）。

表5-7　振动容许值和日接振时间限制

频率计权振动加速度（m/s^2）	日接振容许时间（h）
5.00	4.0
6.00	2.8
7.00	2.0
8.00	1.6
9.00	1.2
10.00	1.0
＞ 10.00	＜ 0.5

我国职业卫生标准《工业企业设计卫生标准》(GBZ 1-2010)，规定了全身振动强度卫生限值（表 5-8）。

表5-8　全身振动强度卫生限值

工作日接触时间（t，单位h）	卫生限值（m/s^2）
$4.0 < t \leq 8.0$	0.62
$2.5 < t \leq 4.0$	1.10
$1.0 < t \leq 2.5$	1.40
$0.5 < t \leq 1.0$	2.40
$t \leq 0.5$	3.60

3．改善作业环境，加强个人防护　加强作业过程或作业环境中的防寒、保温措施，特别是在北方寒冷季节的室外作业，需有必要的防寒和保暖设施。振动工具的手柄温度如能保持40℃，对预防振动性白指的发生和发作具有较好的效果。控制作业环境中的噪声、毒物和气湿等，对预防振动职业危害也有一定作用。合理配备和使用个人防护用品，如防振手套、减振座椅等，能够减轻振动危害。

4．加强健康监护和日常卫生保健　依法对振动作业工人进行就业前和定期健康体检，早期发现，及时处理患病个体。加强健康管理和宣传教育，提高劳动者保健意识。定期监测振动工具的振动强度，结合卫生标准，科学安排作业时间。长期从事振动作业的工人，尤其是手臂振动病患者，应加强日常卫生保健，生活应有规律，坚持适度的体育锻炼；坚持温水（40℃）浴，既可使紧张的精神得以松弛，也能促进全身血液循环；烟草中含尼古丁，可使血管收缩，吸烟者血液中一氧化碳浓度增高，可影响组织中氧的供应和利用，诱发振动性白指，因此，应鼓励劳动者戒烟，养成良好的健康习惯。

一般认为，手臂振动病的预后取决于病情。经脱离振动作业，注意保暖，适当治疗，多数轻症可逐渐好转和痊愈。曾报道，林业链锯工首次出现振动性白指即脱离振动作业者，10 年后振动性白指检出率为 57.7±2.9%，而继续接振者高达 94.1%，振动性白指检出率随继续接振时间延长而明显增高。忽视振动作业工人健康管理、延误治疗等是影响振动病预后的主要因素。因此，对振动作业工人的健康管理应予重视。

（陈章健）

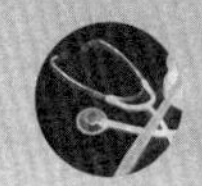

第六章 化学性有害因素及其对健康的影响

第一节 概 述

一、化学性有害因素的接触机会

化学性有害因素在我国职业病危害因素中占有重要地位。2015 年由国家卫生计划生育委员会（现卫生健康委）、安全监管总局、人力资源社会保障部和全国总工会联合组织公布的最新《职业病危害因素分类目录》中，职业病危害因素共计 6 类 459 种，其中化学性有害因素有 375 种，占比 81.7%。2013 年公布实施的《职业病分类和目录》中，我国法定职业病分为 10 类 132 种，其中职业性化学中毒共 60 项，占比近 50%。职业性化学中毒也被直接称为职业中毒（occupational poisoning）。

在一定条件下，摄入较小剂量即可引起机体暂时或永久性病理改变，甚至危及生命的化学物质称为毒物。生产过程中产生的、存在于工作环境空气中的毒物称为生产性毒物（productive toxicant）。因此，职业病危害因素中化学性有害因素也被称为生产性毒物。职业性化学中毒是指劳动者在生产劳动过程中由于接触生产性毒物而引起的中毒。

生产性毒物主要来源于原料、辅助原料、中间产品（中间体）、成品、副产品、夹杂物或废弃物，有时也来自热分解产物及反应产物。生产性毒物可以固态、液态、气态或气溶胶的形式存在。在生产劳动过程中有很多机会接触到毒物，如原料的开采与提炼、加料和出料，成品的处理、包装，材料的加工、搬运、储藏，化学反应控制不当或加料失误而引起冒锅和冲料、物料输送管道或出料口发生堵塞、作业人员进入反应釜出料和清釜、储存气态化学物钢瓶的泄漏、废料的处理和回收、化学物的采样和分析以及设备的保养、检修等。

二、影响毒物吸收及健康效应的因素

生产性毒物主要经呼吸道吸收进入人体，亦可经皮肤和消化道吸收。因肺泡呼吸膜极薄，扩散面积大（50 ~ 100 m^2），且血供丰富，呈气体、蒸气和气溶胶状态的毒物均可经呼吸道吸收进入人体，大部分生产性毒物均由此途径吸收进入人体而导致中毒。经呼吸道吸收的毒物，未经肝的生物转化解毒过程即直接进入体循环并分布于全身，故其毒性作用发生较快。皮肤对外来化合物具有屏障作用，但却有不少外来化合物可经皮肤吸收，如芳香族氨基酸和硝基化合物、有机磷酸酯类化合物、氨基甲酸酯类化合物、金属有机化合物（四乙铅）等，可通过完整皮肤吸收入血而引起中毒。毒物主要通过表皮细胞，也可通过皮肤的附属器，如毛囊、皮脂腺或汗腺进入真皮而被吸收入血，但皮肤附属器仅占体表面积的 0.1% ~ 0.2%，故只能吸收少量毒物，因此其实际意义并不大。经皮肤吸收的毒物也不经肝的生物转化解毒过程即直接进入体

循环。在生产过程中，毒物经消化道摄入所致的职业中毒甚为少见，常见于事故性误服。由于个人卫生习惯不良或食物受毒物污染时，毒物也可经消化道进入体内。有的毒物如氰化物可被口腔黏膜吸收。

毒物被吸收后，随血液循环分布到全身。毒物在体内的分布主要取决于其进入细胞的能力及与组织的亲和力。大多数毒物在体内呈不均匀分布，相对集中于某些组织器官，如铅、氟集中于骨骼，一氧化碳集中于红细胞。进入机体的毒物，有的直接作用于靶部位产生毒性效应，并可以原型排出。但多数毒物吸收后需经生物转化（biotransformation），即在体内代谢酶的作用下，其化学结构发生一系列改变，形成衍生物以及分解产物的过程，亦称代谢转化。毒物可以原型或其代谢物的形式从体内排出。排出的速率对其毒性效应有较大影响，排出缓慢的，则其潜在的毒性效应相对较大。肾是排泄毒物及其代谢物最有效的器官，也是最重要的排泄途径。气态毒物可以原型经呼吸道排出，例如乙醚、苯蒸气等，排出的方式为被动扩散。肝是许多毒物的生物转化器官，对经胃肠道吸收的毒物更为重要，其代谢产物可直接排入胆汁，而后随粪便排出。

影响毒物对机体毒性作用的因素主要包括：①毒物的化学结构：物质的化学结构与其生物学活性和生物学作用密切相关，同时对其进入途径和体内过程有重要影响；②剂量、浓度和接触时间：降低空气中毒物的浓度，缩短接触时间，减少毒物进入体内的量是预防职业中毒的重要环节；③联合作用：毒物与存在于生产环境中的各种因素可同时或先后共同作用于人体，其毒性效应可表现为独立、相加、协同和拮抗作用；④个体易感性：人体对毒物毒性作用的敏感性有较大个体差异，即使在同一接触条件下，不同个体所出现的反应可能相差很大。

职业中毒一般分为三种临床类型：急性中毒、亚急性中毒和慢性中毒。此外，脱离接触毒物一定时间后，才出现中毒临床病变，称迟发性中毒（delayed poisoning），如锰中毒等。毒物或其代谢产物在体内含量超过正常范围，但无该毒物所致临床表现，呈亚临床状态，称毒物的吸收，如铅吸收。职业中毒的临床表现多种多样，尤其是多种毒物同时作用于机体时表现更为复杂，可累及全身各个系统，出现多脏器损害；同一毒物可累及不同的靶器官，不同毒物也可损害同一靶器官而出现相同或类似的临床表现。职业中毒的诊断具有很强的政策性和科学性，直接关系到职工的健康和国家劳动保护政策的贯彻执行。我国原卫生部、劳动保障部于2002年颁布的法定职业病名单分10类共115种，并配套相应的诊断标准；2013年公布的最新《职业病分类和目录》将原来115种职业病调整为132种（含4项开放性条款），其中新增18种。职业病诊断标准经常定期更新，应注意查阅并使用最新颁布的诊断标准。职业中毒是我国最常见的法定职业病种类，其诊断遵从法定职业病的诊断原则。法定职业病的诊断是由3人及以上单数个诊断医师组成的诊断组严格按国家颁布的职业病诊断标准集体完成的。在诊断职业中毒的具体操作过程中，尤其是对于某些慢性中毒，因其缺乏特异的症状、体征及检测指标，确诊不易。因此，职业中毒的诊断应有充分的资料，包括职业史、现场职业卫生调查、相应的临床表现和必要的实验室检测，并排除非职业因素所致的类似疾病，综合分析，方能做出合理的诊断。

职业中毒的治疗可分为病因治疗、对症治疗和支持疗法三类。病因治疗的目的是尽可能消除或减少致病的物质基础，并针对毒物致病的机制进行处理。及时合理的对症治疗是缓解毒物引起的主要症状、促进机体功能恢复的重要措施。支持疗法可改善患者的全身状况，促进其康复。中毒患者应脱离毒物接触，及早使用有关的特效解毒剂，如NaDMS、$CaNa_2EDTA$等金属络合剂。但目前此类特效解毒剂为数不多，应针对慢性中毒的常见症状，如类神经症、精神症状、周围神经病变、白细胞减少、接触性皮炎，慢性肝、肾病变等，对患者进行及时合理的对症治疗，并注意适当的营养和休息，促进康复。慢性中毒患者经治疗后，应对其进行劳动能力鉴定，并安排合适的工作或休息。

三、防控基本原则

职业中毒的病因是生产性毒物，故预防职业中毒必须采取综合治理措施，从根本上消除、控制或尽可能减少毒物对职工的侵害。应遵循“三级预防”原则，倡导并推行“清洁生产”，重点做好“前期预防”。具体控制措施主要包括：①从生产工艺流程中消除有毒物质，可用无毒或低毒物质代替有毒或高毒物质；②加强技术革新和通风排毒措施，将工作环境空气中毒物浓度控制在国家职业卫生标准以内；③个体防护是预防职业中毒的重要辅助措施；④健全的职业卫生服务和职业健康监测在预防职业中毒中也极为重要；⑤采取相应的安全卫生管理措施来消除可能引发职业中毒的危险因素具有重要作用。

第二节　有机溶剂中毒

一、有机溶剂中毒概述

有机溶剂是引起职业中毒的主要化学物质。根据 31 个省（自治区、直辖市）和新疆生产建设兵团职业病报告，2016 年共报告职业病 31 789 例，其中职业性化学中毒 1212 例。各类急性职业中毒事故 272 起，中毒 400 例，其中重大职业中毒事故（同时中毒 10 人以上或死亡 5 人以下）6 起，中毒 45 例（包含死亡 4 例）。各类慢性职业中毒 812 例，其中苯中毒 240 例，死亡 2 例，均为苯中毒所致。职业性肿瘤共报告 90 例，其中苯致白血病 36 例。我国《职业病分类和目录》中包含职业性化学中毒共 60 项，其中有机溶剂中毒近 30 项。有机溶剂常态下为液体，通常是有机物，主要用作清洗剂、去污剂、稀释剂和萃取剂，许多溶剂也用作原料以制备其他化学产品。有机溶剂种类繁多，工业应用广泛，因此职业接触机会众多。有机溶剂职业中毒事故多发生在制鞋、家具制造、玩具制造、皮革、箱包、包装、涂料、电子（手机制造）等行业，以上行业中所使用的胶粘剂、油漆、涂料、清洗剂大多含有机溶剂。同时，有机溶剂的一些特性决定了其容易导致中毒，如挥发性强、开放性接触、个体防护相对困难以及可经皮肤吸收等。

目前我国职业性有机溶剂中毒情况具有以下特点：①群体中毒事件多发，中毒死亡案例时有发生，后果严重；②苯、正己烷、三氯乙烯、二氯甲烷、二甲基甲酰胺以及混合性有机溶剂中毒多见；③多发生于私营及中小型民营企业；④工程技术、个体防护问题突出，缺乏有效的通风排毒设施，职业危害认识和防护意识不足；⑤农民工和临时工问题日益突出。

二、有机溶剂的理化特性与毒性作用特点

有机溶剂的种类繁多，但理化特性和毒性作用特点具有一些相似性，概括如下：

（1）化学结构：可按化学结构将有机溶剂分为若干类（族）。如按基本化学结构可分为脂肪族、脂环族和芳香族；按功能基团可分为卤素、醇类、酮类、乙二醇类、酯类、羧酸类、胺类和酰胺类。具有同类化学结构者，毒性相似。

（2）挥发性、可溶性和易燃性：有机溶剂多易挥发，故接触途径以吸入为主。脂溶性是有机溶剂的重要特性，进入体内易与神经组织亲和而具麻醉作用；有机溶剂又兼具水溶性，故易经皮肤吸收进入体内。有机溶剂大多具有可燃性，如汽油、乙醇等，可用作燃料；但有些则属非可燃物而用作灭火剂，如卤代烃类化合物。

（3）吸收与分布：挥发性有机溶剂经呼吸道吸入后经肺泡 - 毛细血管膜吸收，有 40% ～ 80% 在肺内滞留，从事体力劳动时，经肺摄入量增加 2 ～ 3 倍。因有机溶剂多具脂溶性，故摄入后多分布于富含脂肪的组织，包括神经系统、肝等；由于血 - 组织膜屏障富含脂肪，有机

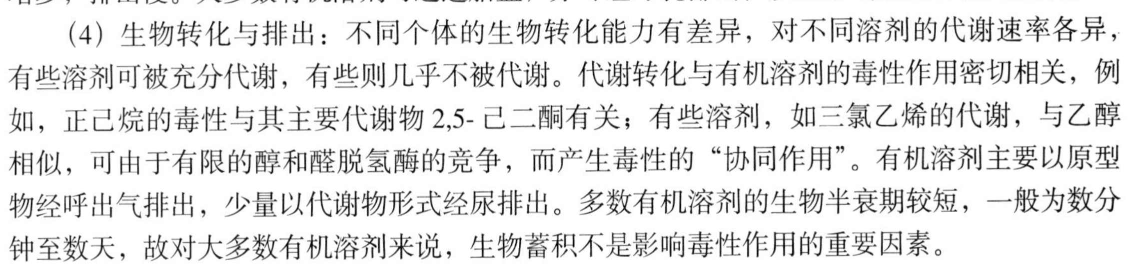

溶剂可分布于血流充足的骨骼和肌肉组织；体脂含量较高者接触有机溶剂后，机体吸收、蓄积增多，排出慢。大多数有机溶剂可通过胎盘，亦可经母乳排出，从而影响胎儿和乳儿健康。

（4）生物转化与排出：不同个体的生物转化能力有差异，对不同溶剂的代谢速率各异，有些溶剂可被充分代谢，有些则几乎不被代谢。代谢转化与有机溶剂的毒性作用密切相关，例如，正己烷的毒性与其主要代谢物2,5-己二酮有关；有些溶剂，如三氯乙烯的代谢，与乙醇相似，可由于有限的醇和醛脱氢酶的竞争，而产生毒性的“协同作用”。有机溶剂主要以原型物经呼出气排出，少量以代谢物形式经尿排出。多数有机溶剂的生物半衰期较短，一般为数分钟至数天，故对大多数有机溶剂来说，生物蓄积不是影响毒性作用的重要因素。

三、有机溶剂对人体健康的影响

有机溶剂中毒对人体多器官和系统均有可能产生不良影响，主要概括如下：

（1）中枢神经系统：有机溶剂多具有脂溶性，因此易分布于神经系统。几乎全部易挥发的脂溶性有机溶剂都能引起中枢神经系统的抑制，多属非特异性抑制或全身麻醉。有机溶剂的麻醉效能与脂溶性密切相关，还与其化学结构有关，如碳链长短、有无卤基或乙醇基取代、是否具有不饱和（双）碳键等。

急性有机溶剂中毒时出现的中枢神经系统抑制症状与乙醇中毒类似：可表现为头痛、恶心、呕吐、眩晕、倦怠、嗜睡、衰弱、语言不清、步态不稳、易激惹、神经过敏、抑郁、定向力障碍、意识错乱或丧失，甚至出现呼吸抑制而至死。上述急性影响可带来继发性危害，如伤害事故增加等。这些影响与神经系统内化学物浓度有关。虽然大多数工业溶剂的生物半衰期较短，24小时内症状大都可缓解，但因常同时接触多种有机溶剂，它们可呈相加作用甚至增强作用。接触半衰期长、代谢率低的化学物时，则易产生对急性作用的耐受性；严重过量接触后，中枢神经系统出现持续脑功能不全，并伴发昏迷，以至脑水肿。

慢性接触有机溶剂可导致慢性神经行为障碍，如性格或情感改变（抑郁、焦虑）、智力功能失调（短期记忆丧失、注意力不集中）等；还可因小脑受累导致前庭-动眼功能失调。此外，有时接触低浓度溶剂蒸气后，虽前庭试验正常，但仍可出现眩晕、恶心和衰弱，称为获得性有机溶剂超耐量综合征。

（2）周围神经和脑神经：有机溶剂可引起周围神经损害，甚至有少数溶剂对周围神经系统呈特异毒性。如二硫化碳、正己烷和甲基正-丁酮能使远端轴突受累，引起感觉运动神经的对称性混合损害，主要表现为：手套-袜子样分布的肢端周围神经炎，感觉异常及衰弱感；有时出现疼痛和肌肉抽搐，而远端反射则多表现为抑制。三氯乙烯能引起三叉神经麻痹，导致三叉神经支配区域的感觉功能丧失。

（3）皮肤：由有机溶剂所致的职业性皮炎约占总病例数的20%。几乎全部有机溶剂都能使皮肤脱脂或使脂质溶解而成为原发性皮肤刺激物。典型溶剂引起的皮炎具有急性刺激性皮炎的特征，如红斑和水肿；亦可见慢性裂纹性湿疹。有些工业溶剂能引起过敏性接触性皮炎，少数有机溶剂如三氯乙烯甚至可诱发严重的剥脱性皮炎。

（4）呼吸系统：有机溶剂对呼吸道均有一定刺激作用；高浓度的醇、酮和醛类还会使蛋白变性而致呼吸道损伤。溶剂引起呼吸道刺激的部位通常在上呼吸道，接触溶解度高、刺激性强的溶剂如甲醛类，表现尤为明显。长期接触刺激性较强的溶剂还可致慢性支气管炎。

（5）心脏：有机溶剂对心脏的主要影响是使心肌对内源性肾上腺素的敏感性增强。曾有报道健康工人过量接触工业溶剂后发生心律不齐，如发生心室颤动，可致猝死。

（6）肝：在接触剂量大、接触时间长的情况下，任何有机溶剂均可导致肝细胞损害。其中一些具有卤素或硝基功能团的有机溶剂，其肝毒性尤为明显。芳香烃（如苯及其同系物）对肝毒性较弱。丙酮本身无直接肝毒性，但能加重乙醇对肝的毒性作用。作业工人短期内过量接

触四氯化碳可产生急性肝损害；而长期较低浓度接触可出现慢性肝病（包括肝硬化）。

（7）肾：四氯化碳急性中毒时，常出现肾小管坏死性急性肾衰竭。多种溶剂或混合溶剂慢性接触可致肾小管性功能不全，出现蛋白尿、尿酶尿（溶菌酶、β- 葡糖苷酸酶、氨基葡糖苷酶的排出增高）。溶剂接触还可能与原发性肾小球性肾炎有关。

（8）血液：苯可损害造血系统，导致白细胞减少甚至全血细胞减少症，以至再生障碍性贫血和白血病。某些乙二醇醚类能引起溶血性贫血（渗透脆性增加）或骨髓抑制性再生障碍性贫血。

（9）致癌：在常用溶剂中，苯是肯定的人类致癌物质，可引起急性或慢性白血病，故应采取措施进行一级预防，如用其他低毒物质替代苯作为溶剂或控制苯的用量。

（10）生殖系统：大多数溶剂容易通过胎盘屏障，还可进入睾丸。某些溶剂如二硫化碳对女性生殖功能和胎儿的神经系统发育均有不良影响。

四、常见有机溶剂中毒

（一）苯及其同系物

1．苯（C_6H_6） 苯（benzene）是最简单的芳香族有机化合物，在常温下为有特殊芳香味的无色液体，分子量 78，沸点 80.1℃，极易挥发。燃点为 562.22℃，爆炸极限为 1.4% ～ 8%（容积百分比）。易燃。微溶于水，易与乙醇、氯仿等有机溶剂互溶。

苯在工农业生产中被广泛使用：①作为有机化学合成中常用的原料，如制造苯乙烯、苯酚、药物、农药，合成橡胶、塑料、洗涤剂、染料、炸药等；②作为溶剂、萃取剂和稀释剂，用于制药、印刷、树脂、人造革、粘胶和油漆等制造；③苯的制造，如焦炉气、煤焦油的分馏或石油的裂解生产苯；④用作燃料，如工业汽油中苯的含量可高达 10% 以上。我国苯作业工作绝大多数接触苯及其同系物甲苯和二甲苯，属混苯作业。

【苯的毒理学特点】

（1）吸收、分布、代谢和排泄：苯在生产环境中以蒸气形式主要由呼吸道进入人体，经皮肤吸收量很少，虽经消化道完全吸收，但无实际意义。苯进入体内后，主要分布在含类脂质较多的组织和器官中。进入体内的苯主要在肝内代谢，其次在骨髓代谢。肝微粒体上的细胞色素 P450（Cytochrome P450 proteins，CYP）至少有 6 种同工酶，其中 2E1 和 2B2 与苯代谢有关。苯的代谢过程主要包括（图 6-1）：在 CYP 的作用下，苯被氧化成环氧化苯，环氧化苯与其重排产物氧杂环庚三烯存在平衡，是苯代谢过程中产生的有毒中间体；通过非酶性重排，环氧化苯可生成苯酚；再经羟化形成氢醌（Hydroquinone，HQ）或邻苯二酚（Catechol，CAT）；环氧化苯在环氧化物水解酶作用下也可生成 CAT；HQ 与 CAT 进一步羟化则形成 1,2,4- 三羟基苯；在谷胱甘肽 *S*- 转移酶的催化下，环氧化苯还可与谷胱甘肽结合形成苯巯基尿酸（*S*-phenylmercapturic acid，*S*-PMA）；而通过羟化作用形成的二氢二醇苯则进一步转化成反 - 反式粘糠酸（t,t-MA）。酚类代谢产物可与硫酸盐或葡糖醛酸结合后经肾排出，故接触苯后，尿酚排出量增加。环境中空气苯浓度为 0.1 ～ 10 ppm 时，接触者尿中苯代谢产物 70% ～ 85% 为苯酚，此外 HQ、t,t-MA 与 CAT 还分别可以占 5% ～ 10%，*S*-PMA 含量最低，不超过 1%。尿中苯的代谢产物水平与空气中苯浓度存在相关性，因此尿酚、HQ、CAT、t,t-MA 及 *S*-PMA 均可作为苯的接触标志。其中 *S*-PMA 在体内的本底值很低，且具有较好的特异性和半衰期，被认为是低浓度苯接触时的最佳生物标志，但吸烟可影响其测定值。

（2）毒性：苯属于中等毒性物质。急性毒性作用主要针对中枢神经系统，以麻醉作用为主。小鼠吸入苯蒸气的 LC_{50} 为 31.7 g/（m^3・8 h），经皮 LD_{50} 为 26.5 g/kg，腹腔注射 LD_{50} 为 10.11 g/kg；大鼠吸入苯蒸气的 LC_{50} 为 51 g/（m^3・4 h），经口 LD_{50} 为 3.8 g/kg。急性中毒动物

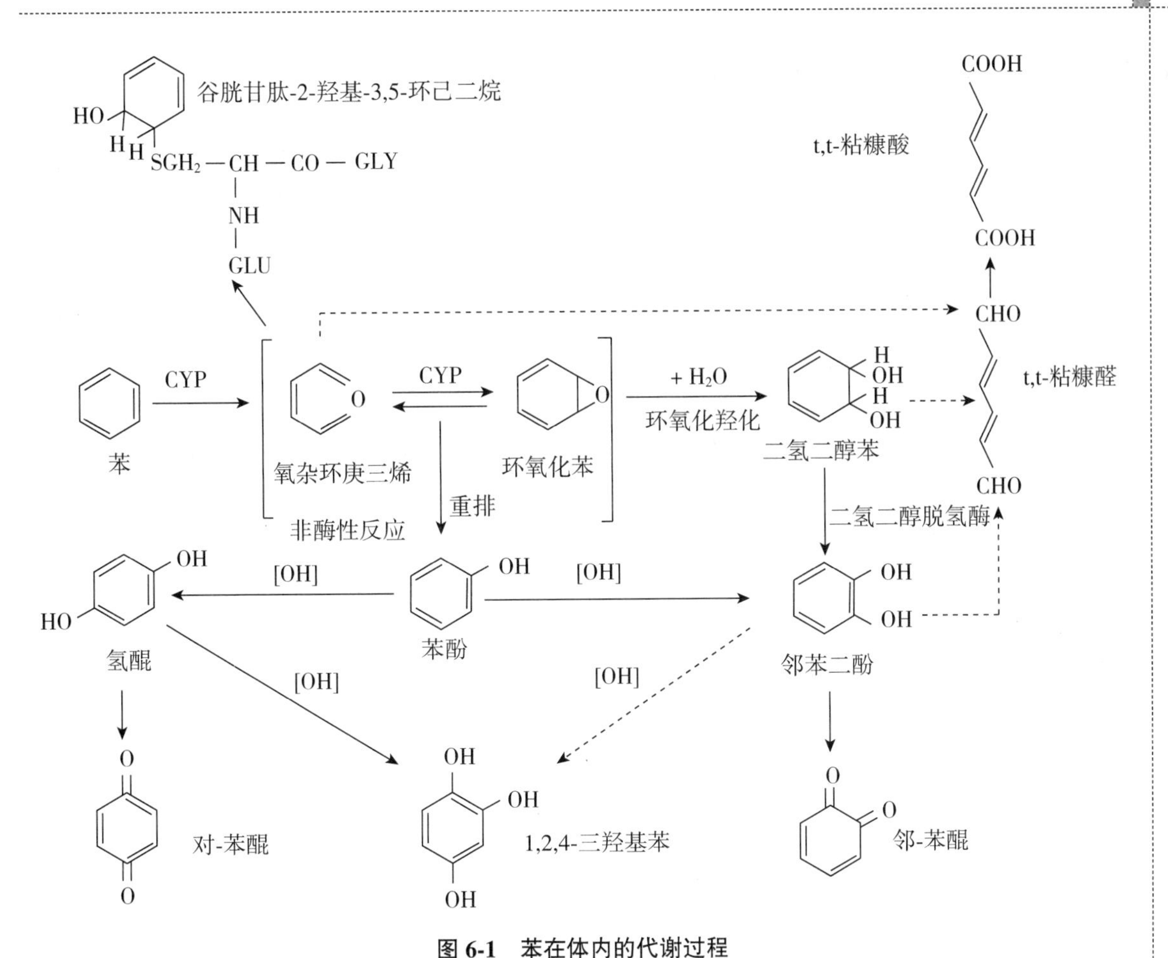

图 6-1　苯在体内的代谢过程

初期表现为中枢神经系统兴奋症状，随后进入麻醉状态，最后因呼吸中枢麻痹或者心力衰竭而死亡。高浓度苯蒸气对眼和呼吸道黏膜及皮肤有刺激作用，空气中苯浓度达 2% 时，人吸入后在 5 ~ 10 分钟内可致死。此外，成人摄入约 15 ml 苯还可引起虚脱、支气管炎及肺炎。

（3）毒性作用机制：目前认为苯的血液毒性和遗传毒性主要是由其在体内代谢过程中形成的代谢产物所引起。苯代谢产物被转运到骨髓或其他器官，可能表现为骨髓毒性和致白血病作用。迄今，苯的毒性作用机制仍未完全阐明，目前认为主要涉及：①干扰细胞因子对骨髓造血干细胞的生长和分化的调节作用。骨髓基质是造血的微环境，在调节正常造血功能上起关键作用。苯代谢物以骨髓为靶部位，降低造血正调控因子 IL-1 和 IL-2 的水平；活化骨髓成熟白细胞，产生高水平的造血负调控因子即肿瘤坏死因子（TNF-α）。②氢醌与纺锤体纤维蛋白共价结合，抑制细胞增殖。③ DNA 损伤，其机制有二：一是苯的活性代谢物与 DNA 共价结合形成加合物；二是代谢产物氧化产生的活性氧对 DNA 造成氧化性损伤。通过上述两种机制诱发突变或染色体的损伤，引起再生障碍性贫血，或因骨髓增生不良，最终导致急性髓性白血病。④癌基因的激活。肿瘤的发生往往并非单一癌基因的激活所致，通常是两种或两种以上癌基因突变的协同作用。苯致急性髓性白血病可能与 *ras*、*c-fos*、*c-myc* 等癌基因的激活有关。此外，慢性接触苯对健康的危害程度还与个体的遗传易感性如毒物代谢酶基因多态、DNA 修复基因多态等有关。

【苯中毒的主要临床表现】

（1）急性中毒：急性苯中毒是由于短时间吸入大量苯蒸气引起。主要表现为中枢神经系统的麻醉作用。轻者出现兴奋、欣快感、步态不稳，以及头晕、头痛、恶心、呕吐、轻度意识模糊等；重者神志模糊加重，由浅昏迷进入深昏迷状态或出现抽搐。严重者甚至出现呼吸、心

脉停搏。实验室检查可发现尿酚和血苯增高。

（2）慢性中毒：长期接触低浓度苯可引起慢性中毒，其主要临床表现如下：

1）神经系统：多数患者表现为头痛、头晕、失眠、记忆力减退等类神经症，有的伴有自主神经系统功能紊乱，如心动过速或过缓、皮肤划痕试验阳性，个别病例有肢端麻木和痛觉减退表现。

2）造血系统：慢性苯中毒主要损害造血系统。有近5%的轻度中毒者无自觉症状，但血象检查发现异常。重度中毒者常因感染而发热，牙龈、鼻腔、黏膜与皮下常见出血，眼底检查可见视网膜出血。最早和最常见的血象异常表现是持续性白细胞计数减少，主要是中性粒细胞减少，白细胞分类中淋巴细胞相对值可增加到40%左右。血液涂片可见白细胞有较多的毒性颗粒、空泡、破碎细胞等。电镜检查可见血小板形态异常。中度中毒者可见红细胞计数偏低或减少；重度中毒者红细胞计数、血红蛋白、白细胞（主要是中性粒细胞）、血小板、网织红细胞都明显减少，淋巴细胞百分比相对增高。严重中毒者骨髓造血系统明显受损，甚至出现再生障碍性贫血、骨髓增生异常综合征（MDS），少数可转化为白血病。

苯可引起各种类型的白血病，其中以急性粒细胞白血病（急性髓性白血病）为多，其次为红白血病、急性淋巴细胞白血病和单核细胞白血病，慢性粒细胞白血病则很少见。2017年10月，国际癌症研究中心（IARC）已确认苯为人类致癌物。

3）其他：经常接触苯者，皮肤可脱脂，变得干燥、脱屑以至皲裂，有的出现过敏性湿疹、脱脂性皮炎。苯还可损害生殖系统，接触苯的女工出现月经血量增多、经期延长，自然流产胎儿畸形率增高；苯对免疫系统也有影响，接触者外周血IgG、IgA明显降低，而IgM增高。此外，职业性苯接触工人染色体畸变率可明显增高。

【苯中毒的诊断】

参见职业性苯中毒的诊断标准（GBZ68-2013）。急性苯中毒是根据短期内吸入大量高浓度苯蒸气，临床表现有意识障碍，并排除其他疾病引起的中枢神经功能改变，方可做出诊断。按意识障碍程度，急性苯中毒分为轻度和重度二级。慢性苯中毒是根据较长时期密切接触苯的职业史，临床表现主要有造血抑制，亦可有增生异常，参考作业环境调查及现场空气中苯浓度测定资料，进行综合分析，并排除其他原因引起的血象改变，方可做出诊断。慢性苯中毒按血细胞受累的系列和程度，以及有无恶变分为轻、中、重三级。

【苯中毒的处理原则】

（1）急性中毒：应迅速将中毒患者移至空气新鲜处，立即脱去被苯污染的衣服，用肥皂水清洗被污染的皮肤，注意保暖。急性期应卧床休息。急救原则与内科相同，可用葡糖醛酸，忌用肾上腺素。病情恢复后，轻度中毒者一般休息3～7天，重度中毒者的休息时间应视病情恢复程度而定。

（2）慢性中毒：无特效解毒药，治疗根据造血系统损害所致血液疾病对症处理。可用有助于造血功能恢复的药物，并给予对症治疗。再生障碍性贫血或白血病的治疗原则同内科。一经确定诊断，即应立即调离接触苯及其他有毒物质的工作。在患病期间应按病情分别安排工作或休息。轻度中毒一般可从事轻工作，或半日工作；中度中毒根据病情，适当安排休息；重度中毒则应全休。

2．甲苯（$C_6H_5CH_3$）、二甲苯［$C_6H_4(CH_3)_2$］ 甲苯（toluene）和二甲苯（xylene）均为无色透明、带芳香气味、易挥发的液体。甲苯分子量92.1，沸点110.4°C，蒸气比重3.90。二甲苯分子量106.2，有邻位、间位和对位三种异构体，其理化特性相近，沸点138.4～144.4℃，蒸气比重3.66。二者均不溶于水，可溶于乙醇、丙酮和氯仿等有机溶剂，用作化工生产的中间体，作为溶剂或稀释剂用于油漆、喷漆、橡胶、皮革等工业，也可作为汽车和航空汽油中的掺加成分。

甲苯和二甲苯可经呼吸道、皮肤和消化道吸收。吸收后主要分布在含脂丰富的组织，以脂肪组织、肾上腺最多，其次为骨髓、脑和肝。甲苯 80% ~ 90% 氧化成苯甲酸，并与甘氨酸结合生成马尿酸，少量（10% ~ 20%）为苯甲酸，可与葡糖醛酸结合，均易随尿排出。二甲苯 60% ~ 80% 在肝内氧化，主要产物为甲基苯甲酸、二甲基苯酚和羟基苯甲酸等。其中，甲基苯甲酸与甘氨酸结合为甲基马尿酸，随尿排出。甲苯以原型经呼吸道呼出，一般占吸入量的 3.8% ~ 24.8%，而二甲苯经呼吸道呼出的比例较甲苯小。高浓度甲苯、二甲苯主要对中枢神经系统产生麻醉作用；对皮肤黏膜的刺激作用较苯为强，皮肤接触可引起皮肤红斑、干燥、脱脂及皲裂等，甚或出现结膜炎和角膜炎症状；纯甲苯、二甲苯对血液系统的影响不明显。

【甲苯和二甲苯中毒的主要临床表现】

（1）急性中毒：短时间吸入高浓度甲苯和二甲苯可出现中枢神经系统功能障碍和皮肤黏膜刺激症状。轻者表现头痛、头晕、步态蹒跚、兴奋，轻度呼吸道和眼结膜的刺激症状。严重者出现恶心、呕吐、意识模糊、躁动、抽搐，以至昏迷，呼吸道和眼结膜出现明显刺激症状。

（2）慢性中毒：长期接触中低浓度甲苯和二甲苯可出现不同程度的头晕、头痛、乏力、睡眠障碍和记忆力减退等症状。周围血象可出现轻度、暂时性改变，脱离接触后可恢复正常。皮肤接触可致慢性皮炎、皮肤皲裂等。

【甲苯和二甲苯中毒的诊断】

甲苯中毒国家诊断标准为 GBZ16-2014。根据短时间内吸入较高浓度的甲苯或二甲苯职业接触史，结合以神经系统损害为主的临床表现及劳动卫生学调查，综合分析，排除其他类似疾病，方可诊断。

【甲苯和二甲苯中毒的处理原则】

（1）急性中毒：迅速将中毒者移至空气新鲜处，急救处理原则同内科。可给葡糖醛酸或硫代硫酸钠以促进甲苯的排泄。病情恢复后，一般休息 3 ~ 7 天可恢复工作，较重者可适当延长休息时间，痊愈后可恢复原工作。

（2）慢性中毒：主要是对症治疗。轻度中毒患者治愈后可恢复原工作；重度中毒患者应调离原工作岗位，并根据病情恢复情况安排休息或工作。

（二）二氯乙烷

二氯乙烷（dichloroethane）化学式 $C_2H_4Cl_2$，分子量 98.97。室温下为无色液体，易挥发，有氯仿样气味。有两种同分异构体：1,2- 二氯乙烷（对称异构体）和 1,1- 二氯乙烷（不对称异构体）。1,2- 二氯乙烷的沸点为 83.5℃，在空气中的爆炸极限为 6.2% ~ 15.9%（容积百分比）；1,1- 二氯乙烷的沸点为 57.3℃，蒸汽比重均为 3.40。难溶于水，可溶于乙醇和乙醚等有机溶剂，是脂肪、橡胶、树脂等的良好溶剂。遇热、明火、氧化剂易燃、易爆，加热分解可产生光气和氯化氢。

二氯乙烷在工农业应用历史悠久，1848 年曾用作麻醉剂，1927 年被发现有杀虫作用，又用作谷物、纺织品等的熏蒸剂。目前主要用于制造氯乙烯单体、乙二胺等化学合成的原料、工业溶剂和粘合剂，还用作纺织、石油、电子工业的脱脂剂和金属部件的清洁剂以及咖啡因等的萃取剂等。

二氯乙烷的两种异构体常以不同比例共存，1,2- 二氯乙烷属高毒类，1,1- 二氯乙烷属微毒类。1,2- 二氯乙烷易经呼吸道、消化道和皮肤吸收，职业接触主要经呼吸道吸入，进入机体后主要分布在肝、肾、心脏、脊髓、延髓、小脑等靶器官。其代谢途径主要有两条：①通过细胞色素 P450 介导的微粒体氧化，产物为 2- 氯乙醇和 2- 氯乙醛，随后与谷胱甘肽结合。②直接与谷胱甘肽结合形成 *S*-（2- 氯乙基）- 谷胱甘肽，随后被转化成谷胱甘肽环硫化离子（glutathione episulfonium ion），可与蛋白质、DNA 或 RNA 形成加合物。1,2- 二氯乙烷在血液

中的生物半衰期为88分钟。动物实验表明，机体吸收的1,2-二氯乙烷，有22%～57%以原型和二氧化碳形式呼出，51%～73%经尿排出，0.6%～1.3%潴留于体内。尿中主要代谢物为硫二乙酸和硫二乙酸亚砜（thiodiacetic acid sulfoxide）。1,1-二氯乙烷在体内的生物转运和转化过程目前尚不清楚。

二氯乙烷毒性作用的主要靶器官为神经系统、肝和肾，对中枢神经系统的麻醉和抑制作用突出，可引起中毒性脑病，甚至导致死亡。初步研究结果显示中毒性脑病的病理基础是脑水肿，与兴奋性氨基酸的神经毒性作用以及脑细胞能量代谢障碍有关。1,2-二氯乙烷还具有心脏、免疫和遗传毒性。1,1-二氯乙烷的毒性仅是对称异构体1,2-二氯乙烷的1/10，吸入一定浓度可引起肾损害，反复吸入也可致肝损害。1,1-二氯乙烷的毒性作用机制尚不清楚。

【二氯乙烷中毒的临床表现】

二氯乙烷中毒事故的发生多数是由于吸入1,2-二氯乙烷所致，单独由1,1-二氯乙烷引起的中毒还未见报道。主要临床表现为：

（1）急性中毒：急性二氯乙烷中毒是由于短期内接触较高浓度的二氯乙烷后引起的以中枢神经系统损害为主的全身性疾病。潜伏期短，一般为数分钟至数十分钟。患者出现头晕、头痛、烦躁不安、乏力、步态蹒跚、颜面潮红、意识模糊，有时伴有恶心、呕吐、腹痛、腹泻等胃肠症状。重者可突发脑水肿，出现剧烈头痛、频繁呕吐、谵妄、抽搐、浅反射消失、病理反射阳性体征、昏迷，少数患者肌张力明显下降。临床死因多为脑水肿并发脑疝。临床上患者病情会出现反复，如昏迷后清醒，可再度出现昏迷、抽搐甚至死亡，故应引起重视。患者数天后会出现肝、肾损伤。

（2）亚急性中毒：见于较长时间、接触较高浓度二氯乙烷的中毒患者，是我国近年来主要的发病形式。其临床特点与急性中毒有所不同，表现在潜伏期较长，多为数天甚至十余天。临床表现为中毒性脑病，肝、肾损害少见，多呈散发性，起病隐匿，病情可突然恶化。

（3）慢性中毒：长期吸入低浓度的二氯乙烷可出现乏力、头晕、失眠等神经衰弱综合征表现，也有恶心、腹泻、呼吸道刺激和肝、肾损害表现。少数患者有肌肉和眼球震颤症状。皮肤接触可引起干燥、脱屑和皮炎。

（4）致癌、致畸、致突变作用：1998年国际化学品安全规划署（IPCS）公布了1,2-二氯乙烷对人和（或）环境的潜在效应评价结果。该结果认为1,2-二氯乙烷摄入可增加大鼠及小鼠血管肉瘤、胃癌、乳腺癌、肝癌、肺癌以及子宫肌瘤的发生率，小鼠皮肤重复接触或腹腔注射可增加肺癌的发生率。人群调查资料结果不肯定。其致畸作用不明显。原核生物、真菌和哺乳类（包括人类）细胞体外实验证实，1,2-二氯乙烷具有遗传毒性，能诱导基因突变、非程序DNA合成，以及生成DNA加合物。

【二氯乙烷中毒的诊断】

二氯乙烷中毒诊断标准为《职业性急性1,2-二氯乙烷中毒诊断标准》（GBZ39-2016）。根据短期接触较高浓度二氯乙烷的职业史和以中枢神经系统损害为主的临床表现，结合现场劳动卫生学调查，综合分析，排除其他病因所引起的类似疾病，方可诊断。治疗成功的关键在于早期明确诊断，针对脑缺氧和脑水肿采取积极措施。

【二氯乙烷中毒的处理原则】

（1）现场处理：应迅速将中毒者脱离现场，移至空气新鲜处，更换被污染的衣物，冲洗被污染的皮肤，注意保暖，并严密观察，防止病情反复。

（2）接触反应者应密切观察，并给予对症处理。

（3）急性中毒以防治中毒性脑病为重点，积极治疗脑水肿，降低颅内压。目前尚无特效解毒剂，治疗和护理原则与神经科、内科相同。治疗和观察时间一般不应少于2周。恢复期忌饮酒和剧烈运动。轻度中毒者痊愈后可恢复原工作。重度中毒者恢复后应调离二氯乙烷作业。

（4）慢性中毒：主要是补充多种维生素、葡糖醛酸、三磷酸腺苷、肌苷等药物以及适当的对症治疗。

（三）正己烷

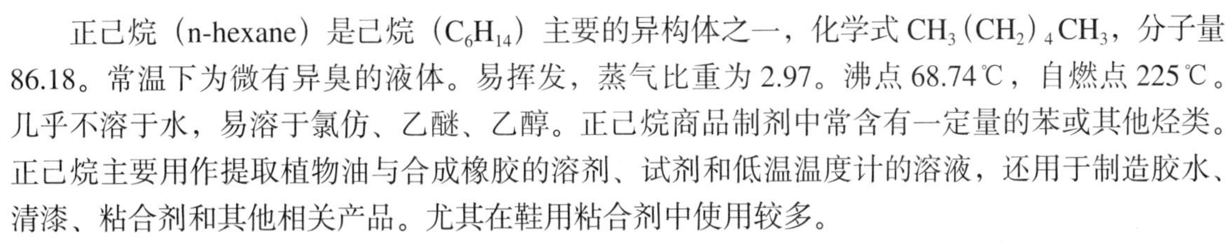

正己烷（n-hexane）是己烷（C_6H_{14}）主要的异构体之一，化学式 $CH_3(CH_2)_4CH_3$，分子量 86.18。常温下为微有异臭的液体。易挥发，蒸气比重为 2.97。沸点 68.74℃，自燃点 225℃。几乎不溶于水，易溶于氯仿、乙醚、乙醇。正己烷商品制剂中常含有一定量的苯或其他烃类。正己烷主要用作提取植物油与合成橡胶的溶剂、试剂和低温温度计的溶液，还用于制造胶水、清漆、粘合剂和其他相关产品。尤其在鞋用粘合剂中使用较多。

正己烷在生产环境中主要以蒸气形式经呼吸道吸收，也可经皮肤和胃肠道吸收。正己烷在体内的分布与器官的脂肪含量有关，主要分布于血液、神经系统、肾、脾等。正己烷主要在肝代谢，代谢产物主要与葡糖醛酸结合，然后随尿排出。正己烷急性毒性属低毒类，但毒性比新己烷、庚烷大。小鼠吸入 LC_{50} 为 120 ～ 150 g/m³，大鼠经口 LD_{50} 为 24 ～ 29 ml/kg。主要为麻醉作用和对皮肤、黏膜的刺激作用。高浓度可引起可逆的中枢神经系统功能抑制。长期接触正己烷，可致多发性周围神经病变。大鼠每天吸入 2.76 g/m³，历时 143 天后处死动物并行组织学观察，即可发现末梢神经髓鞘退行性病变，轴突轻度变性和腓肠肌轻度萎缩。正己烷对皮肤的长期刺激作用可致皮肤红斑、水肿、起疱等。其生殖系统毒性作用近年来也逐渐引起关注，其代谢产物 2,5- 己二酮可致实验动物睾丸、附睾重量减轻，曲细精管上皮细胞空泡化、精子形成障碍等。正己烷中毒机制目前尚不清楚。它可影响全身多个系统，且主要与其代谢产物 2,5- 己二酮有关。目前认为正己烷可诱发多发性周围神经病变是由于其代谢产物 2,5- 己二酮与神经微丝蛋白中的赖氨酸共价结合，生成 2,5- 二甲基吡咯加合物，导致神经微丝积聚，引起轴突运输障碍和神经纤维变性。

【正己烷中毒的主要临床表现】

（1）急性中毒：急性吸入高浓度的正己烷可出现头晕、头痛、胸闷、眼和上呼吸道黏膜刺激及麻醉症状，甚至意识障碍。经口中毒，可出现恶心、呕吐、胃肠道及呼吸道刺激症状，也可出现中枢神经抑制及急性呼吸道损害等。

（2）慢性中毒：长期职业性接触，主要累及以下系统：

1）神经系统：以多发性周围神经病变最为重要，其特点为起病隐匿且进展缓慢。四肢远端有程度和范围不等的痛觉和触觉减退，多在肘及膝关节以下，一般呈手套 - 袜子型分布；腱反射减退或消失；感觉和运动神经传导速度减慢。较重者可累及运动神经，常伴四肢无力、食欲减退和体重减轻；肌肉痉挛样疼痛，肌力下降，部分有肌萎缩，以四肢远端较为明显。神经肌电图检查显示不同程度的神经元损害。严重者视觉和记忆功能缺损。停止接触毒物后，一般轻、中度病例运动神经功能可以改善，而感觉神经功能则难以完全恢复。近年发现，正己烷还可引起帕金森病。

2）心血管系统：表现为心律不齐，特别是心室颤动，心肌细胞受损。

3）生殖系统：正己烷对生殖系统的影响可表现为男性性功能障碍，如性欲下降等，重者出现阳痿，精液检查可见精子数目减少，活动能力下降。对性激素的影响尚无定论。对女性生殖系统的影响研究较少。

4）其他：血清免疫球蛋白 IgG、IgM、IgA 的水平受到抑制。皮肤黏膜可因长期接触正己烷而出现非特异性慢性损害。

【正己烷中毒的诊断】

职业性慢性正己烷中毒国家诊断标准为 GBZ84-2017。根据长期接触正己烷的职业史，出

现以多发性周围神经损害为主的临床表现，结合实验室检查及作业场所卫生学调查，综合分析，排除其他原因所致类似疾病后，方可诊断。

【正己烷中毒的处理原则】

（1）急性中毒：应立即脱离接触，将患者移至空气新鲜处，用肥皂水清洗皮肤污染物，并对症处理。可采用中西医综合疗法，辅以针灸、理疗和四肢运动功能锻练等。正己烷无特殊解毒剂。

（2）慢性中毒：有多发性周围神经病变，应尽早脱离接触，并予以对症和支持治疗，如充分休息，给予维生素 B_1、B_6、B_{12} 和能量合剂等。神经生长因子有助于病情康复，可早期使用。轻度中毒者痊愈后可重返原工作岗位，中度及重度患者治愈后不宜再从事接触正己烷以及其他可引起周围神经损害的工作。

（四）二硫化碳

二硫化碳（carbon disulfide,CS_2），分子量 76.14。常温下为液体。纯品无色，具芳香气味；工业品为浅黄色，有烂萝卜气味。沸点 46.5℃，蒸汽比重 2.62，易燃，易挥发，与空气形成易爆混合物，爆炸下限及上限为 1.0% 和 50.0%。几乎不溶于水，可与苯、乙醇、醚及其他有机溶剂混溶，腐蚀性强。CS_2 是重要的化工原料，主要用于粘胶纤维和玻璃纸生产。另外，在玻璃纸和四氯化碳制造、橡胶硫化、谷物熏蒸、石油精制、清漆、石蜡溶解以及用有机溶剂提取油脂时也可接触到 CS_2。

CS_2 主要经呼吸道进入体内，也可由消化道和皮肤摄入。吸入的 CS_2 有 40% 被吸收。被吸收的 CS_2 有 10% ～ 30% 以原型从呼出气中排出，以原型从尿液中排出者不足 1%，也有少量从母乳、唾液和汗液中排出；另 70% ～ 90% 在体内转化，以代谢产物形式从尿中排出。其中，2- 硫代噻唑烷 -4- 羧酸（2-thiothiazolidine-4-carboxylie acid，TTCA）是 CS_2 经细胞色素 P450 活化与还原型谷胱甘肽结合所形成的特异性代谢产物，TTCA 与接触 CS_2 浓度有良好的相关关系，可作为 CS_2 的生物学监测指标，反映 CS_2 的近期暴露情况。CS_2 可透过胎盘屏障。在有 CS_2 接触史的女工胎儿脐带血和乳汁中可检测出 CS_2。CS_2 是以神经系统损伤为主的全身性毒物，急性毒性以神经系统抑制为主，慢性中毒主要表现为周围神经病。动物实验结果显示，CS_2 小鼠（灌胃）LD_{50} 为 24.83 mg/kg，吸入（2 小时）LC_{50} 为 28.379 g/m^3。尚未发现 CS_2 有致癌性和诱变性。

CS_2 可选择性地损害中枢神经及周围神经，特别是脑干和小脑，引发急性血管痉挛。但 CS_2 的毒性作用机制尚不明确，目前的主要研究进展有：① CS_2 在体内生物转化的氧化脱硫反应中生成的氧硫化碳（COS）可进一步释出高活性的硫原子，其对靶细胞具有氧化应激效应，因此 CS_2 在体内生成的自由基是导致组织损伤的启动机制。② CS_2 可抑制体内许多重要的代谢酶的活性，进而产生多种毒性作用。CS_2 可抑制单胺氧化酶的活性，引起脑中 5- 羟色胺堆积，这可能是 CS_2 引起精神行为障碍的可能机制。CS_2 可通过与铜、锌、钴等离子的络合反应而抑制多巴胺 -β- 羟化酶的活性，使体内多巴胺增加，去甲肾上腺素减少，出现儿茶酚胺代谢紊乱，进而导致锥体外系的损害。③ CS_2 能直接与轴索中的骨架蛋白发生作用，导致神经丝蛋白分子内和分子间的交叉联接（cross-linking），从而破坏轴索的骨架结构，还可以破坏细胞能量代谢，导致轴浆运输障碍。④ CS_2 可以干扰维生素 B_6 的代谢，进而影响维生素 B_6 依赖酶的活性，这可能与多发性神经病、自主神经功能失调及神经轴索脱髓鞘改变有关联。⑤ CS_2 还可能通过损伤垂体促性腺激素细胞以及睾丸和卵巢的结构、功能等而导致生殖毒性，亦可能通过影响体内脂质代谢平衡状态，尤其是干扰脂质的清除等而促进全身小动脉硬化的形成。⑥ CS_2 慢性中毒最常见的改变是末端感觉运动神经病变。研究认为 CS_2 在体内可与蛋白质的氨基发生反应，生成二硫代氨基甲酸酯等物质，引起蛋白质分子内或分子间的共价交联。

【二硫化碳中毒的主要临床表现】

（1）急性中毒：一般是突发性生产事故所致。急性中毒时主要引起中枢神经系统损伤，精神失常症状是特征性表现。短时间吸入高浓度（3000 ~ 50 000 mg/m^3）CS_2，可出现明显的神经精神症状和体征，如明显的情绪异常改变，出现谵妄、躁狂、易激怒、幻觉妄想、自杀倾向，以及记忆障碍、严重失眠、食欲丧失、胃肠功能紊乱、全身无力等，可进展为强直痉挛样抽搐、昏迷。

（2）慢性中毒

1）神经系统：包括中枢和周围神经损伤，毒性作用表现多样，轻者表现为易疲劳、嗜睡、乏力、记忆力减退，严重者出现神经精神障碍；周围神经病变以感觉运动功能障碍为主，常由远及近、由外至内进行性发展，表现为感觉缺失、肌张力减退、行走困难、肌肉萎缩等。中枢神经病变常同时存在。CT 或 MRI 检查可显示有局部和弥漫性脑萎缩表现，肌电图检测可见外周神经病变，神经传导速度减慢。神经行为测试表明，长期接触 CS_2 可致警觉力、智力活动、情绪控制能力、运动速度及运动功能方面的障碍。

2）心血管系统：CS_2 对心血管系统的影响屡有报道。如 CS_2 接触者中冠心病死亡率增高，CS_2 与中毒性心肌炎、心肌梗死间可能存在联系等。此外，尚有出现视网膜动脉瘤、全身小动脉硬化等临床报告。

3）视觉系统：CS_2 对视觉的影响早在十九世纪就有报道。可见眼底形态学改变，灶性出血、渗出性改变、视神经萎缩、球后视神经炎、微血管动脉瘤和血管硬化。同时，色觉、暗适应、瞳孔对光反射、视敏度，以及眼睑、眼球能动性等均有改变。眼部病变可以作为慢性 CS_2 毒性作用的早期检测指标。

4）生殖系统：女性月经周期异常，出现经期延长、周期紊乱、排卵功能障碍、流产或先兆流产等。

此外，CS_2 对消化、内分泌等其他系统也有一定影响。

【二硫化碳中毒的诊断】

我国现行二硫化碳中毒诊断标准是《职业性慢性二硫化碳中毒诊断标准》（GBZ4-2002）。急性 CS_2 中毒的诊断主要根据短期内接触较高浓度 CS_2 以及典型的神经精神症状和体征。慢性 CS_2 中毒应根据长期密切接触二硫化碳的职业史，具有多发性周围神经病的临床、神经 - 肌电图改变或中毒性脑病的临床表现，经综合分析，排除其他病因引起的类似疾病，方可诊断。

【二硫化碳中毒的处理原则】

对急性中毒患者应立即脱离接触，积极防治脑水肿，控制精神症状。确诊慢性中毒者应调离接触 CS_2 的工作。若及时发现和处理，预后良好。一旦出现多发性神经炎或中枢神经受损征象，则病程迁延，恢复较慢。观察对象一般可不调离，但应半年复查一次神经 - 肌电图检查。慢性轻度中毒患者应调离原工作，经治疗恢复后，可从事其他工作，并定期复查。慢性重度中毒经治疗后，应调离 CS_2 和其他对神经系统有害的作业。对 CS_2 中毒尚无特效解毒药，主要是对症处理，可用 B 族维生素、能量合剂，并辅以体疗、理疗及其他对症治疗。重度中毒同时加强支持疗法。

（五）三氯乙烯

三氯乙烯（trichloroethylene，TCE）属于不饱和卤代脂肪烃，分子式 C_2HCl_3，分子量 131.39，熔点 −73℃，沸点 86.7℃，燃点 420℃，是乙烯分子中 3 个氢原子被氯取代而生成的化合物。难溶于水，易溶于乙醇、乙醚等。三氯乙烯为可燃液体，遇到明火、高热有引发火灾爆炸的危险。曾用作镇痛药和金属脱脂剂，还可用作萃取剂、杀菌剂和制冷剂，以及衣服干洗剂。三氯乙烯在工业生产中被广泛使用，因此其接触主要为职业性暴露。制造、贮存和使用三

氯乙烯过程中均有机会接触，尤以电镀、五金、不锈钢制品和电子工业工人接触为甚。

长期以来三氯乙烯被认为属于低毒类化学物，急性毒性 LD_{50}（小鼠经口）为 2402 mg/kg；LC_{50}（小鼠吸入 4 小时）为 45 292 mg/m^3；LC_{50}（大鼠吸入 1 小时）为 137.752 g/m^3。人体吸入后感觉有气味，轻微眼刺激，严重时视力减退。吸入 2000 ppm，有极强烈的气味，不能耐受。亚急性和慢性吸入暴露动物实验显示三氯乙烯可导致大鼠神经传导速度减慢，引起肌肉骨骼发育异常，具有致突变性和生殖毒性。2012 年 10 月，IARC 将三氯乙烯划归 1 类致癌物。自 1994 年国内首次报道三氯乙烯中毒并导致药疹样职业性皮炎以来，我国已发生近百起三氯乙烯引起健康损伤的案例。

三氯乙烯职业接触的主要途径是吸入蒸气和皮肤沾染液态三氯乙烯，吸收后可迅速分布到机体组织，主要在脂肪组织中蓄积，可通过血脑屏障和胎盘屏障。进入人体的三氯乙烯主要在肝代谢，主要代谢途径是经细胞色素 P450（CYP450）氧化以及与谷胱甘肽结合。吸收的三氯乙烯仅约 10% 以原型随呼出气排出，绝大部分在代谢后经肾随尿排出。三氯乙烯为脂溶性毒物，对中枢神经系统有强烈的抑制作用，其麻醉作用仅次于三氯甲烷，亦可累积心、肝、肾等实质性器官。三氯乙烯引起皮肤的急性损害主要为Ⅳ型迟发性变态反应，主要与患者个体过敏体质有关。

【三氯乙烯中毒的临床表现】

（1）急性中毒：轻度吸入中毒一般在接触数小时内发病，主要表现为头痛、恶心、呕吐、倦怠、酩酊感、易激动、步态不稳、嗜睡等。重度中毒可出现意识模糊、幻觉、谵妄、抽搐、昏迷和呼吸抑制等，少数伴有肝、肾损害。

（2）亚急性中毒：与接触者特异体质有关，多发生在某些主要经皮肤接触三氯乙烯的清洗工人。起病多呈亚急性经过，但有时很难与急性区别，除了有头痛、头晕、乏力、恶心、食欲减退等症状外，在接触 3 ~ 4 周左右还可在皮肤出现红疹、丘疹、水疱等，皮损一般先出现在双上肢，几天后向躯干和双下肢蔓延，少数甚至发展为全身大疱性表皮坏死松解症，并常伴有严重的肝、肾损害。

（3）慢性中毒：三氯乙烯慢性中毒的靶器官主要为神经系统，长期接触三氯乙烯可出现头痛、头晕、乏力、虚弱、食欲减退、记忆力减退、睡眠障碍、情绪不稳定、判断力下降和共济失调等症状。

【三氯乙烯中毒的诊断】

急性三氯乙烯中毒的诊断依靠短期大量三氯乙烯接触史，并出现以皮肤、肝、神经系统损害为主的临床表现，结合作业场所现场卫生学调查结果，并参考尿中三氯乙醇和三氯乙酸的测定结果，进行综合分析，排除其他有关疾病后，参照标准 GBZ38-2006《职业性急性三氯乙烯中毒诊断标准》，方可诊断。此外，职业性三氯乙烯药疹样皮炎参考标准 GBZ185-2006 进行诊断。

【三氯乙烯中毒的处理原则】

目前三氯乙烯中毒尚无特效解毒剂，急性中毒的抢救主要需注意卧床休息，采用一般急救措施及对症治疗。一旦发生三氯乙烯药疹样皮炎，患者应立即脱离原岗位，及时清洗污染皮肤，更换污染衣物，避免再次接触三氯乙烯及其他可促使病情加剧的因素。

五、有机溶剂中毒的防治原则

1. 依法、依规 严格按照有关的法律、法规办事，坚决杜绝违法、违规使用有毒、有害有机溶剂的事件发生，在有机溶剂作业场所设置职业病危害警示标识。目前有机溶剂中毒事件频发，其中多数为违法、违规事件。监管部门未严格按照有关法律、法规办事，监管不力；企业部门追求利润，未严格遵照相关规定做好职工的卫生保健工作，均可导致中毒事件的发生。

工业布局要合理，并应将有毒和无毒作业车间隔离开来。避免有毒的有机溶剂扩散、影响其他作业工人。工业布局包括选址、总体布局、厂房设置等需参考《工业企业设计卫生标准》（GBZ1-2010）。

2．源头控制　以无毒或低毒的物质代替高毒物质使用。如喷漆作业中使用无苯油漆，印刷工业中用汽油代替苯作为溶剂。

生产工艺改革和通风排毒。实现生产过程的机械化、自动化和密闭化，减少接触；安装抽风排毒设备、空气净化设备，定期检修，使空气中有机溶剂的浓度保持在低于国家卫生标准。

3．卫生保健措施　定期进行职业卫生学调查，监测工作场所空气中有害物质浓度，使空气中有害物质浓度低于国家职业卫生标准。国家职业卫生标准 GBZ2.1-2019《工作场所有害因素职业接触限值 第 1 部分：化学有害因素》中规定，工作场所空气中苯的时间加权平均容许浓度（permissible concentration-time weighted average，PC-TWA）为 6 mg/m^3，短时间接触容许浓度（permissible concentration-short term exposure limit，PC-STEL）为 10 mg/m^3。甲苯和二甲苯的职业接触限值相同，PC-TWA 和 PC-STEL 分别为 50 mg/m^3 和 100 mg/m^3。1,2- 二氯乙烷的 PC-TWA 和 PC-STEL 分别为 7 mg/m^3 和 15 mg/m^3。CS_2 的 PC-TWA 和 PC-STEL 分别为 5 mg/m^3 和 10 mg/m^3。三氯乙烯的 PC-TWA 为 30 mg/m^3。开展职业健康教育与培训，对用人单位和劳动者分别进行培训，每年至少一次。当使用的有机溶剂种类、劳动者作业方式及采用的防护用品发生变化时，应及时进行培训。培训内容包括：有机溶剂的性质、危害、防范措施；相关法律、法规及职业防护的重要性；个人职业病防护用品的使用方法，包括选择、配备、使用、维护、保养方法，损耗及判断失效的方法，防护用品使用的局限性，以及防护失效的原因。

加强个人防护，使用个人职业防护用品。比如呼吸防护用品：过滤性、隔绝式（供气 / 携气）；皮肤防护用品：手套、防护服 / 围裙、防护鞋、眼罩、防护膏 / 膜。皮肤受污时应及时清洗，注意更换受污衣物。有机溶剂作业场所个人职业病防护用品使用规范参考 GBZ/T 195-2007。

加强工人的健康检查：就业前体检、定期体检。还可关注有机溶剂特异的生物监测指标和相应参考的生物接触限值。按规定应将妊娠期及哺乳期女工调离有机溶剂作业。

4．职业禁忌证　具有职业禁忌证者，严禁上岗工作。比如神经系统器质性疾病、精神病、血液系统疾病及肝、肾器质性病变者。

第三节　苯的氨基和硝基化合物中毒

一、苯的氨基和硝基化合物中毒概述

苯或其同系物（如甲苯、二甲苯、酚）苯环上的氢原子被一个或几个氨基（$-NH_2$）或硝基（$-NO_2$）取代后，即形成芳香族氨基或硝基化合物。因苯环不同位置上的氢可由不同数量的氨基或硝基、卤素或烷基取代，故可形成种类繁多的衍生物，比较常见的有苯胺、苯二胺、联苯胺、二硝基苯、三硝基甲苯、硝基氯苯等。主要代表物质为苯胺（aniline，$C_6H_5NH_2$）和硝基苯（nitrobenzene，$C_6H_5NO_2$）等。

二、苯的氨基和硝基化合物的理化特性和接触机会

此类化合物多数沸点高、挥发性低，常温下多为固体或液体，多难溶或不溶于水，而易溶于脂肪、醇、醚、氯仿及其他有机溶剂。如苯胺的沸点为 184.4℃，硝基苯的沸点为 210.9℃，联苯胺的沸点高达 410.3℃。

这类化合物广泛应用于制药、染料、油漆、印刷、橡胶、炸药、农药、香料、油墨及塑料等生产工艺过程中。如苯胺主要由人工合成，自然界中有少量存在于煤焦油中。苯胺本身作为黑色染料，广泛用于印染业及染料、橡胶硫化剂及促进剂、照相显影剂、塑料、离子交换树脂、香水、制药等生产过程中；联苯胺常用于制造偶氮染料和作为橡胶硬化剂，也可用来制造塑料薄膜等；三硝基甲苯作为炸药，广泛应用于国防、采矿、筑路、开凿隧道等工农业生产中，在粉碎、过筛、配料、包装过程中，劳动者可接触其粉尘及蒸气。

三、苯的氨基和硝基化合物的毒性作用特点

在生产条件下，主要以粉尘或蒸气或液体的形态存在，可经呼吸道和完整皮肤吸收，也可经消化道吸收，但职业卫生意义不大。对液态化合物，经皮肤吸收途径更为重要。在生产过程中，劳动者常因热料喷洒到身上或在搬运及装卸过程中外溢的液体经浸湿的衣服、鞋袜沾染皮肤而导致吸收中毒。该类化合物吸收进入体内后，在肝内代谢，经氧化还原代谢后，大部分最终产物经肾随尿排出。

该类化合物主要引起血液及肝、肾等损害，由于各类衍生物结构不同，其毒性也不尽相同。如苯胺形成高铁血红蛋白（MetHb）较快，硝基苯对神经系统作用明显，三硝基甲苯对肝和眼晶状体损害明显，邻甲苯胺可引起血尿，联苯胺和萘胺可致膀胱癌等。虽然如此，该类化合物的主要毒性作用仍有不少共同或相似之处。

1．血液系统损害

（1）形成高铁血红蛋白：在正常生理情况下，红细胞内血红蛋白（Hb）中的铁离子呈亚铁（Fe^{2+}）状态，能与氧结合或分离。当 Hb 中的 Fe^{2+} 被氧化成高铁（Fe^{3+}）时，即形成高铁血红蛋白（MetHb），这种 Hb 不能与氧结合。Hb 中 4 个 Fe^{2+} 只要有一个被氧化成 Fe^{3+}，则不仅其本身，而且还可影响其他 Fe^{2+} 与 O_2 的结合或分离。

正常生理条件下，体内只有少量高铁血红蛋白（MetHb），占血红蛋白总量的 0.5% ~ 2%。红细胞内有可使高铁血红蛋白还原的酶还原系统和非酶还原系统。酶还原系统包括：①还原型辅酶Ⅰ（NADH）- 高铁血红蛋白还原酶系统：该系统是生理情况下使少量高铁血红蛋白还原的主要途径；②还原型辅酶Ⅱ（NADPH）- 高铁血红蛋白还原酶系统：该系统仅在中毒解毒过程中，在外来电子传递物（如美蓝）存在时才发挥作用，在解毒时具有重要意义。非酶还原系统包括还原型谷胱甘肽（GSH）和维生素 C 等。当高铁血红蛋白大量生成，超过了生理还原能力，则可发生高铁血红蛋白血症，并出现化学性发绀等。

高铁血红蛋白的形成剂可分为直接作用和间接作用两类。前者有亚硝酸盐、苯肼、硝化甘油、苯醌等，而大多数苯的氨基硝基化合物属间接作用类，这些化合物经体内代谢产生的苯基羟胺（苯胲）和苯醌亚胺等中间代谢产物为强氧化剂，具有很强的形成高铁血红蛋白的能力。此外，也有些苯的氨基硝基化合物不形成高铁血红蛋白，如二硝基酚、联苯胺等。苯的氨基硝基类化合物致高铁血红蛋白的能力也强弱不等。下述化合物形成高铁血红蛋白的能力由强到弱依次为：对硝基苯＞间位二硝基苯＞苯胺＞邻位二硝基苯＞硝基苯。

（2）形成硫血红蛋白：若每个血红蛋白中含一个或以上的硫原子，即为硫血红蛋白。正常情况下，硫血红蛋白约占 2% 以下。苯的氨基硝基类化合物大量吸收也可致血中硫血红蛋白升高。通常，硫血红蛋白含量＞ 0.5 g/dl 时即可出现发绀。一般认为，可致高铁血红蛋白形成者，多可致硫血红蛋白形成，但形成能力低得多，故较少见。硫血红蛋白的形成不可逆，故因其引起的发绀症状可持续数月之久（红细胞寿命多为 120 天）。

（3）溶血作用：苯的氨基硝基化合物引起高铁血红蛋白血症，机体可能因此消耗大量的还原性物质（包括 GSH、NADPH 等），后者为清除红细胞内氧化性产物和维持红细胞膜正常功能所必需，故此类化合物可导致红细胞破裂，产生溶血。溶血作用虽与高铁血红蛋白的形

成密切相关，但溶血程度与之并不呈平行关系。有先天性葡糖-6-磷酸脱氢酶（G-6-PD）缺陷者，更容易引起溶血。此类化合物形成的红细胞珠蛋白变性，致使红细胞膜脆性增加和功能变化等，也可能是其引起溶血的机制之一。

（4）形成变性珠蛋白小体：又名赫恩氏小体（Heinz body）。苯的氨基硝基化合物在体内经代谢转化产生的中间代谢物可直接作用于珠蛋白分子中的巯基（—SH），使珠蛋白变性。初期仅2个巯基被结合变性，其变性是可逆的；到后期，4个巯基均与毒物结合，变性的珠蛋白则常沉积在红细胞内。赫恩氏小体呈圆形或椭圆形，直径0.3～2.0 μm，具有折光性，多为1～2个，位于细胞边缘或附着于红细胞膜上。赫恩氏小体的形成略迟于高铁血红蛋白，中毒后约2～4天可达高峰，1～2周左右才消失。但高铁血红蛋白形成和消失的速度、溶血作用的轻重等与赫恩氏小体的形成和消失均不相平行。

（5）引起贫血：长期较高浓度的接触（如2,4,6-三硝基甲苯等）可能致贫血，出现点彩红细胞、网织红细胞增多，骨髓象显示增生不良，呈进行性发展，甚至出现再生障碍性贫血。

2．肝、肾损害　有些苯的氨基硝基化合物可直接损害肝细胞，引起中毒性肝病，以硝基化合物所致肝损害较为常见，如三硝基甲苯、硝基苯、二硝基苯及2-甲基苯胺、4-硝基苯胺等。肝病理改变主要为肝实质改变，早期出现脂肪变性，晚期可发展为肝硬化。严重的可发生急性、亚急性黄色肝萎缩。某些苯的氨基和硝基化合物本身及其代谢产物可直接作用于肾，引起肾实质性损害，出现肾小球及肾小管上皮细胞变性、坏死。中毒性肝损害或肾损害亦可由于大量红细胞被破坏，血红蛋白及其分解产物沉积于肝或肾，从而引起继发性肝或肾损害。

3．神经系统损害　该类化合物多易溶于脂肪，在人体内易与含大量类脂质的神经细胞发生作用，引起神经系统的损害。重度中毒患者可有神经细胞脂肪变性，视神经区可受损害，发生视神经炎、视神经周围炎等。

4．皮肤损害和致敏作用　有些化合物对皮肤有强烈的刺激作用和致敏作用，一般在接触后数日至数周发病，脱离接触并进行适当治疗后多可痊愈。个别过敏体质者，接触对苯二胺和二硝基氯苯后，还可发生支气管哮喘，临床表现与一般哮喘相似。

5．眼晶状体损害　有些化合物，如三硝基甲苯、二硝基酚、二硝基邻甲酚可引起眼晶状体混浊，最后发展为白内障。中毒性白内障多发生于慢性职业接触者，一旦发生，即使脱离接触，多数患者病变仍可继续发展。中毒性白内障的发病机制仍然不清楚，曾有以下几种观点：氨基（$—NH_2$）或硝基（$—NO_2$）与晶状体组织或细胞成分结合和反应的结果；高铁血红蛋白血症形成后，因缺氧促使眼局部糖酵解增多、晶状体乳霜堆积而致；自由基的形成或机体还原性物质的耗竭导致眼晶状体细胞氧化损伤。

6．其他损害作用　目前此类化合物中已公认能引起职业性膀胱癌的毒物为4-氨基联苯、联苯胺和β-萘胺等。此外，尚有生殖系统损害（男性精子数量减少、活动力下降）、能量代谢障碍（氧化-磷酸化脱偶联）等报道。

我国现行职业性苯的氨基和硝基化合物急性中毒诊断标准为GBZ30-2015。我国目前尚无统一的职业性苯的氨基和硝基化合物慢性中毒诊断标准。职业性三硝基甲苯中毒致白内障的诊断标准为GBZ45-2010，而职业性慢性三硝基甲苯中毒的诊断标准为GBZ69-2011。GBZ75-2010《职业性急性化学物中毒性血液系统疾病诊断标准》中有关于中毒性高铁血红蛋白血症的部分内容。

四、苯的氨基和硝基化合物中毒的预防措施

1．改善生产条件，改革工艺流程　加强生产操作过程的密闭化、连续化、机械化及自动化水平。如苯胺生产用抽气泵加料代替手工操作，以免工人直接接触。以无毒或低毒物质代替剧毒物质，如染化行业中用固相反应法代替使用硝基苯作为热载体的液相反应；用硝基苯加氢

法代替还原法生产苯胺等工艺。

2．重视检修制度，遵守操作规程 工厂应定期进行设备检修，防止跑、冒、滴、漏现象发生。在检修过程中应严格遵守各项安全操作规程，同时做好个人防护，检修时戴防毒面具，穿紧袖工作服、长统胶鞋，戴胶手套等。定期清扫、定期监测等。

3．加强宣传教育，增强个人防护意识 开展多种形式的安全健康教育，在车间内不吸烟，不吃食物，工作前后不饮酒，及时更换工作服、手套，污染毒物的物品不能随意丢弃，应妥善处理。接触三硝基甲苯（TNT）的工人，工作后应用温水彻底淋浴，可用10%亚硫酸钾肥皂洗浴、洗手，亚硫酸钾遇TNT变为红色，将红色全部洗净，表示皮肤污染已去除。也可用浸过9∶1乙醇、氢氧化钠溶液的棉球擦手，如不出现黄色，则表示TNT污染已清除。

4．做好环境监测和生物监测 环境监测用于评价生产环境中化学物的浓度是否超过职业接触限值。国家职业卫生标准GBZ 2.1-2019《工作场所有害因素职业接触限值 第1部分：化学有害因素》中规定，工作场所空气中苯胺的PC-TWA为3 mg/m^3，硝基苯的PC-TWA为2 mg/m^3，三硝基甲苯的PC-TWA为0.2 mg/m^3，PC-STEL为0.5 mg/m^3。为了解劳动者实际接触水平，尤其是多种暴露途径同时存在时，常常需要同时开展环境监测与生物监测。比如即使空气中三硝基甲苯（TNT）水平达到了卫生标准，仍会对劳动者健康造成慢性影响，究其原因，TNT皮肤污染是引起慢性损害的主要原因。TNT可以通过血中4-氨基-2,6-二硝基甲苯-血红蛋白加合物来进行生物监测，接触4个月后任意时间的限值为200 ng/g Hb（WS/T242 2004，职业接触三硝基甲苯的生物限值）。

5．做好就业前体检和定期体检工作 就业前发现有血液病、肝病、内分泌紊乱、心血管疾病、严重皮肤病、红细胞葡糖-6-磷酸脱氢酶缺乏症、眼晶状体混浊或白内障的患者，不能从事接触此类化合物的工作。每年定期体检一次，体检时，特别注意肝（包括肝功能）、血液系统及眼晶状体的检查。

第四节 高分子化合物中毒

一、高分子化合物中毒概述

高分子化合物（high molecular compound）是指分子量高达几千至几百万，化学组成简单，由一种或几种单体（monomer）经聚合或缩聚而成的化合物，故又称聚合物（polymer）。聚合是指许多单体连接起来形成高分子化合物的过程，此过程中不析出任何副产品，例如许多单体乙烯分子聚合形成聚乙烯；缩聚是指单体间首先缩合析出1分子的水、氨、氯化氢或醇以后，再聚合为高分子化合物的过程，例如苯酚与甲醛缩聚形成酚醛树脂。

合成高分子化合物是一种新兴工业，近年来发展迅速。1907年美国开始生产少量酚醛树脂，还是最早的塑料，主要用作电绝缘器材。1930年，美国、德国生产了聚氯乙烯、聚苯乙烯、聚甲基丙烯酸甲酯（有机玻璃）。1935年第一种合成纤维——锦纶66研制成功。1940年英国合成了涤纶（聚酯纤维）。1950年，美国杜邦公司研制了聚四氟乙烯、高压聚乙烯、低压聚乙烯和聚丙烯。

高分子化合物具有机械、力学、热学、声学、光学、电学等多方面优异性能，表现为高强度、质量轻、隔热、隔音、透光、绝缘性能好、耐腐蚀、成品无毒或毒性很小等特性。半个世纪以来，高分子化学工业在数量和品种上迅速增加，主要包括五大类：塑料（plastics）、合成纤维（synthetic fiber）、合成橡胶（synthetic rubber）、涂料（coatings）和胶粘（adhesives）等，广泛应用于工业、农业、化工、建筑、通讯、国防、日常生活用品等方面，也广泛应用于医学领域，如一次性注射器、输液器、各种纤维导管、血浆增容剂、人工肾、人工心脏瓣膜等。特

别是在功能高分子材料，如光导纤维、感光高分子材料、高分子分离膜、高分子液晶、超电导高分子材料、仿生高分子材料和医用高分子材料等方面的研究、开发和应用日益活跃。

二、高分子化合物的来源、分类和生产过程

1．来源与分类 高分子化合物就其来源可分为天然高分子化合物和合成高分子化合物。天然高分子化合物是指蛋白质、核酸、纤维素、羊毛、棉、丝、天然橡胶、淀粉等；合成高分子化合物是指合成橡胶、合成纤维、合成树脂等。通常所说的高分子化合物主要指合成高分子化合物，按其骨架和主链的成分，又分为有机高分子化合物和无机高分子化合物。有机高分子化合物的骨架以碳为主，间有氧（如聚酯）或氮（如尼龙）等。无机高分子化合物的骨架以除碳以外的其他元素为主，如聚硅烷骨架全部由硅构成。

2．生产过程 高分子化合物的基本生产原料有：煤焦油、天然气、石油裂解气和少数农副产品等。其中以石油裂解气应用最多，主要有不饱和烯烃和芳香烃类化合物，如乙烯、丙烯、丁二烯、苯、甲苯、二甲苯等。常用的单体多为不饱和烯烃、芳香烃及其卤代化合物、氰类、二醇和二胺类化合物，这些化合物多数对人体健康可产生不良影响。

高分子化合物的生产过程可分为四个阶段：①合成高分子化合物的基本生产原料；②合成单体；③单体聚合或缩聚；④聚合物树脂的加工塑制和制品的应用。例如，腈纶的生产过程：先由石油裂解气丙烯与氨作用，生成丙烯腈单体，然后聚合为聚丙烯腈，经纺丝制成腈纶纤维，再织成各种织物；又如，聚氯乙烯塑料的生产过程：先由石油裂解气乙烯与氯气作用生成二氯乙烯，再裂解生成氯乙烯，然后经聚合成为聚氯乙烯树脂，再将树脂加工为成品，如薄膜、管道、日用品等。在单体生产和聚合过程中，需要各种助剂（添加剂），包括催化剂、引发剂（促使聚合反应开始的物质）、调聚剂（调节聚合物的分子量达一定数值）、凝聚剂（使聚合形成的微小胶粒凝聚成粗粒或小块）等。在聚合物树脂加工塑制为成品的成型加工过程中，为了改善聚合物的外观和性能，也要加入各种助剂，如稳定剂（增加聚合物对光、热、紫外线的稳定性）、增塑剂（改善聚合物的流动性和延展性）、固化剂（使聚合物变为固体）、润滑剂、着色剂、发泡剂、填充剂等。

三、高分子化合物对人体健康的影响

在高分子化合物生产过程的每个阶段，劳动者均可接触到不同类型的毒物。高分子化合物本身无毒或毒性很小，但某些高分子化合物的粉尘可致上呼吸道黏膜刺激症状；酚醛树脂、环氧树脂等对皮肤有原发性刺激或致敏作用。聚氯乙烯等高分子化合物粉尘对肺组织具有轻度致纤维化作用。

高分子化合物对健康的影响主要来自于三个方面：①制造化工原料、合成单体的生产过程；②生产中的助剂；③高分子化合物在加工、受热时产生的毒物。

1．制造化工原料、合成单体对健康的影响 如氯乙烯、丙烯腈，可致接触者急、慢性中毒，甚至引起职业性肿瘤。氯乙烯单体是IARC公布的确认致癌物，可引起肝血管肉瘤。对某些与氯乙烯化学结构类似的单体和一些如环氧氯丙烷、有机氟等高分子化合物生产中的其他毒物，对人是否具有致癌作用等远期效应，须加强动物实验、临床观察和流行病学调查研究。

2．生产中的助剂对健康的影响 除了在单体生产和聚合或缩聚过程中可接触各种助剂外，由于助剂与聚合物分子大多数只是机械结合，因此很容易从聚合物内部逐渐移行至表面，进而与人体接触或污染水和食物等，影响人体健康。例如，含铅助剂的聚氯乙烯塑料，在使用中可析出铅，因而不能用作储存食品或食品包装。助剂的种类繁多，在生产高分子化合物中一般接触量较少，其危害没有生产助剂时严重。助剂中的氯化汞、无机铅盐、磷酸二甲苯酯、二月桂酸二丁锡、偶氮二异丁腈等毒性较高；碳酸酯、邻苯二甲酸酯、硬酯酸盐类等毒性较低；有的

助剂如顺丁烯二酸酐、六次甲基四胺、有机铝、有机硅等对皮肤黏膜有强烈的刺激作用。

3．高分子化合物在加工、受热时产生的有害因素对健康的影响 高分子化合物与空气中的氧接触，并受热、紫外线和机械作用，可被氧化。加工、受热时产生的裂解气和烟雾毒性较大，吸入后可致急性肺水肿和化学性肺炎。高分子化合物在燃烧过程中受到破坏，热分解时产生各种有毒气体，吸入后可引起急性中毒。

四、常见高分子化合物中毒

（一）氯乙烯中毒

氯乙烯（vinyl chloride，VC）化学式为 $H_2C=CHCl$，分子量 62.50。常温常压下为无色气体，略带芳香味，加压冷凝易液化成液体。沸点 –13.9℃。蒸气压 403.5 kPa（25.7℃），蒸气密度 2.15 g/L。易燃、易爆，与空气混合时的爆炸极限为 3.6% ~ 26.4%（容积百分比）。微溶于水，易溶于醇和醚、四氯化碳等。热解时有光气、氯化氢、一氧化碳等释出。

氯乙烯主要用于生产聚氯乙烯的单体，也能与丙烯腈、醋酸乙烯酯、丙烯酸酯、偏二氯乙烯等共聚制得各种树脂，还可用于合成三氯乙烷及二氯乙烯等。氯乙烯合成过程中，在转化器、分馏塔、贮槽、压缩机及聚合反应的聚合釜、离心机处都可能接触到氯乙烯单体，特别是进入聚合釜内清洗或抢修和发生意外事故时，接触浓度最高。

【氯乙烯的主要毒理学特点】

1．吸收、分布与排泄 氯乙烯主要通过呼吸道吸入其蒸汽而进入人体，液体氯乙烯污染皮肤时可部分经皮肤吸收。经呼吸道吸入的氯乙烯主要分布于肝、肾，其次为皮肤、血浆，脂肪分布最少。其代谢物大部分随尿排出。

2．代谢 氯乙烯代谢与浓度有关，低浓度吸入后，主要经醇脱氢酶途径在肝代谢，先水解为 2- 氯乙醇，再形成氯乙醛和氯乙酸；吸入高浓度氯乙烯时，在醇脱氢酶的代谢途径达到饱和后，主要经肝微粒体细胞色素 P450 酶的作用而环氧化，生成高活性的中间代谢物环氧化物 - 氧化氯乙烯（chloroethylene oxide，CEO），后者不稳定，可自发重排（或经氧化）形成氯乙醛（chloroacetaldehyde，CAO），这些中间活性产物在谷胱甘肽 -*S*- 转移酶催化下，与谷胱甘肽（GSH）结合形成 *S*- 甲酰甲基谷胱甘肽（*S*-formylmethyl glutathione），随后进一步经水解或氧化生成 *S*- 甲基甲酰半胱氨酸和 *N*- 乙酰 -*S*-（2- 羟乙基）半胱氨酸由尿排出。氯乙醛则在醛脱氢酶作用下生成氯乙酸后经尿排出。

【氯乙烯中毒的主要临床表现】

1．急性中毒 因检修设备或意外事故大量吸入氯乙烯所致，多见于聚合釜清釜过程和泄漏事故。主要是对中枢神经系统呈现麻醉作用。轻度中毒者有眩晕、头痛、乏力、恶心、胸闷、嗜睡、步态蹒跚等。及时脱离接触，吸入新鲜空气，症状可减轻或消失。重度中毒者可出现意识障碍，可有急性肺损伤（acute lung injury，ALI）甚至脑水肿的表现，严重患者可持续昏迷甚至死亡。皮肤接触氯乙烯液体可引起局部损害，表现为麻木、红斑、水肿以至组织坏死等。

2．慢性中毒 长期接触氯乙烯，对人体健康可产生多系统不同程度的影响，如神经衰弱综合征、雷诺综合征、周围神经病、肢端骨质溶解、肝大、肝功能异常、血小板减少等。有人将这些症状称为"氯乙烯病"或"氯乙烯综合征"。

（1）神经系统：以类神经征和自主神经功能紊乱为主，其中以睡眠障碍、多梦、手掌多汗为常见。有学者认为，神经精神症状是慢性氯乙烯中毒的早期症状，精神方面主要表现为抑郁；清釜工可见皮肤瘙痒、烧灼感、手足发冷发热等多发性神经炎表现，有时还可见手指、舌或眼球震颤。神经传导和肌电图可见异常。

（2）消化系统：有食欲减退、恶心、腹胀、便秘或腹泻等症状。可有肝、脾不同程度肿大，也可有单纯肝功能异常。后期肝明显肿大、肝功能异常，并有黄疸、腹水等。一般肝功能指标改变不敏感，而静脉色氨酸耐量试验（intravenous tryptophan tolerance test，ITTT）、肝胆酸（cholyglycine，CG）、γ- 谷氨酰转肽酶（γ-glutamyl transpeptidase，γ-GT）、前白蛋白（prealbumin，PA）相对较为敏感。此实验室检查结果对诊断慢性氯乙烯中毒极有意义。

（3）肢端骨质溶解（acro-osteolysis，AOL）：多发生于工龄较长的清釜工，发病工龄最短者仅 1 年。早期表现为雷诺综合征：手指麻木、疼痛、肿胀、变白或发绀等。随后逐渐出现肢端骨质溶解性损害。X 线常见一指或多指末节指骨粗隆边缘呈半月状缺损，伴有骨皮质硬化，最后发展至指骨变粗变短，外形似鼓槌（杵状指）。手指动脉造影可见管腔狭窄、部分或全部阻塞。局部皮肤（手及前臂）局限性增厚、僵硬，呈硬皮病样损害，活动受限。目前认为，肢骨质溶解是氯乙烯所致全身性改变在指端局部的一种表现。其发生常伴有肝、脾大，对诊断有辅助意义。

（4）血液系统：有溶血和贫血倾向，嗜酸性粒细胞增多，部分患者可有轻度血小板减少、凝血障碍等。这种现象与患者肝硬化和脾功能亢进有关。

（5）皮肤：经常接触氯乙烯可有皮肤干燥、皲裂、丘疹、粉刺或手掌皮肤角化、指甲变薄等，有的可发生湿疹样皮炎或过敏性皮炎，可能与增塑剂和稳定剂有关。少数接触者可有脱发。

（6）肿瘤：1974 年 Creech 首次报道氯乙烯作业工人患肝血管肉瘤（hepatic angiosarcoma），国内首例报道于 1991 年。肝血管肉瘤较为罕见，其发病率约为 0.014/10 万。英国调查证实职业性接触氯乙烯工人原发性肝癌和肝硬化的发病危险性增高。另外，还发现氯乙烯所致肝损害似与乙型肝炎病毒具有协同作用。国内调查发现，氯乙烯作业男工的肝癌发病率、死亡率明显高于对照组，发病年龄较对照组显著提前，且与作业工龄相关，并具有剂量 - 效应关系，明确了氯乙烯的致肝癌作用。国内外另有报道，氯乙烯作业者造血系统、胃、呼吸系统、脑、淋巴组织等部位的肿瘤发病率增高，值得重视，但对此问题尚需进一步研究。

（7）生殖系统：氯乙烯作业女工和作业男工配偶的流产率增高，胎儿中枢神经系统畸形的发生率也有增高，作业女工妊娠并发症的发病率也明显高于对照组，提示氯乙烯具有一定的生殖毒性。

（8）其他：对呼吸系统影响主要可引起上呼吸道刺激症状，对内分泌系统的作用表现为暂时性性功能障碍，部分患者可致甲状腺功能受损。

职业性氯乙烯中毒诊断标准参见国家职业卫生标准《职业性氯乙烯中毒的诊断》（GBZ90-2017）。

（二）丙烯腈中毒

丙烯腈（acrylonitrile，AN）亦称乙烯基氰（vinyl cyanide），化学式为 $H_2C=CHCN$，分子量 53.06。常温常压下为无色、易燃、易挥发性液体，具有特殊的苦杏仁气味。沸点 77.3℃，25℃时蒸气压 14.6 ～ 15.3 kPa，蒸气密度 1.9 kg/m^3。略溶于水，易溶于丙酮、乙醇。易聚合。爆炸极限 3.05% ～ 17%（容积百分比）。

丙烯腈为有机合成工业中的单体，在合成纤维、合成橡胶、合成树脂等高分子材料中占有重要地位。我国丙烯腈生产量大，2010 年产量约 130 万吨（占世界 22%），因而也是倍受关注的工业毒物和环境污染物。从事丙烯腈生产和以丙烯腈为主要原料生产腈纶纤维、丁腈橡胶、ABS/AS 塑料等作业的工人均有机会接触其蒸汽或液体，可引起急性丙烯腈中毒或慢性健康损害。

丙烯腈属高毒类。大鼠经口 LD_{50} 为 78 ～ 93 mg/kg。小鼠经口 LD_{50} 为 20 ～ 102 mg/kg，小鼠吸入 2 小时 LC_{50} 为 571 mg/m^3，经皮 LD_{50} 为 35 ～ 70 mg/kg。人口服致死量为 50 ～ 500

mg/kg，吸入致死浓度 1000 mg/m^3（1 ～ 2 小时）。丙烯腈可经呼吸道、消化道和完整皮肤吸收。兔染毒实验表明，静脉注射丙烯腈 10 mg/kg 后 30 ～ 40 分钟，有 2% ～ 5% 以原型随呼气排出；约 10% 以原型、15% 以硫氰酸盐形式随尿排出。最主要的排出途径是丙烯腈与谷胱甘肽及其他巯基化合物反应，生成低毒的氰乙基硫醇尿酸从尿排出，其量可占丙烯腈总进入量的 55% 左右。丙烯腈的蓄积性不强，约 20% 的丙烯腈在肝微粒体混合功能氧化酶作用下，氧化为环氧丙烯腈，后者活性明显增强，可与体内谷胱甘肽、巯基蛋白结合后水解或排出；还可进一步生成氰醇并水解为二醇醛和氢氰酸，故丙烯腈中毒后可在血中检出大量氰酸盐及氰化高铁血红蛋白；丙烯腈及其代谢中间产物可与红细胞或其他大分子亲核物质如 DNA、RNA、类脂质等结合，与 DNA 形成加合物被认为可能诱发致突变和致癌作用。

【丙烯腈中毒的主要临床表现】

1．急性中毒 中毒表现与氢氰酸中毒相似，但起病较缓，潜伏期较长，一般为 1 ～ 2 小时，有的长达 24 小时后发病。以头痛、头晕、胸闷、呼吸困难、上腹部不适、恶心、呕吐、手足发麻等较多见，可有咽干、结膜及鼻咽部充血等黏膜刺激症状。随接触浓度增高和接触时间延长，中毒表现加重，可见面色苍白、心悸、脉搏减弱、血压下降、口唇及四肢末端发绀、呼吸浅慢而不规则，嗜睡状态或意识朦胧，甚或昏迷、二便失禁、全身抽搐，吸入高浓度的丙烯腈可发生中毒性肺水肿，患者常因呼吸骤停而死亡。

接触丙烯腈后 24 小时，尿中硫氰酸盐明显增高，尿中氰酸盐测定可作为丙烯腈的接触生物标志物，仅供诊断参考，无诊断分级意义。部分患者可出现血清转氨酶升高，但数周内可恢复正常。

部分急性丙烯腈中毒者经治疗后可遗留神经衰弱症状，但多数可在数月内恢复。亦有部分患者可出现感觉型多发性神经炎、肌萎缩或肌肉震颤等神经系统弥漫性损害症状。

2．慢性影响 长期接触丙烯腈者，可出现神经衰弱症状，还可有颤抖、不自主运动、工作效率低等神经症样症状。神经行为功能方面主要表现为消极情绪增加，短期记忆力下降，手部运动速度减慢，且短期记忆力下降和心理运动功能改变有明显接触工龄效应关系。另有认为有低血压倾向，部分接触工人甲状腺摄碘率偏低，由于多属非特异性表现，故确诊较为困难。还有部分工人直接接触其液体后可出现变应性接触性皮炎，皮肤斑贴试验有助于检出此类患者。有关丙烯腈的致癌、致突变、致畸作用仍需进一步研究。

急性丙烯腈中毒诊断参见国家职业卫生标准《职业性急性丙烯腈中毒诊断标准》（GBZ13-2016）。

五、高分子化合物中毒的防治原则

1．治疗原则

（1）迅速脱离现场，脱去被污染的衣物，皮肤污染部位用清水彻底冲洗。注意保暖，卧床休息。

（2）接触反应者应严密观察，症状较重者对症治疗；轻度中毒者可静脉注射硫代硫酸钠；重度中毒者使用高铁血红蛋白形成剂和硫代硫酸钠，硫代硫酸钠根据病情可重复应用。

氯乙烯慢性中毒可给予保肝及对症治疗，符合外科手术指征者，可行脾切除术，肢端骨质溶解患者应尽早脱离接触。

（3）给氧，可根据病情采用高压氧治疗。

（4）对症治疗，如出现脑水肿可应用糖皮质激素及脱水、利尿等处理。

2．后续处理原则

（1）轻度中毒者经治疗后适当休息可恢复原工作。

（2）重度中毒者如神经系统症状、体征恢复不全，应调离原作业，并根据病情恢复情况

选择继续休息或安排轻工作。如需劳动能力鉴定者按 GB/T 16180-2006 处理。

3. 预防原则

（1）加强生产设备及管道的密闭和通风，将车间空气中氯乙烯和丙烯腈的浓度控制在职业接触限值以内。国家职业卫生标准 GBZ 2.1-2019《工作场所有害因素职业接触限值 第 1 部分：化学有害因素》中规定，工作场所空气中氯乙烯的 PC-TWA 为 10 mg/m^3，丙烯腈的 PC-TWA 为 1 mg/m^3，PC-STEL 为 2 mg/m^3。

（2）注意个体防护：氯乙烯暴露工人进釜出料和清洗之前，先应通风换气，或用高压水或无害溶剂冲洗，并经测定釜内温度和氯乙烯浓度合格后，佩戴防护服和送风式防毒面罩，并在他人监督下，方可入釜清洗。下班后或皮肤被污染时应立即用温水和肥皂水彻底清洁。

（3）加强健康监护，每年体检 1 次。接触氯乙烯浓度高者每 1 ~ 2 年行手指 X 线检查，并查肝功能。

（4）有心血管和神经系统疾病、肝肾疾病和经常发作的过敏性皮肤病患者禁忌从事相关作业。

（陈章健）

第五节　金属和类金属中毒

一、概述

（一）定义

金属主要指由原子结构中最外层电子数较少（一般小于 4）的元素组成的单质。除汞外，金属在室温下为固态，并有较高的熔点和硬度，且具有光泽，富有延展性、良好的导电性和传热性，可以与氧反应生成金属氧化物，与酸、电解质发生置换反应生成金属化合物。金属通常分为黑色金属（铁、锰、铬及其合金）和有色金属（铅、汞、镉、镍、铝等）。根据密度大小，金属可分为轻金属（铝、镁、钾、钠、钙等）和重金属（铜、镍、钴、铅、锌、锡、铊、镉、铬、汞等）两类。

类金属是在元素周期表对角线上的几种元素，其性质介于金属和非金属之间，也叫准金属、半金属、亚金属或似金属，包括硼、硅、锗、砷、硒、锑、碲、钋等，通常产生两性的氧化物。

各种金属与类金属都是通过矿山开采、冶炼、精炼加工后获得的，是工农业生产、国防建设、科学技术发展以及人民生活必不可少的材料，尤其在建筑业、汽车、航空航天、电子和其他制造工业以及在油漆、涂料和催化剂生产过程中被大量使用。因此，从矿物的开采、运输、冶炼到加工以及化合物的使用过程中，都会对作业场所造成污染，给工人的健康造成潜在的危害。了解金属和类金属的理化特性、接触机会、毒理作用、职业中毒表现及防治措施，在职业卫生与职业医学中具有特殊的重要性。

（二）毒理

作业场所中金属和类金属通常以气溶胶形式存在，故呼吸道是其主要的接触途径，也可通过消化道和皮肤进入体内。金属与类金属不像大多数化合物那样可在组织中进行代谢性降解而易于从人体排出，它们作为一种元素往往不易被降解破坏，而是在体内蓄积，导致慢性毒性作用。有些金属与类金属在体内可转变价态或形成化合物，进而提高毒性，如铅在体内转变为

可溶性二价铅离子，干扰一系列酶的活性，从而引起铅中毒；砷在体内转变为具有毒性的甲基化三价砷，尤其是三价单甲基砷毒性最高。不同金属与类金属的排泄速率和通道有很大的差异，多数经肾排出，如铅、汞、镉、铬等，有些还可经唾液、汗液、乳汁、毛发、粪便等排出体外。甲基汞在人体内的生物半衰期仅70天，而镉半衰期是10 ～ 20年；同一种金属在不同组织的生物半衰期也可能不一致，如铅在一些组织中半衰期仅几周，而在骨骼内半衰期却长达20年。

（三）职业中毒表现与防治

与其他毒物中毒一样，每一种金属和类金属因其靶器官和毒性不同可引起不同的临床表现。很多金属和类金属具有靶器官毒性，即有选择性地在某些器官或组织中蓄积并发挥生物学效应，从而引起慢性毒性作用。金属也可与有机物结合，进而改变其物理特性和毒性，如金属氰化物和羰基化物毒性很大。急性金属中毒多由食入含金属的化合物、吸入高浓度金属烟雾或金属气化物所致，在现代工业生产过程中，这种形式的接触已很少见。低剂量长时间接触金属和类金属引起的慢性毒性作用是目前金属中毒的重点。

金属和类金属中毒的治疗原则与职业中毒相同，分为病因治疗、对症治疗与支持治疗。其中金属和类金属中毒的病因治疗，主要基于金属一般通过与体内巯基和其他配基形成稳定复合物而发挥生物学作用，故多采用络合剂进行解毒和排毒。治疗金属中毒常用的络合剂有两种，即氨羧络合剂和巯基络合剂。氨羧络合剂中的氨基多羧酸可与多种金属离子形成不易分解的可溶性金属螯合物，进而排出体外，如依地酸二钠钙、促排灵。巯基络合剂分子结构中的巯基可与进入体内的金属结合，形成稳定的络合物，并能夺取已经与体内巯基酶结合的金属，解救已被抑制的巯基酶，使其活性恢复，如二巯基丙磺酸钠、二巯基丁二酸钠以及二巯基丁二酸等。为保障劳动者健康，应采用综合治理措施预防金属和类金属中毒，包括采用管理、工艺革新、卫生技术、个人防护和卫生保健措施等。

二、常见金属与类金属中毒

（一）铅中毒

1．理化特性 铅（lead，Pb）为柔软略带灰白色的金属，原子量207.20，比重11.3，熔点327℃，沸点1620℃。加热至400 ～ 500℃即有大量铅蒸气逸出，并可在空气中迅速氧化成氧化亚铅（Pb_2O），并凝集成铅烟。随着熔铅温度的升高，可进一步氧化为氧化铅（密陀僧，PbO）、三氧化二铅（黄丹，Pb_2O_3）、四氧化三铅（红丹，Pb_3O_4）。除了铅的氧化物外，常用的铅化合物还有碱式碳酸铅［$PbCO_3 \cdot 2Pb(OH)_2$］、铬酸铅（$PbCrO_4$）、醋酸铅［$Pb(CH_3COO)_2 \cdot 3H_2O$］、砷酸铅［$Pb_3(AsO_4)_2$］、硅酸铅（$PbSiO_3$）等。金属铅大多不溶于水，但可溶于酸。

2．接触机会

（1）铅矿开采及冶炼：工业开采的铅矿主要为方铅矿（硫化铅）、碳酸铅矿（白铅矿）及硫酸铅矿。冶炼铅时，混料、烧结、还原和精炼过程中均可接触铅。在冶炼锌、锡、锑等金属和制造铅合金时，亦存在铅危害。

（2）熔铅作业：制造铅丝、铅皮、铅箔、铅管、铅槽、铅丸等，旧印刷业的铸版、铸字，制造电缆，焊接用的焊锡，废铅回收等均可接触铅烟、铅尘或铅蒸气。

（3）铅化合物：铅的氧化物广泛用于制造蓄电池、玻璃、景泰蓝、搪瓷、油漆、颜料、釉料、防锈剂、橡胶硫化促进剂等。铅的其他化合物也应用广泛，如用于制药（醋酸铅）、塑料工业（碱式硫酸铅、碱式亚磷酸铅、硬脂酸铅）、农药生产（砷酸铅）等。目前制造汽车用蓄电池耗铅量较多。

(4) 生活性接触：滥用含铅的药物治疗慢性病（癫痫、哮喘、牛皮癣等）；用铅壶或含铅的锡壶烫酒、饮酒；误食被铅化合物污染的食物等。

儿童由于代谢和发育方面的特点，对铅特别敏感，其接触铅的途径主要是来自工业生产、生活和交通等方面的铅排放，如工业废气、燃煤、钢铁冶金、化学工厂排放废气等；含铅废水污染饮用水也是铅中毒的重要来源；接触含铅的家庭装饰材料（油漆、涂料）、香烟烟雾、化妆品（口红、爽身粉）、含铅容器、金属餐具、玩具和学习用品也可损害儿童健康。

3．毒理

(1) 吸收：在生产环境中铅及其无机化合物主要以粉尘、烟的形式存在，主要经呼吸道进入人体，其次是经胃肠道。无机铅化合物不能通过完整皮肤吸收，四乙基铅可通过皮肤和黏膜吸收。从呼吸道吸入的铅，按其颗粒大小和溶解度，有 20% ～ 50% 被吸收，其余由呼吸道排出。进入胃肠道的铅有 5% ～ 10% 被吸收。缺铁、缺钙及高脂饮食可增加胃肠道对铅的吸收。

(2) 分布：吸收的铅进入血液后大部分与红细胞结合，其余分布在血浆中。血浆中的铅由血浆蛋白结合铅和可溶性磷酸氢铅（$PbHPO_4$）两部分组成。血循环中的铅初期分布于肝、肾、脑、皮肤和骨骼肌中，其中以肝、肾浓度最高，数周后由软组织转移到骨，并以难溶性的磷酸铅［$Pb_3(PO_4)_2$］形式沉积于骨骼、毛发、牙齿等。人体内 90% ～ 95% 的铅储存于骨内，其中 70% 储存于骨皮质内。骨铅可分为两部分：一部分处于较稳定状态，半衰期约为 20 年；另一部分具有代谢活性，半衰期约为 19 天，可迅速向血液和软组织转移。骨铅与血液和软组织中的铅保持动态平衡。

(3) 代谢：铅在体内的代谢与钙相似，凡能促使钙在体内贮存或排出的因素，均可影响铅在体内的贮存和排出。当缺钙或因感染、饮酒、外伤、服用酸性药物等改变体内酸碱平衡，以及罹患骨疾病（如骨质疏松、骨折）时，均可使骨内储存的磷酸铅转化为溶解度增大 100 倍的磷酸氢铅而进入血液，常可诱发铅中毒症状或使其症状加重。

(4) 排泄：铅主要通过肾随尿排出，也可随粪便排出，小部分可经唾液、汗液、脱落的皮屑和月经等排出。血铅可通过胎盘进入胎儿体内而影响子代。乳汁内的铅也可影响婴儿。

(5) 中毒机制：铅作用于全身各器官和系统，主要累及造血系统、神经系统、消化系统、血管及肾。在铅中毒机制相关研究中，对铅所致卟啉代谢紊乱和影响血红素合成的研究最为深入，并认为出现卟啉代谢紊乱是铅中毒重要和较早的变化之一。铅对卟啉代谢和血红素合成的影响见图 6-2。

卟啉代谢和血红素合成是在一系列酶促作用下发生的。现已证实在此过程中，铅对 δ- 氨基 -γ- 酮戊酸脱水酶（ALAD）和血红素合成酶有抑制作用。ALAD 受抑制后，δ- 氨基 -γ- 酮戊酸（ALA）形成胆色素原受阻，血中 ALA 增加，由尿排出增加。血红素合成酶受抑制后，原卟啉Ⅸ不能与二价铁离子结合为血红素，红细胞游离原卟啉（FEP）增加，使体内的 Zn 离子被络合于原卟啉Ⅸ，形成锌原卟啉（ZPP）。由于 ALA 合成酶受血红素反馈调节，铅对血红素合成酶的抑制又间接促进 ALA 合成酶的生成。由于血红素合成障碍，导致骨髓内幼红细胞代偿性增生，血液中点彩、网织、碱粒红细胞增多。

铅在细胞内与蛋白质的巯基结合，干扰多种细胞酶类活性也是其毒性作用机制之一，如铅可抑制肠壁碱性磷酸酶和 ATP 酶的活性，使平滑肌痉挛，肠道缺血引起腹绞痛。铅可影响肾小管上皮细胞线粒体的功能，抑制 ATP 酶的活性，引起肾小管功能障碍甚至损伤，造成肾小管重吸收功能降低，同时还影响肾小球滤过率。

此外，铅可使大脑皮质兴奋与抑制的正常功能发生紊乱，皮质 - 内脏调节障碍，使末梢神经传导速度降低。

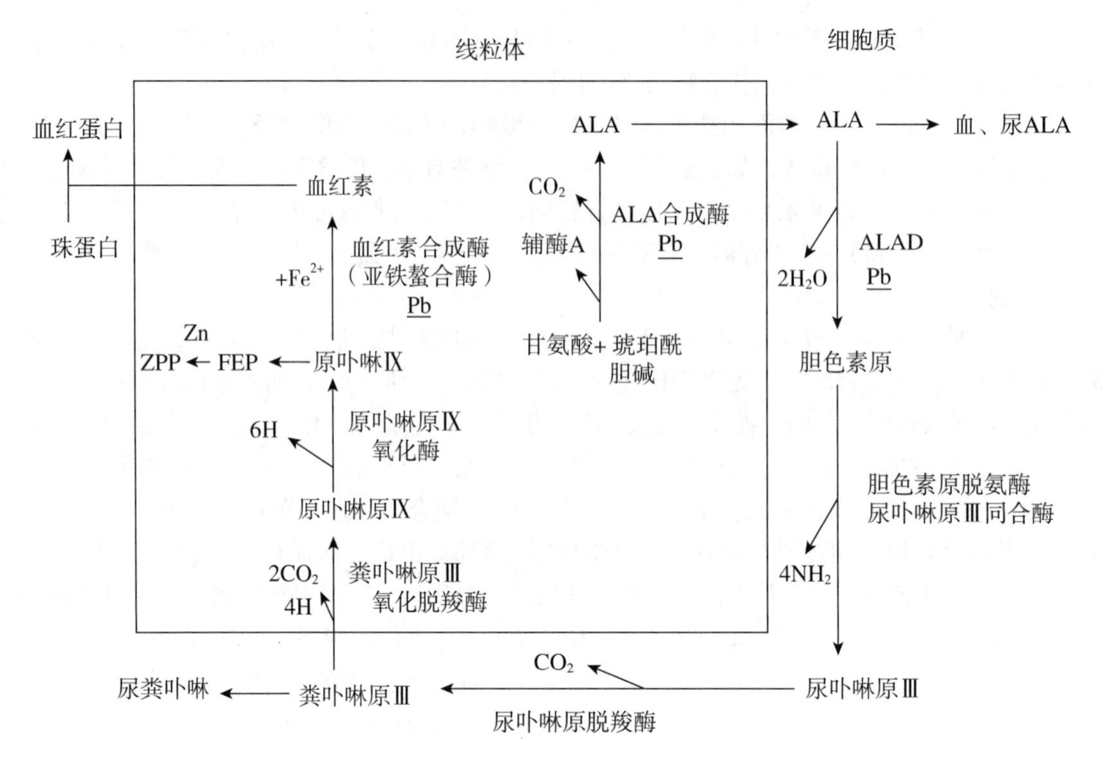

图 6-2　血红素的生物合成及铅对此合成过程的影响

4．临床表现

（1）急性中毒：生产中发生急性中毒的机会少，多因误服大量铅化合物所致。主要表现为口内有金属味、恶心、呕吐、腹胀、阵发性腹部剧烈绞痛（腹绞痛）、便秘或腹泻等胃肠道症状。此外，还可有头痛、血压升高、苍白面容（铅容）及肝肾功能损害等，严重者可发生中毒性脑病。

（2）慢性中毒：职业性铅中毒多为慢性中毒，其主要临床表现为对神经系统、消化系统、造血系统的损害。

1）神经系统：主要表现为类神经症、周围神经炎，严重者出现中毒性脑病。类神经症是铅中毒早期和常见症状，表现为头晕、头痛、乏力、失眠、多梦、记忆力减退等，属功能性症状。铅对周围神经损害可呈感觉型、运动型或混合型，轻者仅为感觉神经受累，重者运动神经亦受累，以桡神经受累引起的“垂腕”最为典型。铅中毒性脑病在职业性中毒中已极为少见，表现为头痛、激动、智力及精神障碍、癫痫发作等。

2）消化系统：表现为食欲不振、恶心、隐性腹痛、腹胀、腹泻或便秘。重者可出现腹绞痛，多为突然发作，常在脐周围，发作时患者面色苍白、烦躁不安、出冷汗、体位蜷曲，一般止痛药不易缓解，发作可持续数分钟以上。检查腹部常平坦柔软，轻度压痛，但无固定点，肠鸣音减弱。

3）造血系统：可出现轻度贫血，多呈低色素正常细胞性贫血，亦有小细胞性贫血。外周血可见点彩红细胞、网织红细胞及碱粒红细胞增多。

4）其他：口腔卫生不良者可在齿龈边缘出现蓝黑色铅线（lead line）。部分患者肾受到损害，初期仅有近曲肾小管功能损害表现，如低分子蛋白尿、氨基酸尿等，长期接触可引起慢性间质性肾炎，甚至导致慢性肾衰竭。女性患者有月经失调、流产及早产等。哺乳期妇女可通过乳汁影响婴儿，甚至引起母源性铅中毒。

（3）儿童铅中毒：铅对儿童健康的影响体现在神经系统、造血系统、免疫系统和泌尿系

统损害等，其损害的程度与铅烟尘颗粒的大小和溶解度、铅化合物的形态及中毒途径等有关。儿童铅中毒主要表现为亚临床型的无症状性铅中毒，即对儿童神经系统和体格发育的影响，可出现智商降低、注意力不集中、认知能力下降、阅读障碍、多动、眼 - 手协调差、情绪不稳定等神经系统症状，还有生长发育迟缓、运动障碍、反应迟钝、贫血、食欲缺乏、腹痛、便秘或腹泻、听力和视力下降以及体弱多病、反复发热、易感冒、龋齿、铅线等表现。

5．辅助检查

（1）血铅：为铅接触者首选的生物监测指标，主要反映近期铅接触情况。血铅浓度与铅引起的生物学效应，如红细胞游离原卟啉（FEP）、红细胞锌原卟啉（ZPP）、尿 δ- 氨基 -γ- 酮戊酸（ALA）、周围神经传导速度和神经行为学改变等有较密切的关系。

（2）尿铅：是反映近期铅吸收水平的敏感指标之一，因受液体摄入量和肾功能等因素的影响，尿铅浓度比血铅浓度波动范围大。尿样标本收集方便，尿铅与空气铅浓度、血铅、FEP、ZPP、尿 ALA 均呈显著相关，因此是观察驱铅效果的最好指标。

（3）血液中 FEP 和 ZPP：血液中 FEP 和 ZPP 与体内铅负荷密切相关，两者均反映过去一段时间铅的水平。在职业医学中主要用作筛检指标。研究发现，当血铅水平较高时，ZPP 含量与血铅含量表现出显著相关性。

（4）尿 ALA：尿 ALA 增加是铅抑制 ALAD 后，过多的 ALA 在组织蓄积的结果。同时也反映铅对血红素合成的干扰，是铅引起的生物学效应指标之一。

（5）骨铅：骨铅水平是反映铅负荷的理想指标，可以作为累积接触的生物标志物。X 射线荧光衍射法（X-ray fluorescence，XRF）是一种无创伤性直接测量人体骨骼中铅含量的方法。但该技术需要精密、贵重的设备，尚难用于常规监测。

6．诊断　急性铅中毒一般不难作出诊断。慢性铅中毒诊断主要依据确切的职业史及以神经、消化、造血系统为主的临床表现与相关实验室检查，结合作业环境调查，进行综合分析，排除其他原因引起的疾病后，方可诊断。其中实验室检查包括血铅、尿铅、尿 δ- 氨基 -γ- 酮戊酸（ALA）、红细胞锌原卟啉（ZPP）测定。具体参见我国现行职业性慢性铅中毒诊断标准（GBZ37-2015）。

儿童铅中毒的诊断和分级主要依照血铅水平。依据我国 2006 年发布的《儿童高铅血症和铅中毒分级和处理原则》，连续两次静脉血铅值 100 ~ 199 μg/L 为高血铅症，血铅值≥ 200 μg/L 为铅中毒。美国疾病预防控制中心的儿童铅中毒预防指南（CDC' s Childhood Lead Poisoning Prevention Program）中指出，尚未确定儿童的安全血铅水平，即使血铅含量低，也会影响智商、注意力和学习成绩。美国 CDC 在 2012 年前使用血铅≥ 100 μg/L 的标准识别儿童铅中毒，但目前使用血铅≥ 50 μg/L 作为参考值来识别高血铅儿童以实施干预。

7．治疗原则

（1）驱铅治疗：常用金属络合剂驱铅治疗，3 ~ 4 天为一疗程，间隔 3 ~ 4 天，视病情及尿铅排除情况决定是否需要下一疗程。①目前首选药物为依地酸二钠钙（$CaNa_2$-EDTA）：每日 1.0 g，分 2 次肌内注射或加入 25% 葡萄糖内缓慢静脉注射或静脉滴注；②二巯基丁二酸钠：1.0 g 用生理盐水或 5% 葡萄糖液配成 5% ~ 10% 浓度静脉注射；③二巯基丁二酸（DMSA）胶囊：可口服驱铅，副作用小，剂量为 0.5 g，每日 3 次。

（2）对症治疗：腹绞痛发作时，可静脉注射葡萄糖酸钙或皮下注射阿托品，以缓解疼痛。

（3）一般治疗：适当休息，合理营养，补充维生素等。

8．预防

（1）改革工艺及生产设备，降低作业环境铅浓度：①用无毒或低毒物代替铅：如用锌钡白、钛钡白代替铅白制造油漆，用铁红代替铅丹制造防锈漆，用激光或电脑排版代替铅字排版，用甲基叔丁基醚（MTBE）代替四乙基铅作为汽油抗震爆添加剂等；②工艺改革：实现生

产过程机械化、自动化、密闭化。如铅熔炼用机械浇铸代替手工操作，蓄电池制造采用铸造机、涂膏机、切边机等，以减少铅尘飞扬；③加强通风：如熔铅锅、铸字机、修版机等均可设置吸尘排气罩，抽出的烟尘需净化后再排出；④控制熔铅温度，减少铅蒸气逸出。

（2）加强个人防护：铅作业工人应穿工作服，戴过滤式防尘、防烟口罩。严禁在车间内吸烟、进食。饭前洗手，下班后淋浴。坚持车间内湿式清扫制度。

（3）环境监测与健康监护：定期监测车间空气中铅浓度，检查安全卫生制度。车间空气铅的职业接触限值，美国政府工业卫生学家协会（ACGIH）制定的阈限值——8 小时时间加权平均浓度（TLV-TWA）为 0.05 mg /m^3（以 Pb 计），我国标准（GBZ2.1-2007）对铅烟、铅尘的 8 小时时间加权平均浓度（PC-TWA）分别规定为 0.05 和 0.03 mg/m^3（以 Pb 计）。对铅作业工人进行就业体检和定期健康检查，严格实行职业禁忌管理。职业禁忌证包括贫血、神经系统器质性疾患、肝肾疾患、心血管器质性疾患、妊娠及哺乳期妇女。

（4）预防儿童高铅血症和铅中毒：儿童高铅血症和铅中毒是完全可以预防的。我国 2006 年发布《儿童高铅血症和铅中毒预防指南》，建议通过环境干预、开展健康教育、有重点地筛查和监测，达到预防和早发现、早干预的目的。

（二）汞中毒

1．理化特性 汞（mercury，Hg）俗称水银，为银白色液态金属，原子量 200.59，比重 13.6，熔点 –38.9℃，沸点 356.6℃，在常温下即可蒸发，蒸气比重 6.9。汞表面张力大，溅落地面后可立即形成很多小汞珠，增加蒸发的表面积。汞不溶于水和有机溶剂，可溶于稀硝酸和类脂质。汞可与金、银等贵重金属生成汞合金（汞齐）。汞蒸气可被墙壁、地面缝隙、天花板、工作台、工具及衣物等吸附，成为持续污染空气的来源。

2．接触机会 汞矿开采与冶炼；电工器材、仪器仪表的制造和维修，如温度计、气压表、血压计、整流器、石英灯、荧光灯等；化学工业生产烧碱和氯气用汞作阴极电解食盐，塑料、染料工业用汞作催化剂，生产含汞药物及试剂；冶金工业用汞齐法提取金银等贵金属，用金汞齐镀金及镏金；口腔医学用银汞合金充填龋齿等；军工生产中雷汞为重要的起爆剂；生活中常见的含汞偏方（熏蒸、吸入、皮肤涂抹等）、误服汞的无机化合物（如升汞、甘汞、醋酸汞等）和接触美白化妆品等。

3．毒理

（1）吸收：在生产条件下，金属汞主要以蒸气形式经呼吸道进入体内。由于汞蒸气具有高度弥散性和脂溶性，致使 80% 的吸入汞蒸气得以透过肺泡吸收入血。金属汞经消化道吸收量极少（< 0.01%），完整皮肤基本不吸收汞，但汞盐及有机汞易被消化道吸收。汞无机化合物的主要侵入途径是消化道，吸收率取决于溶解度，一般为 7% ～ 15%，溶解度较高的可达 30%。

（2）分布：汞及其化合物进入血流后可分布到全身，主要分布于肾，其次为肝、心脏、中枢神经系统。肾中汞含量高达体内总汞量的 70% ～ 80%，主要分布在肾皮质，以近曲小管含量最多，并大部分与金属硫蛋白结合形成较稳定的汞硫蛋白，贮存于近曲小管上皮细胞中。汞可通过血 - 脑屏障进入脑组织，以小脑和脑干量最多。汞也能通过胎盘进入胎儿体内，影响胎儿发育。

（3）排泄：汞主要经尿和粪便排出，少量随唾液、汗液、乳汁、毛发等排出。汞在人体内的半衰期约 60 天。

（4）中毒机制：汞中毒的机制尚未完全阐明。金属汞进入体内后，与蛋白质的巯基（—SH）具有特殊亲合力。由于巯基是细胞代谢过程中许多重要酶的活性部分，当汞与这些酶的巯基结合后，可干扰其活性，如汞离子与 GSH 结合后形成不可逆复合物而干扰后者的

抗氧化功能；与细胞膜表面上酶的巯基结合，可改变酶的结构和功能。汞与体内蛋白质结合后可由半抗原成为抗原，引起变态反应，出现肾病综合征。高浓度的汞还可直接引起肾小球免疫损伤。

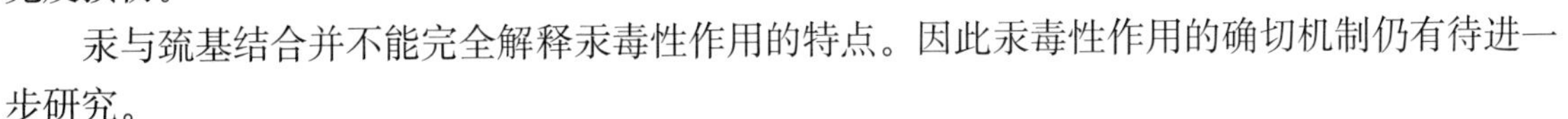

汞与巯基结合并不能完全解释汞毒性作用的特点。因此汞毒性作用的确切机制仍有待进一步研究。

4．临床表现

（1）急性中毒：职业性急性中毒很少发生，多由于在密闭空间内工作或意外事故导致。短时间吸入高浓度汞蒸气或摄入可溶性汞盐可致急性中毒，起病急骤，开始有头痛、头晕、乏力、失眠、发热等全身症状；明显的口腔-牙龈炎，如流涎带腥臭味、牙龈红肿、酸痛、糜烂、出血、牙根松动等；急性胃肠炎，表现为恶心、呕吐、腹痛、腹泻等；个别病例皮肤有红色斑丘疹，以头面部和四肢为多；少数严重病例可出现间质性肺炎，胸部X线检查可见广泛性不规则阴影；尿汞增高，尿中可出现红细胞、管型。严重病例则进展为急性肾衰竭。

（2）慢性中毒：职业性汞中毒多为慢性，由于长期接触一定浓度的汞蒸气所致。

1）易兴奋症：开始主要表现为神经衰弱综合征，出现入睡困难、早醒、多梦、恶梦。继而有自主神经功能紊乱，表现为多汗、心悸、四肢发冷等，进而出现精神、性格改变，如急躁、易激动、胆怯、羞涩、孤僻、抑郁、好哭、注意力不集中，甚至有幻觉。此种精神异常表现为慢性汞中毒的重要特征之一。

2）震颤：表现为手指、舌尖、眼睑呈意向性细小震颤，病情进一步发展出现手指、前臂、上臂意向性粗大震颤。

3）口腔-牙龈炎：表现为流涎增多，口中金属味，牙龈肿胀、酸痛、易出血，牙齿松动、甚至脱落。有的牙龈可见“汞线”。口腔炎不及急性中毒时明显和多见。

4）肾损害：少数患者可有，肾损伤最早表现为低分子蛋白质排出增加，包括β_2-微球蛋白、*N*-乙酰-β-氨基葡糖苷酶和视黄醇结合蛋白。

5．实验室检查 尿汞反映近期接触汞水平，急性汞中毒时，尿汞往往明显高于正常参考值（我国健康人尿汞正常参考值为2.25 μmol/mol肌酐，4 μg/g肌酐）；长期从事汞作业的劳动者，尿汞往往高于其生物接触限值（20 μmol/mol肌酐，35 μg/g肌酐）；尿汞正常者经驱汞试验（用5%二巯基丙磺酸钠5 ml肌内注射一次），尿汞大于45 μg/d，提示有过量汞吸收。汞作业人群尿汞测定多推荐用冷原子吸收光谱法，而对于微量和痕量汞检测可选用原子荧光光度法。

6．诊断 根据接触史、症状及尿汞检查，急性中毒诊断并不困难。慢性中毒主要根据接触金属汞的职业史、相应的临床表现及实验室检查结果，参考职业卫生学调查资料，排除其他病因后，方可诊断。我国现行职业性汞中毒的诊断标准参见国家职业卫生标准（GBZ89-2007）。

7．治疗原则

（1）急性中毒：快速脱离现场，脱去污染衣服，静卧，保暖。口服汞盐患者不应洗胃，需尽快服蛋清、牛奶或豆浆等，以使汞与蛋白质结合，保护被腐蚀的胃壁。也可服用0.2%～0.5%的活性炭吸附汞。驱汞治疗主要应用巯基络合剂。急性中毒时立即肌内注射二巯基丙醇，5 mg/kg，也可用青霉胺治疗。呼吸困难和肾衰竭按急症处理。

（2）慢性中毒：驱汞治疗一般选用二巯基丙磺酸钠和二巯基丁二酸钠，前者0.25 g，肌内注射，每天1～2次，3天一个疗程，根据病情决定是否需要下一疗程，两疗程间隔3～4天；后者0.5～1.0 g，静脉注射，每天1～2次，疗程同上。最近已肯定新药2,3-二巯基-1-丙磺酸口服驱汞的疗效较好且副作用小，口服剂量为0.1 g，每天3次，可连服几周。

8．预防

（1）改革工艺及生产设备，控制工作场所空气中汞浓度：用无毒原料代替汞，如电解食

盐工业用隔膜电极代替汞电极，用硅整流器代替汞整流器，用电子仪表、气动仪表代替汞仪表。实现生产过程自动化、密闭化，加强通风排毒，如从事汞的灌注、分装应在通风柜内进行，操作台设置板孔下吸风或旁侧吸风。车间地面、墙壁、天花板、操作台等应用光滑不易吸附的材料，操作台和地面应有一定倾斜度，以便清扫与冲洗，低处应有贮水的汞吸收槽。敞开容器的汞液面可用甘油或5%硫化钠液等覆盖，排出的含汞空气经碘化或氯化活性炭吸附净化。

（2）加强个人防护，建立卫生操作制度：接汞作业应穿工作服，戴防毒口罩或用2.5%～10%碘处理过的活性炭口罩。工作服不得穿回家中，并应定期清洗。班后、饭前要洗手、漱口，严禁在车间内进食、饮水和吸烟。

（3）环境监测与健康监护：定期监测车间空气中汞浓度，检查安全卫生制度。我国职业卫生标准（GBZ2.1-2007）规定空气中汞蒸气的8小时时间加权平均容许浓度（PC-TWA）为0.02 mg/m^3（美国ACGIH的TLV-TWA为0.01 mg/m^3）、短时间接触容许浓度（PC-STEL）为0.03 mg/m^3。对汞作业工人进行就业体检和定期健康检查，严格实行职业禁忌管理。职业禁忌证包括：明显口腔疾病，胃肠道和肝、肾器质性疾患，精神神经性疾病，妊娠和哺乳期妇女。

20世纪中期发生在日本水俣的汞污染事件是最早出现的由于工业废水排放污染造成的公害病。2013年10月10日，由联合国环境规划署主办的“汞条约外交会议”在日本熊本市表决通过了旨在控制和减少全球汞排放的《关于汞的水俣公约》，中国成为首批签约国。2017年8月16日，该公约在中国等缔约方正式生效。《关于汞的水俣公约》开出了限制汞排放的清单，包括对原生汞矿的开采（禁止新开和15年内停止开采）、含汞类产品以及使用汞或汞化合物的生产工艺的限制。公约认为，小型金矿和燃煤电站是汞污染的最大来源。各国应制定国家战略，减少小型金矿的汞使用量。公约还要求，控制各种大型燃煤电站锅炉和工业锅炉的汞排放，并加强对垃圾焚烧处理、水泥加工设施的管控。

（三）镉中毒

1．理化性质 镉（cadmium，Cd）是一种微带蓝色的银白色金属，原子量112.41，熔点320.9℃，沸点765℃，比重8.65，质地柔软，易于加工。不溶于水，易溶于稀硝酸和氨水。镉蒸气在空气中可迅速氧化成细小的氧化镉（CdO）烟。

2．接触机会 镉主要与锌、铅及铜矿共生，在冶炼这些金属时产生镉的副产品，当上述金属冶炼或镉回收精炼时可接触到镉。在工业上镉主要用于电镀，制造工业颜料、塑料稳定剂、镍镉电池、半导体元件，制造合金和焊条等。非职业接触包括吸入镉污染的空气及食用在镉污染土壤上种植的农作物。每支纸烟含1～2 μg镉，故吸烟也是非职业性镉接触的主要途径。

3．毒理 镉及其化合物在生产中主要经呼吸道吸入人体，少量可经消化道进入体内。经呼吸道吸入的镉尘和镉烟，因粒子大小和化学组成不同，有10%～40%经肺吸收。消化道吸收一般不超过10%，铁、钙和蛋白质缺乏时，镉在消化道的吸收将增加。

吸收进入血液的镉大部分与红细胞结合，主要与血红蛋白及金属硫蛋白相结合，血浆中的镉和血浆蛋白结合。镉蓄积性强，体内生物半衰期可长达10～30年，主要蓄积于肾和肝，肾内镉含量约占体内总含量的1/3，而肾皮质镉含量约占全肾含量的1/3。长期慢性接触镉，可引起肾近曲小管重吸收障碍，使镉排出增加，是镉产生肾毒性的一种表现。

镉可诱导肝合成金属硫蛋白，镉摄入量增加时，金属硫蛋白合成也增加，并经血液转移至肾，被肾小管吸收后蓄积于肾。镉金属硫蛋白的形成可能与解毒和保护细胞免受损伤有关。镉影响钙代谢，有严重镉性肾病者常有肾结石、尿钙排泄增加，可能与大量尿钙排出有关，但有的慢性镉接触者尿钙并不增加。日本出现的环境病（痛痛病）表现为骨痛和骨质疏松。可能与

维生素 D 或其他营养缺失有关。也有严重职业性镉接触的工人出现骨软化症的报道。

镉主要通过肾随尿液缓慢排出，正常人尿镉多低于 2 μg/g Cr；尿镉增加提示有镉的过量接触；尿镉明显增加（> 5 μg/g Cr），多表示肾功能可能受到损害，可作为慢性镉中毒的提示性指标。

镉中毒机制尚不十分明确，可能与其可干扰体内各种必需元素的代谢及生理功能，与酶的活性基团尤其是巯基、羧基、羟基、氨基等结合而使酶失活等原因有关。

4．临床表现

（1）急性中毒：短期内吸入高浓度镉烟数小时后，可出现头痛、头晕、乏力、肌肉酸痛、寒战、发热等类似金属烟尘热症状。严重者可发生化学性支气管炎、化学性肺炎和肺水肿，个别患者出现肝、肾损害，甚至因呼吸衰竭而死亡。

（2）慢性中毒：低浓度长期接触可发生慢性中毒，最常见的是肾损害，早期主要表现为蛋白尿、氨基酸尿、糖尿、高磷酸盐尿。蛋白尿是以小管性蛋白尿为主，含有大量的低分子蛋白，如 β_2- 微球蛋白、视黄醇结合蛋白、溶菌酶等；也有高分子蛋白，如白蛋白、转铁蛋白，常常表现为混合损害，即肾小管和肾小球损害同时存在。慢性吸入镉尘和镉烟也可引起呼吸系统损伤和肺气肿。严重慢性镉中毒患者在晚期可出现骨骼损害，表现为骨质疏松、骨质软化。

5．诊断　根据短时间高浓度镉暴露或长期密切的镉职业接触史，分别以呼吸系统或肾损害为主的临床表现和尿镉含量测定，结合现场职业卫生学调查资料，经鉴别诊断排除其他类似疾病后，可作出急性或慢性镉中毒的诊断。我国现行职业性镉中毒诊断标准参见国标 GBZ 17-2015。

6．治疗原则

（1）急性中毒：急性吸入者应及时脱离现场，安静休息，镇静止咳，尽早投用足量糖皮质激素，并注意保持气道通畅，必要时可用 10% 二甲基硅酮喷雾吸入。严重者要注意保护肝、肾功能。

口服中毒者应立即洗胃、导泻，并补液、适当利尿、防止休克。

（2）慢性中毒：应调离接触镉及其他有害物质的作业，增加营养，补充蛋白质和含锌制剂，并服用钙剂和维生素 D。严重者可用 EDTA 等络合剂治疗，但应严密监测肾功能，因络合剂可增加肾毒性。近年发现，二硫代氨基甲酸盐类对肾镉有较强驱排作用。我国学者在 20 世纪 90 年代，进一步改进了此类化合物的化学结构，使之毒性更低，细胞透过性更好，对肾镉的驱排作用更强，目前正准备进入临床试验，可望成为驱镉的有效药物。

7．预防　冶炼和使用镉的生产过程中应有排除镉烟尘的装置，并予以密闭化。镀镉金属在高温切割和焊接时，要加强局部通风和个人防护。做好就业前和定期体检，特别要定期测定尿镉和尿中低分子量蛋白质。

（四）砷中毒

1．理化特性　砷（arsenic，As）在自然界中主要共存于各种黑色或有色金属矿中。砷有灰、黄、黑 3 种同素异构体，其中灰色结晶具有金属性，质脆而硬，原子量 74.92，比重 5.73，熔点 817℃（2.5MPa），613℃升华，不溶于水，溶于硝酸和王水，在潮湿空气中易氧化。

砷的化合物种类很多，主要为砷的氧化物和盐类，常见有三氧化二砷、五氧化二砷、砷酸铅、砷酸钙、亚砷酸钠等。含砷矿石、炉渣遇酸或受潮及含砷金属用酸处理时可产生砷化氢。

2．接触机会　砷在自然界中主要以硫化物的形式存在，如雄黄、雌黄等，并常以混合物的形式分布于各种金属矿石中。冶炼和焙烧雄黄矿石或其他夹杂砷化物的金属矿石可接触到其生成的三氧化二砷。从事含砷农药（如砷酸铅、砷酸钙）、含砷防腐剂（如砷化钠）、除锈剂（如亚砷酸钠）、含砷颜料等制造和应用的工人可接触砷。此外，砷合金可用作电池栅极、半导体原材料、轴承及强化电缆铅外壳。工业中，在有氢和砷同时存在的条件下，如有色金属矿

石和炉渣中的砷遇酸或受潮时，可产生砷化氢。非职业接触主要包括饮用含高浓度砷的井水、敞灶燃烧含高浓度砷的煤以及食用被砷污染的食品。中医用雄黄、三氧化二砷作为皮肤外用药，可治疗痔疮、疥、癣等。

3．毒理 砷化合物可经呼吸道、消化道或皮肤进入体内。职业性砷中毒主要由呼吸道吸入所致，砷化物经皮吸收较慢。非职业中毒则多为经口中毒，肠道吸收可达80%。吸收进入血液的砷，95% ~ 97% 迅速与细胞内血红蛋白的珠蛋白结合，于24小时内分布至肝、肾、肺、胃、肠道及脾中。五价砷与骨组织结合，可在骨中储存数年之久，但其大部分在体内转变为三价砷。有机砷在体内转变为三价砷。三价砷易与巯基结合，可长期蓄积于富含巯基的毛发及指甲的角蛋白中。砷主要通过肾排泄，尿中四种代谢物包括砷酸盐、亚砷酸盐，以及三价砷通过甲基转移酶二次甲基化生成的单甲基砷酸和二甲基砷酸。尚有小量进入胆汁由粪便中排出。经口中毒者，粪便中排砷较多。砷还可通过胎盘伤及胎儿。

砷是一种细胞原生质毒，三价砷是其主要的毒性形式，可与体内多种参与细胞代谢的重要含巯基的酶结合，使酶失去活性，干扰细胞的氧化还原反应和能量代谢，可导致多脏器系统的损害。砷进入血循环后，可直接损害毛细血管壁或作用于血管舒缩中枢，导致毛细血管扩张，引起通透性改变，血管平滑肌麻痹。此外，砷还可使心、肝、肾等实质性器官产生损害。

4．临床表现

（1）急性中毒：口服砷化物中毒可在摄入后数分钟至数小时发生，主要表现为胃肠道症状，开始口内有金属味，胸部不适感，继而发生恶心、呕吐、腹痛及血样腹泻，寒战、皮肤湿冷、痉挛，严重者极度衰弱，脱水、尿少、尿闭和循环衰竭。严重时，可出现神经系统症状，兴奋、躁动不安、谵妄、意识模糊、昏迷，可因呼吸麻痹而死亡。胃肠道症状好转后，可发生多发性神经炎，个别可有中毒性肝炎、心肌炎，以及皮肤损害。

（2）慢性中毒：职业性慢性中毒主要由呼吸道吸入所致，除一般类神经症外，主要表现为皮肤黏膜病变和多发性神经炎。皮肤改变可主要表现为脱色素和色素沉着加深、掌跖部出现点状或疣状角化。砷诱导的末梢神经改变主要表现为感觉异常和麻木，严重病例可累及运动神经，伴有运动和反射减弱。此外，患者尚有头痛、头晕、乏力、消化不良、消瘦、肝脾大、造血功能抑制等症状。长期接触砷的人群皮肤癌及肺癌发病率均明显升高。

5．诊断 急性中毒因有明显接触史、典型临床表现及排泄物中有过量砷存在，诊断并不困难。慢性中毒诊断则需根据较长期砷接触史，出现皮炎、皮肤过度角化、皮肤色素沉着及消化系统、神经系统为主的临床表现，参考尿砷或发砷等实验室检查结果，结合现场职业卫生学调查资料，综合分析，排除其他原因引起的类似症状。我国现行职业性砷中毒的诊断标准参见国家职业卫生标准（GBZ83-2013）。

6．治疗原则

（1）急性中毒：急性职业性中毒应尽快脱离现场，并使用解毒剂。经口中毒者应迅速洗胃、催吐，洗胃后应给予氢氧化铁或蛋白水、活性炭至呕吐为止并导泻。一经确诊，应使用巯基络合剂，首选二巯基丙磺酸钠，亦可用二巯基丙醇肌内注射或二巯基丁二酸钠静脉注射，并辅以对症治疗。

（2）慢性中毒：职业性慢性砷中毒患者应暂时脱离接触砷的工作，皮肤改变和多发性神经炎按一般对症处理。

7．预防 在采矿、冶炼及农药制造过程中，改善劳动条件，提高自动化、机械化和密闭化。在维修设备和应用砷化合物的过程中，要加强个人防护。砷作业工人应定期查体，监测尿砷。有严重肝、神经系统、血液系统和皮肤疾患的人员，不宜从事砷作业。

（王　云）

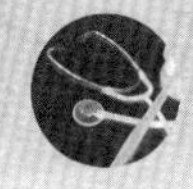

第七章　生产性粉尘与职业性肺部疾患

第一节　粉尘概述

生产性粉尘指在生产活动中产生的、能够较长时间漂浮于生产环境中的固体颗粒物，是污染作业环境、损害劳动者健康的重要职业性有害因素，可引起包括尘肺病在内的多种职业性肺部疾患。

一、生产性粉尘的来源与分类

（一）生产性粉尘的来源

产生和存在生产性粉尘的行业和岗位众多，如矿山开采的凿岩、爆破、破碎、运输等；冶金和机械制造工业中的原材料准备、粉碎、筛分、配料等；皮毛、纺织工业的原料处理等。如果防尘措施不够完善，均可产生大量粉尘。

（二）生产性粉尘的分类

按粉尘的性质可概括为两大类：

1．无机粉尘（inorganic dust）　无机粉尘包括：①矿物性粉尘，如石英、石棉、滑石、煤等；②金属性粉尘，如铅、锰、铁、铍等及其化合物；③人工无机粉尘，如金刚砂、水泥、玻璃纤维等。

2．有机粉尘（organic dust）　有机粉尘包括：①动物性粉尘，如皮毛、丝、骨、角质粉尘等；②植物性粉尘，如棉、麻、谷物、甘蔗、烟草、木尘等；③人工有机粉尘，如合成树脂、橡胶、人造有机纤维粉尘等。

3．混合性粉尘（mixed dust）　在生产环境中，多数情况下为两种以上粉尘混合存在，如煤工接触的煤硅尘、金属制品加工研磨时的金属和磨料粉尘、皮毛加工的皮毛和土壤粉尘等混合性粉尘。

二、生产性粉尘的理化特性及其卫生学意义

根据生产性粉尘的来源、分类及其理化特性，可初步判断其对人体的危害性质和程度。从卫生学角度出发，主要应考虑的粉尘理化特性有以下几个方面。

（一）粉尘的化学成分、浓度和接触时间

工作场所空气中粉尘的化学成分和浓度直接决定其对人体的危害性质和严重程度。不同

化学成分的粉尘可导致纤维化、刺激、中毒和致敏作用等。如含游离二氧化硅的粉尘可致纤维化；某些金属（如铅及其化合物）粉尘通过肺组织吸收，可引起中毒；另一些金属（如铍、铝等）粉尘可导致过敏性哮喘或肺炎。同一种粉尘，在作业环境空气中浓度越高，暴露时间越长，对人体危害越严重。

（二）粉尘的分散度

分散度指粉尘颗粒大小的组成，以粉尘粒径大小的数量或质量组成百分比来表示，前者称为粒子分散度，后者称为质量分散度。粒径或质量小的颗粒越多，分散度越高。粉尘粒子分散度越高，其在空气中漂浮的时间越长，沉降速度越慢，被人体吸入的机会就越多；而且，分散度越高，比表面积越大，越易参与理化反应，对人体危害越大。

不同种类的粉尘由于其密度和形状不同，同一粒径的粉尘在空气中的沉降速度也不同，为了互相比较，引入空气动力学直径。尘粒的空气动力学直径（aerodynamic equivalent diameter，AED）是指某一种类的粉尘粒子，不论其形状、大小和密度如何，如果其在空气中的沉降速度与一种密度为 1 的球形粒子的沉降速度一样，则这种球形粒子的直径即为该种粉尘粒子的空气动力学直径。粉尘粒子投影直径（*dp*）换算成 AED 的公式为：

$$\text{AED}\,(\mu\text{m}) = dp\sqrt{Q}$$

上式中：*dp* 为光镜下投影直径，单位 μm；Q 为粉尘比重

同一空气动力学直径的尘粒，在空气中具有相同的沉降速度和悬浮时间，并趋向于沉降在人体呼吸道内的相同区域。一般认为，AED 小于 15 μm 的粒子可进入呼吸道，其中 10 ~ 15 μm 的粒子主要沉积在上呼吸道，因此把直径小于 15 μm 的尘粒称为可吸入性粉尘（inhalable dust）；直径在 5 μm 以下的粒子可到达呼吸道深部和肺泡区，称之为呼吸性粉尘（respirable dust）。

（三）粉尘的硬度

粒径较大、外形不规则且坚硬的尘粒可能引起呼吸道黏膜的机械损伤；而进入肺泡的尘粒由于其质量小，且肺泡环境湿润，并受肺泡表面活性物质的影响，对肺泡的机械损伤作用可能并不明显。

（四）粉尘的溶解度

某些有毒粉尘，如含有铅、砷等的粉尘可在上呼吸道溶解吸收，其溶解度越高，对人体毒性作用越强；相对无毒的粉尘，如面粉，其溶解度越高，作用越低；石英粉尘等很难溶解，在体内可持续产生危害作用。

（五）粉尘的荷电性

物质在粉碎和流动过程中相互摩擦或吸附空气中离子而带电。尘粒的荷电量除取决于粒径大小和比重外，还与作业环境的温度和湿度有关。漂浮在空气中 90% ~ 95% 的粒子荷正电或负电。同性电荷相斥使空气中粒子的稳定程度增强，异性电荷相吸则使尘粒撞击、聚集并沉降。一般来说，荷电尘粒在呼吸道内易被阻留。

（六）粉尘的爆炸性

可氧化的粉尘，如煤、面粉、糖、亚麻、硫磺、铝等，在适宜的浓度下（如煤尘 35 g/m^3，面粉、铝、硫黄 7 g/m^3，糖 10.3 g/m^3）一旦遇到明火、电火花和放电，可发生爆炸。

（七）粉尘的放射性

含放射性核素的岩土、核原料矿物开采及加工、核爆炸或核工业、核装置事故性泄漏等散发的放射性粉尘具有电离辐射性能，照射于人体可导致健康危害。如稀土的职业性放射性危害来自原料和产品中的少量天然放射性钍（^{232}Th），天然钍属于低毒性放射性核素，半衰期为 1.4×10^{10} 年，放射 α 粒子。

三、生产性粉尘在体内的转归

（一）粉尘在呼吸道的沉积

粉尘粒子随气流进入呼吸道后，主要通过撞击、截留、重力沉积、静电沉积、布朗运动而发生沉降。粒径较大的尘粒在大气道分岔处可发生撞击沉降；纤维状粉尘主要通过截留作用沉积。直径大于 1 μm 的粒子大部分通过撞击和重力沉降而沉积，沉降率与粒子的密度和直径的平方成正比；直径小于 0.5 μm 的粒子主要通过空气分子的布朗运动沉积于小气道和肺泡壁。

（二）人体对粉尘的防御和清除

人体对吸入的粉尘具备有效的防御和清除作用，一般认为有三道防线。

1．鼻腔、喉、气管支气管树的阻留作用 大量粉尘粒子随气流吸入时，通过撞击、截留、重力沉积、静电沉积作用阻留于呼吸道表面。气道平滑肌的异物反应性收缩可使气道横截面积缩小，减少含尘气流的进入，增大粉尘截留，并可启动咳嗽和喷嚏反射，排出粉尘。

2．呼吸道上皮黏液纤毛系统的排出作用 呼吸道上皮细胞表面的纤毛和覆盖其上的黏液组成“黏液纤毛系统”。在正常情况下，阻留在气道内的粉尘黏附在气道表面的黏液层上，纤毛向咽喉方向有规律地摆动，将黏液层中的粉尘移出。但如果长期大量吸入粉尘，黏液纤毛系统的功能和结构会遭到严重损害，其粉尘清除能力极大降低，从而导致粉尘在呼吸道滞留。

3．肺泡巨噬细胞的吞噬作用 进入肺泡的粉尘黏附在肺泡腔表面，被肺泡巨噬细胞吞噬，形成尘细胞。大部分尘细胞通过自身阿米巴样运动及肺泡的舒张转移至纤毛上皮表面，再通过纤毛运动而清除。小部分尘细胞因粉尘作用受损、坏死、崩解，尘粒游离后再被巨噬细胞吞噬，如此循环往复。此外，尘细胞和尘粒可以进入淋巴系统，沉积于肺门和支气管淋巴结，有时也可经血循环到达其他脏器。

呼吸系统通过上述作用可使进入呼吸道的绝大部分粉尘在 24 小时内被排出。人体通过各种清除功能，可排出进入呼吸道的 97% ~ 99% 的粉尘，有 1% ~ 3% 的尘粒沉积在体内。如果长期吸入粉尘可削弱上述各项清除功能，导致粉尘过量沉积，酿成肺组织病变，引起疾病。

四、生产性粉尘对健康的影响

所有粉尘颗粒对身体都是有害的，不同特性的生产性粉尘，可能引起机体不同部位和程度的损害。生产性粉尘根据其理化特性和作用特点不同，可引起不同疾病。

（一）尘肺病

尘肺病（pneumoconiosis）是由于生产过程中长期吸入粉尘而发生的以肺组织纤维化为主的疾病。据统计，尘肺病例约占我国职业病总人数的 80% 以上。

根据多年临床观察、X 线胸片检查、尸检和实验研究材料，我国按病因将尘肺分为 5 类：①硅沉着病：又称为硅肺，旧称矽肺（silicosis），因长期吸入含游离二氧化硅的粉尘所致；②硅酸盐肺（silicatosis）：因长期吸入含结合型二氧化硅（如石棉、滑石、水泥、云母等）的粉尘引起；③炭尘肺（carbon pneumoconiosis）：长期吸入煤、石墨、炭黑、活性炭等粉尘所致；

④混合性尘肺（mixed dust pneumoconiosis）：长期吸入含游离二氧化硅的粉尘和其他粉尘（如煤硅尘、铁硅尘等）所致；⑤金属尘肺（metallic pneumoconiosis）：因长期吸入某些致纤维化的金属粉尘（如铁、铝尘等）所致。

我国2013年公布的《职业病分类和目录》中共列入12种有具体病名的尘肺，即矽肺、煤工尘肺、石墨尘肺、碳黑尘肺、石棉肺、滑石尘肺、水泥尘肺、云母尘肺、陶工尘肺、铝尘肺、电焊工尘肺、铸工尘肺，以及根据《尘肺病诊断标准》和《尘肺病理诊断标准》可以诊断的其他尘肺病。

（二）其他呼吸系统疾病

1．金属及其化合物粉尘肺沉着病和硬金属肺病 某些生产性粉尘，如金属及其化合物粉尘（锡、铁、锑、钡及其化合物等）沉积于肺部后，可引起一般性异物反应，并继发轻度的肺间质非胶原型纤维增生，但肺泡结构保留，脱离接尘作业后，病变并不进展，甚至会逐渐减轻，X线阴影消失，称为金属及其化合物粉尘肺沉着病。接触硬金属钨、钛、钴等，可引起硬金属肺病。

2．有机粉尘所致呼吸系统疾患 吸入棉、亚麻、大麻等粉尘可引起棉尘症（byssinosis）；吸入被真菌、细菌或血清蛋白等污染的有机粉尘可引起过敏性肺炎或职业性变态反应性肺泡炎（occupational allergic alveolitis）；吸入被细菌内毒素污染的有机粉尘也可引起有机粉尘毒性综合征（organic dust toxic syndrome）；吸入聚氯乙烯、人造纤维粉尘可引起非特异性慢性阻塞性肺病（chronic obstructive pulmonary disease，COPD）等。

3．其他粉尘性支气管炎、肺炎、哮喘性鼻炎、支气管哮喘、阻塞性肺病等 刺激性化学物所致慢性阻塞性肺疾病也是粉尘接触作业人员的常见疾病。尘肺患者还常并发肺结核、肺气肿、肺心病等疾病。

（三）局部作用

粉尘对呼吸道黏膜可产生局部刺激作用，引起鼻炎、咽炎、气管炎等。刺激性强的粉尘（如铬酸盐尘等）还可引起鼻腔黏膜充血、水肿、糜烂、溃疡等；金属磨料粉尘可引起角膜损伤；粉尘若堵塞皮肤的毛囊、汗腺开口可引起粉刺、毛囊炎、脓皮病等；沥青粉尘可引起光感性皮炎。

（四）中毒作用

铅、砷、锰等粉尘可在呼吸道黏膜很快被溶解吸收，导致中毒。

（五）肿瘤

吸入石棉、放射性矿物质、镍、铬酸盐粉尘等可致肺部肿瘤或其他部位肿瘤。

第二节　尘 肺 病

一、尘肺病的现状和典型表现

尘肺病是我国职业性疾病中影响面最广、危害最严重的一类疾病，其中以煤工尘肺和硅肺的发病率最高。据统计，近年来我国尘肺病每年新发病例数在2万左右，患者发病工龄有缩短趋势，且群发性尘肺病时有发生；绝大多数的尘肺病例分布在煤炭行业，以中、小型企业尘肺病发病形势最为严峻，超过半数的尘肺病例分布在中、小型企业，农民工成为受职业病危害的高危人群，呈现出尘肺病发病工龄短、病情期别重、合并肺结核比例高等特点。

早期尘肺病多无明显症状和体征，或有轻微症状，往往被患者忽视，肺功能也多无明显变化。随着病情的进展，尘肺病的症状逐渐出现并加重，主要是以呼吸系统为主的咳嗽、咳痰、胸痛、呼吸困难四大症状，以及喘息、咯血和全身症状。尘肺病通常病程较长，患者即使脱离粉尘接触环境，病情仍会进展和加重，因此尘肺病是需要终生进行康复治疗的慢性病，适用慢性病防治的基本策略。在临床监护良好的情况下，许多尘肺病患者的寿命可以达到社会一般人群的平均水平。

（一）硅肺

硅肺（silicosis）是由于在生产过程中长期吸入游离二氧化硅粉尘而引起的以肺部弥漫性纤维化为主的全身性疾病。我国硅肺病例占尘肺总病例的比例接近 40%，位居第二，同时硅肺是尘肺中危害最严重的一种。

在自然界中，游离二氧化硅分布很广，在 16 千米以内的地壳内约占 5%，在 95% 的矿石中均含有数量不等的游离二氧化硅。游离二氧化硅（SiO_2）粉尘，俗称为矽尘，石英（quartz）中的游离二氧化硅含量达 99%，故常以石英尘作为矽尘的代表。游离二氧化硅按晶体结构分为结晶型（crystalline）、隐晶型（crypto crystalline）和无定型（amorphous）三种。结晶型 SiO_2 的硅氧四面体排列规则，如石英、鳞石英，存在于石英石、花岗岩或夹杂于其他矿物内的硅石；隐晶型 SiO_2 的硅氧四面体排列不规则，主要有玛瑙、火石和石英玻璃；无定型 SiO_2 主要存在于硅藻土、硅胶和蛋白石、石英熔炼产生的二氧化硅蒸气和在空气中凝结的气溶胶中。

游离二氧化硅在不同温度和压力下，硅氧四面体形成多种同素异构体，随着稳定温度的升高，硅氧四面体依次为：石英、鳞石英、方石英、柯石英、超石英和人工合成的凯石英。正是由于这种特性，在工业生产热加工时，其晶体结构会发生改变。制造硅砖时，石英经高温焙烧转化为方石英和鳞石英，以硅酸盐为原料制造瓷器和黏土砖，焙烧后可含有石英、方石英和鳞石英。硅藻土焙烧后部分转化为方石英。

1．接触游离二氧化硅粉尘的主要作业　接触游离二氧化硅粉尘的作业非常广泛，遍及国民经济建设的许多领域。如：各种金属、非金属、煤炭等矿山，采掘作业中的凿岩、掘进、爆破、运输等；修建公路、铁路、水利电力工程开挖隧道，采石、建筑、交通运输等行业和作业；冶金、制造、加工业等，如冶炼厂、石粉厂、玻璃厂、耐火材料厂生产过程中的原料破碎、研磨、筛分、配料等工序，机械制造业铸造车间的原料粉碎、配料、铸型、打箱、清砂、喷砂等生产过程，以及陶瓷厂原料准备、珠宝加工、石器加工等均能产生大量含游离二氧化硅的粉尘。通常将接触含有 10% 以上游离二氧化硅粉尘的作业，称为硅尘作业。

2．硅肺的发病机制　关于石英如何引起肺纤维化，学者们提出多种假说，如机械刺激学说、硅酸聚合学说、表面活性学说、免疫学说等。石英尘粒表面羟基活性基团，即硅烷醇基团，可与肺泡巨噬细胞膜构成氢键，产生氢的交换和电子传递，造成细胞膜通透性增高，流动性降低，功能改变；石英直接损害巨噬细胞膜，改变细胞膜通透性，促使细胞外钙离子内流，当其内流超过 Ca^{2+}/Mg^{2+}-ATP 酶及其他途径的排钙能力时，细胞内钙离子浓度升高，也可造成巨噬细胞损伤及功能改变；尘细胞可释放活性氧（ROS），激活白细胞产生活性氧自由基，参与生物膜脂质过氧化反应，引起细胞膜的损伤；肺泡Ⅰ型上皮细胞在硅尘作用下出现变性、肿胀、脱落，当肺泡Ⅱ型上皮细胞不能及时修补时，基底膜受损，暴露间质，激活成纤维细胞增生；巨噬细胞损伤或凋亡释放脂蛋白等，可成为自身抗原，刺激产生抗体，抗原 - 抗体复合物沉积于胶原纤维上发生透明变性。但这些均不能圆满解释其发病过程。

硅肺纤维化发病的分子机制研究已有一定的进展。硅尘进入肺内后，损伤或激活淋巴细

胞、上皮细胞、巨噬细胞、成纤维细胞等效应细胞，分泌多种细胞因子等活性分子。尘粒、效应细胞、活性分子之间相互作用，构成复杂的细胞分子网络，通过多种信号转导途径，激活胞内转录因子，调控肺纤维化进程。这些活性分子包括细胞因子、生长因子、细胞黏附分子、基质金属蛋白酶/组织金属蛋白酶抑制剂（MMPs/TIMPs）等。细胞因子按其作用不同分为Th1型与Th2型细胞因子。Th1型细胞因子如IFN-γ、IL-2等在肺损伤早期激活淋巴细胞，主要参与组织炎症反应过程。Th2型细胞因子如IL-4、IL-6等促进成纤维细胞增生、活化，启动纤维化的进程。调节性T淋巴细胞通过细胞-细胞接触和分泌细胞因子IL-10、TGF-β两种方式抑制Th1型细胞因子的产生，调控Th1向Th2型反应极化的进程。Th2型细胞因子反应占优势时，诱导TGF-β1等分泌增加，后者促进成纤维细胞增生，通过其信号转导途径调控胶原蛋白等的合成，并抑制胶原蛋白等的降解，形成肺纤维化。

硅肺的发病机制十分复杂，且尚未完全阐明，现扼要归纳如图7-1。

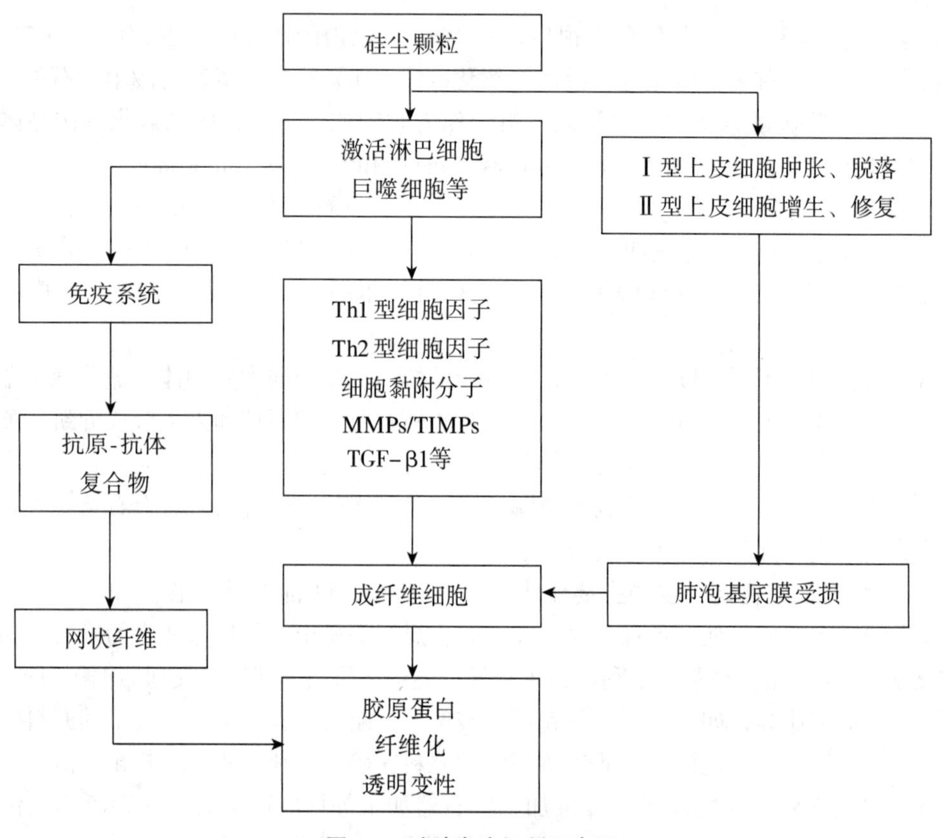

图7-1　硅肺发病机制示意图

3．硅肺的病理改变　硅肺病例尸检肉眼观察可见肺体积增大，晚期肺体积缩小，一般含气量减少，色灰白或黑白，呈花岗岩样。肺重量增加，入水下沉。触及表面有散在、孤立的结节如砂粒状，肺弹性丧失，融合团块处质硬似橡皮。可见胸膜粘连、增厚。肺门和支气管分叉处淋巴结肿大，色灰黑，背景夹杂玉白色条纹或斑点。

硅肺的基本病理改变是硅结节形成和弥漫性间质纤维化，硅结节是硅肺特征性病理改变。硅肺病理形态可分为结节型、弥漫性间质纤维化型、硅性蛋白沉积和团块型。多数硅肺病例，由于长期吸入混合性粉尘，兼有结节型和弥漫性间质纤维化型病变，难分主次，称混合型硅肺；有些严重病例兼有团块型病变。

（1）结节型硅肺：由于长期吸入游离二氧化硅含量较高的粉尘而引起的肺组织纤维化，典型病变为硅结节（silicotic nodule）。肉眼观，硅结节稍隆起于肺表面呈半球状，在肺切面多

见于胸膜下和肺组织内，直径 1 ～ 5 mm。镜下观，可见不同发育阶段和类型的硅结节。早期硅结节胶原纤维细且排列疏松，间有大量尘细胞和成纤维细胞。结节越成熟，胶原纤维越粗大密集，细胞越少，终至胶原纤维发生透明样变，中心管腔受压，成为典型硅结节。典型硅结节横断面似葱头状，外周是多层紧密排列呈同心圆状的胶原纤维，中心或偏侧为一闭塞的小血管或小支气管。有的硅结节以缠绕成团的胶原纤维为核心，周围是呈漩涡状排列的尘细胞、尘粒及纤维性结缔组织。粉尘中游离二氧化硅含量越高，硅结节形成时间越长，结节越成熟、典型。有的硅结节直径虽很小，但很成熟，出现中心钙盐沉着，多见于长期吸入低浓度高游离二氧化硅含量的粉尘并进展缓慢的病例。淋巴结内也可见硅结节。

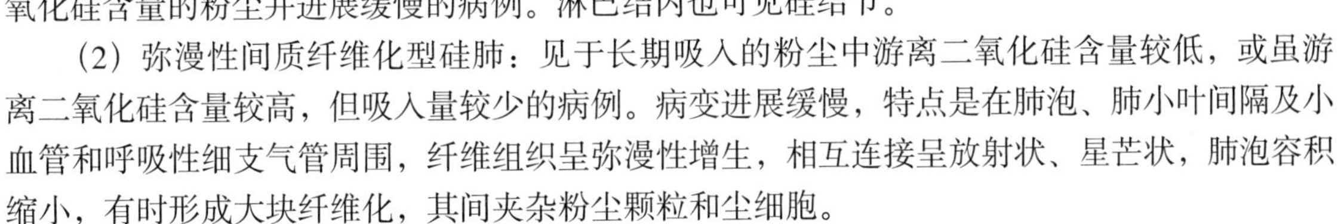

（2）弥漫性间质纤维化型硅肺：见于长期吸入的粉尘中游离二氧化硅含量较低，或虽游离二氧化硅含量较高，但吸入量较少的病例。病变进展缓慢，特点是在肺泡、肺小叶间隔及小血管和呼吸性细支气管周围，纤维组织呈弥漫性增生，相互连接呈放射状、星芒状，肺泡容积缩小，有时形成大块纤维化，其间夹杂粉尘颗粒和尘细胞。

（3）硅性蛋白沉积：病理特征为肺泡腔内有大量蛋白分泌物，称之为硅性蛋白；随后可伴有纤维增生，形成小纤维灶乃至硅结节。多见于短期内接触高浓度、高分散度的游离二氧化硅粉尘的年轻工人，又称急性硅肺。

（4）团块型硅肺：由上述类型硅肺进一步发展，病灶融合而成。硅结节增多、增大、融合，其间继发纤维化病变，融合扩展而形成团块状。该型多见于两肺上叶后段和下叶背段。肉眼观，病灶为黑或灰黑色，索条状，呈圆锥、梭状或不规则形，界限清晰，质地坚硬；切面可见原结节轮廓、索条状纤维束、薄壁空洞等病变。镜下除可观察到结节型、弥漫性间质纤维化型病变、大量胶原纤维增生及透明样变外，还可见被压神经、血管及所造成的营养不良性坏死，薄壁空洞及钙化病灶；萎缩的肺泡组织泡腔内充满尘细胞和粉尘，周围肺泡壁破裂呈代偿性肺气肿，贴近胸壁形成肺大疱；胸膜增厚，广泛粘连。病灶如被结核分枝杆菌感染，则形成硅肺结核病灶。

硅肺结核的病理特点是既有硅肺又有结核病变。镜下观，中心为干酪样坏死物，在其边缘有数量不多的淋巴细胞、上皮样细胞和不典型的结核巨细胞，外层为环行排列的多层胶原纤维和粉尘，也可见到以纤维团为结节的核心，外周为干酪样坏死物和结核性肉芽组织。坏死物中可见大量胆固醇结晶和钙盐颗粒，多见于硅肺结核空洞，呈岩洞状，壁厚不规则。

4．硅肺的临床表现

（1）症状与体征：肺的代偿功能很强，硅肺患者可在相当长时间内无明显自觉症状，但 X 线胸片上已呈现较显著的硅肺影像学改变。随着病情的进展，或有合并症时，可出现胸闷、气短、胸痛、咳嗽、咳痰等症状和体征，无特异性，虽可逐渐加重，但与胸片改变并不一定平行。

（2）肺功能变化：硅肺早期即有肺功能损害，但由于肺的代偿功能很强，临床肺功能检查多属正常。随着病变进展，肺组织纤维化进一步加重，肺弹性下降，则可出现肺活量及肺总量降低；伴肺气肿和慢性炎症时，时间肺活量降低，最大通气量减少，所以硅肺患者的肺功能以混合性通气功能障碍多见；当肺泡大量损害、毛细血管壁增厚时，可出现弥散功能障碍。

5．硅肺的 X 线胸片变化　X 线胸片影像是硅肺病理形态在 X 线胸片上的反映，是“形”和“影”的关系，与肺内粉尘蓄积、肺组织纤维化的病变程度有一定相关关系，但由于多种原因的影响，并非完全一致。这种 X 线胸片改变是基于病变组织和正常组织对 X 线吸收率的变化，使之呈现发“白”的圆形或不规则形小阴影，作为硅肺诊断依据。X 线胸片上的其他影像，如肺门变化、肺气肿、肺纹理和胸膜变化，对硅肺诊断也有参考价值。

（1）圆形小阴影：是硅肺最常见和最重要的一种 X 线表现形态，其病理基础以结节型硅肺为主，呈圆或近似圆形，边缘整齐或不整齐，直径小于 10 mm，按直径大小分为 p

（< 1.5 mm）、q（1.5 ~ 3.0 mm）、r（3.0 ~ 10 mm）三种类型。p 类小阴影主要是不太成熟的硅结节或非结节性纤维化病灶的影像，q、r 类小阴影主要是成熟和较成熟的硅结节，或为若干小硅结节的影像重叠。圆形小阴影早期多分布在两肺中下区，随病变进展，数量增多，直径增大，密集度增加，波及两肺上区。

（2）不规则形小阴影：多为接触游离二氧化硅含量较低的粉尘所致，病理基础主要是肺间质纤维化。表现为粗细、长短、形态不一的致密阴影。阴影之间可互不相连，或杂乱无章地交织在一起，呈网状或蜂窝状；致密度多持久不变或缓慢增高。按其宽度可分为 s（< 1.5 mm）、t（1.5 ~ 3.0 mm）、u（3.0 ~ 10 mm）三种类型。早期也多见于两肺中下区，弥漫分布，随病情进展而逐渐波及肺上区。

（3）大阴影：指长径超过 10 mm 的阴影，为晚期硅肺的重要 X 线表现，形状有长条形、圆形、椭圆形或不规则形，病理基础是团块状纤维化。大阴影的发展可由圆形小阴影增多、聚集，或不规则小阴影增粗、靠拢、重叠形成；多在两肺上区出现，逐渐融合成边缘较清楚、密度均匀一致的大阴影，常对称，形态多样，呈“八”字形等，也有的先在一侧出现。大阴影周围一般有肺气肿带的 X 线表现。

（4）胸膜变化：胸膜粘连增厚，先在肺底部出现，可见肋膈角变钝或消失；晚期膈面粗糙，由于肺纤维组织收缩和膈胸膜粘连，呈“天幕状”阴影。

（5）肺气肿：多为弥漫性、局限性、灶周性和泡性肺气肿，严重者可见肺大疱。

（6）肺门和肺纹理变化：早期肺门阴影扩大，密度增高，边缘模糊不清，有时可见淋巴结增大，包膜下钙质沉着呈蛋壳样钙化，肺纹理增多或增粗变形；晚期肺门上举外移，肺纹理减少或消失。

6．并发症 硅肺常见并发症有肺结核、肺及支气管感染、自发性气胸、肺源性心脏病等。一旦出现并发症，病情进展加剧，甚至死亡。其中，最为常见和危害最大的是肺结核。如果合并肺结核，硅肺的病情恶化，结核难以控制，故硅肺合并肺结核是患者死亡的最常见原因。

（二）石棉肺

石棉肺（asbestosis）是在生产过程中长期吸入石棉粉尘所引起的以肺部弥漫性纤维化改变为主的疾病。其特点是全肺病损以肺间质弥漫性纤维化为主，是弥漫性纤维化型尘肺的典型代表，不出现或极少出现结节性损害。石棉肺是硅酸盐尘肺中最常见、危害最严重的一种。

在生产环境中因长期吸入硅酸盐粉尘所致的尘肺，统称硅酸盐尘肺。硅酸盐（silicates）是指由二氧化硅、金属氧化物和结晶水组成的无机物，按其来源分为天然和人造两种。天然硅酸盐广泛存在于自然界中，由二氧化硅与某些元素（主要是钾、铝、铁、镁和钙等）以不同的结合形式组成，如石棉、滑石、云母等。人造硅酸盐是由石英和碱类物质焙烧化合而成，如玻璃纤维、水泥等。硅酸盐粉尘有纤维状和非纤维状两类，纤维粉尘是指纵横径比（aspect ratio）> 3 : 1 的尘粒。直径< 3 μm、长度≥ 5 μm 的纤维称可吸入性纤维（respirable fibers）。硅酸盐尘肺具有以下共同特点：①病理改变主要表现为弥漫性肺间质纤维化，组织切片中可见含铁小体；②胸部 X 线改变以不规则小阴影为主；③自觉症状和临床体征一般较明显，肺功能改变出现较早，早期为气道阻塞和肺活量下降，晚期出现“限制性综合征”，气体交换功能障碍；④气管炎、肺部感染和胸膜炎等合并症多见，肺结核的合并率较硅肺低。

1．石棉的种类 石棉是一组呈纤维状的硅酸盐矿物的总称，分为蛇纹石类和闪石类。蛇纹石类主要有温石棉，为银白色片状结构，并形成中空的管状纤维丝，柔软、可弯曲，具有可织性。温石棉使用量占世界全部石棉产量的 95% 以上，主要产于加拿大、俄罗斯和中国。闪石类为硅酸盐的链状结构，共有 5 种（青石棉、铁石棉、直闪石、透闪石、阳起石），直硬而

脆，其中以青石棉和铁石棉的开采和使用量大，主要产于南非、澳大利亚和芬兰等地。

2．石棉的理化特性及其卫生学意义　纤维性石棉具有抗拉性强、不易断裂、耐火、隔热、耐酸、耐碱和绝缘等良好的理化特性，在工业上用途广泛。石棉纤维因品种不同，其化学组成和粗细不一，直径大小依次为直闪石>铁石棉>温石棉>青石棉。粒径愈小，则沉积在肺内的量愈多，对肺组织的穿透力也愈强，故青石棉致纤维化和致癌作用都最强，而且病变出现早，形成石棉小体多。温石棉富含氧化镁，在肺内易溶解，因而比青石棉和铁石棉在肺内清除快。通过动物实验发现，不同粉尘的细胞毒性依次为石英>青石棉>温石棉。

3．接触作业

（1）石棉矿的开采：主要是石棉采矿、选矿及运输装卸等。

（2）石棉加工和石棉制品生产：石棉加工过程中的粉碎、切割、剥离、钻孔、运输；石棉纺织业中轧棉、梳棉、织布；石棉防火、隔热材料，如石棉布、石棉瓦、石棉板、刹车板、绝缘电器材料的制造；石棉水泥制造等。

（3）石棉的使用：石棉作为绝缘、隔热、制动、密封的材料，在建筑、造船、航空、交通业中被广泛应用。

4．石棉的吸入与归宿　石棉纤维粉尘被吸入呼吸道后，大多通过截留（interception）方式沉积。在纤维粉尘随气流经气道进入肺泡的过程中，较长的纤维在支气管分叉处易被截留，直径小于 3 μm 的纤维才易进入肺泡。截留沉积易受纤维形态的影响，直而硬的闪石类纤维在肺泡沉积量大约 2 倍于软而弯曲的温石棉纤维，后者多在呼吸性细支气管以上部位被截留沉积，所以在肺组织中可见到长度达 200 μm 的石棉纤维。吸入肺泡的石棉纤维大多被巨噬细胞吞噬，直径小于 5 μm 的纤维可以完全被吞噬。一根长纤维可由两个或多个细胞同时吞噬。大部分由黏液纤毛系统排出，部分经由淋巴系统廓清，有部分滞留于肺内，还有部分可穿过肺组织到达胸膜。

5．石棉肺的病理改变与发病机制

（1）病理改变：石棉肺的病变特点是肺间质弥漫性纤维化，石棉小体形成及脏胸膜肥厚，壁胸膜形成胸膜斑。由于吸入的石棉纤维易随支气管长轴进入肺下叶，故纤维化以两肺下部为重，不同于硅肺病变以两肺中部为重的特点。大体表现，早期仅两肺胸膜轻度增厚，并丧失光泽。随着疾病进展，两肺切面出现粗细不等的灰黑白色弥漫性纤维化索条和网架，为石棉肺的典型特征。纤维化病变以胸膜下区、血管支气管周围和小叶间隔最为显著，以两下叶底后部病变尤为突出。晚期病例，两肺明显缩小、变硬，表面因瘢痕下陷与结节样隆起而凹凸不平，切面为典型的弥漫性纤维化（肺硬变）伴蜂房样变。

镜下，石棉纤维主要沉积于呼吸性细支气管及其相邻的部位，所诱发的呼吸性细支气管肺泡炎（损伤早期）是局部肺组织对石棉粉尘的最初反应。表现为大量中性粒细胞渗出，伴有浆液纤维素进入肺泡腔内，基底膜肿胀或裸露，呼吸性细支气管上皮细胞坏死脱落。病变过渡到修复和纤维化阶段时呈现肺泡腔内巨噬细胞大量集结和吞噬石棉粉尘，并有成纤维细胞通过基底膜和损伤上皮由间质向腔内生长延伸，与巨噬细胞共同形成肉芽肿，逐渐产生网状纤维和胶原纤维，导致呼吸性细支气管肺泡结构破坏，即为纤维化性呼吸性细支气管肺泡炎。当病变进展，纤维化纵深扩延，呼吸性细支气管周围及其远端受累肺泡层次增多，致使小叶间隔和胸膜以及血管支气管周围形成纤维肥厚或索条，相邻病灶融合连接构成网架，成为中期石棉肺的改变，特别以两肺下叶为著。疾病晚期，广泛而严重的胸膜下区大块纤维化伴蜂房状，是最突出的一个特征。石棉肺大块纤维化的显著特点在于，几乎全部由弥漫性纤维组织和残存的肺泡小岛、集中靠拢的粗大血管和支气管所构成，与主要由硅结节密集融合所形成的硅肺块的结构完全不同。

石棉小体（asbestos body）系石棉纤维被巨噬细胞吞噬后，由一层含铁蛋白颗粒和酸性黏

多糖包裹沉积于石棉纤维之上所形成。铁反应阳性，故又称含铁小体（ferrugenous body）。石棉小体可长达 10 ~ 300 μm，一般多为 30 ~ 50 μm，粗 2 ~ 5 μm，金黄色，典型者呈哑铃状或鼓槌状，分节或念珠样结构，轴心为无色透明的石棉丝。石棉小体可见于巨噬细胞内外、单个或成群地存在于肺泡或呼吸性细支气管腔内，或包埋于纤维化病灶之中，其数量多少与肺纤维化程度不一定平行。肺内查见石棉小体仅仅是吸入石棉的标志，并非疾病的证明。石棉纤维一旦被铁蛋白所包裹，则丧失致纤维化的能力，因而认为包裹机制和石棉小体形成是机体的一种防卫反应。

胸膜对石棉的反应包括胸膜渗出、局限性和弥漫性胸膜增厚。胸膜渗出是石棉暴露者中的常见疾病，用胸腔穿刺术可采集到无菌的浆液性渗出液，有时可能混有少量红细胞，渗出液被抽取后会再生。胸膜渗出病变通常只累及单侧胸膜，双侧胸膜渗出者不多见。胸膜渗出可以自然消退，消退后有可能复发，这种反复发作的渗出常常导致胸膜发生纤维化。弥漫性胸膜增厚在病变早期由于肺下部胸膜表面覆盖有一纤维化薄层，肉眼可见轻度的弥漫性半透明样变。晚期在渗出性病变消退后，可以见到广泛的胸膜纤维化，进一步发展成脏和壁胸膜的融合。胸膜斑（plaque）是指厚度大于 5 mm 的局限性胸膜增厚，典型胸膜斑主要在壁层形成，常位于两侧中、下胸壁，斑块高出表面，呈乳白色或象牙色，表面光滑，与周围胸膜分界清楚。镜下，胸膜斑由玻璃样变的粗大胶原纤维束构成。胶原纤维层层重叠，平行于表面，显示网栏样编织结构。胸膜斑中相对无血管、无细胞，有时可见钙盐沉着，其深部可见少量粉尘沉积。石棉引起的胸膜斑，被看作是接触石棉的又一个病理学和放射学标志。胸膜斑可以是接触石棉者的唯一病变，即可不伴有石棉肺。

（2）发病机制：至今尚不清楚，根据近年研究报道，石棉肺纤维化的发病机制可规纳为几个方面：

1）物理特性：石棉的纤维性和多丝结构是区别于其他粉尘的最大特点，也是石棉纤维容易以截留方式沉积于呼吸性细支气管部位，引起原发损伤的主要原因。石棉纤维的长短与纤维化的关系，倾向性的看法认为，长纤维（> 10 μm）石棉致纤维化能力更强。但不少研究证实，短纤维（< 5 μm）石棉因其具有更强的穿透力而得以大量进入肺深部，甚至远及胸膜，因而不仅具有致弥漫性纤维化潜能，而且能引起严重的胸膜病变——胸膜斑、胸膜积液或间皮瘤。

2）细胞毒性作用：近年研究表明，温石棉纤维的细胞毒性作用似强于闪石类纤维。当温石棉纤维与细胞膜相接触时，表面的镁离子及其正电荷与巨噬细胞的膜性结构相互作用，致膜上的糖蛋白，特别是唾液酸基团丧失活性，形成离子通道，钠 - 钾泵功能失调，使细胞膜的通透性增高和溶酶体酶释放，进而细胞肿胀崩解。

3）自由基介导损伤：石棉可诱导刺激肺泡巨噬细胞产生活性氧自由基（$O_2^{\cdot}$ 和 H_2O_2 等），这些活性氧自由基具有介导染色体和 DNA 损伤的活性。石棉还可刺激肺泡巨噬细胞产生活性氮（NO、$ONOO^-$ 等），通过脂质过氧化作用和对巯基组分蛋白的氧化作用启动细胞损伤。石棉也能通过纤维表面的铁催化产生活性氧（$O_2^{\cdot}$、OH^-），这种催化性铁与诱导脂质过氧化和 DNA 链断裂有关。

6．石棉粉尘与肿瘤　石棉是公认的致癌物，石棉纤维在肺中沉积可导致肺癌和恶性间皮瘤。

（1）肺癌：石棉可致肺癌已由国际癌症研究中心（IARC）确认。石棉接触者或石棉肺患者肺癌发病率显著增高。影响肺癌发生的因素是多方面的，如石棉粉尘接触量、石棉纤维类型、工种、吸烟习惯和肺内纤维化存在与否等。石棉诱发肺癌的潜伏期一般是 15 ~ 20 年。一般认为青石棉的致癌作用最强，其次是温石棉、铁石棉；肺癌的组织学类型以周围型腺癌为多，常见于两肺下叶的纤维化区域。石棉的致癌作用被归因于：①石棉纤维的特殊物理性能；

②吸附于石棉纤维的多环芳烃物质；③石棉中所混杂的某些稀有金属或放射性物质；④吸烟的协同作用。

（2）间皮瘤：间皮瘤分良性和恶性两类，石棉接触与恶性间皮瘤有关。间皮瘤可发生于胸、腹膜，以胸膜最多见。间皮瘤的潜伏期多数为接触石棉后的 15 ～ 40 年。恶性间皮瘤的发生与接触石棉的类型有关，各类石棉导致恶性间皮瘤的强弱顺序为：青石棉＞铁石棉＞温石棉。关于石棉纤维诱发恶性间皮瘤的机制，一般认为主要是物理作用而非化学致癌，石棉纤维的粒径最为重要。石棉具有较强的致恶性间皮瘤潜能，可能与其纤维性状和多丝结构，容易断裂成巨大数量的微小纤维富集于胸膜有关。此外石棉纤维的耐久性和表面活性也是致癌的重要因素。

7. 石棉肺的临床表现

（1）症状和体征：石棉肺最主要的症状是咳嗽和呼吸困难。这些症状在发病初期多是隐性的，咳嗽一般多为干咳或少许黏液性痰，难于咳出，多为阵发性咳嗽。呼吸困难在发病初期只在体力活动时出现，以后随病情加重而明显。晚期，静息时也发生气急。病程可以是十几年甚至几十年。胸痛不是石棉肺的特征，但若累及胸膜，即有胸痛。若出现持续性胸痛，首先要考虑的是肺癌或恶性胸膜间皮瘤。

石棉肺特征性体征是双下肺区出现捻发音，只在吸气期间闻及，随病情进展而增多，可在肺中区甚至肺上区闻及，由细小声变为粗糙声。杵状指（趾）在石棉肺晚期出现，随着病变加重而明显。如其迅速发生或原有杵状指恶化，则可能是合并肺癌的信号，预后不良。石棉肺晚期可出现唇、指发绀，可能表明病情已进展为肺源性心脏病。

（2）肺功能：石棉肺患者由于肺间质弥漫性纤维化，严重损害肺功能。我国把肺功能改变作为职业性肺病致残鉴定的指标。肺功能测定主要指标包括：肺活量（VC）、用力肺活量（FVC）、第一秒用力呼气容积（FEV_1）、最大通气量（MVV）、残气量（RV）和弥散量（DL_{CO}）。石棉肺早期肺功能损害是由于肺硬化而导致肺顺应性降低，表现为 VC 渐进性下降，这是石棉肺肺功能损害的特征。DL_{CO} 是发现早期石棉肺的最敏感指标之一。随着病情加重，多数石棉肺患者肺功能改变主要表现为 VC、FVC、TLC（肺总量）下降，而 FEV_1 /FVC 变化不大，呈限制性肺功能损害的特征。石棉肺患者肺功能变化类型也可能表现为阻塞性或混合性肺功能损害。

（3）X 线胸片变化：石棉肺主要的 X 线胸片改变是不规则小阴影和胸膜变化。不规则小阴影是石棉肺 X 线表现的特征，也是我国进行石棉肺诊断分期的主要依据。早期多在两肺下区近肋膈角处出现密集度较低的不规则小阴影，随着病情进展而增多增粗、呈网状并逐渐扩展至肺中区，但很少到达肺部上区。

胸膜改变包括：胸膜斑、胸膜增厚和胸膜钙化。胸膜斑是我国石棉肺诊断分期的指标之一。胸膜斑多分布在双下肺侧胸壁 6 ～ 10 肋间，不累及肺尖和肋膈角，不发生粘连；胸膜斑也可发生于膈胸膜和心包膜，但较少见。弥漫性胸膜增厚呈不规则阴影，中下肺区明显，有时可见到条、片或点状密度增高的胸膜钙化影。脏胸膜由于纤维组织增生呈弥漫性增厚或局限性肥厚，但一般不形成典型的胸膜斑。若纵隔胸膜增厚并与心包膜和肺组织纤维化交叉重叠导致心缘轮廓不清，显示篷乱影像，形成所谓“篷发状心”（shaggy heart），则是诊断“Ⅲ”期石棉肺的重要指标之一。石棉肺 X 线胸片上也可见散在类圆形小阴影，特别是石棉采矿工，因矿石中含有游离二氧化硅粉尘所致，晚期尤其明显。石棉肺患者 X 线胸片上有时可见类风湿性尘肺结节（Caplan 综合征）。

（4）并发症：肺内非特异性感染是石棉肺的主要并发症，但合并结核者比硅肺少，其经过和预后也比硅肺结核好。石棉肺在长期缓慢的进展过程中，由于全肺弥漫性纤维化伴一定程度的肺气肿，于晚期容易导致肺心病。当肺内反复继发感染时，肺心病持续加重，最终患者多

死于心力衰竭和肺衰竭。肺癌和恶性间皮瘤是石棉肺的严重并发症。

(三) 煤工尘肺

煤是主要能源和化工原料之一，可分为褐煤、烟煤和无烟煤。随着采煤机械化程度的提高，粉尘产生量及分散度也随之增大，虽然企业在控制粉尘的产生和扩散、改善劳动环境方面做了大量的工作，取得了显著成绩，但粉尘危害的形势依然严峻，特别是乡镇企业缺乏必要的防尘措施，所以煤工尘肺（coal worker′s pneumoconiosis，CWP）发病率很高。据调查，煤工尘肺占我国尘肺病总数的 50% 以上，位居第一。

1．生产方式与职业危害 煤矿生产有露天和井下开采两种方式。埋藏表浅或裸露地表的煤炭，可采用露天开采方式。露天开采主要有表土剥离和采煤两道工序，剥离工序为清除煤层表面的覆土和岩石，这一工序无论采用何种工具，都会产生较多的粉尘。采煤工序多采用电铲掘煤，粉尘飞扬较少。由于露天自然通风良好，飞扬的粉尘颗粒较大，对工人健康的危害较小。我国多数煤矿为井下开采，井下开采的主要工序是掘进和采煤。岩石掘进可产生大量岩石粉尘，岩石掘进工作面粉尘中游离二氧化硅含量多数在 30% ～ 50%，因此岩石掘进是煤矿粉尘危害最严重的工序。采煤工作面的粉尘主要是煤尘，游离二氧化硅含量较低，多数在 5% 以下。在掘进、采煤工作面以外的工人，包括运输工、支柱工（岩巷）、巷道维修工、机电工、地面煤仓工等，其工作环境的粉尘浓度一般都比较低。

2．煤工尘肺的概念和分类 煤工尘肺是指煤矿各工种工人长期吸入生产性粉尘所引起的尘肺的总称。煤工尘肺包括 3 种类型：①在岩石掘进工作面工作的工人，接触的岩石粉尘其游离二氧化硅含量在 10% 以上，所患尘肺应称之为硅肺，病理上有典型的硅结节改变，发病工龄 10 ～ 15 年，病变进展快，危害严重，占煤工尘肺患者总数的 20% ～ 30%；②采煤工作面工人主要接触单纯性煤尘（煤尘中游离二氧化硅含量在 5% 以下），其所致的尘肺称为煤肺（anthracosis），病理可见典型的煤尘灶或煤尘纤维灶以及灶周肺气肿，发病工龄多在 20 ～ 30 年以上，病情进展缓慢，危害较轻；③既接触硅尘，又接触煤尘的混合工种工人，其尘肺在病理上往往兼有硅肺和煤肺的特征，这类尘肺可称之为煤硅肺（anthracosilicosis），是我国煤工尘肺最常见的类型，发病工龄多在 15 ～ 20 年，病情发展较快，危害较重。

3．病理改变 煤工尘肺的病理改变随吸入的硅尘与煤尘的比例不同而有所差异，但基本上属混合型，多兼有间质性弥漫纤维化和结节型两者特征。主要病理改变有：

（1）煤斑：煤斑（coal speckle）又称煤尘灶，是煤工尘肺最常见的原发性特征性病变，是病理诊断的基础指标。肉眼观察呈灶状，色黑，质软，直径 2 ～ 5 mm，圆形或不规则形，境界不清，多在肺小叶间隔和胸膜交角处，呈网状或条索状分布。镜下所见煤斑由很多煤尘细胞灶和煤尘纤维灶组成。煤尘细胞灶是由数量不等的煤尘以及吞噬了煤尘的巨噬细胞聚集在肺泡、肺泡壁、细小支气管和血管周围所形成。特别是在Ⅱ级呼吸性小支气管的管壁及其周围肺泡最为常见。根据细胞核纤维成分的多少，又分别称为煤尘细胞灶和煤尘纤维灶，后者由前者进展而来。随着病灶的发生发展出现纤维化，早期以网状纤维为主，后期可有少量的胶原纤维交织其中，构成煤尘纤维灶。

（2）肺气肿：灶周肺气肿是煤工尘肺病理的又一特征。煤工尘肺常见的肺气肿有 2 种：一种是局限性肺气肿，为散在分布于煤斑旁的扩大气腔，与煤斑共存；另一种是小叶中心性肺气肿，在肺内煤斑的中心或煤尘灶的周边，有扩张的气腔，居小叶中心，称为小叶中心性肺气肿。这是由于煤尘和尘细胞在Ⅱ级呼吸性细支气管周围堆积，使管壁平滑肌等结构受损，从而导致灶周肺气肿的形成。如果病变进一步发展，向肺泡道、肺泡管及肺泡扩展，即波及全小叶，则形成全小叶肺气肿。

（3）煤硅结节：煤硅肺出现煤硅结节，肉眼观察呈类圆形或不规则形，大小为 2 ～ 5 mm

或稍大，色黑，质坚实。在肺切面上稍向表面凸起。镜下观察可见到两种类型，典型煤硅结节的中心部由同心圆样排列的胶原纤维构成，可发生透明样变，胶原纤维之间有明显煤尘沉着，周边则有大量煤尘细胞、成纤维细胞、网状纤维和少量的胶原纤维，向四周延伸呈放射状；非典型煤硅结节无胶原纤维核心，胶原纤维束排列不规则并较为松散，尘细胞分散于纤维束之间。

（4）弥漫性纤维化：煤尘和尘细胞可沉着在肺泡间隔、小叶间隔、小血管和细支气管周围和胸膜下，出现程度不同的间质细胞和纤维增生，使间质增宽变厚，晚期形成粗细不等的条索和弥漫性纤维网架，肺间质纤维增生。

（5）大块纤维化：又称之为进行性块状纤维化（progressive massive fibrosis，PMF），是晚期煤工尘肺的一种表现，但不是必然结果。肺组织出现 2 cm × 2 cm × 1 cm 的一致性致密的黑色块状病变，多分布在两肺上部和后部，右肺多于左肺。病灶呈长梭形、不规整形，少数呈圆形或类圆形，边界清楚。镜下观察，其组织结构有两种类型，一种为弥漫增生纤维化，在大块纤维组织中以及大块病灶周围有很多煤尘和煤细胞，而见不到结节改变；另一种为大块纤维化病灶中可见煤硅结节，但间质纤维化和煤尘仍为主要病变。有时在团块病灶中见到空洞形成，洞内贮积墨汁样物质，周围可见明显代偿性肺气肿。另外，胸膜呈轻至中度增厚，在脏胸膜下，特别是与小叶间隔相连处有数量不等的煤尘、煤斑、煤硅结节等。肺门和支气管旁淋巴结多肿大，色黑、质硬，镜下可见煤尘、煤尘细胞灶和煤硅结节。

4．临床表现

（1）症状、体征和肺功能改变：煤工尘肺患者早期一般无症状，当病程进展，尤其发展为大块纤维化或合并支气管或肺部感染时才会出现呼吸系统症状和体征，如气短、胸痛、胸闷、咳嗽、咳痰等。从事稍重劳动或爬坡时，气短加重；秋冬季咳嗽、咳痰增多。晚期患者上述症状加重，合并肺部感染时尤甚，如合并肺结核时还可出现发热、食欲不振、体重减轻等全身不适症状。在合并肺部感染、支气管炎时，才可观察到相应的体征。煤工尘肺患者由于广泛的肺纤维化、呼吸道狭窄，特别是由于肺气肿导致肺泡大量破坏，肺功能测定显示通气功能、弥散功能和毛细血管气体交换功能都有减退或障碍。

（2）X 线胸片改变：煤工尘肺中无论是硅肺、煤硅肺或煤肺，X 线胸片上的主要表现为圆形小阴影、不规则形小阴影和大阴影，还有肺纹理和肺门阴影的异常变化。

1）圆形小阴影：煤工尘肺 X 线表现以圆形小阴影为主，p 和 q 型圆形小阴影最为多见。圆形小阴影的病理基础是硅结节、煤硅结节及煤尘纤维灶。圆形小阴影的形态、数量和大小往往与患者长期从事的工种，即与接触粉尘的性质和环境粉尘浓度有关。以掘进作业为主，接触含游离二氧化硅较多的混合性粉尘工人，以典型的小阴影居多；以采煤作业为主的工人，主要接触煤尘并混有少量岩尘，所患尘肺其胸片上圆形小阴影多不太典型，边缘不整齐，呈星芒状，密集度低。圆型小阴影最早出现的部位是右中肺区，其次为左中、右下肺区，左下及两上肺区出现较晚。随着尘肺病变的进展，圆形小阴影的直径增大、增多、密集度增加，分布范围扩展，可布满全肺。煤肺患者胸片主要以小型类圆形阴影多见。

2）不规则形小阴影：煤工尘肺患者在胸片上表现为不规则形小阴影或以不规则形小阴影为主者较少见。多呈网状，有的密集呈蜂窝状，其病理基础为煤尘灶、弥漫性间质纤维化、细支气管扩张、肺小叶中心性肺气肿。

3）大阴影：硅肺和煤硅肺患者胸片上可见到大阴影，在系列胸片的观察中，可以看到大阴影多是由小阴影增大、密集、融合而形成；也可由少量斑片、条索状阴影逐渐相连并融合呈条带状。周边肺气肿比较明显，形成边缘清楚、密度较浓、均匀一致的大阴影。多在两肺上、中区出现，左右对称。煤肺患者罕见大阴影。

此外，煤工尘肺的肺气肿多为弥漫性、局限性和泡性肺气肿。泡性肺气肿表现为成堆小泡

状阴影，直径为 1 ～ 5 mm，即所谓“白圈黑点”，晚期可见到肺大泡。肺门阴影增大，密度增高，有时还可见到淋巴结蛋壳样钙化或桑葚样钙化阴影。胸膜增厚、钙化改变者较少见，但常可见到肋膈角闭锁及粘连。

煤工尘肺的 CT 改变基本类似于 X 线影像，但由于 CT 提供对胸部横断切面的轴状观察，减少了许多肺外结构病变对大阴影的重叠和掩盖，使大阴影得以在 CT 片上清晰地显示出来。而尘肺中大阴影的出现又是其预后恶化的表现，因此，早期检出大阴影并给予及时处理具有重要的意义。

附：类风湿性尘肺结节（Caplan 综合征）

类风湿性尘肺结节是指煤矿工人中患有类风湿关节炎的患者，在 X 线胸片中出现密度高而均匀、边缘清晰的圆形块状阴影，是煤矿工人尘肺的并发症之一。本病最初是在煤矿工人中被发现，而后在陶瓷和铸造工人中也发现有类似的病例。据国外文献报道，类风湿性尘肺结节在煤工尘肺患者中占 2.3% ～ 6.2%。国内报告 3.76% 的煤工尘肺患者合并类风湿关节炎，比普通人群高出 7 ～ 9 倍。病因尚不十分清楚，但与类风湿关节炎有较密切的关系，两者病因可能是一致的。

类风湿性尘肺结节的肺部病理特征是在轻度尘肺的基础上出现类风湿性尘肺结节，其早期为胶原纤维增生，很快转为特殊性坏死，围绕坏死的核心发生成纤维细胞炎性反应而形成类风湿肉芽肿。大结节一般由数个小结节组成，每个结节轮廓清楚，最外为共有的多层胶原纤维所包绕。病理检查结节直径在 3 ～ 20 mm 之间，融合可达 50 mm 以上。结节切面呈一种特殊的明暗相间的多层同心圆排列。浅色区多为活动性炎症，而暗区则为坏死带，较暗区多是煤尘蓄积带。

胸部 X 线表现为两肺可见散在的圆形或类圆形、密度均匀的结节，直径在 0.5 mm ～ 5 cm。结节的分布没有规律，可为单发，更多为多发。注意与结核球、转移性肺癌、叁期尘肺等病鉴别。

做好劳动防护，加强身体锻炼，提高自身免疫能力，及时而有效地控制感染是预防类风湿性尘肺结节的重要手段。该病目前尚无根治措施，治疗的原则是在药物控制疼痛的情况下，对关节进行有效的功能锻炼，防止关节畸形和肌肉萎缩。免疫抑制剂和手术治疗对某些患者也会产生一定效果。对于后期严重的关节破坏及关节功能障碍者，病情稳定后，可选择性地采用人工关节置换术来重建关节功能。

二、影响尘肺病发病的主要因素

1．粉尘的种类和理化性质 不同种类的粉尘导致肺损伤的能力不同，其中以游离二氧化硅致肺纤维化能力最强，故粉尘中游离二氧化硅含量越高，尘肺发病时间越短，病变越严重。各种不同石英变体的致纤维化能力依次为：鳞石英＞方石英＞石英＞柯石英＞超石英；晶体结构不同，致纤维化能力各异，依次为结晶型＞隐晶型＞无定型。较柔软而易弯曲的温石棉纤维易被阻留于细支气管上部气道并被清除，不易穿透肺组织深部；直而硬的闪石类纤维，如青石棉和铁石棉纤维可穿透肺组织，并可到达胸膜，导致胸膜疾患。

2．肺内粉尘蓄积量 尘肺的发生发展及病变程度还与肺内粉尘蓄积量有关。肺内粉尘蓄积量主要取决于粉尘浓度、分散度、接尘时间和防护措施等。空气中粉尘浓度越高，分散度越大，接尘工龄越长，再加上防护措施差，吸入并蓄积在肺内的粉尘量就越大，越易发生尘肺，病情越严重。

3．接触者个体因素 工人的个体因素，如年龄、营养、遗传、个体易感性、个人卫生习惯以及呼吸系统疾患对尘肺的发生也起一定作用。如既往患有肺结核、尤其是接尘期间患有活动性肺结核、其他慢性呼吸系统疾病者易罹患硅肺。

4. 潜伏期　尘肺发病缓慢，较低浓度接触多在 5 ～ 20 年后发病。但发病后，即使脱离粉尘作业，病变仍可继续发展。少数由于持续吸入高浓度、高游离二氧化硅含量的粉尘，经 1 ～ 2 年即发病者，称为“速发型硅肺”（acute silicosis）。还有些接尘者，虽接触较高浓度硅尘，但在脱离粉尘作业时 X 线胸片未发现明显异常，或发现异常但尚不能诊断为硅肺，在脱离接尘作业若干年后被诊断为硅肺，称为“晚发型硅肺”（delayed silicosis）。

三、尘肺病的诊断

（一）诊断原则和方法

根据可靠的生产性矿物性粉尘接触史，以技术质量合格的高千伏 X 线射影或数字化摄影（DR）后前位胸片表现为主要依据，结合工作场所职业卫生学、尘肺流行病学调查资料和职业健康监护资料，参考临床表现和实验室检查，排除其他类似肺部疾病后，对照尘肺病诊断标准，作出尘肺病的诊断和分期。劳动者临床表现和实验室检查符合尘肺病的特征，没有证据否定其与接触粉尘之间必然联系的，应当诊断为尘肺病。职业性尘肺病的诊断与分期参见国家职业卫生标准 GBZ70-2015。

在诊断时应注意与以下肺部疾病相鉴别：急性和亚急性血行播散型肺结核、浸润性肺结核、肺含铁血黄素沉着症、肺癌、特发性肺间质纤维化、变态反应性肺泡炎、肺真菌病、肺泡微石症等。

对于少数生前有较长时间生产性粉尘接触史、未被诊断为尘肺者，根据本人遗愿或家属提出申请进行尸体解剖诊断。具有尘肺病理诊断资质的病理专业人员按照《尘肺病理诊断标准》（GBZ25-2014），根据可靠的职业活动中粉尘接触史以及规范化检查方法得出的病理检查结果为依据，参考受检者历次 X 线胸片、病历摘要、死亡志，并排除其他原因可能导致的相似病理改变，作出尘肺病的病理诊断。尘肺病理诊断可作为职业病待遇的依据。

（二）诊断分期

按《职业性尘肺病的诊断》（GBZ70-2015）分期如下：

（1）尘肺壹期：有下列表现之一者：①有总体密集度 1 级的小阴影，分布范围至少达到 2 个肺区；②接触石棉粉尘，有总体密集度 1 级的小阴影，分布范围只有 1 个肺区，同时出现胸膜斑；③接触石棉粉尘，小阴影总体密集度为 0，但至少有两个肺区小阴影密集度为 0/1，同时出现胸膜斑。

（2）尘肺贰期：有下列表现之一者：①有总体密集度 2 级的小阴影，分布范围超过 4 个肺区；②有总体密集度 3 级的小阴影，分布范围达到 4 个肺区；③接触石棉粉尘，有总体密集度 1 级的小阴影，分布范围超过 4 个肺区，同时出现胸膜斑并已累及部分心缘或膈面；④接触石棉粉尘，有总体密集度 2 级的小阴影，分布范围达到 4 个肺区，同时出现胸膜斑并已累及部分心缘或膈面。

（3）尘肺叁期：有下列表现之一者：①有大阴影出现，其长径不小于 20 mm，短径大于 10 mm；②有总体密集度 3 级的小阴影，分布范围超过 4 个肺区并有小阴影聚集；③有总体密集度 3 级的小阴影，分布范围超过 4 个肺区并有大阴影；④接触石棉粉尘，有总体密集度 3 级的小阴影，分布范围超过 4 个肺区，同时单个或两侧多个胸膜斑长度之和超过单侧胸壁长度的 1/2 或累及心缘使其部分显示蓬乱。

四、尘肺病患者的处理

（一）治疗

针对尘肺病肺纤维化，国内外迄今均无有效的治疗药物和措施，且理论上已经形成的肺组织纤维化是不可逆转和恢复的，因此尘肺病目前仍是一个没有医疗终结的疾病。目前达成共识的尘肺病治疗原则包括，加强全面的健康管理，积极开展临床综合治疗，包括对症治疗、并发症/合并症治疗和康复治疗，以达到减轻患者痛苦、延缓病情进展、提高生活质量和社会参与程度、增加生存收益、延长患者寿命的目的。

1．健康管理

（1）职业病登记报告：确诊尘肺病的患者，需按规定登记在册并向卫生部门进行职业病报告，以便纳入尘肺病健康管理体系，掌握患者相关信息，随时了解病情，安排职业健康监护和必要的追踪。

（2）脱离粉尘作业，参加健康监护：尘肺病一经诊断，患者即应脱离接尘作业环境；尘肺病作为慢性进展性疾病，用人单位应当安排患者进行定期健康检查。复查、随访，积极预防呼吸道感染等并发症的发生。

（3）自我管理：尘肺病患者应加强自我健康管理能力，主要是戒烟，避免生活性粉尘接触，加强营养和养成健康、良好的生活习惯。

2．临床综合治疗

（1）病因治疗：多年来，国内外学者针对病因进行了大量的研究工作，基本共识是对尘肺病已经形成的肺纤维化是没有办法消融的，但可积极探索和开展延缓或阻断尘肺肺纤维化的药物治疗。目前常用抗纤维化药物如克矽平（P204）、柠檬酸铝、汉防己甲素、羟基哌喹、磷酸哌喹等，可在一定程度上减轻症状、延缓病情进展。另有吡非尼酮、盐酸替洛肟已进入临床Ⅱ期试验。

大容量肺泡灌洗术能够排出一定数量沉积于呼吸道和肺泡中的粉尘，短期内可一定程度上缓解患者胸闷、气短等症状，部分患者可有明显改善，并能相对延长尘肺病的进展，但没有证据表明肺灌洗对改善肺功能，特别是对肺纤维化有明确的治疗效果。另由于存在术中及术后并发症，如低氧血症、心律失常、肺不张、肺内感染等，因而存在一定的治疗风险，故应严格掌握全肺灌洗的适应证和禁忌证，并在权衡利弊的情况下选择使用。全肺灌洗不应作为尘肺病的常规治疗方法。

肺移植可改善患者健康状况和生活质量，但并不能延长患者生存期。尘肺病是一种慢性病，在没有严重并发症的情况下，对生存寿命影响不大。鉴于肺移植后生存收益的有限性及其他影响因素，故对尘肺病患者重点是做好健康管理和综合治疗，除个别特殊病例在认真评价、严格掌握适应证、特别重视手术对患者生存获益的评价情况下可以考虑外，不建议推荐肺移植作为治疗尘肺病的选择。

（2）对症治疗：①镇咳：可选用适当的镇咳药治疗，但患者痰量较多时慎用，应采用先祛痰、后镇咳的治疗原则；②通畅呼吸道：解痉、平喘，清除积痰（侧卧叩背、吸痰、湿化呼吸道、应用祛痰药）；③氧疗：根据实际情况可采取间断或持续低流量吸氧以纠正缺氧状态，改善肺通气功能和缓解呼吸肌疲劳。

（3）并发症和合并症的治疗

1）积极控制呼吸系统感染：由于尘肺病患者机体抵抗力降低，尤其呼吸系统的清除自净能力下降，呼吸系统炎症，特别是肺内感染（包括肺结核）是尘肺患者最常见、最频发的并发症，而肺内感染又是促使尘肺病进展的重要因素，因而尽快、尽早控制肺内感染对于尘肺病患

者来说尤为重要。值得注意的是，在抗感染治疗时，应避免滥用抗生素，并密切关注长期使用抗生素后引发真菌感染的可能。

2）气胸的治疗：并发气胸后应立即就诊，就诊不及时可造成严重后果，应予以十分重视。一旦发生气胸即应绝对卧床休息，减少活动有利于气体吸收，有胸闷、气急感觉者可增加氧疗，明显呼吸困难者可行胸腔穿刺术，严重者考虑行胸腔闭式引流术或外科干预。

3）COPD 的治疗：应用支气管扩张剂，加用糖皮质激素缓解症状，必要时进行氧疗及无创机械通气。

4）慢性肺源性心脏病的治疗：应用强心剂（如洋地黄）、利尿剂（如氢氯噻嗪）、血管扩张剂（如酚妥拉明、硝普钠）等药物对症处理。

5）呼吸衰竭的治疗：可采用氧疗、通畅呼吸道（解痉、平喘、祛痰等措施）、抗炎、呼吸兴奋剂、纠正电解质紊乱和酸碱平衡失调等措施进行综合治疗。

（4）康复治疗

1）健康教育：采取多种健康教育形式，进行尘肺病防治知识的指导，使患者了解尘肺病病因、病程、发展、预后和转归，认识尘肺病治疗原则与方法，熟悉氧疗及药物使用方法与注意事项，提高治疗依从性。同时认识康复治疗的重要性、长期性，以及可获得的相关益处。

2）加强营养，提高机体抵抗力：养成良好的生活习惯、饮食和起居规律，戒掉不良的生活习惯，如吸烟、酗酒等。

3）心理干预：保持情绪稳定，避免过度的情绪变化和精神刺激，纠正恐惧、焦虑、怨天尤人、厌世悲观等各种不良的情绪变化，保持乐观、正确的生活态度，树立积极、必胜的信念，营造轻松、快乐的生活环境。

4）呼吸肌功能锻炼：腹式呼吸、缩唇呼吸及呼吸体操等呼吸肌功能锻炼有助于肺康复；膈肌起搏器的应用对于改善肺通气功能也有很好的作用。

5）家庭护理：家庭护理质量一定程度上影响尘肺病的预后，故家人应在生活中体贴、悉心护理患者，精神上安慰、鼓励患者，帮助患者提高战胜疾病的信心。

（二）职业病患者的劳动能力鉴定

尘肺病患者的劳动能力鉴定是根据国家工伤保险条例的规定、由劳动能力鉴定机构鉴定完成的。按《劳动能力鉴定 职工工伤与职业病致残等级》（GB/T16108-2014），尘肺致残等级共分为 7 级，由重到轻依次为：

一级：尘肺叁期伴肺功能重度损伤及（或）重度低氧血症［$PO_2 < 5.3$ kPa（40 mmHg）］。

二级：具备下列 3 种情况之一：①尘肺叁期伴肺功能中度损伤及（或）中度低氧血症；②尘肺贰期伴肺功能重度损伤及（或）重度低氧血症［$PO_2 < 5.3$ kPa（40 mmHg）］；③尘肺叁期伴活动性肺结核。

三级：具备下列 3 种情况之一：①尘肺叁期；②尘肺贰期伴肺功能中度损伤及（或）中度低氧血症；③尘肺贰期合并活动性肺结核。

四级：具备下列 3 种情况之一：①尘肺贰期；②尘肺壹期伴肺功能中度损伤或中度低氧血症；③尘肺壹期伴活动性肺结核。

六级：尘肺壹期伴肺功能轻度损伤及（或）轻度低氧血症。

七级：尘肺壹期，肺功能正常。

（三）患者安置原则

1. 尘肺一经确诊，无论期别，均应及时调离接尘作业。不能及时调离的，必须报告当地劳动、卫生行政主管部门级工会，设法尽早调离。

2．伤残程度轻者（六级、七级），可安排在非接尘作业岗位，从事劳动强度不大的工作。

3．伤残程度中等者（四级），可安排在非接尘作业岗位，做力所能及的工作，或在医务人员的指导下从事康复活动。

4．伤残程度重者（二级、三级），不负担任何工作，在医务人员的指导下从事康复活动。

第三节　生产性粉尘的控制与防护

一、粉尘控制措施

1．法律措施是保障　新中国成立以来，我国政府陆续颁布了一系列的政策、法规和条例来防止粉尘危害。如1956年国务院颁布了《关于防止厂、矿企业中的矽尘危害的决定》；1987年2月颁布了《中华人民共和国尘肺防治条例》和修订的《粉尘作业工人医疗预防措施实施办法》，将尘肺防治工作纳入了法制管理的轨道；2002年5月1日开始实施的《中华人民共和国职业病防治法》充分体现了对职业病预防为主的方针，为控制粉尘危害和防治尘肺病的发生提供了明确的法律依据。2011年12月31日，全国人民代表大会常务委员会又通过了“关于修改《中华人民共和国职业病防治法》的决定”，公布并施行。此后于2016年、2017年和2018年分别进行了3次修订。2018年12月29日，第十三届全国人民代表大会常务委员会第七次会议修正后的《中华人民共和国职业病防治法》为目前最新版本。

我国还从卫生标准上逐步制订和完善了生产场所粉尘的最高容许浓度的规定，明确地确立了防尘工作的基本目标。2007年新修订的《工作场所有害因素职业接触限值　第1部分：化学有害因素》（GBZ2.1-2007）中列出了47种粉尘的8小时时间加权容许浓度。

2．采取技术措施控制粉尘　各行各业需根据其粉尘的产生特点，通过技术措施控制粉尘浓度，防尘和降尘措施概括起来主要体现在：

（1）改革工艺过程，革新生产设备：是消除粉尘危害的主要途径，如使用遥控操纵、计算机控制、隔室监控等措施避免工人接触粉尘。在可能的情况下，使用石英含量低的原材料代替石英原料，以及寻找石棉的替代品等。

（2）湿式作业，通风除尘和抽风除尘：除尘和降尘的方法很多，既可使用除尘器，也可采用喷雾洒水、通风和负压吸尘等经济而简单实用的方法，降低作业场所的粉尘浓度。后者在露天开采和地下矿山应用较为普遍。对不能采取湿式作业的场所，可以使用密闭抽风除尘的方法。采用密闭尘源和局部抽风相结合，抽出的空气经过除尘处理后排入大气。

3．个体防护措施　个体防护是对技术防尘措施的必要补救，在作业现场，当防、降尘措施难以使粉尘浓度降至国家卫生标准所要求的水平时，如井下开采的盲端，必须使用个体防护用品。个体防尘、防护用品包括：防尘口罩、防尘眼镜、防尘安全帽、防尘衣、防尘鞋等。

粉尘接触作业人员还应注意个人卫生，作业点不吸烟，杜绝将被粉尘污染的工作服带回家，经常进行体育锻炼，加强营养，增强个人体质。

4．卫生保健措施，开展健康监护　落实卫生保健措施包括粉尘作业人员就业前和定期的医学检查。定期的医学检查能及时了解作业人员身体状况，保护其健康。根据《粉尘作业工人医疗预防措施实施办法》的规定，从事粉尘作业工人必须进行就业前和定期健康检查，脱离粉尘作业时还应做脱尘作业健康检查。

二、我国综合防尘和降尘措施

无论发达国家还是发展中国家，生产性粉尘的危害都是十分普遍的，尤以发展中国家为甚，我国政府对粉尘控制工作一直给予高度重视，在防止粉尘危害和预防尘肺发生方面做了大

量的工作。我们的综合防尘和降尘措施可以概括为“革、水、密、风、护、管、教、查”八字方针，对控制粉尘危害具有指导意义。①革：即工艺改革和技术革新，这是消除粉尘危害的根本途径；②水：即湿式作业，可降低环境粉尘浓度；③密：将发尘源密闭；④风：加强通风及抽风措施；⑤护：即个体防护；⑥管：经常性地维修和管理工作；⑦教：加强宣传教育；⑧查：定期检查环境空气中粉尘浓度和接触者的定期体格检查。

值得注意的是，我国对粉尘危害的防治工作与发达国家还有一定的距离。如石棉因其危害严重，存在着致癌问题，2004 年全球石棉大会发布的东京宣言，呼吁各国禁止对石棉的采掘、使用、贸易和再利用，并按已建立的规章和程序安全清除和处理石棉及其制品。截至 2018 年 6 月 22 日，石棉已在 65 个国家被禁用，在欧盟、日本与韩国境内被完全禁用。但是，作为廉价的建材，石棉在发展中国家（包括中国）仍然被大量生产和使用，而且我国还是世界第二大石棉生产国家。国际劳工组织（ILO）和世界卫生组织（WHO）职业卫生联合委员会曾于 1995 年制定了全球消除硅肺的国际规划，计划于 2015 年前消除硅肺这一职业卫生问题。但我国 2016 年的硅肺新增病例仍有 1 万左右。近年来我国每年新发职业性尘肺病例亦持续在 2 万左右。因此我国的粉尘危害防治工作仍然任重道远。

第四节　纳米材料的职业健康风险

纳米技术的不断发展，人造纳米材料的大量生产及在工业品和日用品中的大量使用，使得世界各国特定行业暴露纳米材料的概率逐渐增加。当材料处于纳米尺度时，可表现出不同于常规尺度材料的特殊物理和化学性质，进而可能与生物体相互作用，产生与常规材料不同的生理行为。特别是微小尺寸材料可能更容易穿透生物屏障，巨大的比表面积也使得纳米材料更易与其他分子和化学物质发生作用，增加了其反应活性。因此，接触纳米材料对职业人群的健康危害日益受到关注与重视。

一、纳米材料的分类和特性

纳米材料是指三维空间（高度、宽度或长度）中至少有一维小于 100 nm（1 nm 等于 10^{-7} m）的材料，这种介于原子和块体材料之间特定的尺寸维度是纳米材料的主要特征。

（一）纳米材料的分类

1．按结构分类　分为零维（纳米颗粒、原子团簇等）、一维（纳米管、纳米丝等）、二维（纳米薄膜等）纳米材料。

2．按组成分类　分为纳米金属、纳米非金属、纳米塑料、纳米陶瓷、纳米玻璃、纳米高分子、纳米复合材料等。

3．按应用分类　分为纳米电子材料、纳米光电子材料、纳米生物医用材料、纳米敏感材料、纳米储能材料等。

（二）纳米材料的特性

1．表面效应　随着纳米材料粒径的减小，位于晶体表面的原子数占总原子数之比急剧增大，使其具有大的表面能和表面活性，进而出现一些极为奇特的现象，如金属纳米粒子在空中会燃烧、无机纳米粒子会吸附气体等等。

2．小尺寸效应　当纳米微粒尺寸与光波波长、传导电子的德布罗意波长及超导态的相干长度、透射深度等物理特征尺寸相当或更小时，其周期性边界会被破坏，从而使其声、光、电、磁、热力学等性能发生改变。如铜颗粒达到纳米尺寸时就变得不能导电、绝缘的二氧化硅

颗粒在 20 纳米时却开始导电、纳米氧化铁具有超顺磁性等。利用这些特性，可以高效率地将太阳能转变为热能、电能，又有可能应用于红外敏感元件、红外隐身技术等等。

3．量子尺寸效应 当粒子的尺寸达到纳米量级时，费米能级附近的电子能级由连续态分裂成分立能级。当能级间距大于热能、磁能、静电能、静磁能、光子能或超导态的凝聚能时，会出现纳米材料的量子效应，从而使其磁、光、声、热、电、超导电性能发生变化。如温度为 1 k 时，直径小于 14 nm 的银颗粒会变成绝缘体。

4．宏观量子隧道效应 微观粒子具有贯穿势垒的能力称为隧道效应。纳米粒子的磁化强度等也有隧道效应，它们可以穿过宏观系统的势垒而产生变化，这被称为纳米粒子的宏观量子隧道效应。

二、纳米材料的健康风险

（一）人体接触纳米材料的来源

1．自然界中纳米颗粒 火山喷发、工业废气和汽车尾气的排放，会造成大量纳米级颗粒物排入大气环境中，危害人类健康，这类纳米级颗粒物也称为超细颗粒物（PM 0.1）。

2．人造纳米材料 人为制造的各种纳米材料，如富勒烯、碳纳米管、量子点、纳米金属及其氧化物、纳米复合物等。

3．纳米产品 纳米技术与纳米材料广泛应用于医药、食品及其日用品领域（服装、化妆品、洗涤用品、运动商品、电子产品、涂料等），在加工、制造与使用这些纳米产品时，都可接触到其中添加使用的纳米材料。

（二）纳米材料的健康危害

纳米材料可经呼吸道、皮肤、消化道及注射等多种途径进入人体，其中呼吸道暴露是职业人群接触纳米材料的主要途径。纳米材料的微小尺寸使其进入呼吸道后，更易沉积于肺泡区域，并可跨越肺血屏障进入血液、淋巴循环，进而发生全身转运。部分纳米颗粒甚至可以跨越血脑屏障和胎盘屏障，而肝、肾、脾等网状内皮系统被认为是纳米颗粒的蓄积部位。通过动物实验易发现，鼻腔沉积的纳米颗粒亦可经嗅神经转运入脑组织内。

纳米材料的大比表面积使其具有较高的表面反应活性，易与体内生物分子发生相互作用，引起氧化应激、炎症反应、DNA 损伤、细胞凋亡、细胞周期改变、基因表达异常，并引起肺、心血管系统及其他组织器官的损害。此外，纳米颗粒表面易吸附蛋白分子，使其不易被机体免疫细胞识别，从而逃避机体免疫清除，长期滞留于体内导致慢性毒性作用。纤维状的纳米材料可能存在独特的吸入性危害问题，尽管目前尚不清楚碳纳米管和其他纳米纤维会不会像石棉纤维那样导致肺癌和胸膜间皮瘤，但需要关注这方面的问题。

对比研究具有同样化学结构的纳米颗粒和微米颗粒的生物学行为，有的材料无明显区别，但有的材料却表现出尺寸效应，即处于纳米尺度时毒性增强或降低。尤其是认为生物安全的部分微米材料，当其颗粒粒径降到纳米尺寸时却变成高毒物质，故迫切需要引起关注和区别对待。因此，有必要将纳米材料与常规材料区别对待。近年来研究纳米毒性的“纳米毒理学”和研究其对工人健康影响的“纳米材料作业职业卫生学”已渐成雏形，职业卫生工作者应加强对接触纳米材料职业卫生问题的研究。

三、纳米材料的职业防护

由于新型纳米材料设计的多样性，使得很难对纳米材料的毒性进行评估和归纳。人造纳米材料刚刚应用不久，而且在使用过程中往往采取了一定的防范措施，现在除了少数人造纳米材

料的体外、动物和人体吸入研究的数据外，没有对人类健康长期不良影响的相关资料。同时，对人体的研究也存在着一系列伦理问题，这也意味着除了少数纳米材料具有可用的人群研究资料之外，对健康防护的建议不得不依赖于推断。虽然职业工人暴露人造纳米材料的确切数字还未知，但是工业生产和使用人造纳米材料的数量却仍然在不断增长。因此，世界卫生组织于2017年制定了《人工纳米材料职业防护指南》，就如何最有效地保护工人免受人造纳米材料的潜在风险提出了建议。

《人工纳米材料职业防护指南》将防范方针、控制措施的等级结构作为重要的指导原则，认为以下是防止人造纳米材料产生不良健康影响的最佳做法：第一，将纳米材料归为具有特定毒性的人造纳米材料、纤维状人造纳米材料和生物持久性颗粒状人造纳米材料三组；第二，针对人造纳米材料的具体健康和安全性问题，对工人进行教育和培训；第三，工人参与风险评估和控制的各个阶段。指南提出的建议具体如下：

（一）评估人造纳米材料的健康危害

1．建议根据《全球化学品统一分类和标签制度》（Globally Harmonized of Classification and Labelling of Chemicals，GHS）为所有人造纳米材料确定危险等级，以便制定安全数据表。该指南对有限种类的人造纳米材料提供了这方面信息。属于强烈建议条款，证据质量中等。

2．建议更新人造纳米材料危害信息的安全数据表，或指明特定人造纳米材料的毒性终点没有完成，缺乏充足的测试数据。属于强烈建议条款，证据质量中等。

3．对于可吸入的纤维状和生物持久性颗粒状材料，建议使用已有的人造纳米材料危险等级对同组别的纳米材料进行临时分级。为有条件的建议条款，证据质量低。

（二）评估人造纳米材料的接触情况

1．建议采用拟定人造纳米材料的具体职业接触限值（occupational exposure limits，OEL）时所用的方法，来评估工人在工作场所的接触情况。为有条件的建议条款，证据质量低。

2．由于工作场所没有具体监管人造纳米材料的职业接触限值，因此，建议评估工作场所的接触量是否超过建议的人造纳米材料职业接触限值。为有条件的建议，证据质量低。

3．如果没有针对人造纳米材料的具体职业接触限值，建议对呼吸暴露采用阶梯式方法，第一步评估暴露的可能性；第二步评估基本暴露情况；第三步按照经济合作与发展组织或欧洲标准化委员会的建议，进行全面暴露评估。为有条件的建议条款，证据质量中等。因为证据不足，暂不建议皮肤暴露评估方法。

（三）控制人造纳米材料的暴露量

1．建议在控制暴露时重点预防呼吸暴露途径，目的是尽可能减少直接暴露。为强烈建议条款，证据质量中等。

2．建议采取对工作场所人造纳米材料操作全程控制，避免暴露，特别是清洁和维护设备、从反应容器中收集材料以及将人造纳米材料加入到流水线的过程。在没有毒理学信息的情况下，建议实施最高级别的控制措施，以防止工人发生任何接触。如能获得更多信息，建议采取更加切合实际的方法。为强烈建议条款，证据质量中等。

3．建议根据控制措施的等级结构原则采取相应措施。第一级控制措施是在实施控制措施之前消除暴露源，而个人防护装备仅作为最后手段。根据这一原则，在大量呼吸暴露或者毒理学相关信息缺乏的情况下，应采取工程控制措施。如果没有适当的工程控制措施，应使用个人防护装备。特别是呼吸防护装置应作为呼吸防护规划的一部分，包括进行密封性检测。为强烈建议条款，证据质量中等。

4．建议通过职业卫生防护措施，如清洁体表或佩戴手套来预防皮肤暴露。为有条件的建议，证据质量低。

5．如果工作场所没有卫生或安全专家进行评估和测量，建议使用纳米材料分级管理方法来选择工作场所的暴露控制措施。由于缺乏研究资料，无法推荐一种最佳的分级管理方法。为有条件的建议，证据质量极低。

（四）健康监测

由于缺乏证据，无法建议一种比目前使用的健康监测规划更好的、明确针对人造纳米材料的健康监测规划。

（五）工人的培训与参与

指南认为对工人进行培训并让其积极参与健康和安全活动是解决问题的最佳做法之一，但由于缺乏可用的研究，无法建议一种最佳的工人培训方式或工人参与形式。

（王　云）

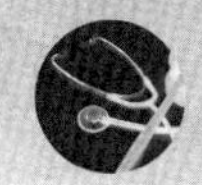

第八章 农 药

第一节 概 述

一、农药的定义

农药（pesticides）是指用于防止、控制或消灭一切虫害的化学物质或化合物。《中华人民共和国农药管理条例》明确，农药是用于预防、消灭或者控制危害农业、林业的病、虫、草和其他有害生物以及有目的地调节植物、昆虫生长的化学合成或者来源于生物、其他天然物质的一种或者几种物质的混合物及其制剂。包括植物生长调节剂和卫生杀虫剂。

农药在防治农林病虫害和建筑物虫害时，也可对人畜健康产生危害。接触农药的人群广泛，如从事农药生产、运输、保存、使用的职业人群，通过污染的产品、水体、土壤等环境接触，引起农药中毒。值得注意的是，在农村地区，农药已经是农民自杀性中毒的主要工具，农药中毒引发的急性事件会危害社会安定团结，需引起社会特别关注。

二、农药的分类

依据农药使用的用途和灭杀虫害种类、对靶生物的作用方式、化学结构、成分等进行分类。

1．根据靶生物分类 ①杀虫剂（insecticides）：杀灭各种昆虫、螨虫、钉螺、线虫等，商品标签为“杀虫剂”或“杀螨剂”字样，红色带标记。杀虫剂是用量最大的农药，如有机酸酯类（organophosphates）、氨基甲酸酯类（carbamates）、拟除虫菊酯类（pyrethroids）、沙蚕毒素类（nereistoxin derivatives）、有机氯类（organochlorides）均属杀虫剂。②杀菌剂（fungicides）：杀灭环境中各种细菌，商品标签为“杀菌剂”，黑色带标记。包括无机杀菌剂、有机硫类（organosulfur）、有机砷（胂）类（organic arsenates）、有机磷类、取代苯类、有机杂环类及抗菌素类杀菌剂。如卡苯达唑、代森锰锌、井冈霉素等。③除草剂（herbicides）：如草甘膦、百草枯等，商品标签为“除草剂”字样，绿色带标记。包括氨基甲酸酯类、季铵类、苯氧羧酸类、三氮苯类、二苯醚类、苯氨类、酰胺类、取代脲类等化合物。除草剂用量逐年增加。④植物生长调节剂（growth regulators）：又称植物激素，如乙烯利、多效唑、赤霉素等，商品标签为“植物生长调节剂”字样，深黄色带标记。⑤杀鼠剂（rodenticides）：如杀鼠醚、溴敌隆等，商品标签为“杀鼠剂”字样，蓝色带标记。此外还有转基因生物、微生物农药、特殊类型植物也可用作农药。

2．根据农药作用方式分类 分触杀剂（contact poison）、胃毒剂（stomach poison）、熏蒸剂毒剂（fumigant poison）、内吸毒剂（systematic poison）等。该分类在现场实际应用较多。

3．根据农药化学结构分类 分为无机化学农药和有机化学农药，多用于毒理学和药理学

研究实践。目前无机化学农药品种极少，有机化学农药大致可分为有机氯类、有机磷类、拟除虫菊酯类、氨基甲酸酯类、有机氮类、有机硫类、酚类、酸类、醚类、苯氧羧酸类、脲类、磺酰脲类、三氮苯类、脒类、有机金属类以及多种杂环类。

4．根据农药成分分类 分原药和制剂。原药是指产生生物活性的有效成分，如有机磷、溴氰菊酯等。制剂是指除活性成分外，还有溶剂、助剂以及如颜料等其他成分。

按单、混剂分类，一种农药单独使用时称单剂，将两种以上农药混合配制或混合使用时则称为混剂。杀虫剂混剂中一般都含有机磷，有机磷与另一有机磷、有机磷与拟除虫菊酯、有机磷与氨基甲酸酯以及有机磷与氨基甲酸酯和拟除虫菊酯的三元混配制剂等常见。混配农药的毒性大多呈相加作用，少数有协同作用。

5．农药毒性 在我国，依据农药所致大鼠急性毒性的大小，将农药分为剧毒、高毒、中等毒、低毒和微毒五类（表 8-1）。农药毒性相差悬殊，不同的毒性分级农药，在生产、使用、登记时其应用范围有严格的限制。

表8-1 我国农药的急性毒性分级标准

毒性分级	经口LD_{50}（mg/kg）	经皮LD_{50}（mg/kg）	吸入LD_{50}（mg/m^3）
剧毒	＜ 5	＜ 20	＜ 20
高毒	5 ～ 50	20 ～ 200	20 ～ 200
中等毒	50 ～ 500	200 ～ 2000	200 ～ 2000
低毒	500 ～ 5000	2000 ～ 5000	2000 ～ 5000
微毒	＞ 5000	＞ 5000	＞ 5000

注：急性毒性分级中，还需要标注大鼠中毒和死亡特征资料

在农药的生产、运输、保管及使用过程中，农药接触途径以皮肤接触和呼吸道吸入为主，罕见消化道吸收。生活中，常见的接触来源于蔬菜、水果的农药污染和残留。此外，农药在某些动植物体内的残留或蓄积可导致生态环境的破坏。除一般毒性外，农药还可对生物体产生致畸、致癌、致突变作用，部分农药如有机磷还可对生物体产生迟发型神经毒性作用。

三、农药对人体健康的影响

（一）急性中毒

人群短时间内接触量是决定农药急性毒性的因素。职业性急性农药中毒主要发生在农药厂生产工人以及农药施用者。农药生产过程中设备出现跑、冒、滴、漏，以及通风排毒措施欠佳；农药包装时，作业人员徒手操作；农药运输和销售环节发生包装破损，药液溢漏；违反安全操作规程使用农药；作业人员在配药及施药过程中缺乏个人防护，农民配制农药浓度过高，施药器械溢漏，喷药时逆风喷洒，未遵守隔行施药，以及衣服和皮肤污染农药后未及时清洗等，均易导致职业性中毒。职业性急性中毒，除事故性以外，通常程度较轻，如能及时救治，都能恢复健康。

（二）慢性中毒

长期接触农药会对人体健康产生不良效应，影响育龄妇女生殖功能，对一般人群产生免疫功能损伤以及致癌作用，需引起公众重视。国际癌症研究机构（International Agency for Research on Cancer，IARC）认定为 2A 类的草甘膦，可能导致人类肿瘤发生。农药溶剂或助剂的毒性不容忽视，卫生杀虫剂常用增效剂八氯二丙醚（Octachlorodipropyl ether，S2 或 S421）

已被列为可疑致癌物和持久性有机污染物，其中间体和分解产物双氯甲醚为人类致癌物。

此外，在夏季高温时，农村地区使用农药较普遍，农药轻度中毒常与中暑合并或混淆，在诊断治疗时需要密切观察和鉴别。国内生活性农药如被误服，通常中毒程度严重，需引起重视。

四、我国农药使用与管理

《中华人民共和国农药管理条例》明确规定了农药管理办法：国家实行农药登记制度、农药生产许可制度、农药经营管理制度和农药使用范围的限制。根据国家规定，未经批准登记的农药，不得在我国生产、销售和使用。目前，禁止使用的农药有两种情况：一种是由于没有生产厂家生产，因而没有申请登记，与农药本身毒性无关；另一种是由于试验或使用中有安全方面的问题，而不能被批准登记。国家明确不予登记的农药有敌枯双、二溴氯丙烷、普特丹、培福朗、18% 绳毒磷乳粉、六六六和滴滴涕（DDT）、二溴乙烷（EDB）、杀虫脒、氟乙酰胺、艾氏剂和狄氏剂、汞制剂、毒鼠强、甘氟。

农药的限制使用是国家实施的一项重要的保护人民健康的措施。我国正在逐步限制高毒类农药的登记，以低毒类农药逐步替代高毒类农药。实行精准农药策略，使每一种农药都有一定的使用条件，包括使用的作物、防治对象、施用量、方法、时期以及土壤、气候、条件等。对不同毒性分级农药，严格规定其应用范围，任何农药产品都不得超出农药登记批准的使用范围。同时，对于每种农药的限用条件，要详细阅读其标签和说明书。自 2007 年 1 月 1 日起，撤销含有甲胺磷、对硫磷、甲基对硫磷、久效磷、磷胺 5 种高毒有机磷农药制剂产品的登记证，全面禁止这 5 种高毒有机磷农药在农业上的使用，只保留部分生产能力用于出口。

农药管理的其他法规还有《农药安全使用规定》《农药合理使用准则》《农村农药中毒卫生管理办法》等。

五、农药中毒的预防

农药中毒的预防措施与其他化工产品的原则基本相同，但要考虑农药有广泛应用的特性。预防农药中毒的关键是加强管理和普及安全用药知识。

1. 严格执行农药管理的有关规定　在农药的生产、使用、经营过程中强制执行相关规定。如生产农药的产品登记和申领生产许可、农药经营的专营制度等。鼓励企业开发高效低毒的农药，限制或禁止使用对人、畜危害性大的农药。农药容器的标签必须有明确的成分标识、毒性分级和发生意外时的急救措施等信息。

2. 对农药生产、使用、管理人员进行健康教育　积极向各有关人员开展安全使用农药的教育，提高防毒知识与个人卫生防护能力。如剧毒农药绝不可用于蔬菜、粮食作物和果树等。

3. 加强卫生工程建设　改进农药生产工艺及施药器械，防止跑、冒、滴、漏，加强通风排毒措施，用机械化包装替代手工包装。

4. 相关人员遵守安全操作规程

（1）运输：要专人、专车，不与粮食、日用品等混装、混堆。装卸时如发现破损，要立即妥善改装，被污染的地面、包装材料、运输工具要正确清洗，可用 1% 碱水、5% 石灰乳或 10% 草木灰水处理。

（2）营销：剧毒农药要有专门仓库或专柜放置，不得随意出售。

（3）配药、拌种：有专门的容器和工具，严格按照说明书要求正确掌握配制的浓度。施药工具要注意保管、维修，防止发生泄露。定点清洗容器，避免水源污染等。

（4）喷药：遵守操作规程，防止农药污染皮肤和吸入中毒。教育农民站在上风向、倒退行走喷洒作业，避免正午、大风时施药。施药员要穿长衣长裤，使用塑料薄膜围裙、裤套或鞋套，佩戴口罩、眼罩，严禁作业时吸烟或饮食。如皮肤受污染要及时清洗。污染的工作服及

时、恰当地清洗，不要带回家。

（5）标志设立：使用过农药的区域要竖立标志，在一定时间内禁止人员与动物进入。

5．医疗保健与预防措施

（1）对生产工人进行就业前体检和定期体检。除常规项目外，针对接触的农药类型及毒性增加有关检查指标，如有机磷农药接触工人的全血胆碱酯酶活性检查。将患有神经系统疾病、明显肝和肾疾病者调离接触农药的岗位。妊娠期和哺乳期的妇女暂停接触农药作业。发现有职业禁忌证者，告知其禁止从事相关农药作业。

（2）对施药人员要给予健康指导。要告知农民每次施药时间不要过长，连续施药3～5天后要休息1～2天等；有皮肤破损时避免喷药作业。如果出现头痛、头晕、胸闷、恶心、呕吐等症状，应立即停止喷药，迅速脱离现场，到空气新鲜的地方休息，并用清水漱口，洗净手、脸等暴露部分。若不见好转，应及时到医院治疗。

6．其他措施 研发低毒或无毒类农药。在高毒类农药中加入警告色或恶臭剂等，避免错误的用途等。开展无人机农药作业，鼓励专业队伍开展施药工作，减少接触农药的人数，以降低农药对人群的健康危害。

第二节 有机磷酸酯类农药

有机磷酸酯类农药（organophosphorus pesticides）是我国目前生产和使用最多的一类农药，多数品种为剧毒或高毒类，易引起人畜中毒。在农药所引起的中毒和死亡事件中占重要地位。据WHO报道，在全世界每年约300万的农药中毒案例中，80%为有机磷农药引发。

有机磷农药的品种较多，除作为杀虫剂外，少数品种还用于杀菌剂、杀鼠剂、除草剂和植物生长调节剂，个别还可以用作战争毒剂。

一、理化特性

有机磷农药的基本化学结构如下：

$$\begin{matrix} R_1 & & O\ (\text{or } S) \\ & P & \\ R_2 & & X \end{matrix}$$

根据双键部位的元素种类，将有机磷农药分为磷酸酯类（P＝O）和硫代磷酸酯类（P＝S）两大类。再根据X的结构特征分为磷酸酯类、硫代磷酸酯类、磷酰胺及硫代磷酰胺、焦磷酸酯、硫代焦磷酸酯和焦磷酰胺类等。

（一）磷酸酯类

磷酸是一个三元酸，即其中有三个可被置换的氢原子，这些氢原子被有机基团置换而形成磷酸酯，如敌敌畏、美曲膦酯（又名敌百虫）、磷胺（已禁用）、百治磷等。

（二）硫代磷酸酯类

磷酸分子中的氧原子被硫原子置换即称为硫代磷酸酯，常见的有对硫磷（已禁用）、甲基对硫磷（已禁用）、杀螟松、内吸磷、辛硫磷、二嗪农、稻瘟净、倍硫磷等硫代磷酸酯类，以及乐果、马拉硫磷、甲拌磷等二硫代磷酸酯类。

（三）磷酰胺及硫代磷酰胺类

磷酸分子中一个羟基被氨基取代后称磷酰胺，剩下的氧原子若被硫原子取代则称硫代磷酰

胺。国内有甲胺磷（已禁用）及乙酰甲胺磷等少数品种。

（四）焦磷酸酯、硫代焦磷酸酯和焦磷酰胺

两个磷酸分子脱去一分子水即形成焦磷酸，焦磷酸中的氢、氧和羟基可以分别被有机基、硫原子和氨基取代。国内现有治螟磷、双硫磷等。

有机磷农药纯品一般为白色结晶，有类似大蒜或韭菜的特殊臭味。工业品为淡黄色或棕色油状液体。有机磷农药的沸点很高，比重多大于1，比水稍重。常具有较高的折光率。蒸气压力都很低，在常温下有蒸气逸出。有机磷农药一般不耐热，加热到不足200℃时可发生分解，易爆炸。一般难溶于水，易溶于芳烃、乙醇、丙酮、氯仿等有机溶剂。磷酸酯或酰胺类有机磷农药易在水中发生水解而分解为无毒化合物，磷酰胺类有机磷水解较难，多数有机磷农药在氧化剂作用或生物酶催化作用下容易被氧化。

二、毒性及毒性机制

有机磷农药的毒性与其化学结构中的取代基团有关。结构式中R基团为乙氧基时，毒性较甲氧基大；X基团为强酸根时，毒性较弱酸根大。

有机磷农药可经胃肠道、呼吸道以及完整皮肤与黏膜被机体吸收。经呼吸道或胃肠道途径吸收较为迅速、完全。经皮肤吸收是急性职业中毒的主要途径。被吸收后的有机磷迅速随血液循环分布到全身，肝内含量最高，其余顺次为肾、肺、脾。有机磷农药可经血脑屏障进入脑组织，含氟、氰等基团者穿透血脑屏障的能力较强。有机磷农药还可通过胎盘屏障到达胎儿体内。脂肪组织能少量储存脂溶性高的有机磷农药。有机磷体内代谢模式图见图8-1。

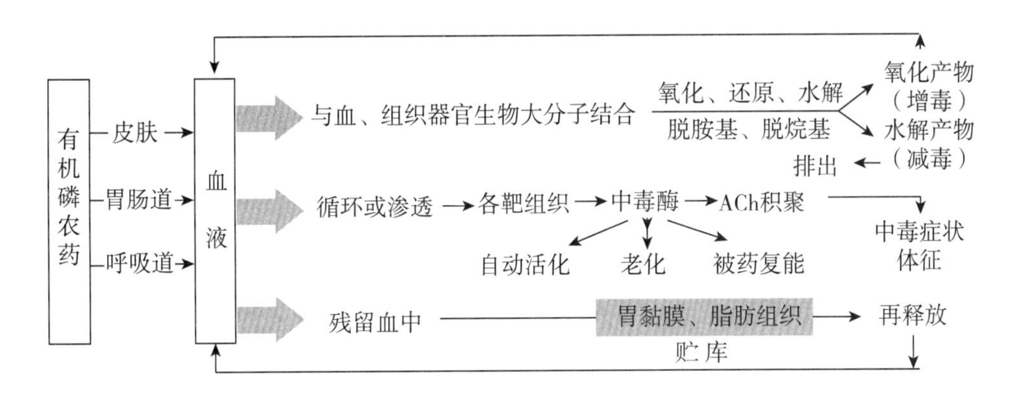

图8-1　有机磷体内代谢模式图

有机磷农药在体内的代谢与其基本结构上的替代化学基团的种类有关，通用的代谢反应式为：

$$\underset{\text{有机磷酸酯 }X=\text{烷基}}{(R)_2P(=O)-O(S)-X} \longrightarrow \underset{\text{磷酸烷基酯+醇}}{(R)_2P-OH + HO(S)-X}$$

有机磷农药在体内的代谢主要为氧化及水解两种形式（图8-2），一般氧化产物毒性增强，水解产物毒性降低。

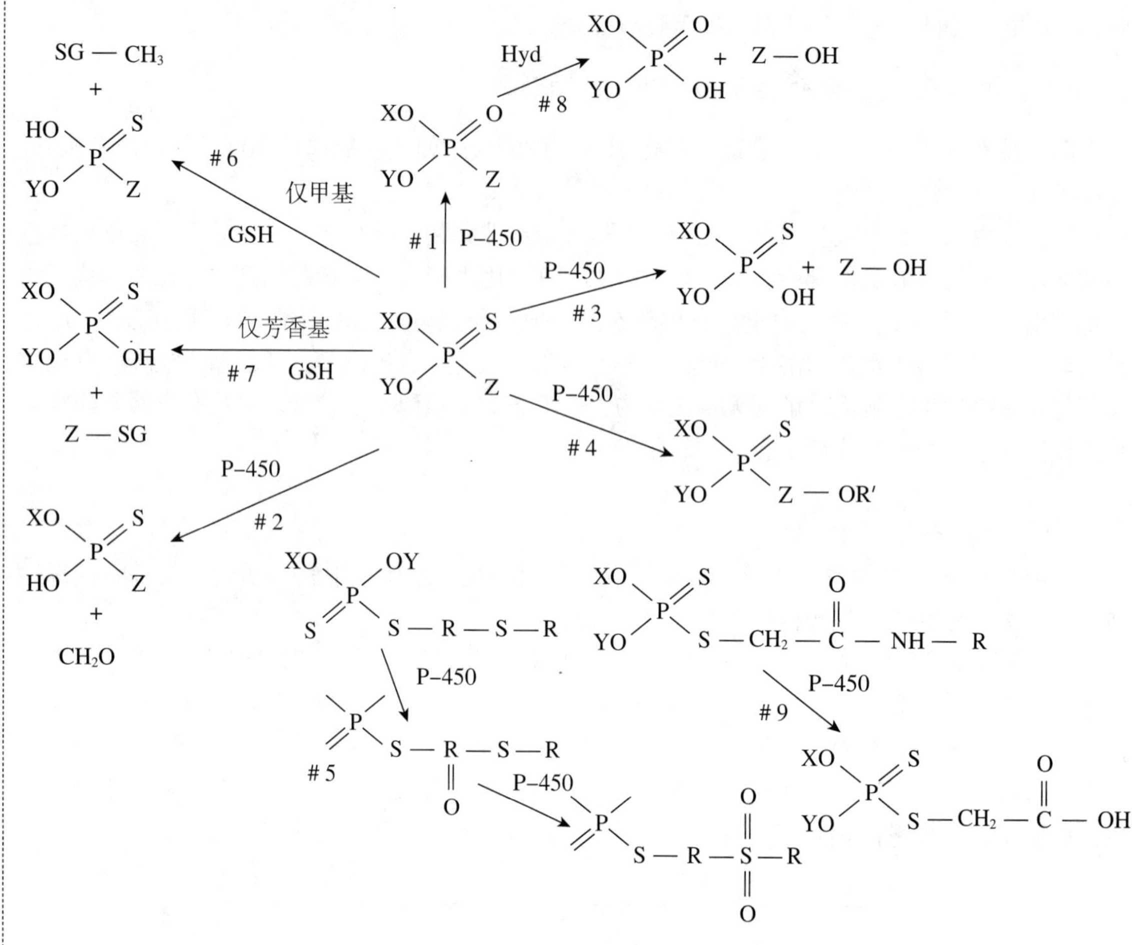

图 8-2　有机磷的主要代谢途径

#1：硫代磷酸酯氧化脱硫
#2：脱烷基形成醛
#3：脱芳香基形成苯酚、二羟基磷酸或二烷基硫代磷酸
#4：芳香环的羟化
#5：硫醚氧化
#6：结合甲基形成脱甲基产物、S- 甲基谷胱甘肽
#7：结合芳香基形成芳香基谷胱甘肽衍生物、磷酸或硫代磷酸
#8：水解
#9：酰胺酶水解

例如，对硫磷在体内经肝细胞微粒体氧化酶的作用，先被氧化为毒性较大的对氧磷，后者又被磷酸三酯水解酶水解，分解后的代谢产物对硝基酚等随尿排出。马拉硫磷在体内可被氧化为马拉氧磷，毒性增加，也可被羧酸酯水解酶水解失去活性。哺乳动物体内含丰富的羧酸酯酶，对马拉硫磷的水解作用超过氧化作用，而昆虫相反，因而马拉硫磷是高效、对人畜低毒的杀虫剂。乐果在体内也可被氧化成毒性更大的氧化乐果，同时可由肝的酰胺酶将其水解为乐果酸，经进一步代谢转变成无毒产物由尿排出。但在昆虫体内，酰胺酶的降解能力有限，因而其杀虫效果较好，这也是杀虫剂选择毒性的基础。

有机磷农药代谢产物：六种二烷基磷酸酯的一种或几种（表 8-2），并大部分随尿排出。常见有机磷农药相应的代谢产物见图 8-3。

表8-2 尿中可检测的有机磷农药的六种代谢产物及其母体化合物

代谢产物	主要母体化合物
二甲基磷酸酯 Dimethylphosphate（DMP）	敌敌畏、敌百虫、速灭磷、马拉氧磷、乐果、皮蝇磷
二乙基磷酸酯 Diethylphosphate（DEP）	特普、对氧磷、内吸氧磷、二嗪氧磷，除线磷
二甲基硫代磷酸酯 Dimethylthiophosphate（DMTP）	杀螟硫磷、皮蝇磷、马拉硫磷、乐果
二乙基硫代磷酸酯 Diethylthiophosphate（DETP）	二嗪农、内吸磷、对硫磷、皮蝇磷
二甲基二硫代磷酸酯 Dimethyldithiophosphate（DMDTP）	马拉硫磷、乐果、谷硫磷
二乙基二硫代磷酸酯 Diethyldithiophosphate（DEDTP）	乙拌磷、甲拌磷

注：Ach（acetylcholine），乙酰胆碱

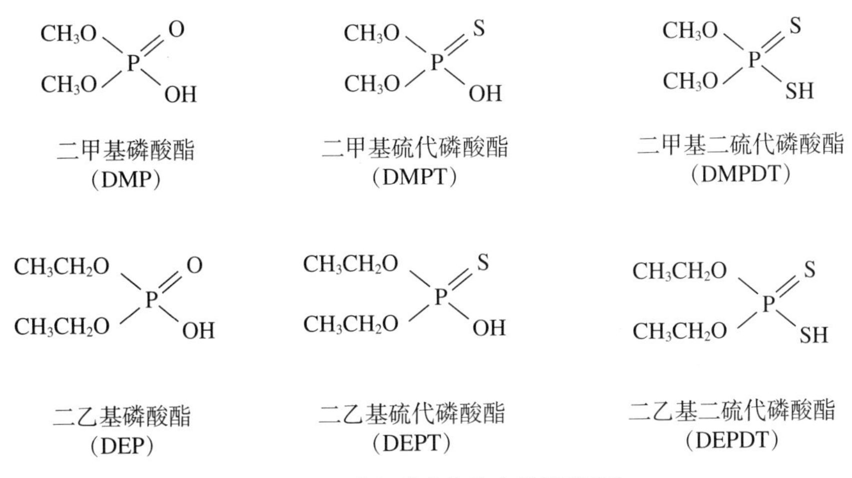

图 8-3 有机磷农药的六种代谢产物

体内参与有机磷代谢的酶主要有 P450 系统和酯酶。根据与有机磷的相互作用特点，将酯酶分为两类，即能水解有机磷酸酯的酶称 A 酯酶（如对氧磷酶）、被有机磷酸酯抑制的酶称 B 酯酶（如羧酸酯酶和胆碱酯酶）。但以后的研究发现，被称为 B 酯酶的一类酶，并不仅仅被简单地抑制，也可以参与代谢有机磷酸酯，并可以被诱导。酯酶包括硫酯酶、磷酸酶和羧基酯酶等。其中研究最多的是羧基酯酶，它包括对氧磷酶（paraoxonase）和羧酸酯酶（carboxylesterase）。目前，已经发现对氧磷酶（系统名为芳香基二烷基磷酸酯酶 aryldialkylphosphatase，E.C.3.1.8.1）在人群中有基因多态现象，7 号染色体 q21-22 点基因位点不同，编码此酶 55 位和 192 位氨基酸的基因分别存在 *ATG/TTG* 和 *CAA/CGA* 多态性。这种酶多态现象可以影响机体对有机磷农药毒性作用的易感性和耐受性。

有机磷农药急性毒性作用的主要机制是抑制胆碱酯酶（cholinesterase，ChE）的活性，使之失去分解乙酰胆碱（acetylcholine，ACh）的能力，导致乙酰胆碱在体内聚集，进而产生相应的功能紊乱。

乙酰胆碱是胆碱能神经的化学递质，胆碱能神经包括大部分中枢神经纤维、交感与副交感神经的节前纤维、全部副交感神经的节后纤维、运动神经、小部分交感神经节后纤维，如汗腺分泌神经及横纹肌血管舒张神经等。当胆碱能神经兴奋时，其末梢释放乙酰胆碱，作用于效应器。按其作用部位可分为两种情况：①毒蕈碱样作用（M 样作用），即兴奋乙酰胆碱 M 受体，其效应与刺激副交感神经节后纤维所产生的作用类似，如心血管抑制、腺体分泌增加、平滑肌痉挛、瞳孔缩小、膀胱及子宫收缩及肛门括约肌松弛等。②烟碱样作用（N 样作用），即在自主神经节、肾上腺髓质和横纹肌的运动终板上，乙酰胆碱的 N 受体受到兴奋，作用与烟碱相

似，小剂量兴奋，大剂量抑制、麻痹。中枢神经内神经细胞之间的突触联系大部分属于胆碱能纤维。

胆碱酯酶是一类能在体内迅速水解乙酰胆碱的酶。在正常生理条件下，当胆碱能神经受刺激时，其末梢部位立即释放乙酰胆碱，将神经冲动向其次一级神经元或效应器传递。同时，乙酰胆碱迅速被突触间隙处的胆碱酯酶分解失效而解除冲动，以保证神经生理功能的正常活动。

体内有两类胆碱酯酶：一类称为乙酰胆碱酯酶（AChE），主要分布于神经系统及红细胞表面（由神经细胞及幼稚红细胞合成），具有水解乙酰胆碱的特殊功能，亦称真性胆碱酯酶；另一类为丁酰胆碱酯酶（BuChE），存在于血清、唾液腺及肝中（在肝中合成），其分解丁酰胆碱的作用较强，也能分解丙酰胆碱及乙酰胆碱，但此种作用较弱，因此其生理功能还不甚明确，也称假性胆碱酯酶。对神经传导起作用的是真性胆碱酯酶。但有机磷中毒时，两类胆碱酯酶都可被抑制。

乙酰胆碱酯酶具有两个活性中心，即阴离子部位和酶解部位。阴离子部位能与乙酰胆碱中带有正电荷的氮（N）结合。同时酶解部位与乙酰胆碱的乙酰基中的碳原子（C）结合形成复合物，进而形成胆碱和乙酰化胆碱酯酶。最后，乙酰化胆碱酯酶在乙酰水解酶的作用下，在千分之几秒内迅速水解，使乙酰基形成醋酸，而胆碱酯酶恢复原来状态。

有机磷化合物进入体内后，可迅速与体内胆碱酯酶结合，形成磷酰化胆碱酯酶，因而使之失去分解乙酰胆碱的作用，以致胆碱能神经末梢部位所释放的乙酰胆碱不能迅速被其周围的胆碱酯酶所水解，造成乙酰胆碱大量蓄积，引起与胆碱能神经过度兴奋相似的症状，产生强烈的毒蕈碱样症状、烟碱样症状和中枢神经系统症状。

有机磷化合物抑制胆碱酯酶的速度与其化学结构有一定关系。磷酸酯类如对氧磷、敌敌畏等，在体内能直接抑制胆碱酯酶；而硫代磷酸酯类如对硫磷、乐果、马拉硫磷等，必须在体内经过活化（如氧化）作用后才能抑制胆碱酯酶（间接抑制剂），故其对胆碱酯酶的抑制作用较慢，持续时间相对较长。

随着中毒时间延长，磷酰化胆碱酯酶可失去重活化的能力，而成为“老化酶”。老化是有机磷酸酯类化合物抑制乙酰胆碱酯酶后的一种变化，是指中毒酶从可以重活化状态到不能重活化状态，其实质是一种自动催化的脱烷基反应（dealkylation）。此时即使应用复能剂，亦难以恢复其活性，其活性恢复主要依靠再生。红细胞内乙酰胆碱酯酶的恢复每天约 1%，相当于红细胞的再生速度；血浆内胆碱酯酶恢复相对较快，约需 1 个月。

胆碱酯酶活性抑制是有机磷农药急性毒性作用的主要机制，但不是唯一的机制。如兴奋性氨基酸、抑制性氨基酸、单胺类递质等非胆碱能机制也涉及。有机磷农药可以直接作用于胆碱受体，可以抑制其他酯酶，也可以直接作用于心肌细胞造成心肌损伤。一些农药，如敌百虫、敌敌畏、马拉硫磷、甲胺磷、对溴磷、三甲苯磷、丙硫磷等，还可以引起迟发性神经病变（organophosphate induced delayed neuropathy，OPIDN）。OPIDN 主要病变为周围神经及脊髓长束的轴索变性，轴索内聚集管囊样物继发脱髓鞘改变。长而粗的轴索最易受损害，且以远端为重，符合中枢 - 周围远端型轴索病。OPIDN 的发病机制尚未完全明了，目前认为与神经病靶酯酶（neuropathy target esterase，NTE）抑制以及靶神经轴索内的钙离子 / 钙调蛋白激酶 B 受干扰，使神经轴突内钙稳态失调，骨架蛋白分解，导致轴突变性有关。还有一些农药，如乐果、敌敌畏、甲胺磷、倍硫磷等中毒后，在出现胆碱能危象后和 OPIDN 前，出现中间肌无力综合征（intermediate myasthenia syndrome，IMS）。中间肌无力综合征的主要表现是以肢体近端肌肉、脑神经支配的肌肉以及呼吸肌的无力为特征，其发病机制迄今尚未阐明，主要假说有神经 - 肌接头传导阻滞、横纹肌坏死、乙酰胆碱酯酶持续抑制、血清钾离子水平下降、氧自由基损伤等。有机磷农药急性毒性作用的主要机制概括见图 8-4。

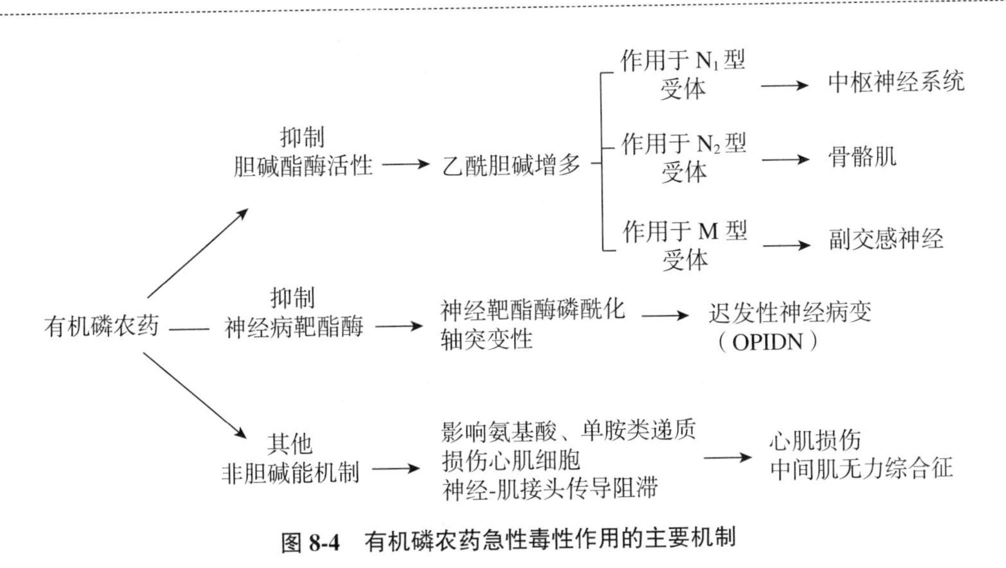

图 8-4 有机磷农药急性毒性作用的主要机制

三、中毒的临床表现

（一）急性中毒

短时间内接触大剂量有机磷农药引发。经皮吸收中毒者可在接触有机磷农药 12 小时内发病，多在 2 ~ 6 小时开始出现症状。经呼吸道吸收中毒者一般在连续工作状态下逐渐发病。通常发病越快，病情越重。

急性中毒的症状和体征包括（表 8-3）：

1．毒蕈碱样症状 早期就可出现，主要表现为：①腺体分泌亢进：口腔、鼻、气管、支气管、消化道等处腺体及汗腺分泌亢进，出现多汗、流涎、口鼻分泌物增多及肺水肿等；②平滑肌痉挛：气管、支气管、消化道及膀胱逼尿肌痉挛，可出现呼吸困难、恶心、呕吐、腹痛、腹泻及二便失禁等；③瞳孔缩小：因动眼神经末梢 ACh 堆积，引起虹膜括约肌收缩，使瞳孔缩小，重者瞳孔常小如针尖；④心血管抑制：可见心动过缓、血压偏低及心律失常。但前两者常被烟碱样作用所掩盖。

2．烟碱样症状 可出现血压升高及心动过速，常掩盖毒蕈碱样作用下的血压偏低及心动过缓。运动神经兴奋时，出现肌束震颤、肌肉痉挛，进而由兴奋转为抑制，出现肌无力、肌肉麻痹等。

3．中枢神经系统症状 早期出现头晕、头痛、倦怠、乏力等，随后可出现烦躁不安、言语不清及不同程度的意识障碍。严重者可发生脑水肿，出现癫痫样抽搐、瞳孔不等大等，甚至呼吸中枢麻痹导致死亡。

4．其他症状 严重者可出现许多并发症状，如中毒性肝病、急性坏死性胰腺炎、脑水肿等。一些重症患者可出现中毒性心肌损害，出现第一心音低钝、心律失常或呈奔马律，心电图可显示 ST-T 改变，QT 间期延长，束支阻滞，异位节律，甚至出现扭转性室性心动过速或心室颤动。少数患者主要在急性中毒后第 1 ~ 4 天、胆碱能危象症状基本消失后，出现中间肌无力综合征。部分患者在急性中毒恢复期出现迟发性神经病变。

表8-3 急性有机磷中毒的主要症状和体征

	受体类型	器官	症状和体征
副交感神经	毒蕈碱	眼：虹膜和睫状肌	瞳孔缩小
交感神经	毒蕈碱	①腺体：泪腺，唾液腺，呼吸道，消化道，汗腺 ②心脏：窦房结，房室结 ③平滑肌：支气管、胃肠道平滑肌 ④膀胱	流泪，流涎，支气管黏液，肺分泌物，恶心，呕吐，腹泻，尿频，多汗 心动过缓，心律失常，传导阻滞 支气管收缩，痉挛，呕吐，腹泻 尿频，尿失禁
神经肌肉组织	烟碱	骨骼肌	震颤，痉挛，反射消失和瘫痪
中枢神经系统		脑	头痛，头晕，全身乏力，精神错乱，抽搐，直至意识丧失

（二）慢性中毒

一般症状较轻，主要有类神经症，部分患者出现毒蕈碱样症状，偶有肌束颤动、瞳孔变化、神经肌电图和脑电图变化。主要见于有机磷农药生产工人长期接触，影响作业人员免疫系统、生殖系统功能。

（三）致敏作用和皮肤损害

部分有机磷农药具有致敏作用，可引起过敏性皮炎、湿疹、支气管哮喘等。

四、中毒的临床诊断标准和治疗原则

有机磷中毒诊断标准和治疗原则见《职业性急性有机磷杀虫剂中毒诊断标准》(GBZ8—2002)。

（一）诊断标准

1．诊断依据 根据短时间接触大量有机磷杀虫剂的职业史，临床主要表现为自主神经、中枢神经和周围神经系统症状，结合实验室全血胆碱酯酶活性测定结果，以及作业环境的职业卫生调查记录，进行综合分析，排除其他类似表现的疾病后，方可诊断。

2．接触反应 具有下列表现之一者：①全血或红细胞胆碱酯酶活性在70%以下，尚无明显中毒的临床表现；②有轻度的毒蕈碱样自主神经症状和（或）中枢神经系统症状，而全血胆碱酯酶活性在70%以上。

3．急性中毒分级标准

(1) 急性轻度中毒：短时间内接触较大量的有机磷农药后，在接触后24小时内出现头晕、头痛、恶心、呕吐、多汗、胸闷、视物模糊、无力等症状，瞳孔可能缩小。全血胆碱酯酶活性一般在50% ~ 70%。

(2) 急性中度中毒：除较重的上述症状外，还有肌束震颤、瞳孔缩小、轻度呼吸困难、流涎、腹痛、腹泻、步态蹒跚、意识清楚或模糊。全血胆碱酯酶活性一般在30% ~ 50%。

(3) 急性重度中毒：除上述症状外，并出现下列情况之一者，可诊断为重度中毒：①肺水肿；②昏迷；③呼吸麻痹；④脑水肿。全血胆碱酯酶活性一般在30%以下。

(4) 中间肌无力综合征（IMS）：在急性中毒后1 ~ 4天，胆碱能危象基本消失且意识清晰，出现肌无力为主的临床表现。高频重复刺激周围神经的肌电图检查，可引出诱发电位波幅

呈进行性递减。依据呼吸肌是否受累，分为轻型和重型两类。

（5）迟发性神经病变（OPIDN）：在急性重度中毒症状消失后 2 ～ 3 周，出现手足无力、拖曳步态、继发肌强直等周围神经和脊髓长束脱髓鞘症状，神经 - 肌电图检查显示神经元损害。

4．慢性中毒 长时间接触有机磷农药后出现下列情况之一者为慢性中毒。①有神经症状、轻度毒蕈碱样症状和烟碱样症状中 2 项，胆碱酯酶活性在 50% 以下，在脱离接触后有机磷农药 1 周内连续 3 次检查仍在 50% 以下；②出现上述症状中 1 项，胆碱酯酶活性在 30% 以下，并在脱离接触后 1 周内连续 3 次检查仍在 50% 以下。

（二）有机磷农药中毒治疗原则

1．急性中毒

（1）脱离现场，清除毒物：患者立即脱离现场，脱去被有机磷农药污染的衣服，用温肥皂水彻底清洗污染的皮肤、头发、指甲；如眼部受染，迅速用清水或 2% 碳酸氢钠溶液冲洗。

（2）立即给予特效解毒药阿托品处理：轻度中毒者可单独给予阿托品；中度或重度中毒者，同时给予阿托品及胆碱酯酶复能剂（如氯磷定、解磷定）。阿托品化（瞳孔扩大、颜面潮红、皮肤无汗、口干、心率加速）的同时，要防止阿托品过量、中毒的发生。

（3）对症处理和支持疗法：处理原则同内科。治疗过程中，要特别注意保持呼吸道通畅。出现呼吸衰竭或呼吸麻痹时，立即给予机械通气，必要时行气管插管或气管切开。急性中毒患者临床症状消失后，继续观察 2 ～ 3 天；重度中毒患者避免过早活动，防止病情突变。

（4）劳动能力鉴定

1）观察对象：暂时调离有机磷作业 1 ～ 2 周，并复查全血胆碱酯酶活性，有症状者可适当对症处理。

2）急性中毒患者：治愈后 3 个月内不宜接触有机磷农药作业。有迟发性神经病变者，应调离有机磷作业。

2．慢性中毒 脱离接触，采取对症处理和支持疗法。在症状、体征基本消失，血液胆碱酯酶活性恢复正常 1 ～ 3 个月后，回到原工作岗位。如多次发生有机磷中毒或病情加重，应调离岗位。

五、中毒的预防

就业前体检要检查工人全血胆碱酯酶活性；定期体检应将全血胆碱酯酶活性检查列入常规，必要时进行神经 - 肌电图检查。

职业禁忌证范围：①神经系统器质性疾病；②明显的肝、肾疾病；③明显的呼吸系统疾病；④全身性皮肤病；⑤全血胆碱酯酶活性明显低于正常者。

第三节 氨基甲酸酯类农药

氨基甲酸酯类农药具有速效、触杀、残留期短及对人畜毒性较有机磷低的优点，是在有机磷和有机氯农药后发展起来的一类合成农药。常用的有呋喃丹、西维因、速灭威、混灭威、叶蝉散、涕灭威、灭多威、残杀威、兹克威、异索威、猛杀威、虫草灵等。国内主要以呋喃丹为主，因生态毒性问题，其安全性受到关注。

一、理化特性

氨基甲酸酯是氨基甲酸的 N 位被甲基或其他基团取代形成的酯类。其基本结构为：

O
‖
R1—N—C—X
R2

其中 R_2 多为芳香烃、脂肪族链或其他环烃。取代基团决定了该类农药的作用对象，如 R_1 为甲基，则可作为杀虫剂；如 R_1 为芳香族基团，多作为除草剂；如 R_1 为苯并咪唑，则作为杀菌剂。碳位上氧被硫原子取代称硫代（或二硫代）氨基甲酸酯，大多数是除草剂或杀菌剂。

大多数氨基甲酸酯农药为白色结晶，无特殊气味。熔点 50 ~ 150℃。蒸气压普遍较低，一般在 0.04 ~ 15 mPa。大多数氨基甲酸酯类农药易溶于有机溶剂，难溶于水。在酸性溶液中分解缓慢、相对稳定，遇碱易分解。降解速度随温度升高而加快。

二、毒性作用及其机制

氨基甲酸酯类农药可通过呼吸道和消化道吸收，经皮吸收缓慢。进入机体后分布到全身组织和脏器。氨基甲酸酯类药物在体内代谢迅速，一般无蓄积，代谢产物主要经尿排出体外。呋喃丹的代谢主要在肝内进行，其水解的主要产物是酚类，氧化代谢产物主要是三羟基呋喃丹，其水解的速率比氧化快 3 倍，结合则主要是葡糖醛酸或硫酸与水解后的酚类结合成酯。呋喃丹的水解与结合反应具有解毒作用，而氧化生成的 3- 羟基呋喃丹与呋喃丹的毒性相当。大部分氨基甲酸酯类农药经口毒性属中等毒类，经皮毒性属低毒类。动物实验结果表明，西维因具有生殖毒性、致畸作用和致肾损害作用（图 8-5）。

图 8-5　西维因代谢模式图

氨基甲酸酯类农药的急性毒性作用机制是抑制体内乙酰胆碱酯酶活性。氨基甲酸酯进入体内后，大多不需经代谢转化而直接抑制胆碱酯酶，即以整个氨基甲酸分子与乙酰胆碱酯酶形成疏松的复合物，两者结合是可逆的，复合物既可解离，释放出游离的胆碱酯酶，也可进一步形成稳定的氨基甲酰化胆碱酯酶和一个脱离基团（酚、苯酚等）。氨基甲酰化胆碱酯酶可再水解，释放出游离的有活性的酶。

三、中毒的临床表现

急性氨基甲酸酯类农药中毒的临床表现与有机磷农药中毒相似，但较有机磷农药中毒临床症状轻。人体一般在接触氨基甲酸酯类农药后 2 ~ 4 小时发病，经口摄入中毒症状出现较快。中毒后，临床表现以毒蕈碱样症状为主，血液胆碱酯酶活性轻度下降。但是摄入量大的重症患者可出现肺水肿、脑水肿、昏迷及呼吸抑制等。部分农药品种可引起接触性皮炎，如残杀威。

四、中毒的临床诊断标准、治疗原则

按照我国《职业性急性氨基甲酸酯杀虫剂中毒诊断标准》(GBZ52-2002)诊断和治疗该类农药中毒。

(一)诊断标准

氨基甲酸酯类农药职业接触史,有相应临床表现,实验室检查全血胆碱酯酶活性下降,结合现场劳动卫生学调查资料,并排除其他病因后确诊。

(二)中毒分级

1. 轻度中毒 短时间内接触氨基甲酸酯类农药后,出现较轻的毒蕈碱样和中枢神经系统症状,如头晕、头痛、乏力、视物模糊、恶心、呕吐、流涎、多汗、瞳孔缩小等,有的伴有肌束震颤等烟碱样症状,一般在24小时以内恢复正常。全血胆碱酯酶活力往往在70%以下。

2. 重度中毒 除上述症状加重外,出现以下任何一项表现:①肺水肿;②昏迷或脑水肿。全血胆碱酯酶活力一般在30%以下。

(三)治疗原则

1. 现场处理 立即将患者脱离中毒现场,脱去受污衣物,用肥皂水反复、彻底清洗污染的衣服、头发、指甲或伤口。眼部受污染者,应迅速用清水或生理盐水冲洗。经口摄入者要及时、彻底洗胃。

2. 给予阿托品和对症治疗 阿托品是治疗的首选药物。但要注意,轻度中毒不必阿托品化;重度中毒者,开始最好静脉注射阿托品,并尽快达阿托品化,但总剂量远小于有机磷农药中毒时的剂量。单纯氨基甲酸酯杀虫剂中毒不宜使用肟类复能剂。

五、中毒的预防

氨基甲酸酯类农药中毒的预防详见第一节概述的相关内容。

第四节 拟除虫菊酯类农药

拟除虫菊酯类农药(pyrethriods pesticide)是人工合成的结构上类似天然除虫菊素(pyrethrin)的高效、广谱农药,环境低残留,人畜低毒,可用作家庭卫生杀虫剂。其分子由菊酸和醇两部分组成。常用的拟除虫菊酯类农药包括溴氰菊酯(敌杀死)、氰戊菊酯(速灭杀丁)、氯氰菊酯、甲醚菊酯、甲氰菊酯、氟氰菊酯、氟胺氰菊酯、氯氟氰菊酯、氯烯炔菊酯、三氟氯氰菊酯、联苯菊酯、氯菊酯、胺菊酯、炔呋菊酯、苯氰菊酯、苯醚菊酯、丙炔菊酯、丙烯菊酯、烯炔菊酯、烯丙菊酯、戊烯氰氯菊酯等。

拟除虫菊酯对昆虫具有强烈的触杀作用,兼具胃毒或熏蒸作用。拟除虫菊酯类农药可能具有内分泌干扰作用。一般拟除虫菊酯类农药与有机磷混配制剂较多。

一、理化特性

拟除虫菊酯类农药大多数为黏稠状液体,呈黄色或黄褐色,少数为白色结晶,如溴氰菊酯,一般配成乳油制剂使用。多数品种难溶于水,易溶于甲苯、二甲苯及丙酮。大多不易挥发,在酸性条件下稳定,遇碱易分解。用于杀虫的拟除虫菊酯类农药多为含氰基的化合物(Ⅱ型),用于卫生杀虫剂的则多不含氰基(Ⅰ型),常配制成气雾或电烤杀蚊剂。其基本化学结构如下:

```
                 CH3   CH3
                   \   /
                     C
                   /   \
                 CH — CH      O      R4
  R1           /          \  /  \   /
     \       /             C      CH
      C ═ CH               ‖       |
     /                     O       R3
  R2
```

二、毒性及毒性机制

拟除虫菊酯类农药多为含氰基的中等毒性（Ⅱ型）和不含氰基的低毒类（Ⅰ型）。拟除虫菊酯类农药可经呼吸道、皮肤及消化道吸收。在田间施药时，以皮肤吸收为主。由于其亲脂性很强，在水中易被鱼鳞吸收，故对鱼类属高毒，使用时需引起注意。

拟除虫菊酯类农药进入体内后在肝代谢。反式异构体的代谢方式以水解反应为主，顺式异构体以氧化反应为主。反式异构体的毒性小于顺式异构体。拟除虫菊酯类农药的生物降解主要通过酯的水解和在芳基及反式甲基上发生羟化两个途径。酯类代谢产物和与葡糖醛酸结合的苯氧基苯甲酸从尿中排出，尿、便中还可排出部分未经代谢的拟除虫菊酯类农药原型。

拟除虫菊酯类农药在人体内的半衰期约为 6 小时。在人体内的一相反应首先是酯键断裂，形成相应的菊酸和醇，醇继续氧化为酸；二相反应主要是与体内葡糖醛酸形成结合型的酯。二代拟除虫菊酯的代谢物主要为 3- 苯氧基苯甲酸（简称 3-PBA）、顺式 -3-（2,2- 二氯乙烯基）-2,2- 二甲基环丙烷 -1- 羧酸、反式 -3-（2,2- 二氯乙烯基）-2,2- 二甲基环丙烷 -1- 羧酸，主要通过粪便和尿液排出体外。这些代谢产物可以用于接触评估来描述机体接触水平。

拟除虫菊酯类农药具有神经毒性，其机制尚未完全阐明。可能与神经细胞内 Ca^{2+} 稳态失调有关。拟除虫菊酯可选择性作用于神经细胞膜的钠离子通道，使去极化后的钠离子通道 M 闸门关闭延缓，钠通道开放延长，钠离子内流，细胞膜电位提高，从而产生一系列兴奋症状。Ⅰ型化合物不含有 α- 氰基，如二氯苯醚菊酯、丙烯菊酯，可使中毒动物出现震颤、过度兴奋、共济失调、抽搐和瘫痪等；Ⅱ型化合物含有 α- 氰基，如溴氰菊酯、氰戊菊酯、氯氰菊酯等，可使中毒动物产生流涎、舞蹈与手足徐动、易激惹兴奋，最终导致瘫痪等。人体接触后面部有烧灼或痛痒的异常感觉，可能与局部皮肤接触后刺激感觉神经去极化，出现重复放电有关。拟除虫菊酯损伤神经细胞 DNA，可诱发神经细胞的凋亡。

拟除虫菊酯类农药还具有生殖毒性，可降低男性性激素水平，影响精子活力；影响大鼠甲状腺素分泌及免疫系统功能。还有研究报告该类农药具有环境内分泌干扰物作用，可致胎儿宫内发育迟缓、出生后神经系统发育障碍等。

三、中毒的临床表现

（一）急性中毒

职业性接触多经皮肤和呼吸道吸收，临床症状一般较轻，主要表现为皮肤黏膜刺激症状和全身症状。症状一般在接触后 4 ～ 6 小时出现，表现为面部皮肤灼痒感或头晕；拟除虫菊酯类农药一旦入眼，可立即引起眼痛、畏光、流泪、眼睑红肿及球结合膜充血水肿等刺激症状。全身症状最晚于接触后 48 小时出现，表现为面部烧灼感、针刺感或发麻、蚁走感，出汗后加重。停止接触数小时症状消失。少数患者可出现低热，瞳孔一般正常，少数患者皮肤出现红色丘疹。

轻度中毒者全身症状为头痛、头晕、乏力、恶心、呕吐、食欲不振、精神萎靡或肌束震

颤，部分患者口腔分泌物增多，多于1周内恢复。

如大量误服，主要表现为上腹部灼痛、恶心、呕吐等消化道症状，同时有心慌、视物模糊、多汗等，四肢肌肉震颤；严重者出现昏迷和发作性抽搐，甚至肺水肿。值得注意的是，各种镇静解痉剂的疗效常不满意。

（二）变态反应

溴氰菊酯可诱发过敏性哮喘。

（三）生殖毒性

溴氰菊酯可降低男性精子活动度，导致精母细胞畸形率增加，睾酮水平下降。

（四）心血管毒性

心肌酶活性增高，心悸。

拟除虫菊酯类与有机磷类混配农药中毒时，临床表现具有有机磷农药中毒和拟除虫菊酯类农药中毒的双重特点，以有机磷农药中毒特征为主。通常症状更严重。

四、中毒的临床诊断标准、治疗原则

依据我国《职业性急性拟除虫菊酯中毒诊断标准及处理原则》（GBZ43-2002）进行。

（一）诊断原则

根据短期内密切接触较大量拟除虫菊酯的历史，出现以神经系统兴奋性异常为主的临床表现，结合现场调查，进行综合分析，在排除其他有类似临床表现的疾病后，可以做出诊断。尿中拟除虫菊酯原型或代谢产物可作为生物监测的接触指标。

（二）诊断分级

1．观察对象 面部异常感觉，如烧灼感、针刺感或紧麻感，皮肤、黏膜刺激症状，无明显全身症状。

2．轻度中毒 明显全身症状，包括头痛、头晕、乏力、食欲不振以及恶心，并有精神萎靡、呕吐、口腔分泌物增多或肌束震颤。

3．重度中毒 除上述临床表现外，具有下列其中一项表现：①阵发性抽搐；②意识障碍；③肺水肿。

（三）治疗原则

1．立即脱离现场，用肥皂水或清水清洗受污皮肤。

2．无特效解毒剂，对症治疗及支持疗法。

3．如为拟除虫菊酯与有机磷混配农药中毒，先根据急性有机磷中毒治疗原则进行处理，后给予对症治疗。

五、中毒的预防

拟除虫菊酯类农药中毒的预防详见第一节概述的相关内容。

职业禁忌证：神经系统器质性疾患、严重皮肤病或过敏性皮肤病者。

第五节 百 草 枯

百草枯（paraquat）为联吡啶类化合物，是一种速效触杀型除草剂，又名对草快、克草王、克草灵等，在土壤中无残留，是使用量排全球第二位的除草剂品种。百草枯在100多个国家登记注册使用，广泛用于园林除草、作物及蔬菜行间除草、草原更新和非耕地化学除草系，接触人数众多，口服中毒后死亡率极高。目前，已有20多个国家禁止或严格限制使用百草枯，我国已禁止百草枯水剂的生产和销售。

一、理化特性

百草枯为1,1′-二甲基-4,4′-联吡啶阳离子二氯化物，分子式C_{12}-H_{14}-N_2-Cl_2，分子量257.2。纯品百草枯为白色粉末，易溶于水，稍溶于乙醇和丙酮，不易挥发，在酸性及中性溶液中稳定，在碱性介质中不稳定，遇紫外线分解。

二、毒性及毒性机制

百草枯急性毒性属中等毒性类，其二氯化物的大鼠经口LD_{50}为155～203 mg/kg，双硫酸甲酯盐为320 mg/kg。20%水溶液成人估计致死量为5～15 ml或40 mg/kg，是目前人类急性中毒死亡率最高的除草剂。百草枯可经胃肠道、完整皮肤和呼吸道吸收。破损的皮肤或阴囊、会阴部污染均可导致全身中毒。自杀行为是目前导致人类中毒的主要途径，口服吸收率为5%～15%，吸收后2小时达到血浆浓度峰值，并迅速分布到肺、肾、肝、肌肉、甲状腺等，肺含量较高，可达到血药浓度的十至数十倍，在体内存留时间较久，可部分降解，大部分在2日内以原型经肾随尿排出，少量亦可经粪便或乳汁排出。

百草枯对皮肤黏膜有刺激和腐蚀作用，可引起多系统损害，如肺充血、出血、水肿、透明膜形成和变性、增生、纤维化等改变。此外，尚可致肝、肾损害并累及循环、神经、血液、胃肠道和膀胱等系统和器官。

百草枯毒性机制目前尚未阐明，一般认为百草枯是一种电子受体，可被肺Ⅰ型和Ⅱ型细胞主动转运而摄取到细胞内，生成过量超氧化阴离子自由基及过氧化氢，引起肺、肝及其他许多组织器官细胞膜脂质过氧化，从而造成多系统组织器官的损害。

三、中毒的临床表现

职业中毒一般症状较轻。口服中毒较重，且常表现为多脏器功能损伤或衰竭，肺损害为致死病因。

（一）消化系统

口服中毒者有口腔烧灼感，唇、舌、咽黏膜糜烂、溃疡，早期出现恶心、呕吐、腹痛、腹泻及血便、胃穿孔，3～7天后出现黄疸、肝功能异常等肝损害表现，甚至出现肝坏死。

（二）呼吸系统

肺水肿、肺纤维化为致死病因。患者表现为咳嗽、咳痰、胸闷、胸痛、呼吸困难、发绀，听诊双肺闻及干、湿啰音。大剂量服毒者可在24～48小时出现肺水肿、出血，常在1～3天内因急性呼吸窘迫综合征（ARDS）死亡。经抢救存活者，经1～2周后可发生肺间质纤维化，呈进行性呼吸困难，导致呼吸衰竭而死亡。小量百草枯吸收者1～2周内出现肺不张、肺浸润、胸膜渗出和肺功能受损，进展为肺纤维化。部分患者无明显肺浸润、肺不张和胸膜渗出等

改变，会发展为肺间质浸润或肺纤维化，肺功能损害随病变的进展加重，最终也可发展为呼吸衰竭而死亡。

（三）泌尿系统

可见尿频、尿急、尿痛等膀胱刺激症状，尿检异常和尿量改变，甚至发生急性肾衰竭，多发生于中毒后的 2 ~ 3 天，患者可出现尿蛋白、管型、血尿、少尿，血肌酐及尿素氮升高，严重者发生急性肾衰竭。

（四）中枢神经系统

表现为头晕、头痛、幻觉、昏迷、抽搐。严重中毒者出现精神异常、嗜睡、手震颤、面瘫、脑积水和脑出血等。

（五）循环系统

重症可有中毒性心肌损害，患者出现血压下降、心电图 S-T 段和 T 波改变、心律失常。

（六）血液系统

血液系统异常包括贫血、高铁血红蛋白血症、急性血管内溶血等。

（七）皮肤与黏膜

皮肤接触后，可发生红斑、水疱、溃疡等。高浓度百草枯液接触指甲后，可致指甲脱色、断裂，甚至脱落。眼部接触后可引起结膜及角膜水肿、灼伤、溃疡。

（八）其他

可有发热、心肌损害、纵隔及皮下气肿、鼻出血、贫血等。

四、中毒的临床诊断标准、治疗原则

（一）诊断标准

根据百草枯的接触史或服毒史，以肺损害为主的多脏器功能损伤的临床表现，参考尿、血或胃内容物中百草枯的测定，一般可明确诊断，一般分为 3 级：

1．轻度中毒 百草枯摄入量＜ 20 mg/kg，表现为胃肠道刺激症状，肺功能暂时性减退。

2．中、重度中毒 百草枯摄入量 20 ~ 40 mg/kg，表现为多系统损害，出现肺纤维化，患者大部分于 2 ~ 3 周内死亡。

3．暴发中毒 百草枯摄入量＞ 40 mg/kg，口咽部腐蚀溃烂，有严重的消化道症状，多脏器功能衰竭，数小时至数日内死亡。

（二）治疗原则

百草枯中毒无特效解毒剂，故应在中毒早期尽可能控制病情发展，阻止肺纤维化的发生，降低死亡率。

1．阻止毒物吸收 尽快脱去污染的衣物，用肥皂水彻底清洗污染的皮肤、毛发。眼部污染时立即用流动清水冲洗，时间不少于 15 分钟。经口中毒者应给予大量生理盐水（250 ~ 500 ml）漱口，清除残留在口腔内的毒物，肥皂水催吐，用吸附剂（活性炭或 15% 漂白土）碱性液洗胃，继之甘露醇或硫酸镁导泻。由于百草枯有腐蚀性，洗胃时要小心。

2．加速毒物排泄 迅速建立静脉通道，给予静脉补液等治疗，应用利尿剂加速毒物的排

出，保持电解质平衡。最好在患者中毒24小时内进行血液透析、灌流、置换或换血等疗法，抑制肺纤维化，并使用胃黏膜保护剂。

3．防止肺纤维化 百草枯中毒后肺损伤最为严重，中毒早期出现呼吸窘迫综合征，应该注意保持呼吸道通畅，及时清理呼吸道，观察呼吸情况，定时监测血气分析，血氧饱和度低时可以给予低流量吸氧，必要时给予气管插管及呼吸机辅助呼吸。定期行X线检查以了解肺部情况。

中毒早期应用糖皮质激素及环磷酰胺、硫唑嘌呤等免疫抑制剂，及早给予维生素C、维生素E及SOD等自由基清除剂。同时要避免高浓度氧气吸入，以避免肺组织损害加重。仅在氧分压＜5.3 kPa（40 mmHg）、出现ARDS时可采用大于21%浓度的氧气吸入，或用呼气末正压呼吸给氧。

4．重要脏器功能监测 保护肝、肾、心功能，准确记录24小时出入量，定期监测肝、肾功能。防治肝坏死和急性肾衰竭。

5．对症与支持疗法 积极防治肺水肿、ARDS，加强对口腔溃疡、呼吸道、消化道的护理，积极控制感染。

五、中毒的预防

百草枯中毒预防详见第一节概述相关内容。

职业禁忌证：禁止皮肤破损者从事接触百草枯的作业。

（马文军）

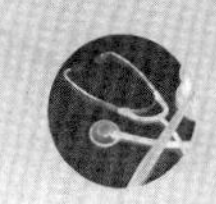

第九章 职业肿瘤

近年来恶性肿瘤对人类健康的威胁日益严重。世界卫生组织（World Health Organization，WHO）发布的《全球癌症报告2018》显示：2018年全球约有1810万新增癌症病例，死亡病例960万，未来二十年全球每年新增癌症病例将会上升到2200万，同期癌症死亡病例将上升到每年1300万。全球癌症负担进一步加重。人类80%～90%的癌症直接或间接与环境因素有关，职业和生活环境中的化学致癌物在恶性肿瘤病因中居首位。由于职业人群相对稳定、职业暴露较为明确，且有可能获得连贯的健康监护资料，重视开展职业相关的恶性肿瘤调查研究，有助于探索人类肿瘤的病因和发病机制，有利于针对致癌因素采取预防措施，从而有效降低其因职业接触所致的超额发病率，或将其危险度控制在最低水平。

第一节 概 述

一、肿瘤、职业性肿瘤、职业性致癌因素的定义

职业性肿瘤（occupational tumor）又称职业癌（occupational cancer），是指在工作环境中接触致癌因素（carcinogen），经过较长的潜隐期而罹患的某种特定肿瘤。在一定条件下能使正常细胞转化为肿瘤细胞，且能发展为可检出肿瘤的与职业有关的致病因素，称为职业性致癌因素（occupational carcinogen）。

恶性肿瘤与职业因素的关系已在较早得到关注。1775年，英国外科医生Pott首次报告了扫烟囱工人中阴囊癌的高发病率，认为可能与接触烟囱中的烟尘有关，并率先提出了化学物、职业与癌症存在关联。此后一个时期陆续发现了砷化合物（1822年）、煤焦油（1876年）、X射线（1879年）、紫外线（1894年）与皮肤癌，以及苯（1897年）与白血病的关系。1895年，德国外科医生Rehn首次报告染料厂工人因接触芳香胺类物质而发生职业性膀胱癌。1922年，英国化学家Kennway从煤焦油中分离出多种多环芳烃，其中有几种可诱发出动物的皮肤癌，证实了化学物的致癌性。1954年，英国学者Case对染料行业的膀胱癌患者进行了流行病学调查，结果确认了β-萘胺及联苯胺的致癌性。

国际癌症研究机构（International Agency for Research on Cancer，IARC）自1972年开始发布《对人类的致癌风险评估专著》。至2016年6月，IARC公布的116卷评价专著共定性分类990种因素，其中与工农业生产有关的人类确认化学致癌物或生产过程有40余种。

职业性肿瘤与非职业性肿瘤在发病部位、病理组织学类型、发展过程和临床症状等方面差异不大，但是一旦诊断为职业性肿瘤则影响较大，可获得职业病补偿。因此，世界各国依据本国状况规定的职业性肿瘤名单不尽相同。我国2013年修订颁布的《职业病分类和目录》中规定的职业性肿瘤包括：石棉所致肺癌、间皮瘤；联苯胺所致膀胱癌；苯所致白血病；氯甲醚、

双氯甲醚所致肺癌；砷及其化合物所致肺癌、皮肤癌；氯乙烯所致肝血管肉瘤；焦炉逸散物所致肺癌；六价铬化合物所致肺癌；毛沸石所致肺癌、胸膜间皮瘤；煤焦油、煤焦油沥青、石油沥青所致皮肤癌；β-萘胺所致膀胱癌等。另外还包括职业性放射性疾病中的放射性肿瘤（如含矿工高氡暴露所致肺癌）。

国际劳工组织（International Labor Organization，ILO）2010版国际职业病名单中规定的可引起职业性肿瘤的因素包括：①石棉；②联苯胺及其盐类；③双氯甲醚（BCME）；④六价铬化合物；⑤煤焦油，煤焦油沥青或烟；⑥β-萘胺；⑦氯乙烯；⑧苯；⑨苯或苯同系物的硝基和氨基衍生物；⑩电离辐射；⑪焦油、沥青、矿物油、蒽或这些物质的化合物、产品或残留物；⑫焦炉逸散物；⑬镍的化合物；⑭木尘；⑮砷及其化合物；⑯铍及其化合物；⑰镉及其化合物；⑱毛沸石；⑲乙烯氧化物；⑳乙肝和丙肝病毒；以及上述条目中没有提到的，但是有科学证据证明或根据国家条件和实践以适当方法确定，工作中有害因素的接触与工人罹患的肿瘤之间存在直接联系的其他因素。

二、职业性肿瘤的诊断原则

我国颁布的国家职业卫生标准（GBZ 94-2017）《职业性肿瘤的诊断》，规定了职业性肿瘤的诊断原则以及各特定职业性肿瘤的诊断细则。职业性肿瘤的诊断原则包括：①肿瘤的临床诊断明确。要求必须是原发性肿瘤、肿瘤的发生部位与所暴露致癌物的特定靶器官一致，且经细胞病理或组织病理检查，或经腔内镜取材病理等确诊。②职业暴露史明确。要排除其他可能的非职业性暴露途径为致癌主因，有明确的致癌物职业暴露史。③潜隐期符合要求。要符合工作场所致癌物的累计暴露年限要求，且需符合职业性肿瘤发生、发展的潜隐期要求。

第二节　职业性致癌因素的识别与确认

预防职业性肿瘤，首先要识别、确定职业性致癌因素。识别和判定职业因素的致癌作用主要通过临床观察、实验研究和人群流行病学调查。

一、临床观察

通过肿瘤病例的临床诊断和认真观察，分析探索肿瘤发生的环境因素，这是识别和判定职业性致癌因素的重要方法。许多职业性肿瘤的发现都是来自临床观察和病例分析的结果。例如：1775年英国外科医生Pott揭示出阴囊癌与扫烟囱工人间的关系；1895年德国外科医生Rehn报告生产品红的工人中膀胱癌多发，认为与苯胺接触有关；1964年，英国耳鼻喉科医生Hadifield发现老年家具制作工多发鼻窦癌，但不能指出其具体接触的因素。临床观察结果可为肿瘤病因的探索提供第一条线索，因其具有偶然性，不能成为确定病因的最终依据，尚需流行病学调查研究进一步证实。

二、实验研究

1．动物实验　设计良好的动物实验能获得可靠的实验结果，用以判定某种因素是否对被试动物具有致癌性。例如，氯乙烯、氯甲甲醚、焦炉逸散物所致的职业性肿瘤都是经动物实验得到肯定结果，然后通过接触人群的流行病学调查得到了证实。目前已有标准化的动物诱癌实验研究程序，IARC对动物实验设计的基本要求如下：

（1）要用2种动物（一般为小鼠和大鼠），每组雌雄各半。

（2）每个实验组和相应对照组要有足够的动物数，每种性别至少50只。

（3）投药和观察时间必须能够超过该种动物期望寿命的大部分（大鼠和小鼠一般为2年）。

(4) 在实验组中，施加的剂量至少有 2 种，高剂量组和低剂量组。高剂量组剂量应接近最大耐受剂量（maximum tolerated dose，MTD）。如条件允许设 3 个剂量组。

(5) 结果的确定要有足够量的病理学检查。

(6) 用恰当的方法对资料进行统计学分析。

将动物致癌实验资料推及人的时候，还要注意两个问题：①是否已证实能使动物致癌的化学物质也能引起人类癌症；②使动物致癌的剂量是否对人也同样致癌。如果能够满足这两点要求，表明动物实验结果与人类致癌有较好的相关性。但也有例外情况，例如：DDT 可诱发动物肿瘤，但在人群中至今尚未见有关病例报告；流行病学已证实砷、苯对人有致癌作用，但多年来动物实验诱发肿瘤尚未获得成功。即使在动物和人的致癌性上有较强的相关性，但靶器官及发癌部位在啮齿类动物与人中可能是不同的。例如，联苯胺可诱发大鼠、仓鼠及小鼠肝癌，对人和狗却可诱发膀胱癌。在致癌机制研究中，还应用了转基因动物和特定基因敲除动物模型。目前，种属差异和高剂量向低剂量推算是导致动物实验结果不能很好推及至人的两个主要影响因素，需进一步研究。

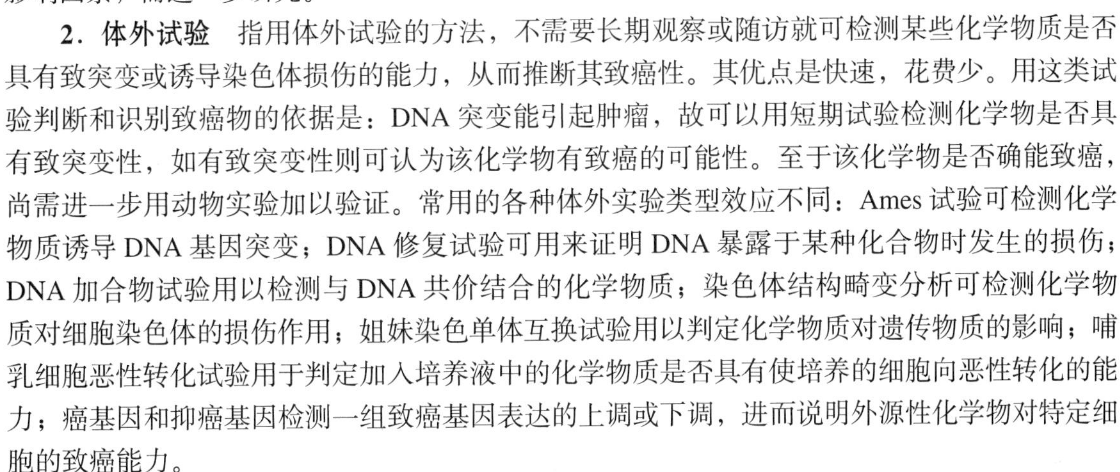

2．体外试验 指用体外试验的方法，不需要长期观察或随访就可检测某些化学物质是否具有致突变或诱导染色体损伤的能力，从而推断其致癌性。其优点是快速，花费少。用这类试验判断和识别致癌物的依据是：DNA 突变能引起肿瘤，故可以用短期试验检测化学物是否具有致突变性，如有致突变性则可认为该化学物有致癌的可能性。至于该化学物是否确能致癌，尚需进一步用动物实验加以验证。常用的各种体外实验类型效应不同：Ames 试验可检测化学物质诱导 DNA 基因突变；DNA 修复试验可用来证明 DNA 暴露于某种化合物时发生的损伤；DNA 加合物试验用以检测与 DNA 共价结合的化学物质；染色体结构畸变分析可检测化学物质对细胞染色体的损伤作用；姐妹染色单体互换试验用以判定化学物质对遗传物质的影响；哺乳细胞恶性转化试验用于判定加入培养液中的化学物质是否具有使培养的细胞向恶性转化的能力；癌基因和抑癌基因检测一组致癌基因表达的上调或下调，进而说明外源性化学物对特定细胞的致癌能力。

目前多主张用一组短期试验来测试化学物的致突变性，其组合原则是：应包括低等动物、高等动物实验；体内、体外试验；体细胞、生殖细胞试验。但是短期体外试验结果预测化学物对人的致癌性的价值，以及体外试验与动物实验之间的相关性，常常难以确定。许多在短期体外试验中可致 DNA 突变的物质，在动物实验中并不显示致癌性，目前尚无法解释这些假阳性结果。大多数研究者提出，判断某一化学物质是否具有致癌性时，如果短期试验阳性，应在动物实验和接触人群中作进一步详细研究；当短期试验和动物实验都获得阳性结果，该结果就可成为该物质是可疑致癌物的证据。

三、人群流行病学调查

人群流行病学调查对于识别和确认某种因素对人类的致癌性可提供最强有力的证据。职业性肿瘤流行病学是研究职业性肿瘤流行规律的学科，探索职业性肿瘤的分布及其与致癌因素间的关系，从群体角度寻找肿瘤发生的原因和规律。识别和确认职业性致癌因素，必须通过职业流行病学调查取得确切的证据。职业流行病学调查是确认致癌因素最重要的组成部分。

1．在流行病学调查中出现以下情况，提示可能存在某种致癌因素的风险。

(1) 出现非正常集群肿瘤病例（abnormal cluster cases of cancer）：接触同一职业环境人群，即暴露于同一物质的接触者出现较高的肿瘤发病率，提示该物质可能有致癌作用。

(2) 癌症高发年龄提前：如接触联苯胺的男工，发生膀胱癌的年龄多见于 40 岁，一般人群男性膀胱癌好发年龄为 60 ～ 70 岁，提示由于职业性接触程度较强而加速了致癌作用。一般职业性肿瘤发病可提前 10 ～ 15 年。

（3）肿瘤发病人群性别比例异常。一般人群肺、肾、肝、食管等部位肿瘤发病率都是男性较高，职业接触某种因素导致上述器官肿瘤发病率男、女相近或女性高于男性，提示该因素可能为职业性致癌因素。

（4）肿瘤的发病均与某一共同因素有关：在不同地区、不同时间、不同厂矿接触同一职业性有害因素的人群，出现同种肿瘤发病率升高的现象。如在砷接触致肺癌的调查中，8 个生产三氧化二砷的工厂和铜冶炼厂、3 个含砷农药生产厂、1 个应用含砷农药现场的工人及冶炼厂周围居民肺癌死亡率都明显升高，其中砷是其环境接触共同因素，说明砷是引起肺癌高发的致癌物。

（5）明确接触水平 - 反应关系：例如上海市关于氯甲醚作业者的肺癌调查，发现肺癌发病率随工龄延长而增高。

（6）罕见肿瘤高发现象：例如生产氯乙烯单体的作业者发生肝血管肉瘤、接触石棉作业者发生胸腹膜间皮瘤等，一般人群极少出现间皮瘤。提示某些职业性有害因素接触与作业人员特定肿瘤发生相关。

2．对不同流行病学研究方法提供的识别和判定致癌因素的证据进行综合分析。病例报告和描述性流行病学研究对致癌性只能提供证据线索，分析性流行病学研究有可能得出接触与致癌的因果关系。目前，若队列研究或病例 - 对照研究对职业接触因素和致癌结局关系得出阳性结果，可作为识别和确认致癌物的有力证据。若采用干预研究，从工作环境或职业活动中消除某种特定的有害因素或减少其特定风险，可以消除相应的肿瘤或降低其发病率，则说服力更强。流行病学研究接触与致癌结果是否具有因果关系，要遵循下列判断标准：

（1）因果关系强度：是指接触组与对照组比较其发生肿瘤相对危险性的程度。相对危险度（relative risk，*RR*）越高，说明发病或死亡概率越大，接触与效应因果关系越强。分析时注意应以接触某特定职业性有害因素的工人数为基数，而不应以全单位从业者人数为基数，以免掩盖实际接触人群的高发病率。

（2）因果关系的一致性：是指某致癌因素引起某特定肿瘤的因果关系在同类调查结果中一致。不同水平的接触，其致癌的结论一致。

（3）接触水平 - 反应关系：接触职业性有害因素水平或剂量与特定肿瘤发病率具有明显的剂量 - 反应关系。

（4）生物学合理性：具有生物学基础，其发病机制在生物学可给出合理解释。

（5）时间依存性：遵循“接触”职业性有害因素在前，致癌“效应”在后的顺序。

必须注意人群流行病学调查的局限性，如随着人口流动性增加，研究对象失访率增加；生产技术进步导致职业生产环境有害因素种类和水平的变化，使得职业人群接触致癌因素水平改变，在接触水平评估时产生剂量误差；职业生产环境和有害因素种类变化，研究单一因素致癌作用时研究对象很难确定；对于某些长潜伏期致癌因素的接触人群随访，缺乏敏感的流行病学研究方法。

四、职业性致癌因素分类

参照 IARC 人类致癌因素分类指导方针，将职业性致癌因素分为四类，其中第 2 类分为两个水平。第 1 类为人类确认致癌物，第 2 类为人类可能致癌物，第 3 类为对人类致癌性不能分类，第 4 类为对人类无致癌性。IARC 在判定单一因素、混合物或暴露环境对人类的致癌性并进行分类时，制订出一套指导方针，见表 9-1。

表9-1　IARC评价人类致癌因素的指导方针

类别	单一因素、混合物或暴露环境致癌性	各类的证据组合		
		流行病学证据	动物证据	其他证据
1	确定对人类有致癌性	充足 比较充足	任何一个 充足	任何一个 强阳性
2A	很可能对人类有致癌性	有限 不足或无	充足 充足	阳性 强阳性
2B	可能对人类有致癌性	有限 不足或无 不足或无	比较充足 充足 有限	任何一个 阳性 强阳性
3	对人类致癌性不能分类	不足或无 不足或无	有限 未分类	阳性 阳性
4	可能对人类没有致癌性	提示无致癌性 不足或无	提示无致癌性 提示无致癌性	任何一个 强阴性

注：本表显示IARC在识别和判定人类致癌因素时依据流行病学、动物实验和其他证据进行综合评价。但在个别情况下，IARC工作组在对某因素做整体致癌评价时可脱离该指导方针（IARC2003）。例如，如果没有充足的流行病学证据且有强有力的证据证明动物体内的机制与人不同，则整体评价将被降级。

1类（确定对人类有致癌性的单一因素、混合物或暴露环境）共118种；2A类（很可能对人类有致癌性）80种，2B类（可能对人类有致癌性）289种；3类（对人类致癌性不能分类）502种；4类（可能对人类没有致癌性）1种。属于1类的职业性致癌因素见表9-2。

表9-2　IARC确认属于1类的职业性致癌因素

致癌物质或混合物名称	接触行业或接触生产过程或接触人员[a]	人的证据[c]	动物证据[c]	致癌部位或疾病
电离辐射，包括：X射线和γ射线、中子、磷-32、α粒子和β粒子的核素、钚-239、碘-131、镭-224、镭-226、镭-228、氡气-222和钍-232及其衰变产物	放射学工作者，技术人员，核能工作者，镭刻度盘涂漆者，地下矿工，钚作业者，核事故后的清理者，航空人员	充足	充足	骨[d]，白血病[d]，肺[d]，肝[d]，胆管[d]，甲状腺[d]，乳腺[d]，软组织[d]，肾[d]，膀胱[d]，其他[d]
太阳辐射（紫外线）	户外工作者	充足	充足	黑色素瘤[d]，皮肤[d]
石棉	采矿，制造业副产品，绝缘材料，造船厂工人，金属板工人，石棉水泥工业	充足	充足	肺[d]，间皮瘤[d]，喉[b]，胃肠道[b]
毛沸石	废物处理，污水，农业废物，大气污染控制系统，水泥聚集物，建筑材料	充足	充足	间皮瘤[d]
二氧化硅，晶质	岩石加工业，陶瓷、玻璃和其他相关工业，铸造和冶金业，碾磨，建筑业，农业	充足	充足	肺[d]
含石棉状纤维的滑石粉	陶瓷、纸、油漆和化妆品等的生产	充足	不足	肺[d]，间皮瘤[d]
木尘	伐木和锯木工人，造纸工业，木材加工业（如家具工业、建筑业），塑料和油毡的填充材料	充足	不足	鼻腔和鼻旁窦[d]
砷和砷的化合物	有色金属冶炼，含砷杀虫剂的生产、包装和使用，羊毛纤维的生产，含砷矿物开采	充足	有限	皮肤[d]，肺[d]，肝（血管肉瘤）[b]

续表

致癌物质或混合物名称	接触行业或接触生产过程或接触人员	人的证据[c]	动物证据[c]	致癌部位或疾病
铍	铍的提炼和加工，航空工业，电子和核工业，宝石匠	充足	充足	肺[d]
镉和镉化合物	镉熔炼，电池、镉铜合金生产工人，染料和色素生产，电镀	充足	充足	肺[d]
铬化合物，六价铬	铬生产，染料和色素，电镀和镌板，铬铁合金生产，不锈钢焊接，木材防腐剂，皮革制造，水处理，墨水，摄影，石板印刷，钻井泥浆，合成香料，焰火，防腐剂	充足	充足	肺[d]，鼻窦[b]
部分镍化合物（镍精炼工业）	镍的提炼和精炼，焊接	充足	充足	肺[d]，鼻腔和鼻窦[d]
苯	苯生产，制鞋工业中的溶剂，化学、医药和橡胶工业，印刷工业（影印厂和装订所），汽油添加剂	充足	有限	白血病[d]
煤焦油和沥青	精制化学药品和煤焦油产品的生产，焦炭生产，煤气制备，铝生产，铸造，铺路和建造（盖顶工和铺地匠）	充足	充足	皮肤[d]，肺[b]，膀胱[b]
轻度或未经处理的矿物油	矿物油生产，使用润滑油工人，机械师，工程师，印刷工业，化妆品、医药制剂的生产	充足	不足	皮肤[d]，膀胱[b]，肺[b]，鼻窦[b]
页岩油或页岩润滑油	采矿和加工，用作燃料或化工厂原料，纺织工业中使用润滑油	充足	充足	皮肤[d]
烟灰	烟囱清洁工人，采暖服务人员，泥瓦匠及助手，建筑爆破工，隔离工，消防人员，冶金作业人员，涉及有机物燃烧的工作	充足	不足	皮肤[d]，肺[d]，食管[b]
氯乙烯	氯乙烯生产，聚氯乙烯和聚合体的生产，1974年前的制冷剂，萃取剂，气溶胶推进燃料	充足	充足	肝（血管肉瘤）[d]，肝（肝细胞）[b]
氯甲醚，双氯甲醚	塑料和橡胶生产，化学中间产物，烷化剂，实验室试剂，离子交换树脂和聚合体	充足	充足	肺（燕麦形细胞）[d]
4-氨基联苯	4-氨基联苯生产，染料和色素生产	充足	充足	膀胱[d]
联苯胺	联苯胺生产，染料和色素生产	充足	充足	膀胱[d]
2-萘胺	2-萘胺生产，染料和色素生产	充足	充足	膀胱[d]
环氧乙烷	环氧乙烷生产，化学工业，灭菌剂	有限	充足	白血病[d]
TCDD	TCDD生产，使用氯酚类和氯苯氧基类除草剂，垃圾焚烧，印刷电路板生产，纸浆和纸的漂白	有限	充足	所有结合部位[d]，肺[b]，非霍奇金淋巴瘤[b]，恶性毒瘤[b]
黄曲霉毒素	饲料生产工业，水稻和玉米加工	充足	充足	肝[d]
被动吸烟	酒吧和餐馆工作人员，机关工作人员	充足	充足	肺[d]，胰腺[d]
芥子气	芥子气生产，实验室使用，军事人员	充足	有限	喉[d]，肺[b]，咽[b]
含硫酸的强无机烟雾	浸酸法操作，钢铁工业，石化工业，酸性磷酸盐肥料的生产	充足	无	鼻咽，喉[d]，肺[b]

续表

致癌物质或混合物名称	接触行业或接触生产过程或接触人员	人的证据[c]	动物证据[c]	致癌部位或疾病
苯并［a］芘（存在于煤焦油中）	接触煤焦油燃烧气体的工作，被动吸烟，烟囱清洁工人，接触柴油内燃机废气的工人（如井下矿工等）	充足	充足	肺[d]，皮肤[d]，膀胱[d]
1,3- 丁二烯	橡胶工业，轮胎制造，树脂、塑料工业，用于表面活性剂、润滑油添加剂生产，被动吸烟	充足	充足	白血病[d]，乳腺[d]，卵巢[d]
甲醛	工业树脂生产使用，如刨花板、涂料、纤维板、三夹板、隔音板等装璜材料生产，解剖工作者与殡葬业人员	充足	充足	鼻咽[d]，脑[d]，白血病[d]
邻甲苯胺	染料、颜料和橡胶化学品生产，使用其染色组织的实验室和医院工作人员	充足	充足	膀胱[d]，软组织[d]，骨[d]
大气污染	室外工作者（环卫工人、交通警察等）	充足	充足	肺[d]，膀胱[d]
柴油内燃机废气	井下矿工，暴露于机动车尾气的工作人员如环卫工人、交通警察等	充足	充足	肺[d]，膀胱[d]
室内燃烧煤	偏远地区燃煤烹饪者	充足	充足	肺[d]

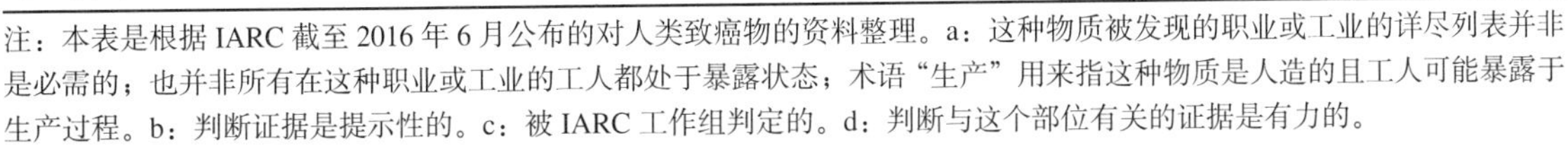

注：本表是根据 IARC 截至 2016 年 6 月公布的对人类致癌物的资料整理。a：这种物质被发现的职业或工业的详尽列表并非是必需的；也并非所有在这种职业或工业的工人都处于暴露状态；术语“生产”用来指这种物质是人造的且工人可能暴露于生产过程。b：判断证据是提示性的。c：被 IARC 工作组判定的。d：判断与这个部位有关的证据是有力的。

第三节　职业性肿瘤的发病特点

一般从病因学特点及发病条件、肿瘤发病部位、自接触职业性致癌因素到临床确诊肿瘤发生的时间、肿瘤的病理特征等方面来描述职业性肿瘤的发病特点，这些也是判断肿瘤是否为职业性肿瘤的依据。

一、病因学特点和发病条件

职业性肿瘤发生病因明确，即由于职业人群在工作环境接触职业性致癌因素所致。有明确的致癌因素接触史。职业性肿瘤要在一定条件下才能发生，主要与职业性致癌因素的理化特性、结构、接触途径、接触剂量和接触时间、接触者个人生活行为方式、机体遗传易感性等有关。例如，金属镍微粒有致癌性，而块状金属镍无致癌性；苯胺的同分异构体中的 β 位异构体为强致癌物，而 α 位异构体则为弱致癌物；不溶性的铬盐及镍盐，只有经肺吸入才能致癌，而将其涂抹皮肤或经口摄入均无致癌作用。职业性肿瘤是否发生还与接触者的健康状况、个体易感性、行为与生活方式等有关。吸烟可促进多种职业性肿瘤的发生，如接触石棉且吸烟者，其肺癌发病率可以增加 40 ～ 90 多倍。

二、发病部位

职业性肿瘤有相对独立的好发部位，一般为职业性致癌因素的接触部位，常见于皮肤和呼吸道，可累及同一系统的邻近器官，如致肺癌的职业性致癌物可引发气管、咽喉、鼻腔或鼻窦的肿瘤；亦可发生在远隔部位，如皮肤接触芳香胺，可导致膀胱癌；同一致癌物也可能引起不同部位的肿瘤，如砷可诱发肺癌和皮肤癌。此外，还有少数致癌物可引起多种肿瘤，如电离辐

射可引起白血病、肺癌、皮肤癌、骨肉瘤等。

三、潜隐期

潜隐期（latency）指从接触已确认的致癌物到确诊该致癌物所致职业性肿瘤的间隔时间。由于 DNA 碱基对发生突变形成的非正常细胞最终是否能发生或何时发展为肿瘤，受多种因素的综合影响，如细胞损伤的修复能力、免疫系统的有效性以及是否存在肿瘤发生的内外源促进因子等。发现肿瘤时，一般已满足肿瘤细胞数目达到 10^9 以上、肿瘤克重、肿瘤细胞增殖 30 代以上的条件。因此，不同的致癌因素引起的职业性肿瘤有不同的潜隐期。例如，接触苯所致白血病最短时间仅 4 ～ 6 个月，石棉诱发间皮瘤最长可达 40 年以上。大多数职业性肿瘤的潜隐期为 12 ～ 25 年。职业性肿瘤的发病年龄较非职业性同类肿瘤患者年龄小，如芳香胺引起的泌尿系统癌变，一般人群为 60 ～ 75 岁，而职业人群为 40 ～ 50 岁。我国湖南某砷矿职工中肺癌发病年龄比所在省居民肺癌发病年龄小 10 ～ 20 岁。

四、病理特征

职业性致癌因素种类不同，各自导致的职业性肿瘤具有不同的特定病理类型。职业性肿瘤一般恶性程度较高，主要是与职业性致癌因素致癌性强或接触的强度较高有关。例如，铀矿工肺癌大部分为未分化小细胞癌、铬暴露多致肺鳞癌、家具木工和皮革制革工的鼻窦癌大部分为腺癌。接触的职业性致癌因素强度不同，亦可导致不同的特定病理类型。一般认为，接触强致癌物以及高浓度接触致癌物引发的肿瘤多为未分化小细胞癌，反之则多为腺癌。苯所致白血病多为急性，发展较快，患者存活时间较短。

五、致癌阈值

大多数毒物的毒性作用存在阈值或阈剂量，即机体接触剂量大于阈剂量值可引起健康损害。但职业性致癌因素阈值是否存在尚有争论。有研究者主张职业致癌物无阈值，即“一次击中”学说（one hit theory）。该学说认为单细胞一次小剂量接触致癌物、甚至接触一个致癌分子，即可导致其 DNA 发生变化，启动肿瘤发生的连锁过程。多数学者逐渐趋向于认为有阈值，理由是：①即使单个致癌分子可能诱导细胞的基因改变，但这个分子到达其靶器官的可能性是很小的；②致癌分子还可以与细胞其他的亲核物质如蛋白质或 DNA 的非关键部分作用而被代谢；③细胞有修复 DNA 损伤的能力，机体的免疫系统又有杀伤癌变细胞的能力。若 DNA 损伤被修复或癌变细胞被杀灭，就可能存在“无作用水平”值；④大多数致癌物的致癌过程都有前期变化，如增生、硬化等，肿瘤是“继发产物”。因此，确定致癌阈值成为可能。一些国家已据此规定了“尽可能低”的职业致癌物接触的“技术参考值”。我国《工作场所有害因素职业接触限值 第 1 部分：化学有害因素》（GBZ 2.1-2019）仅规定了具有致癌作用的化学物质，依据 IARC 已公布的化学性致癌物质分类，在备注栏内加注致癌标识作为职业病危害预防控制的参考。同时规定对于标有致癌性标识的化学物质，应采用技术措施与个人防护，减少接触机会，尽可能保持最低接触水平。阈值问题并没有得到彻底解决，尚需深入研究。

虽然致癌物阈值问题有争论，但大量动物实验和流行病学调查研究证明，多数致癌物都明显存在剂量 - 反应关系，即暴露于同一致癌物总剂量较大的人群比接触剂量小的人群肿瘤发病率和死亡率高。例如，接触二甲基氨基偶氮苯 30 mg/d，34 天可诱发肝癌，接触总量为 1020 mg；若接触剂量为 1 mg/d，700 天发生肝癌，接触总量为 700 mg。但也有例外，如石棉有小剂量的接触史即可致癌。

第四节　常见的职业性肿瘤

一、职业性呼吸道肿瘤

在职业性肿瘤中，呼吸道肿瘤最常见。目前已知对人类呼吸道有致癌作用的物质有：铬、镍、砷、石棉、煤焦油类物质，氯甲醚类、芥子气、异丙油、放射性物质、硬木屑、氯丁二烯等。吸烟已被证明是肺癌发生的最危险因素，对职业性呼吸道肿瘤亦有明显影响。我国现行的《职业病分类和目录》中，可引起职业性呼吸系统肿瘤的职业性有害因素包括：石棉、氯甲醚、双氯甲醚、砷及其化合物、焦炉逸散物、六价铬化合物、毛沸石。

（一）石棉所致肺癌、间皮瘤

1934 年首次报道石棉致肺癌，1955 年被确认。之后大量的调查研究证明肺癌是威胁石棉工人健康的主要疾病，占石棉工人总死亡病例的 20%。从接触石棉至发病的潜伏期约为 20 年，并呈明显的接触水平 - 反应关系。石棉致癌作用的强弱与石棉种类及纤维形态有关。此外，石棉还可致胸、腹膜间皮瘤，70% 以上的间皮瘤发生与长期接触石棉有关。

肺癌且合并石棉肺患者，应诊断为石棉所致职业性肺癌。肺癌但不合并石棉肺患者，在诊断时应同时满足以下三个条件：①原发性肺癌诊断明确；②有明确的石棉粉尘职业暴露史，石棉粉尘的累计暴露年限 1 年以上（含 1 年）；③潜隐期 15 年以上（含 15 年）。

胸膜间皮瘤合并石棉肺者，应诊断为石棉所致职业性胸膜间皮瘤。胸膜间皮瘤但不合并石棉肺患者，在诊断时应同时满足以下三个条件：①胸膜间皮瘤诊断明确；②有明确的石棉粉尘职业暴露史，石棉粉尘的累计暴露年限 1 年以上（含 1 年）；③潜隐期 15 年以上（含 15 年）。

（二）氯甲醚所致肺癌

双氯甲醚（bischloromethyl ether）和氯甲甲醚（chloromethyl methyl ether）均为无色液体，有高度挥发性。氯甲甲醚遇水，或其气体与水蒸气相遇，水解后合成双氯甲醚。双氯甲醚可在空气中长时存留。二者统称为氯甲醚类，用于生产离子交换树脂，氯甲醚类有呼吸道黏膜刺激作用。有报告我国上海氯甲醚类作业工人的肺癌发病率为 889.68/10 万，肺癌死亡率为 533.81/10 万，显著高于非接触人群，且呈剂量 - 反应关系。氯甲醚所引起的肺癌病理类型多为燕麦细胞即未分化小细胞型，恶性程度高。

氯甲醚所致肺癌诊断细则：①原发性肺癌诊断明确；②有明确的氯甲醚（双氯甲醚或工业品一氯甲醚）职业暴露史，生产和使用氯甲醚（双氯甲醚或工业品一氯甲醚）累计暴露年限 1 年以上（含 1 年）；③潜隐期 4 年以上（含 4 年）。

（三）砷及其化合物所致肺癌

砷主要以砷化合物的形式存在于自然界，与金属矿共生。砷的毒性与其价态有关，三价砷毒性远大于五价砷。至今仍未建立无机砷致癌的实验动物模型，但大量流行病学调查结果已充分证明，无机砷化合物是人类皮肤癌和肺癌的致癌物。

IARC 确认砷致人体肺癌的证据主要来自接触三氧化二砷及三氧化五砷人群肺癌发病资料：1945 年 Hill 对一个制造砷酸钠的工厂进行调查，发现肺癌死亡者增多；1969 年 Lee 报道 8047 名钢冶炼工呼吸道癌标准化死亡比（standard mortality ratio，SMR）为 2.38 ~ 8.00，且 SMR 与砷接触量呈正相关；日本铜冶炼工肺癌 SMR 为 4；我国湖南省开采和冶炼砷的某雄黄矿的工人肺癌发生率高达 234.2/10 万，比该省省会居民高出 25.1 倍，比所在县居民高 101.8 倍。

砷所致肺癌诊断细则：①原发性肺癌诊断明确；②有明确的砷职业暴露史，无机砷累计暴露年限3年以上（含3年）；③潜隐期6年以上（含6年）。

（四）焦炉逸散物所致肺癌

烟煤在高温缺氧的焦炉炭化室内干馏过程中产生的气体、蒸汽和烟尘统称为焦炉逸散物。煤焦油挥发物是焦炉逸散物的重要成分，含有多种致癌的多环芳烃类化合物。日本于1936年报道煤气发生炉工人高发肺癌，15例恶性肿瘤中有肺癌12例（80 %），比当时日本一般人群高26倍，比其他钢铁工人高33倍。1962年Christian对焦炉工的调查证明肺癌死亡率比预期高24倍。我国1971—1985年对19家焦化厂中4171名男工进行癌症回顾性队列调查，以全国钢铁企业中钢坯初轧厂为对照，计算标化减寿率比（standardized potential years of life lost rate ratio），结果显示各工种肺癌标化减寿率比为：炉顶工为5.56、炉侧工为3.55、非焦炉工为2.38，均显著超高。大量的动物实验和流行病学研究表明，长期接触以多环芳烃（polycyclic aromatic hydrocarbon，PAHs）为代表的焦炉逸散物是焦炉工肺癌的致癌因素。

焦炉工肺癌诊断细则：①原发性肺癌临床诊断明确；②有明确的焦炉逸散物职业暴露史，焦炉逸散物累计暴露年限1年以上（含1年）；③潜隐期10年以上（含10年）。

（五）六价铬化合物所致肺癌

铬在自然界普遍存在，常用于印染、皮革加工、木材防腐保存、有机合成及某些催化剂的制造等。铬的毒性与其氧化状态及溶解度有关，三价铬是一种生命必需微量元素，而溶解度小的六价铬可经呼吸道进入肺中导致肺癌。1935年，一名德国医师发现铬酸盐工人高发肺癌，随后美国、英国、日本、苏联和意大利等国的流行病学调查研究也都予以了证实。我国在20世纪80年代对2545名铬酸盐工人进行回顾性和前瞻性流行病学调查研究，发现肺癌发病率高达82.08/10万，而对照组为22.79/10万。1990年IARC将六价铬确定为人类致癌物，我国于1987年将铬酸盐生产工人所致肺癌列入职业性肿瘤名单中，2013年修改为六价铬化合物所致肺癌。

六价铬化学物所致肺癌诊断细则：①原发性肺癌临床诊断明确；②有明确的六价铬化合物职业暴露史，六价铬化合物累计暴露年限1年以上（含1年）；③潜隐期4年以上（含4年）。

（六）毛沸石所致肺癌、胸膜间皮瘤

毛沸石是一种较为罕见的天然纤维状硅酸盐矿物质，属于沸石类。一般以毛状易碎纤维形式在火山灰岩石空隙中存在，故得名毛沸石。毛沸石的许多性质与石棉相似，被IARC列为1类确认致癌物，目前动物实验证实毛沸石可致大鼠和小鼠胸膜间皮瘤。毛沸石所致肺癌、胸膜间皮瘤是毛沸石开发加工行业中的常见职业病，我国于2013年将毛沸石所致肺癌、胸膜间皮瘤列入修订的《职业病分类与目录》。

二、职业性皮肤癌

人类最早发现扫烟囱工人的阴囊癌属职业性皮肤癌，职业性皮肤癌可占人类皮肤癌的10%。引起皮肤癌的主要化学物质有砷及其化合物、煤焦油、沥青、蒽、木馏油、页岩油、杂酚油、石蜡、氯丁二烯等。引起职业性皮肤癌的工种有无机砷和二氯甲醚接触工、焦炉工、铀矿工、煤气发生炉工。煤焦油类物质所致接触工人的皮肤癌最多见。扫烟囱工人的阴囊癌是阴囊皮肤直接接触煤焦油类物质所引起，可由乳头状瘤发展而成，并以扁平细胞角化癌较为常见。

(一) 砷及其化合物所致皮肤癌

砷是确认的人类致癌物。长期职业性砷及其化合物接触，可致手和脚掌皮肤过度角化或蜕皮，皮肤色素沉着。表现为手掌的尺侧缘、手指的根部出现多个小的、角样或谷粒状角化隆起，俗称“砒疔”或“砷疔”，进一步发展可融合成疣状物或坏死，继发感染形成顽固性溃疡，继而发生皮肤原位癌。

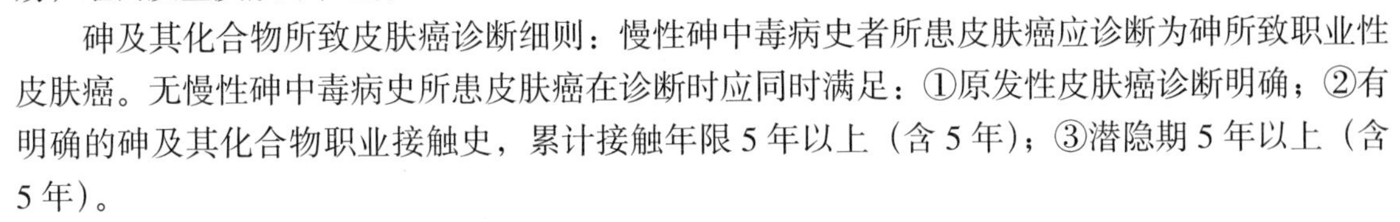

砷及其化合物所致皮肤癌诊断细则：慢性砷中毒病史者所患皮肤癌应诊断为砷所致职业性皮肤癌。无慢性砷中毒病史所患皮肤癌在诊断时应同时满足：①原发性皮肤癌诊断明确；②有明确的砷及其化合物职业接触史，累计接触年限 5 年以上（含 5 年）；③潜隐期 5 年以上（含 5 年）。

(二) 煤焦油、煤焦油沥青、石油沥青所致皮肤癌

煤焦油类物质中，主要所含致癌物为苯并［a］芘。接触人群为经常使用煤焦油、煤焦油沥青、石油沥青的工人，好发部位为暴露部位和接触部位。临床表现为接触部位产生煤焦油黑变病、痤疮和乳头状瘤，损害好发于手臂、面颈、阴囊等处，病变数目不等。早期表现多为红斑状皮损，伴有鳞片状脱屑或痂皮形成。长期接触（10 年以上）煤焦油、页岩油及高沸点石油馏出物及沥青可引起表皮增生，形成角化性疣赘及肿瘤样损害。职业性煤焦油、煤焦油沥青、石油沥青接触所致皮肤癌的组织类型多为鳞状上皮细胞癌，一般伴有慢性皮炎、皮肤黑变、毛囊角化，其中伴有溃疡的乳头状瘤，可向机体远隔部位转移。鳞状上皮细胞癌的组织类型可作为确诊的参考依据。鳞状上皮细胞癌多见于 40 岁以上职业接触人群。脱离接触致癌物质多年后可发生疣状损害及上皮细胞癌。

煤焦油、煤焦油沥青、石油沥青所致皮肤癌诊断时应同时满足以下三个条件：①原发性皮肤癌诊断明确；②有明确的煤焦油、煤焦油沥青、石油沥青职业接触史，累计接触年限 6 个月以上（含 6 个月）；③潜隐期 15 年以上（含 15 年）。

(三) X 射线所致皮肤癌

长期职业接触 X 射线，且无合适防护的作业人员患皮肤癌危险性增加。一般潜隐期为 4 ～ 17 年，发病部位常见于手指。早期可见皮肤呈局灶性增厚、局部萎缩、指甲变脆等皮炎表现，进而发展为皮肤癌。目前认为，X 射线等电离辐射剂量大于 30 Sv 时可引发皮肤癌。

三、职业性膀胱癌

有文献报告在职业性肿瘤中，25% ～ 27% 为职业性膀胱癌，在膀胱癌死亡病例中，20% 有可疑致癌物的接触史。芳香胺类为主要致膀胱癌的物质。高危职业有：生产萘胺、联苯胺和 4- 氨基联苯的化工行业；以萘胺、联苯胺为原料的染料、橡胶添加剂、颜料等制造业；使用芳香胺衍生物作为添加剂的电缆、电线行业；油漆和铝工业等行业等。芳香胺所致膀胱癌发病率各国报道不一，最低 3%，最高 71%，几种不同芳香胺致癌平均发病率为 26.2%。接触 β- 萘胺者膀胱癌发生率比一般人群高 61 倍，接触联苯胺者高 19 倍，接触 α- 萘胺者高 16 倍。

(一) 联苯胺所致膀胱癌

联苯胺是一种无色结晶状化合物，可以与亚硝酸发生重氮化反应生成重氮盐，其盐酸盐和硫酸盐均为染料的中间体，用于合成染料。联苯胺及其盐类可经呼吸道、胃肠道、皮肤进入人体。1895 年，Rehn 发现德国苯胺染料厂的工人膀胱癌发病率异常增高；1954 年，Case 等在对英国染料工业进行的流行病学调查中，提出了“职业膀胱癌”。此后，美国、意大利、法国、瑞士、日本等国家相继报道染料工人高发膀胱癌。1972 年，动物实验证实了联苯胺的致癌性。

1987 年，IARC 将联苯胺列为确定的人类致癌物。目前世界上大多数国家已禁止将联苯胺作为染料的生产和使用。联苯胺致膀胱癌的潜隐期为 1 ～ 46 年，平均为 16 ～ 21 年。膀胱癌发生与作业人员的工龄和年龄相关。吸烟对联苯胺致膀胱癌有协同作用。

联苯胺所致膀胱癌诊断细则：①原发性膀胱癌诊断明确；②有明确的联苯胺职业暴露史，生产或使用联苯胺累计暴露年限 1 年以上（含 1 年）；③潜隐期 10 年以上（含 10 年）。联苯胺接触人员所患肾盂、输尿管移行上皮细胞癌可参照本标准诊断。

（二）β- 萘胺所致膀胱癌

β- 萘胺是一种重要的染料中间体，可用于制造偶氮染料、酞菁染料、活性染料，用作有机分析试剂和荧光指示剂，还可作为原料合成有机化合物。β- 萘胺经呼吸道、胃肠道或皮肤进入人体，大部分经肝代谢为有致癌作用的羟基衍生物及醌亚胺类衍生物，小部分以原型经尿排出。接触人群主要为生产 β- 萘胺的化工行业，以 β- 萘胺为原料的染料、橡胶添加剂、颜料等生产行业。作业人员长期接触 β- 萘胺可发生膀胱癌，潜隐期平均 15 ～ 20 年。该病起病缓慢。最初的临床表现是血尿，通常表现为无痛性、间歇性、肉眼全程血尿，有时也可为镜下血尿。部分膀胱癌患者可首先出现尿频、尿急、尿痛和排尿困难等膀胱刺激症状，而无明显的肉眼血尿。长期接触者定期体检时需进行尿常规及细胞学检查，如有异常应及时进行膀胱镜检查。确定诊断膀胱肿瘤后，应立即进行手术治疗。

β- 萘胺所致膀胱癌诊断时应同时满足以下三个条件：①原发性膀胱癌诊断明确；②有明确的 β- 萘胺职业接触史，累计接触年限 1 年以上（含 1 年）；③潜隐期 10 年以上（含 10 年）。

四、其他职业性肿瘤

（一）氯乙烯所致肝血管肉瘤

氯乙烯在常温常压下为无色有芳香气味的气体，加压或 12 ～ 14℃液化为液体。氯乙烯为高分子化合物单体，常用于合成聚氯乙烯，也可用作原料制备塑料、合成纤维。在 20 世纪 60 年代，人们认为氯乙烯有轻微的麻醉作用，是一种无毒或低毒的物质。但发现长期接触氯乙烯可导致接触者神经衰弱、肝脾大、发生雷诺综合征和肢端骨质溶解。1970 年，Viola 首次发现大鼠长期吸入氯乙烯可诱发肝血管肉瘤：大鼠吸入氯乙烯 5000 ppm，每天吸 6 小时，共吸一年，其肿瘤的患病率为 54.1%，其中 43.5% 为肝血管肉瘤；小鼠吸入 10 ppm 氯乙烯 8 个月，肺癌的发生率明显增高，并有肝血管肉瘤出现。体外试验证实，氯乙烯的活性代谢产物具有致癌作用，与细胞内的 DNA 或 RNA 结合生成加合物，进而导致肝血管肉瘤发生。1974 年，美国首次报道人群接触氯乙烯可导致肝血管肉瘤。我国学者王炳森于 1991 年报告职业工人接触氯乙烯可导致肝血管肉瘤。Dahal 在 1942—1982 年对美国 DOW 公司 593 名氯乙烯作业工人进行为期 40 年的随访观察中发现，肿瘤超额死亡主要集中在氯乙烯浓度＞ 200 ppm（560 mg/m^3）、工龄大于 5 年的男职工中。IARC 将氯乙烯列为 1 类致癌物。

肝血管肉瘤（hepatic angiosarcoma）又称肝血管内皮瘤（hemangioendothelioma of the liver），是一种极其罕见的恶性肝肿瘤，在一般人群中只占原发性肝肿瘤的 2%，多为先天性，常见于婴儿，偶见于老年人。职业性的肝血管肉瘤主要与氯乙烯接触有关，多见于接触高浓度氯乙烯的清釜工和聚合工，发病工龄 4 ～ 38 年，平均 21 年，潜隐期 10 ～ 35 年。

氯乙烯所致肝血管肉瘤诊断应同时满足以下三个条件：①原发性肝血管肉瘤诊断明确；②有明确的氯乙烯单体职业接触史，氯乙烯单体累计接触年限 1 年以上（含 1 年）；③潜隐期 10 年以上（含 10 年）。

（二）苯所致白血病

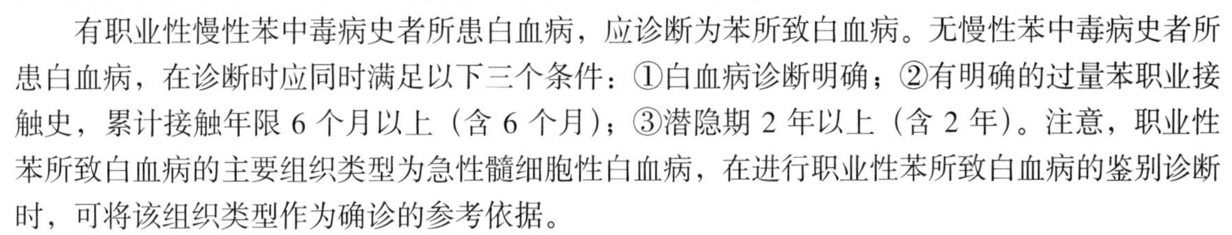

白血病患者多数出现在职业接触苯后几年至 20 年，最短 4 ～ 6 个月，最长 40 年。苯中毒引起的白血病常常继发于全血细胞减少或再生障碍性贫血。

有职业性慢性苯中毒病史者所患白血病，应诊断为苯所致白血病。无慢性苯中毒病史者所患白血病，在诊断时应同时满足以下三个条件：①白血病诊断明确；②有明确的过量苯职业接触史，累计接触年限 6 个月以上（含 6 个月）；③潜隐期 2 年以上（含 2 年）。注意，职业性苯所致白血病的主要组织类型为急性髓细胞性白血病，在进行职业性苯所致白血病的鉴别诊断时，可将该组织类型作为确诊的参考依据。

第五节 职业性肿瘤的预防原则

职业性肿瘤是一种可以预防和控制的疾病。目前，我国实行三级预防的卫生政策。首先是针对病因的预防，即去除致病因素或尽可能降低接触致癌因素的水平；其次，对职业性肿瘤早发现、早诊断、早治疗，采取定期体检等方式尽可能早期发现职业性肿瘤；第三，对职业性肿瘤患者进行积极治疗和康复，提高其生活质量。

一、严格执行职业卫生标准、法律

我国建立了针对作业场所职业性有害因素的卫生标准，2000 年颁布的《中华人民共和国职业病防治法》是统领职业相关疾病预防和控制的大法（分别于 2011、2016、2017 年修订 3 次）。对于存在职业性致癌因素的行业、工种，要严格执行我国职业卫生标准和相关法律规定，定期监测作业环境中致癌物水平，使其浓度或强度控制在国家规定的阈限以下；降低和规定产品中致癌杂质含量。

二、加强对职业性致癌因素的控制和管理

1．用非致癌物代替致癌物。目前可将致癌物分为两类：一类是可避免接触的，生产原料或工艺有可替代性的，要停止生产和使用，如联苯胺、β- 萘胺、亚硝胺；用矿物棉或人工合成纤维代替石棉；另一类为目前生产中无法替代且仍需使用的致癌物，要依据目前的资料和工艺，严格控制作业人员的接触水平和生产条件，如铬、镍、镉、铍等。此外，对新的化学物进行致癌性筛选，如有致癌性则停止生产和使用。

2．改革操作工艺，减少直接接触机会。

3．改善劳动条件，减少有害气体、粉尘在作业场所的跑、冒、滴、漏，对于有致癌因素存在的生产环节，应采用密闭生产或设通风、回收装置，避免污染环境。

4．对致癌物采取严格管理措施，建立致癌物登记制度。

三、建立并完善职业性肿瘤监测体系

建立和完善职业性致癌因素接触人员健康档案和职业性肿瘤报告体系。如就业前体检可发现职业禁忌证，某些易感性生物监测指标检测的应用值得重视。如我国人群肝癌高发而膀胱癌低发，前者可能与谷胱甘肽 -*S*- 转移酶（GSTs）的缺陷有关，后者可能与 *N*- 乙酰化酶（*N*-acetyltransferase，NAT）的慢型比例高有关。在符合国家法规和伦理学规范的前提下，通过就业前体检筛选出基因缺陷型易感人群，避免接触职业性致癌因素。

定期体检，以早期发现癌前病变。如接触苯、放射性物质的工人，注意其血液系统相关指标的变化；接触石棉、铬酸盐的工人，观察其肺部影像学及肺功能变化；接触联苯胺的工人，

则需特别关注其尿液中细胞改变，如尿膀胱上皮细胞的突变性，并进行膀胱B超检查。

四、开展职业性致癌因素接触人群健康教育

通过作业场所健康促进及健康教育，使职业人群了解和掌握职业性有害因素相关知识，养成健康的生活行为，提高自我防护能力和机体的免疫力。

1．避免接触职业性致癌因素。遵守操作规程，做好个人防护。

2．消除促癌因素。戒烟限酒，养成良好卫生习惯，预防传染性肝炎等疾病的发生。加强体育锻炼，合理膳食。

五、建立职业性肿瘤预测制度

Higginson提出并概括致癌危险性预测和健康监护之间的关系（图9-1），并以此作为制定法规的依据。

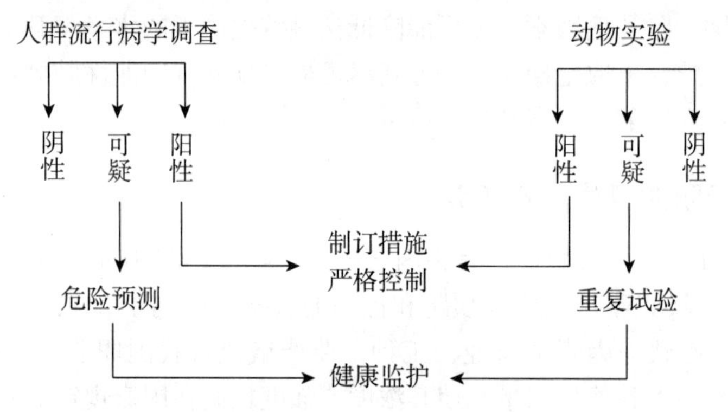

图9-1　致癌风险预测评估与健康监护的关系

职业性致癌因素的致癌风险预测和评估方法：健康危险度（风险）评估。通常可借鉴美国EPA方法，通过危害识别、剂量反应关系分析、风险特征分析及风险管理四步进行。具体动物实验、人群流行病学调查结果判定参考第二节职业性致癌因素的识别与确认中相关内容。

（马文军）

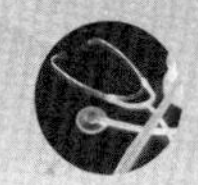

第十章 妇女职业卫生

第一节 概 述

一、概述

伴随社会经济发展，从事劳动的妇女数量越来越大。至 2018 年底，我国参加劳动的妇女人数已经占从业人员的 46.7%，在卫生、体育、社会福利部门，女职工占比为 56%。我国妇女就业范围广，遍及各行各业，接触铅、苯、汞、二硫化碳、三硝基甲苯、振动、噪声等有毒有害作业的女职工人数占有毒有害作业工人总数的 53%。几乎所有农村妇女都参加农副业及乡镇企业劳动，女职工人数约占乡镇企业职工总数的 52%。妇女成为经济发展和创造社会价值的重要组成成分。保护妇女健康，就是保护劳动力。同时，一个国家妇女职业卫生水平和妇女在劳动中的受保护水平，也是衡量这个国家文明进步的标志。

从事各种劳动的职业妇女，同时担负着人类生产孕育下一代的任务。女性具有与男性不同的生理解剖特点，具有月经、妊娠、哺乳、更年期等特殊生理过程。职业性有害因素除了对劳动妇女本身的健康产生影响之外，还可通过妊娠、哺乳影响胎儿及婴幼儿的生长发育，影响子代成年期健康状况，进而直接影响未来人口素质。因此，做好妇女职业卫生工作意义重大。

二、妇女职业卫生的定义

妇女职业卫生（occupational health for women）属于预防医学范畴，是职业卫生的一个分支。妇女职业卫生是研究职业因素、劳动条件对妇女健康，特别是生殖健康的影响及相关劳动保护对策、保健措施的一门学科。其目的在于预防职业性有害因素对妇女健康的危害，保障妇女劳动者能够健康、持久地从事职业劳动，并孕育健康后代。

妇女职业卫生学是进行妇女劳动保护和妇女劳动保健的医学理论基础。通过妇女职业卫生工作，认识职业环境和劳动过程中存在的职业性有害因素及可能产生的生殖健康危害，进而研究相应的预防保健对策，保护职业妇女健康。针对职业环境和劳动过程中存在的职业性有害因素可能产生的生殖健康危害，研究相应的预防保健对策。

按照 WHO 提倡的关于职业妇女的定义，职业妇女从事的工作包括“所有妇女在家庭内或家庭外完成的，有工资以及没有工资的工作”。因此从事家务劳动及在农村从事各类劳动的女性也属于职业妇女，妇女职业卫生研究对象也应该包含农民及全职家庭妇女。

妇女职业卫生学需要解决的基本问题有以下几个方面：

1．研究女性的解剖生理特点和女性机体对各类劳动的调节与适应能力，妇女的合理劳动负担，预防劳动过程中某些因素对女性机体的不良影响。

2．职业性有害因素对女性生殖功能的影响及其劳动保护对策。

3．职业性有害因素易感性的性别差异及应采取的措施。

4．以妇女为主体或女职工较多且较集中的职业或岗位的劳动卫生问题。职业妇女存在特殊的健康问题和需求，特别是在女工人数较多的职业，如农业、教育、食品、纺织业、服务业，其所接触的各种职业危害因素，包括噪声、农药、有机溶剂等化学物，都可影响人口出生率、妊娠结局和女性生理周期及功能。

三、生殖健康

（一）健康的概念

健康是指在身体上、精神上、社会适应上完全处于良好的状态，而不是单纯指非疾病或病弱。健康不仅涉及人的心理，而且涉及社会道德方面的问题，生理健康、心理健康、道德健康三方面构成健康的整体概念。

生理健康是指人的身体能够抵抗一般性感冒和传染病，体重适中，体形匀称，眼睛明亮，头发有光泽，肌肉、皮肤有弹性，睡眠良好等。生理健康是人们正常生活和工作的基本保障。心理健康是指人的精神、情绪和意识方面的良好状态，包括智力发育正常，情绪稳定乐观，意志坚强，行为规范协调，精力充沛，应变能力较强，能适应环境，能从容不迫地应付日常生活和工作压力，经常保持充沛的精力，乐于承担责任，人际关系协调，心理年龄与生理年龄相一致，能面向未来。道德健康是指能够按照社会道德行为规范准则约束并支配自己的思想与行为，有辨别真伪、善恶、美丑、荣辱的是非观念与能力。

（二）生殖健康（reproductive health）

生殖健康是健康的必要组成部分。生殖健康是指在生殖系统结构功能和生殖过程所涉及的一切事宜上，身体、精神和社会等方面的健康状态，而不仅仅指没有疾病或不虚弱。生殖健康表示人们能够有满意的性生活，有生育能力，可以自由决定是否和何时生育及生育多少。男女均有权利获知并能实际获取他们所选取的安全、有效、负担得起和可接受的计划生育方法，并有权获得适当的保健服务，使妇女能够安全怀孕和生育，孕育健康下一代。此外还包括人人在没有歧视、强迫和暴力的状况下做出有关生育决定的权利。

生殖健康的概念是由 WHO 于 1988 年首次提出，1994 年正式通过，后来又被开罗“国际人口与发展会议”正式接受。生殖健康的概念已跨出生物医学范畴，也不局限于生育控制，不仅考虑到女性和男性在生殖方面的需要，而且也涉及女性和男性的权利、平等和尊严。

生殖健康是人们幸福生活的基本前提，覆盖人们的整个生命周期，包括健康的性发育、愉悦而亲密的性关系、享受孕育子代的幸福，以及不受性暴力、与性和生殖有关的疾病、伤残和死亡的威胁。

生殖健康的内容包括：健康妊娠，健康分娩，健康婴儿，避免妇女、儿童、青少年和男性遭遇性虐待，计划生育咨询与服务以避免计划外怀孕和不安全流产，预防和治疗性传播疾病，包括艾滋病，阻止有害的旧法接生和医疗。此外，WHO 还提出生殖健康状况的监测和评价指标，包括总和生育率、避孕现用率、孕产妇死亡率、产前保健的覆盖率、由有熟练技能的保健人员接生率、基本产科服务（essential obstetric care）的可供性、全面的产科服务（comprehensive obstetric care）的可供性、围生儿死亡率、低出生体重儿的发生率、孕妇梅毒血清试验阳性发生率、妇女贫血发生率、流产在妇产科住院患者中的百分比、女性生殖器官切除的发生率、女性不孕症的发生率、男性尿道炎的发生率。用上述 15 项指标评价国家或地区的生殖健康水平。但该指标体系未包含性发育和性关系等指标。

对于生殖健康，WHO强调其是人类生命的核心。生殖健康不仅关系到妇女与儿童，而且关系到男性，同时关系到各个年龄的人群；生殖健康不仅关系到妇女、儿童的健康和生命，还关系到性的关系、行为和其他社会问题。同时，生殖健康开始于童年，生殖相关疾病会给个人带来终身痛苦。生殖健康的核心目的就是得到健康的儿童和健康的家庭。影响生殖健康的因素包括生物、社会、文化和经济方面的因素。

生殖健康在我国已得到很大关注。2015年我国人均预期寿命已达76.34岁，婴儿死亡率、5岁以下儿童死亡率、孕产妇死亡率分别下降到8.1‰、10.7‰和20.1/10万，实现我国对千年发展目标的承诺；《"健康中国2030"规划纲要》提出，到2030年中国人均期望寿命达到79.0岁；全面提升中国人健康水平。"2020工人健康行动计划"将工作重点放在"提高基础职业卫生服务覆盖率，减低工作场所粉尘、毒物浓度和噪声强度，开展职业健康危险评估"几个方面。"2020健康中国母婴平安行动计划"目标是降低孕产妇死亡率，保证母婴安全，减少出生缺陷，提高人口素质。孕产妇死亡率到2020年降至25/10万，到2030年降至12/10万；婴儿死亡率到2020年降至10‰，到2030年降至5‰；2030年我国5岁以下儿童死亡率降至6.0‰，出生缺陷逐步降低。其工作重点是为0～3岁婴幼儿提供免费保健服务，提高孕产妇保健、住院分娩比例，提供高危孕产妇保健和边远地区流动人口孕期保健和转诊医疗服务，给予35岁以上妇女乳腺癌、宫颈癌免费筛查，高危人群免费增补叶酸，从而降低出生缺陷发生率。

第二节　女性的解剖生理特点与作业能力

女性具有与男性不同的解剖生理特点，决定了男女作业能力尤其是体力劳动能力的差异，同时也产生了特殊的女性职业健康问题。

一、女性的解剖生理特点

（一）身体结构

1．外形和骨骼　成年男性和女性在外型与骨骼方面具有明显差异。男性身体粗壮，身高、体重、胸围均值大于女性，且四肢较长，骨盆窄、骶骨岬突出，利于承重；女性骨盆浅敞，耻骨弓角度大，利于分娩。男性肩宽，上肢的活动半径大，适于从事高强度和活动度大的工作。

2．骨骼肌和皮下脂肪　男性肌肉发达，肌肉重量占体重的40%～50%，女性占32%～39%，；男性皮下脂肪占体重的10%～15%，女性则占20%～25%；女性的皮下脂肪厚度大于男性，多沉积于腰部及下肢，使得女性重心低于男性。在历年职业相关疾病报告中，均可见女性职业性皮肤病发病率远高于男性，与脂溶性外源性化学物易透过完整皮肤进入机体有关。

3．骨盆底的结构　盆底组织包括结缔组织和肌肉，可支撑盆腔器官并保持盆腔器官于正常位置。男性骨盆底组织有尿道、直肠穿过。女性还有阴道穿过盆底，同时分娩时骨盆变形，易导致其组织结构损伤，造成女性骨盆底结构松弛，盆腔内器官位置移动，影响器官功能。尤其是在从事腹压大的重体力劳动时，会造成骨盆内结构的下移，甚至发生子宫脱垂。

4．盆腔内的结构　男女差异最大。女性生殖器官子宫、输卵管、卵巢及血管、淋巴管等均位于盆腔内。由于内生殖器官的血液供应，如卵巢动脉源于腹主动脉，子宫动脉源于髂内动脉，使盆腔内器官血液供应和营养与下肢运动有关，对人体从事体力劳动作业有一定影响。腹压升高时，可使子宫位置移动，并影响盆腔血液循环，导致女性易发生慢性盆腔炎等疾病。

（二）生理功能

1．血液及循环功能　女性总血量、红细胞及血红蛋白的含量均低于男性（表10-1）。在

进行同等强度体力劳动时，女性通过加快心率来满足机体对氧气的需求。

表10-1 成年男性和女性某些生理常数的比较

	肺活量（L）	心容积（ml）	心脏最大每分输出量（L）	总血容量（ml/kg）	红细胞数（$\times 10^6$/ml）	血红蛋白（g/100 ml）	最大耗氧量（L/min）
男	3.47	797.2	37	83.1	5.0	12.5 ~ 16.0	6.0
女	2.55	579.5	25	67.1	4.2	11.5 ~ 15.0	4.5

2．呼吸功能 女性的肺活量、最大耗氧量均小于男性。女性平常以胸式呼吸为主，体力劳动时加以腹式呼吸。腹压增加会影响盆腔器官位置和血液供应，引发相应疾病。

3．生殖功能 女性具有月经、妊娠、分娩和哺乳等特殊的生理功能。由于女性在生理期间对有害因素的敏感性增加，因此在女性不同生理期间接触职业性有害因素，会导致不同的生殖损伤，表现为临床可见不良生殖结局，如不孕、月经失调等。

4．温热反应 身体对外界温热因素变化的反应能力为温热反应。由于女性的基础代谢、皮肤温度、发汗功能较低，体温调节功能较差，同时机体对外环境变化的适应能力较差，因此女性不适合在低温、冷冻环境下作业。

二、女性的作业能力

1．作业能力（work capacity）的概念 作业能力是指劳动者在从事某项劳动时，完成该工作的能力。即作业者在不降低作业质量指标的前提下，尽可能长时间维持一定作业强度的能力。一般可用单位时间内生产产品的数量及合格率来表示。还可以通过测定劳动者的握力、耐力、心率、视运动反应时间等变化来衡量。

2．作业能力具有性别差异 男性的体力劳动能力强于女性。当从事同等强度的体力作业时，女性的紧张程度和生理负担大于男性，容易出现疲劳。这也是制订不同年龄、性别作业量标准的理论基础。有研究报道，在完成一个工作日同样负荷的劳动后，女性较早出现疲劳，表现为心率加快、肌肉耐力下降、视运动反应时间延长、记忆容量下降等变化，且变化程度均超过男性。

3．作业能力性别差异的生理基础 机体肌力、体力劳动时机体的供氧能力有较大差异。

（1）肌力：体力劳动时肌肉收缩产生的力为肌力（muscular tension），与机体肌肉组织中肌纤维数量、粗细、产生 ATP 的能力有关。女性肌力大约相当于男性的三分之一，而且随年龄增加下降较快。

（2）体力劳动时机体的供氧能力：与机体供氧能力有关的生理指标如肺通气量、心输出量、总血容量、红细胞数、血红蛋白含量等在女性中均低于男性，最大耗氧量女性约为 4.5 L/min，低于男性的 6.0 L/min，决定了女性体力劳动能力低于男性。同时，女性的呼吸频率与心率高于男性，耐力差，因此女性不适宜从事强度大、需要大量氧气供给的重体力劳动。

女性在特殊生理期间，作业能力下降。当女性月经期出现痛经或其他症状时，工作效率降低。有报告女性月经前 3 ~ 7 天时，作业能力开始下降，月经期 1 ~ 2 天时作业能力最低，月经后 3 ~ 5 天可恢复正常。女性在妊娠晚期，由于新陈代谢加快，心脏负荷加大，肺活量增加，二氧化碳潴留，肺泡过度通气，心输出量增加，对作业能力有一定影响。还有研究发现，更年期妇女易发生疲劳，引起作业能力下降。

值得注意的是，锻炼和练习可以提高人体的作业能力，如运动员和经常从事体力劳动的女性，作业能力超过家庭妇女。高强度的体力活动与妇女妊娠的关系是大家关注的话题。研究发现，体力劳动强度较大甚至参加剧烈体育活动者，如医疗与营养条件良好，可不影响女性生育能力。

第三节 职业性有害因素对女性生殖健康的影响

一、职业性有害因素的生殖毒性与发育毒性

1．生殖（reproduction） 指生物产生后代和繁衍种族的过程，包括自配子形成直到胎儿娩出的整个过程，是生物界普遍存在的一种生命现象。出生后的新生儿经过婴儿期、儿童期、直至青春期性成熟又进行下一代的繁殖。如此循环不已，保证种族延续。

2．生殖毒性 主要指环境因素对生殖系统的不利影响，表现为生殖器官及内分泌系统的变化，以及对性周期和性行为的影响，出现生育力下降、不孕症、妊娠并发症发生率增加、哺乳变化及生殖早衰。具有生殖毒性的有害因素或物质称为生殖毒物。

生殖毒物如外源性化学物直接作用于生殖系统产生毒性作用。外源性化学物如口服避孕药与雌激素、孕激素等结构类似，可干扰下丘脑－垂体－卵巢轴活动，抑制排卵，影响子宫内膜发育，达到不孕不育目的。各种烷化剂、铅、汞等具有细胞毒性，直接作用于生殖细胞，引起生殖细胞死亡、畸变和染色体变异。某些外源性化学物如乙醇、己烯雌酚、环磷酰胺等在体内代谢为化学活性产物或成为与内源性分子类似的产物，与生物大分子结合，表现生殖毒性。某些卤代烃类化合物、多氯联苯等化学物还可以通过改变类固醇合成或清除速率，进而改变机体内分泌状态，影响生殖过程。

3．发育毒性 指机体自受精卵、胚胎期、胎儿期乃至出生后直至性成熟的过程中，由于暴露于环境中的有害因素而产生的毒性效应。具体表现为：

（1）发育生物体死亡：即指在有害因素的作用下，受精卵未发育或胚泡未着床即死亡；或着床后生长发育到一定阶段死亡，然后被吸收或自子宫排出，即自然流产。

（2）结构异常：主要指胎儿形态结构异常，即出现畸形。为有害因素干扰胚胎正常发育的后果之一，在胚胎发育不同时期受到有害因素影响，可表现为不同器官系统的畸形。尤其是在 3 ～ 8 周器官形成期若母体接触有害因素，可造成重要器官如眼、心脏、脑、脊髓、四肢、躯干等畸形。

（3）生长改变：即发育迟缓或胎儿生长受限，指子代器官、体重、大小等生长发育指标低于正常标准，如低出生体重儿、小头畸形。评价指标为低于人群正常标准平均值 2 个标准差，即可判断为生长发育迟缓，如低出生体重儿指婴儿体重小于 2500 克。

（4）功能缺陷：包括子代器官系统、生化、免疫等功能的变化。某些功能在出生后经过一段时间才可发育完全，如神经系统功能。神经发育迟缓、听力异常、空间定位能力异常等，要在出生后一段时间才可以诊断。

发育毒性机制一般包括：化学物细胞毒性，影响细胞生长发育过程中 DNA 复制、转录、翻译或细胞分裂。化学物影响分化过程的特殊环节致畸；非特异性发育毒性作用，如氯霉素致胚胎细胞呼吸抑制，细胞能量缺乏，胎儿生长发育迟缓甚至胚胎死亡；化学物干扰母体或胎盘内环境稳定，致母体缺乏生物合成所需要的前体物质如叶酸、维生素 A，致胎儿畸形。

二、职业性有害因素对女性生殖功能的影响

职业性有害因素对生殖系统或生殖功能某些过程会造成不良影响，或通过对其他系统的不良影响间接影响生殖系统，均可导致不良生殖结局发生。

职业性有害因素影响性腺、生殖细胞，致生殖功能损伤；影响受精卵着床、胚胎和胎儿发育；影响胎盘功能；影响机体内分泌功能，致性功能障碍，受孕力下降；引起母体病理状态，致胚胎和胎儿发育不良。

（一）职业性有害因素对性腺的影响

有害因素一般是影响中枢神经系统及下丘脑 - 垂体 - 卵巢轴功能。某些有害因素可以与卵巢组织受体结合，影响激素代谢，导致生殖损伤。职业性有害因素致卵巢损伤如图 10-1 所示。

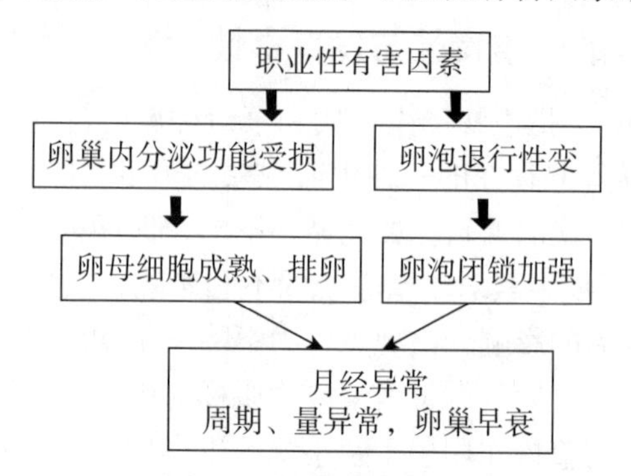

图 10-1　职业性有害因素致卵巢毒性模式图

职业性有害因素通过损伤处于性腺激素依赖期的生长卵泡、成熟卵泡，抑制排卵，导致机体受孕力降低；停止接触，则受孕力恢复。如果有害因素强度大，可造成卵细胞死亡，导致不孕症发生。如在青春期前卵巢原始卵泡大部分受损，可出现原发性闭经。成年后受损，则发生卵巢功能早衰、绝经年龄提前。如有机磷农药、烷化剂、电离辐射均可损伤卵巢致卵巢功能早衰。

职业性有害因素可直接损伤卵细胞，引起生殖细胞突变，干扰卵巢颗粒细胞分泌雌激素，影响子宫内膜状态，使受精卵着床困难，致早早孕丢失或流产发生。如大剂量电离辐射引起卵细胞染色体畸变，金属镉、二硫化碳引起小鼠卵母细胞染色体数量改变。接触苯系混合物、二硫化碳、铅、麻醉剂等，可损伤卵巢内分泌功能。

（二）职业性有害因素对胚胎发育的影响

在胚胎发育的不同阶段受到有害因素的影响，表现为不同的生殖结局（图 10-2）。

1．前胚胎期　实验表明，有害因素影响可致受精卵死亡，该期受精卵对致畸物不敏感，临床表现为自然流产。

2．胚胎期　受精卵发育 3 ～ 8 周，即器官形成期，除生殖器官外其他器官已经分化完毕。

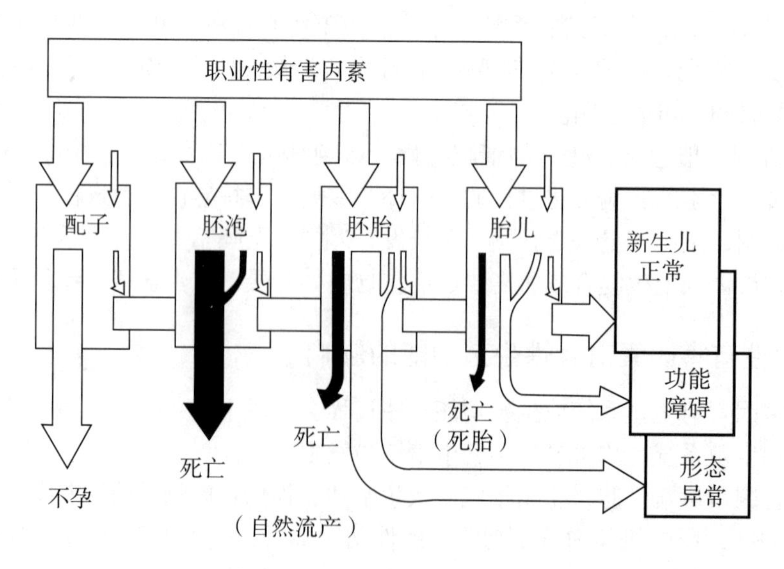

图 10-2　不同发育阶段外源性有害因素对胚胎、胎儿的影响模式图

该阶段为致畸敏感期，胚胎易受有害因素影响，引发畸形。具体发生的先天畸形类型，与致畸物作用时胚胎发育时间有关。

3．胎儿期　妊娠3个月至胎儿娩出，该阶段对致畸物敏感性逐渐下降，有害因素接触一般不引起先天畸形。但可影响神经系统发育，表现为某些生理功能缺陷、发育迟缓，出生后低体重或出生后行为发育异常。

（三）职业性有害因素对胎盘的影响

胎盘是妊娠时特有的器官，作为保护性屏障调节母体与胎儿之间气体、电解质、营养物质、代谢产物及外源性化学物等的物质交换，并有一定的内分泌功能。外源性化学物可通过胎盘转运到胎儿体内，同时胎盘也是外源性化学物生物转化的场所。胎盘屏障作为防止有害因素进入胎儿体内的保护性屏障作用有限。研究发现有600多种化学物包括药物可透过胎盘屏障，如铅、汞、磷、苯、烟碱、二硫化碳、氯乙烯、汽油、一氧化碳等工业毒物。因此，需特别注意职业接触可通过胎盘屏障的化学物的孕妇其胎儿生长发育状况。

外源性化学物损伤胎盘后，影响胎盘对营养物质的转运，降低胎盘血流量，改变胎盘的内分泌功能，严重者可出现胎盘的病理性损伤，如钙化、梗死等，进而影响胎儿的正常发育。此外，经胎盘致癌越来越引起公众关注。已经证实母亲孕期服用已烯雌酚可致少女阴道透明细胞癌。儿童期恶性肿瘤的增加，与胎儿期在母亲子宫内接触致癌物有关。已知可经胎盘致癌的化学物有亚硝基化合物、氯乙烯、芳香烃类化合物等。

（四）有毒化学物经乳汁排出

婴儿出生后，其神经系统进一步发育，生理功能逐渐完善和成熟，新生儿对环境有害因素特别敏感。很多化学毒物，如铅、汞、钴、氟、溴、碘、苯、二硫化碳、多氯联苯、烟碱、有机氯、三硝基甲苯等可经乳汁排泄，进入乳儿体内，致乳儿中毒，如母源性乳儿铅中毒。

目前，用于评价接触有害因素导致的不良生殖结局有：月经异常，性欲改变（男性表现为阳痿），不孕症，生育力下降，胚胎停育，自然流产，早产，死产，死胎，先天畸形，出生性比改变，低出生体重，出生后发育障碍，遗传病，婴儿期死亡率增加，儿童期死亡率增加，儿童期恶性肿瘤。对于同一有害因素，如果接触的时间和剂量不同，还可导致不同的生殖结局。

评价职业性有害因素对女性生殖功能的影响，一般分为三个阶段，即针对职业女性在受孕前、妊娠期、分娩后几个阶段，分别进行评价（表10-2）。

表10-2　职业性有害因素对女性不同生殖阶段影响的观察指标

受孕前	妊娠期	分娩后
月经异常	母体	经乳汁分泌，乳儿中毒
性欲改变	毒物敏感性增强	子代发育迟缓
不孕症	妊娠并发症增加	子代智力低下
生育力下降	胎儿	子代行为异常
生殖细胞突变	死亡、畸形	
	生长迟缓	
	出生后功能发育不全	
	致癌	

三、职业性有害因素对女性生殖健康的影响

多种职业性有害因素可影响妇女的生殖健康。本学科主要关注职业性有害因素对女性生殖

功能的影响，这也是本学科的重点和未来发展方向。

（一）铅对女性生殖功能的影响

有文献报道，在古罗马和希腊时期已经存在铅污染并且影响了人体生殖功能。19 世纪中叶，英国陶器制造工厂女工不孕症、死胎、死产的发生率明显高于其他工种女工。我国在 20 世纪 50 年代开始关注铅对女性生殖功能的影响，并进行了多次人群流行病学调查及铅染毒动物实验研究。

1．月经异常 铅作业女工出现月经周期延长、经量减少、经期缩短、痛经。有文献报道血铅 1.92 ～ 2.40 μmol/L 时，可导致女性出现月经异常。

2．内分泌功能障碍 铅影响卵巢性激素分泌。流行病学调查发现，与对照组比较，铅冶炼厂女工月经周期不同阶段血卵泡刺激素（follicle stimulating hormone，FSH）、黄体生成素（luteinizing hormone，LH）、雌激素（estrogen，E）水平变化分别为：FSH 在排卵期明显降低，LH 在黄体期和月经期明显升高，E_2 明显降低。由此可见，铅可干扰女性的下丘脑 - 垂体 - 卵巢轴正常生理功能，降低女性生育力。动物实验发现，铅对大鼠卵巢有直接毒性作用，可抑制颗粒细胞的分泌功能，促进颗粒细胞凋亡；铅还可减少大鼠子宫雌激素受体的数量，降低与雌激素结合的能力。

3．对妊娠经过和妊娠结局的影响 接触高浓度铅的女工其妊娠并发症、自然流产率增高，早产率、子代低出生体重儿发生率增高。但当作业场所空气中铅浓度接近最高容许浓度（铅烟 0.03 mg/m^3，铅尘 0.05 mg/m^3）时，其自然流产率并不高于一般人群。非职业性接触低浓度铅，如脐血铅含量≥ 150 μg/L 时，子代低出生体重、小于孕龄儿，以及宫内发育迟缓的危险性增高。

4．经胎盘转运 职业性铅接触女工脐带血铅含量明显增加，并与血铅含量呈正相关。研究发现，产妇血铅与新生儿血铅相关，可见铅可经胎盘转运并透过胎盘屏障，影响胚胎和胎儿发育。胎儿血脑屏障通透性高，铅通过血脑屏障进入脑组织，致神经系统发育障碍。有研究发现，铅是神经细胞分化的特异抑制剂，影响神经元的正常分化，影响脑发育的一系列过程。

5．乳汁排铅 我国学者对在铅镉蓄电池厂工作、孕期接触铅、并在哺乳期继续接触铅的女工进行血铅、乳汁铅、乳儿血铅水平的测定，发现三者呈正相关关系，乳汁铅含量随血铅升高。铅可经乳汁分泌，经母乳进入乳儿体内，致母源性小儿铅中毒，缺钙状态下婴儿铅吸收会增加。研究发现，乳儿铅接触可致神经系统发育迟缓，视力发育障碍，学习能力下降，智力下降。学者应用新生儿神经行为评价量表（neonatal behavioral neurological assessment，NBNA）评价低水平铅暴露对婴儿出生后的影响，发现胎儿铅暴露可能与新生儿紧张行为有关。

6．预防 严格遵守《女职工禁忌劳动范围的规定》，妊娠期及哺乳期女职工禁止接触铅作业。作业场所铅及其化合物水平符合国家卫生标准，即铅烟为 0.03 mg/m^3，铅尘 为 0.05 mg/m^3。可以基本保证孕妇及其胎儿、乳母及乳儿的安全。

（二）噪声对女性生殖功能的影响

1．对月经功能的影响 接触噪声的纺织女工其月经周期异常、经期延长、月经血量增加。接触噪声强度大于 90 dB（A），月经异常患病率明显增加。动物实验发现，噪声刺激可引起大鼠动情周期不规律，卵泡出现退行性变，可能与噪声影响下丘脑 - 垂体 - 卵巢轴功能有关。

2．对妊娠经过的影响 接触大于 100 dB（A）高强度噪声的女工，孕期发生妊娠高血压、妊娠剧吐的概率明显增加。

3．对胎儿发育的影响 孕妇接触高强度噪声，可引起胎儿心率加快。有研究发现，噪声接触影响子代智力发育，可能与噪声引起子宫收缩，胎儿血液供应量减少，影响神经系统发育

有关。还有研究表明，孕期接触一个月以上 100 dB（A）噪声可引起子代听力下降。

4．预防　孕期妇女避免接触噪声超过 85 dB（A）的作业场所。

（三）未来研究重点

随着社会经济发展与技术进步，职业紧张、妇女职业与家庭双重负担对女性生殖健康的影响越来越引起大家的关注。新材料如纳米材料不断涌现，在其生产和使用过程中是否会影响职业女性的生殖健康也需要进一步研究。低剂量长时间接触某些化学毒物的生殖健康效应，也是近期大家关注的焦点。应用基础医学、检验技术的最新研究成果和方法，进一步发展和加强科学研究工作的广度和深度。将生殖毒理学研究方法与生物标志物应用于妇女职业卫生，如生育力保持、某些职业性有害因素致女性卵巢早衰的早期敏感生物标志物的开发与应用等，也是未来关注的重要内容。

四、职业与女性健康

某些职业一直是以女性为主要劳动力，如纺织厂工人、保育员、护士、接线员、飞机乘务员等，这些以女性为主要成员的职业卫生问题也是本学科关注的内容。

（一）护士

护士工作量大且工作强度高，生殖健康问题较突出。在对全国 8904 名女护士调查的结果显示，41% 出现月经异常；工作量大、频繁举重、长时间站立、夜班、加班及接触噪声、消毒剂和抗癌药物等是月经紊乱的危险因素。职业接触抗癌药的护士其自然流产和子代先天畸形发生率增高，与护士接触抗癌药物的种类、接触时间、配药时个人防护措施应用关系密切。此外，该职业人群腰背痛、下肢静脉曲张发病率高于一般人群。

对护士应加强孕期劳动保护，妊娠期间避免接触放射线、麻醉剂、抗癌药等可能影响胎儿发育的有害因素。加强个人防护，合理安排工作时间，改善医疗设备，预防和减少疾病发生。

（二）飞机乘务员

本职业人群年龄一般为 20 ～ 40 岁，属于育龄妇女。飞机乘务员在从事国际航线航班工作时，接触有害因素包括噪声、振动、气压变化；同时由于时差变化和生物节律紊乱致失眠；高空颠簸可致骨折；作业环境中的臭氧致呼吸系统与黏膜损伤；职业紧张程度高；飞行环境中紫外线强度较大致皮肤损害。对女乘务员生殖健康状况的调查发现，该人群月经异常发生率明显增高，主要表现为月经周期异常和痛经，妊娠并发症与不良妊娠结局发生率与对照组相比差异无显著性。月经异常可能与女乘务员工作紧张、抑制排卵、时差改变、生物节律紊乱及长时间站立等因素综合作用有关。

由于女乘务员月经异常发生率高，对有重度痛经者，应在其月经期给予 1 ～ 2 天休假。在妊娠期间调离乘务员工作岗位，以避免噪声、振动对胎儿发育的影响。

第四节　妇女劳动保护

妇女劳动保护有两方面的含义：一是保护妇女劳动的权利，二是保护妇女在生产劳动中的安全和健康。妇女劳动保护有四方面的内容：第一，保护妇女在特殊生理期间的功能，包括在月经期、孕前期、孕期、孕后期、哺乳期、更年期的劳动保护；第二，规定妇女的工作时间，孕妇、乳母禁止加班等；第三，禁止妇女从事危险有害作业；第四，男女有平等的工作机会，且同工同酬。本章所讲的妇女劳动保护，主要是指保护妇女在劳动中的安全与健康。

虽然我国法律规定在工作中性别平等，但实际上女性仍从事着低收入和地位较低的工作。在很多发展中国家，女性通常是被雇佣为无技能或半技能的工人，在职场中很少能获得升职机会。在农村，妇女劳动只能被认为是补充家庭收入的很少部分，从事家务劳动的妇女无法获得与其劳动相对应的收入。在有劳动合同的工厂、公司等部门，妇女生育后代的责任在应聘工作时也可能成为障碍，雇主会认为这是额外的负担而不愿雇佣女性。如何进行妇女劳动保护是值得思考和解决的问题。

一、妇女劳动保护相关法律法规

我国在总结新中国成立以来的妇女劳动保护工作经验和所进行相关科学研究的基础上，制订了一系列妇女职业卫生与劳动保护相关的法律法规。目前，我国颁布、修订的与妇女劳动保护相关的法律法规有《中华人民共和国宪法》《中华人民共和国妇女权益保障法》《中华人民共和国劳动法》《中华人民共和国职业病防治法》《女职工劳动保护规定》《女职工禁忌劳动范围的规定》《女职工保健工作规定》等，明确规定了“国家保护妇女的权利和利益，实行男女同工同酬”“母亲和儿童受国家的保护”“女工作人员生产假期”“设置妇女卫生室”“女职工的四期劳动保护”“女职工禁忌劳动范围”等内容，对女职工的职业安全、职业健康、身心健康发展起到了积极的促进作用，将我国妇女劳动保护推进到了新的高度。

《中华人民共和国宪法》规定，“妇女在政治的、经济的、文化的、社会的和家庭生活各方面享有同男子平等的权利，男女同工同酬”“母亲和儿童受国家的保护”。

《中华人民共和国妇女权益保障法》规定，“国家保障妇女享有与男子平等的劳动权利，同工同酬”“任何单位均应根据妇女的特点，依法保护妇女在工作和劳动时的安全和健康，不得安排不适合妇女从事的工作和劳动，妇女在经期、孕期、产期、哺乳期受特殊保护”。

《中华人民共和国劳动法》规定，“妇女享有与男子平等的就业权利，在录用职工时，除国家规定的不适合妇女的工种和岗位外，不得以性别为由拒绝录用妇女或者提高对妇女的录用标准”“禁止女职工从事矿山井下、国家规定的第四级体力劳动强度的劳动及禁忌从事的劳动”，在月经期、孕期、哺乳期有特殊保护，“女职工生育享受不少于九十天的产假”等。

《女职工禁忌劳动范围的规定》具体规定了女性禁忌的劳动范围，如矿山井下作业、森林业伐木和流放作业、建筑业脚手架组装和拆除作业、电力和电信业的高处架线作业等。

二、不同生理期职业女性劳动保护对策

根据职业特点和女性生理特点，针对职业环境和劳动过程中存在的职业性有害因素可能产生的生殖健康危害，通过合理安排妇女劳动，改善劳动条件，加强预防措施研究和制订相应的劳动保护对策。

（一）月经期的劳动保护

1．普及月经卫生知识 告知妇女月经是一种生理现象，经期绝对禁止性生活。注意月经期最关键的问题是预防生殖系统感染。为保证女职工月经期有符合卫生条件的场所处理相关问题，我国规定每班100人以上女工企业，应设计配有冲洗器和洗手设备的女工卫生室，并有专人管理。

2．月经期应禁忌的劳动 食品冷库作业及其他冷水低温作业、三级体力劳动强度作业、大于15米的高处作业以及野外流动作业。

3．月经期休假的问题 一般女职工不需要休假。对于重度痛经者，经医疗机构诊断后可给予1～2天休假，或者可利用公休日倒休。

4．建立月经卡 作为职业健康档案内容之一，对女职工月经状况进行记录，为发生月经

异常的职工进行疾病诊断提供依据。

5．对患有非经期出血、痛经、闭经、月经过多或过少、月经周期紊乱等月经异常的女工进行系统观察，建立观察档案。根据医学检查结果，判断月经异常与职业接触的关系，以采取相应措施。

对于工作中接触职业性有害因素超过国家卫生标准的女职工，如患有严重月经异常，反复治疗无效者，应暂时调离工作岗位。

（二）孕前劳动保护

对于在作业环境中接触有性腺毒性有害因素的女职工，其生殖细胞可能受到损伤，一旦发生妊娠，可能对胎儿发育产生不良影响。因此采取孕前劳动保护措施非常必要。

1．已婚待孕女职工应暂时停止参加作业场所中铅、汞、苯、镉浓度超标、《有毒作业分级》标准中属于Ⅰ～Ⅱ级的作业。

2．患有射线病、慢性职业中毒或近期内有过急性中毒史的妇女，暂时不宜妊娠。

3．高浓度铅作业女工，即使脱离铅作业，仍需要进行驱铅试验后，再决定是否受孕。

4．对已婚待孕女职工，积极宣传妊娠知识和优生优育知识，开展健康教育，使其选择合适的受孕时机，以达到提高人口素质的目的。

（三）孕期劳动保护

孕期是保护母婴健康，保障胎儿正常生长发育，降低围生期死亡的关键期。应针对孕早期、孕中期、孕后期采取不同的劳动保护措施。

1．孕早期劳动保护 孕早期一般是指孕12周前的一段时间。关键在于早期发现妊娠，对预防先天畸形、防止流产意义重大。应用月经卡资料督促月经超期女职工及时到医院检查机体人绒毛膜促性腺激素（human chorionic gonadotropin，HCG）水平，尽早确定是否妊娠，并在孕3～8周避免接触有致畸作用的有害因素。

职业妇女一旦确定妊娠，根据《女职工禁忌劳动范围的规定》，要禁忌从事以下作业：

（1）作业环境空气浓度超过国家卫生标准：如铅及其化合物、汞及其化合物、苯、镉、铍、砷、氰化物、氮氧化物、CO、CS_2、Cl_2、己内酰胺、氯丁二烯、氯乙烯、环氧乙烷、苯胺、甲醛等超标的作业。

（2）制药行业：接触抗癌药、己烯雌酚的作业。

（3）作业场所放射性物质超过规定剂量的作业。

（4）Ⅲ级体力劳动强度作业。

（5）伴有全身振动的作业：如风钻、锻造等作业。

（6）工作中需要频繁弯腰和下蹲的作业：如电焊作业。

（7）避免接触环境噪声强度超过90 dB（A）的作业。

在孕早期建议女职工避免从事高温作业、每周大于20小时的视觉显示终端（visual display terminal，VDT）作业，避免加班，免上夜班，定期产前检查，接受医生保健指导。

2．孕中期劳动保护 孕中期指妊娠12～28周。在此期间，胎儿生长发育旺盛，要求母体提供丰富的营养物质，母体心、肝、肾等重要脏器负担加重，对有害因素的敏感性增强，需要采取下列劳动保护措施；

（1）定期产前体检：除了常规产科体检外，对于接触有害因素作业者，增加针对性体检。如铅接触女工进行血铅和尿铅测定；苯、氯乙烯作业女工测定血小板数量；如有早期接触可疑致畸物者，增加B超检查。

（2）孕期营养指导：如营养补充剂添加种类及数量，建议铅接触女工孕期补充钙摄入，镉

接触女工补充锌摄入。同时要做好体重和血糖管理，避免体重增加过快和妊娠糖尿病的发生。

（3）健康生活方式指导：充足休息和睡眠，适当体力活动，避免接触二手烟。有研究表明，二手烟可致胎儿生长发育迟缓。

3．孕后期劳动保护 孕后期指妊娠 28 周后致分娩阶段。孕妇体重增加明显，重点预防孕妇贫血（血红蛋白 11 g/dl）、妊娠高血压、糖尿病等的发生，预防早产、低出生体重儿的出生。

（1）减轻劳动强度：增加女职工工间休息，从事站位作业者安排休息座位。

（2）合理安排劳动时间：避免加班、夜班、倒班。有研究报告夜班作业女工子代低出生体重发生率（14.3%）明显高于正常班作业者（2.2%）。

（3）预防妊娠高血压：重点关注有氯乙烯、己内酰胺、噪声（85 dB）、铅、苯接触史的女职工，有研究报告接触上述有害因素者妊娠高血压综合征发生率增加。

（4）预防早产：减轻工作量，增加工间休息，脱离全身振动作业。

（5）及时纠正贫血：保持母体血红蛋白含量大于 11 g/dl。

4．产前、产后的劳动保护

（1）产前休假：我国《女职工劳动保护规定》中，明确了女职工产假为 90 天，其中产前假 15 天。日本法律规定职业妇女产前休假期为 6 周。有研究表明产前休息状况影响胎儿发育及母亲产后乳汁分泌状况。

（2）产假日期的规定：由于分娩后 6 ～ 8 周女性生殖器官及盆底组织可逐渐恢复，母乳分泌状况与乳母身体恢复状况相关，影响子代生长发育。产后恢复工作，应采取逐渐加大工作量，使母亲逐渐适应工作及育儿的双重负担，保障女职工健康。

5．哺乳期劳动保护 为保障母乳喂养，促进母婴健康，需特别注意职业性有害因素通过乳汁危害子代健康的问题。规定：

（1）乳母禁止参加以下劳动：作业场所中 Pb、Hg、CS_2、锰、铍、砷、氰化物、氢氧化物、一氧化碳、氯、苯、己内酰胺、氯丁二烯、氯乙烯、环氧乙烷、苯胺、甲醛、氟、溴、甲醇、有机磷等超标的作业。禁止参加体力劳动强度Ⅲ级以上的作业。

（2）给予乳母哺乳时间，乳母不得加班及从事夜班作业。每天给予乳母两次哺乳时间，每次 30 分钟，不包括往返路途时间。

（3）托儿所的设立：女职工人数 100 人以上的企事业单位，应建立托儿所。

（4）加强乳母的营养，避免过劳。禁忌吸烟与饮酒。

6．更年期劳动保护 更年期是妇女由成熟期进入老年期的一个过渡时期，一般为 45 ～ 55 岁。更年期分绝经前、绝经、绝经后期。卵巢功能由活跃转入衰退状态，排卵变得不规律，直到不再排卵。月经渐趋不规律，最后完全停止，也称“围绝经期”。更年期内少数妇女由于卵巢功能衰退，自主神经功能调节受到影响，出现阵发性面部潮红，情绪易激动，心悸、失眠、假性心绞痛、肢体痛等症状，还可出现骨质疏松、精神异常，发生“更年期综合征”。

（1）对更年期妇女进行健康教育，使其认识到更年期是一个特殊的生理时期，更年期综合征的症状多为生理性，帮助其保持乐观心态，顺利度过更年期。

（2）对有更年期综合征的患者，采取对症治疗，并适当减轻其工作负担。

（3）对接触职业性有害因素使其绝经年龄提前的女工，应暂时调离岗位。如接触 CS_2 的女工，研究发现，接触组早发绝经频率为 25%，明显高于对照组的 0.8%。

总之，要通过提高职业女性对作业环境有害因素的认识与生殖健康知识水平，在职业生活中践行职业安全健康行为及安全生产工作行为。积极开展健康教育和健康促进工作，普及妇女职业卫生知识，就妇女关心的职业卫生问题开展咨询服务，提高职业妇女自我保护意识。

（马文军）

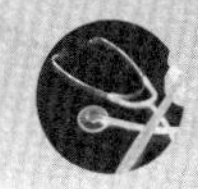

第十一章 职业伤害

职业伤害（occupational injuries）又称工作伤害，简称工伤，指在生产劳动过程中，由于外部因素直接作用而引起机体组织的突发性损伤，如因职业性事故（occupational accidents）导致的伤亡及急性化学物中毒。职业伤害轻者引起缺勤，重者可导致残废和死亡，且涉及的大都是 18 ~ 64 岁的青壮年劳动力。职业伤害是劳动人群中重要的安全和健康问题，也是在发达国家和发展中国家都存在的重要公共卫生问题之一。

职业安全（occupational safety）也称劳动安全，是研究预防和控制职业伤害事故的一门专业，是指在生产过程中，为避免人身或设备事故，创建安全、健康的生产和操作环境而采取的各项措施及相应的活动，最终促进经济发展，提高职业生命质量。我国职业安全的指导方针是"生产必须安全，安全促进生产"，即企业法人在"管生产"的同时，必须"管安全"，生产和安全两者是统一的，不能有所偏废。中华人民共和国成立以来，在这一方针指导下，制订并颁布了一系列劳动保护和技术安全的法规、规程和标准，特别是近年相继颁布了《中华人民共和国职业病防治法》《中华人民共和国安全生产法》《工伤保险条例》。这些法律、法规保障"职业安全与卫生"任务的顺利执行：①消除生产中不安全因素，消灭或减少职业伤害事故，保障职工安全；②控制职业危害，预防职业性病损，保护和促进职工健康；③按《劳动法》规定合理的工作时间和休息时间，保证劳逸结合；④按有关规定，实行女职工和未成年工的特殊保护等。

第一节 职业伤害事故类型与原因

一、职业伤害的范围与分类

（一）职业伤害的范围与认定

我国 2004 年 1 月 1 日起施行的《工伤保险条例》对职业伤害的范围及其认定作了明确规定。《国务院关于修改〈工伤保险条例〉的决定》已经于 2010 年 12 月 8 日国务院第 136 次常务会议通过，自 2011 年 1 月 1 日起施行。

《工伤保险条例》及《国务院关于修改〈工伤保险条例〉的决定》第十四条，规定职工有下列情形之一的，应当认定为工伤：

（1）在工作时间和工作场所内，因工作原因受到事故伤害的；

（2）工作时间前后在工作场所内，从事与工作有关的预备性或者收尾性工作受到事故伤害的；

（3）在工作时间和工作场所内，因履行工作职责受到暴力等意外伤害的；

（4）患职业病的；

（5）因工外出期间，由于工作原因受到伤害或者发生事故下落不明的；

（6）在上下班途中，受到非本人主要责任的交通事故或者城市轨道交通、客运轮渡、火车事故伤害的；

（7）法律、行政法规规定应当认定为工伤的其他情形。

第十五条，规定职工有下列情形之一的，视同工伤：

（1）在工作时间和工作岗位，突发疾病死亡或者在48小时之内经抢救无效死亡的；

（2）在抢险救灾等维护国家利益、公共利益活动中受到伤害的；

（3）职工原在军队服役，因战、因公负伤致残，已取得革命伤残军人证，到用人单位后旧伤复发的。

职工有前款第（1）项、第（2）项情形的，按照本条例的有关规定享受工伤保险待遇；职工有前款第（3）项情形的，按照本条例的有关规定享受除一次性伤残补助金以外的工伤保险待遇。

第十六条，规定职工符合《工伤保险条例》第十四条、第十五条的规定，但是有下列情形之一的，不得认定为工伤或者视同工伤：

（1）故意犯罪的；

（2）醉酒或者吸毒的；

（3）自残或者自杀的。

关于工伤的认定，《工伤保险条例》第十七条规定：

（1）职工发生事故伤害或者按照职业病防治法规定被诊断、鉴定为职业病，所在单位应当自事故伤害发生之日或者被诊断、鉴定为职业病之日起30日内，向统筹地区社会保险行政部门提出工伤认定申请。遇有特殊情况，经报社会保险行政部门同意，申请时限可以适当延长。

（2）用人单位未按前款规定提出工伤认定申请的，工伤职工或者其近亲属、工会组织在事故伤害发生之日或者被诊断、鉴定为职业病之日起1年内，可以直接向用人单位所在地统筹地区社会保险行政部门提出工伤认定申请。

（3）按照本条第一款规定应当由省级社会保险行政部门进行工伤认定的事项，根据属地原则由用人单位所在地的设区的市级社会保险行政部门办理。

（4）用人单位未在本条第一款规定的时限内提交工伤认定申请，在此期间发生符合本条例规定的工伤待遇等有关费用由该用人单位负担。

（二）职业伤害的分类

职业伤害目前没有统一的分类方法。下列是按不同目的进行的一些分类：

1. 按受伤程度分类 日常工作中为便于报告、登记和管理，分为工伤死亡（工亡）、重伤和轻伤。

（1）轻伤是指造成职工肢体伤残，或者某些器官功能性或器质性轻度损伤，表现为劳动能力轻度或暂时丧失的伤害，一般指受伤职工歇工在一个工作日以上，计算损失工作日低于105日的失能伤害。

（2）重伤是指造成职工肢体残缺或视觉、听觉等器官严重损伤，一般能引起人体长期功能障碍，或损失工作日等于和超过105日，劳动能力有重大损失的失能伤害。

（3）死亡是指事故发生后当即死亡（含急性中毒死亡）或负伤后30日内死亡（排除医疗事故致死）。

2. 按致伤因素分类

（1）机械性损伤：如锐器造成的切割伤和刺伤、钝器造成的挫伤、建筑物倒坍造成的挤压伤、高处坠落引起的骨折等。

（2）物理性损伤：如烫伤、烧伤、冻伤、电损伤、电离辐射损伤等。

（3）化学性损伤：如强酸、强碱、磷和氢氟酸等造成的灼伤。

3．按受伤部位分类　可分为颅脑伤、面部伤、胸部伤、腹部伤和肢体伤等。

4．按皮肤或黏膜表面有无伤口分类　分为闭合性和开放性损伤两大类。

5．按受伤组织或器官多寡分类　分为单个伤和多发伤。多发伤系指两个系统或脏器以上的损伤。

美国标准研究所（American national standards institute，ANSI）按致伤原因分类并进行管理，见表 11-1。我国劳动安全和劳动保护工作者总结实际工作经验，提出我国职业伤害的管理分类，见表 11-2。

表11-1　美国按致伤原因的职业伤害分类

序号	事故类别	序号	事故类别
01	物体打击伤	08	碰撞伤
02	移动部件挤压伤	09	灼伤 / 冻伤
03	高处坠落	10	摩擦伤
04	平地摔倒	11	辐射
05	用力过度（也可列入工效学内）	12	化学腐蚀伤、中毒
06	车辆事故	13	公共交通事故
07	电击伤	14	其他伤

表11-2　我国职业伤害事故分类

序号	事故类别	序号	事故类别
01	物体打击	11	冒顶片帮
02	车辆伤害	12	透水
03	机械伤害	13	放炮
04	起重伤害	14	火药爆炸
05	触电	15	瓦斯爆炸
06	淹溺	16	锅炉爆炸
07	灼烫	17	容器爆炸
08	火灾	18	其他爆炸
09	高处坠落	19	中毒和窒息
10	坍塌	20	其他伤害

一般说来，工业企业的职业伤害死亡事故以物体打击、高处坠落、车辆伤害、机械伤害、起重伤害、触电、坍塌、爆炸和火灾等类别为主要构成，兼有毒物中毒等。农业劳动过程中的伤害以农业机械伤害、触电、车辆（拖拉机）伤害、农药中毒等类别为主要构成。

二、常见职业伤害事故类型及其主要原因

（一）物体打击

常见物体打击可见于：①高空作业时，工具零件、砖瓦、木块等从高处掉落伤人；②起重

吊装、拆装时，物件掉落伤人；③设备带“病”运行，部件飞出伤人；④设备转运时，违章操作，如用铁棒捅卡物料，铁棒弹出伤人；⑤压力容器爆炸飞出物伤人；⑥爆破作业时，乱石伤人等。

（二）机械伤害

机械伤害系指强大机械动能所致人体伤害，常因被搅、碾、挤、压或被弹出物体重击，致受害者重伤甚至死亡。常见伤人机械设备有皮带机、球磨机、行车、卷扬机、气锤、车床、混砂机、压模机、破碎机、搅拌机、轮碾机等。造成机械伤害的主要原因有：①检修、检查机械时忽视安全操作规程，如进入设备（如球磨机）检修作业，未切断电源、未挂“不准开闸”警示牌、未设专人监护等；②缺乏安全装置，如有的机械传送带、齿轮机、接近地面的联轴节、皮带轮、飞轮等易伤害人体的操作岗位未加防护装置；③电源开关布局不合理，遇紧急情况不便立即关闭机械；④违反设备操作规程等。

（三）高处坠落

高出坠落伤指从离地面 2 m 以上作业点坠落所致伤害，主要类型和事故原因有：①蹬踏物突然断裂或滑脱；②高处作业移动位置时踏空、失衡；③站位不当，被移动物体碰撞而坠落；④安全设施不健全，如缺乏护栏；⑤作业人员缺乏高处作业安全知识等。

（四）车辆伤害

车辆伤害指生产用机动车辆，包括不同类型的汽车、电瓶车、拖拉机、有轨车，以及施工设备（如挖掘机、推土车、电铲等）所致伤害。上述生产车辆造成伤害的常见原因有：①行驶中引起的碾压、撞车或倾覆等造成的人身伤害；②行驶中上下车、扒车、非作业者搭车等所致人身伤害；③装卸、就位、铲叉等过程引发人身伤害；④运行中碰撞建筑物、构筑物、堆积物引起建筑物倒塌、物体散落等所致人身伤害。

（五）电击伤害

电击伤害指人体接触到具有不同电位的两点时，由于电位差的作用，在人体内形成电流所致损伤。严重电击伤致死主要原因为心室颤动或窒息，局部伤害包括电弧烧伤等。常见触电事故原因有：①电气线路、设备检修安装不符合安全要求或检修制度不严密；②非电工擅自处理电气故障；③移动长、高金属物体触及高压线；④高位作业（如行车、高塔、架梯等）时误碰带电物体；⑤操作漏电工具、设备；⑥违反带电作业安全操作规程（如未穿绝缘鞋等）。

（六）操作事故所致伤害

1. 压力容器 操作压力容器泛指工业生产中用于完成化学反应、传热、分离和贮运等工艺过程，并承受一定压力的容器。我国有关条例把压力容器定义为“压力为一个表压以上的各种压力容器”，包括反应容器、各类气瓶、液化气体槽车等。爆炸是指极其迅速的物理性或化学性能量释放过程，前者为容器内高压气体迅速膨胀并以高速释放内在能量；后者则为化学反应高速释放的能量，其危害程度较物理性的更为严重。压力容器操作所致伤害，通常有下列几类。

（1）碎片伤害：高速喷出的气体的反作用力，可将壳体向破裂的相反方向推出，有的则裂成碎片向四周散射，其伤害作用类似“炮弹”。

（2）冲击波伤害：容器破裂时的能量，除小部分消耗于将容器进一步撕裂和将碎片抛出外，大部分转变成冲击波，摧毁建筑物和设备，导致周围人员伤亡。

（3）有毒介质伤害：盛装有毒液化气体的容器爆裂时，液态毒物很快蒸发成气体，酿成

大面积染毒区，危害极大。一般在常温下破裂的容器，大多数液化气体生成的蒸气体积约为液体的 200 ～ 300 倍。例如，液氨为 240 倍，液氯为 150 倍，这类有毒气体可在大范围内危及人畜生命和导致生态破坏。又如，一吨液氯破裂时可酿成 8.6×10^4 m^3 的致死范围和 5.5×10^6 m^3 的中毒范围。

（4）可燃介质的燃烧和二次爆炸危害：盛装可燃气体或液化气体的容器破裂时，逸出的可燃气体与空气混合，如遇到触发能量（明火、静电等），可在容器外发生燃烧、爆炸，酿成火灾事故。例如，液态烃汽化后混合气体的二次爆炸和燃烧区域，可为原有球罐体积的数万倍。

压力容器破损所酿成的毒气泄漏事故，多发生于运输过程，故应注意以下几点：①运输、装卸和押运人员应熟悉安全操作规程；②气瓶应配固定式瓶帽，以避免瓶阀受损；③短距离移动气瓶，应手握瓶肩，转动瓶底，不可拖拽、滚动或用脚蹬踹；④应轻装轻卸，严禁抛、滑、滚、撞；⑤汽车运输气瓶，一般应立放，卧放时气瓶有阀端应朝向一侧，堆放高度应低于车厢高度；⑥运输过程应保持瓶体温度 < 40℃，炎热地区应夜间运输；⑦严禁与易燃品、油脂、腐蚀性物质混运；⑧驾驶路途应绕开居民密集区、交通要道和闹市，并悬挂明显“危险品”标志。

2．瓦斯（沼气）爆炸　“瓦斯”常指采煤过程从煤层、岩层、采矿区，以及生产过程所产生的各种气体。其中，以沼气（甲烷）所占比例最大（80% ～ 90%）。此外还有氢、硫化氢、乙烯、乙烷和一氧化碳等。沼气的爆炸下限为 5%，上限为 16%，沼气浓度在此范围内，遇火即发生爆炸。瓦斯爆炸后所产生的高温（可高达 1850 ～ 2650℃）、高压（空气压力可达爆炸前的 9 倍）和引发的冒顶、坍塌，以及一氧化碳中毒是致命性伤亡的主要危害。

防止沼气爆炸的三道防线：①防止沼气积聚，即加强通风，定时检测和及时处理局部沼气积存；②防止沼气引燃，即杜绝火源，加强电气设备管理和维护，并采用防爆型电器；③限制沼气爆炸范围，即采用并联式和主扇门安装防爆和反风装置通风，防止爆炸后气体过快扩散。

3．其他爆炸事故　在生产过程中，还可因可燃气体、蒸气及可燃性粉尘扩散，与空气混合成一定比例，遇火源引发爆炸事故。常见的可燃液体有乙醇、甲苯、汽油、乙醚、苯等；可燃粉尘有煤尘、铝尘、面粉尘、亚麻尘、棉尘等。可燃物料引起爆炸的常见原因有：①生产管理不善，如敞开装卸易燃液体物料，使用易挥发溶剂擦洗设备、地面等；②设备维修不善，可燃物料跑、冒、滴、漏严重；③工艺操作失误，如温度、压力、投料比例、速度及顺序失控；④违反操作规程，如使用助燃的空气输送可燃液体；⑤作业场所可燃粉尘浓度过高，达到爆炸极限。

第二节　职业伤害流行病学

职业伤害流行病学通过描述职业伤害的发生强度及其分布特征，分析其流行规律、发生原因和危险因素，提出伤害的干预对策和防范措施，并对防治效果进行评价。职业伤害具有行业和职业分布及人群分布等特征，其发生常与多种因素有关。

一、职业伤害分布特征

1．行业和职业分布　不同行业和职业的职业伤害事故率有所不同。研究表明，近年来美国职业伤害死亡数最多的职业是精细生产、手工艺、修理行业，其次为交通和农业、林业、渔业；职业伤害死亡率最高的是交通，其次是农业、林业、渔业和设备清洗行业。引起我国职业伤害死亡最多的职业危害因素为坠落、起重伤害、触电、物体打击、坍塌、机械和企业内车辆伤害等。其中，建筑行业常见的有坠落、起重伤害、坍塌、触电和物体打击等，制造业常见的

有触电、起重伤害、机械伤害和坠落。最常见的多人死亡事故原因是坠落、化学中毒、金属工件和起重伤害等，涉及的设备主要是工作面、在建建筑物、起重设备和车辆伤害等。

2. 人群分布 许多研究都发现男性比女性易发生事故，一般认为他们受到的危险程度不同。年龄小、工龄短者常常职业伤害发生率高，这与他们缺乏工作和事故经验有关。但年老工人的职业伤害发生率又上升，可能与生理上的衰老现象，即应激能力和动作协调性减退有关。

3. 伤害类型 不同行业和工种，伤害的情况不同，伤害类型和伤害部位也有所不同。多数研究对伤害的类型、部位、性质、时间等进行了描述。研究较多的有扭伤、骨折、烧伤、电伤、机械伤害等。职业伤害可累及全身各个部位，常见的有手、脚、四肢、头、腰、眼等。

二、职业伤害发生的危险因素

职业伤害的发生是由多因素造成的，如工人、工作场所、设备、心理、社会环境等，这些因素相互交织，相互影响，贯穿于整个生产过程中，构成了一个多因素系统。因此，职业伤害事故的发生不是单一因素引起的，这些原因有的是直接原因，有的是间接原因。引起职业伤害的因素可以分为人、工作内容和环境因素等。

1. 人为因素 人为因素包括的统计变量有人口统计学指标、工作身份、经验、健康状况、心理因素、认知态度、不安全行为、个人防护用品的使用等。通常研究较多的危险因素有性别、年龄、工种、职业、文化程度、睡眠、疲劳、残疾、体重（肥胖）、饮酒等。

近年对职业伤害的人为因素，特别是各种因素导致的人为失误较为重视。探讨各种可减少失误的干预措施。

2. 机器设备 生产设备质量差、有缺陷或维护不善。防护设施缺乏或不全，生产设备上缺乏安全防护装置，如机器的轮轴、齿轮、皮带、切刀等转动部分缺乏安全防护罩。机器设备设计未遵循人 - 机工效学原则。

3. 环境因素 包括物理环境和社会环境。前者主要有厂房大小、地面状况、采光、气温、通风、噪声等，后者主要有上下级关系、同事关系、社会关系、家庭关系和社会对其职业的认可等。

4. 劳动组织不合理与生产管理不善 工作的组织和实施在职业伤害发生中也起重要作用。包括工作负荷大、时间紧、轮班和作息时间不合理、调换工种等，以及领导对安全工作不重视，对工人技术指导及安全操作教育、培训不够；生产设备及安全防护装置无专人管理和维修制度；操作规程和制度不健全；个人防护用品缺乏或不适用。

三、职业伤害流行病学研究的基本方法

伤害流行病学已成为流行病学的一个分支学科。职业流行病学的原则与方法，同样适用于职业性伤亡事故的调查研究。职业伤害流行病学的研究可分为描述性研究、分析性研究和干预性研究。

1. 描述性研究 大多数职业伤害流行病学研究是描述性研究（descriptive study），其中最多的是利用现有的职业伤害资料进行整理和统计分析。全国的或行业的职业伤害资料可以揭示全国或某行业工作相关的伤害和死亡的种类、发生率和分布特征等，尤其是死亡资料提供的信息比较完整可靠，通过描述和比较职业伤害事故的发生率和死亡率的分布特征，识别高危人群和行业，为进一步研究职业伤害的原因和危险因素提供线索。

此外，也有采用横断面调查的方法。用电话、函件或面访等方式获取某一段时间某一人群的职业伤害分布情况，如国外有人采用电话访问的形式进行调查，得到一定时间内有关伤亡的情况。这种方法的优点在于获得的个人信息比现成资料更全面，并且可根据研究者的目的和需要来设计调查内容。

2．分析性研究　分析性研究（analytic study）的常见形式有病例 - 对照研究、回顾性队列研究和前瞻性队列研究。病例 - 对照是流行病研究的经典设计之一，常用于研究相对固定的暴露因素，不强调弄清事故发生瞬间的暴露情况，但是存在较大的回忆偏倚、错分偏倚、对照与病例的可比性不强等缺点。

分析性研究可以根据描述性研究所提供的线索，进一步确定危险因素。由于分析性研究采用对照的方法，相对于描述性研究而言，对判定职业伤害的危险因素更具有说服力。

Maclure 等设计了一种用于评价短暂暴露对急性发病事件影响的方法——病例 - 交叉设计（case-crossover design）。该方法与病例 - 对照研究密切相关，但以患者自身作为自己的对照。通过询问患者发生伤害前一段短暂时间内的暴露情况，同时与该患者未发病前同一短暂时间内的暴露情况相对比，可以确定引起伤害的危险因素。因为该方法以患者自身为对照，所以避免了病例与对照某些特征上的不一致（如年龄、性别、智力、遗传、社会经济因素等），而且该研究还可以减少样本量。尽管该设计仍存在报告偏倚，但可以避免在时间上相对稳定的混杂因素（如性别、年龄等）的影响。与传统的病例 - 对照设计相比，该设计更适合于研究瞬时因素的病因学作用。这是因为在病例 - 交叉设计中，被研究对象本人可以作为病例和对照的来源（在这里，病例不再是单纯意义上患所研究疾病的个体，对照也不再是未患所研究疾病的个体），从而消除了个人之间的混杂因素，较好地克服了对照组选择偏倚。病例 - 交叉设计要求所研究的结果是突然发生的，且所研究的因素所存在的时间是短暂的。Sorock 等应用此方法对职业性手外伤的有关危险因素进行了研究，结果表明，使用不安全设备或工具、操作方法失误、操作时分散注意力、工作任务进度紧等是手外伤发生的危险因素，而工作时戴手套则可以降低手外伤的发生率。

此外，还有学者将各种设计方法联合起来形成了杂交设计（hybrid designs），例如巢式病例 - 对照设计（nested case-control design）、病例队列设计等。如可以在回顾性队列研究中进行巢式病例 - 对照研究（nested case-control studies），或在前瞻性队列研究中进行巢式病例 - 交叉研究。有学者应用巢式病例 - 交叉研究，对巴西某钢铁公司的致死性职业伤害进行了研究，结果表明，工作环境中高温、噪声、粉尘和烟尘、有毒气体和蒸汽、轮班、手工作业等是致死职业伤害的危险因素。

病例队列设计最大的优点是验证病因假设的能力较回顾性研究强，相对前瞻性队列研究有花费人力、物力较少等优点，主要用于研究一定时间内相对固定的可疑危险因素，如某些人口统计学指标，包括工种、工作经验、残疾、健康状况、体重、生理生化指标；工作内容，包括轮班制、作息时间、工作任务频度和数量、工作负荷；环境因素，包括采光、照明、温湿度、气温、粉尘、厂房大小、地面状况等。

3．干预性研究　职业伤害事故的干预性研究（intervention study）主要用于事故预防措施的效果评价，也可以用来验证病因假设。职业伤害干预研究可以分为工程学干预研究、行政管理干预研究、个人干预研究和综合干预研究。

（1）工程学干预研究：主要针对物理环境，对象主要是与急性创伤性伤害和工作相关肌肉骨骼障碍相联系的工作环境（包括仪器、设备等），其主要对策是改良不良的设备和作业环境。

（2）行政管理干预研究：集中于工作管理程序和政策，主要是由针对工作实践和政策的组织性策略组成。这种干预措施包括工人的参与管理，提高后勤服务，纠正劳动负荷，控制计件工资比率，以及制定相关法律和规定等。

（3）个人干预研究：主要是对工人的上岗选择、教育和培训及个人防护措施的应用等。如工人的上岗选择有性别、年龄、文化程度、健康状况、心理因素和工作经验等；教育和培训包括健康教育、安全教育、上岗前培训、个人行为培训等；个人防护措施的应用如评价安全带和安全眼镜等个人防护措施的应用等。

（4）综合干预研究：指前三种干预的不同组合。因为职业伤害是多因素的，故其干预研究也多为综合性干预，如工程干预还需要有效的培训措施和对象的行为改变与其相配合，才能收到更好的效果。

四、职业伤害流行病学调查的处理原则

职业伤害事故是人们在生产活动过程中发生的，具有因果性、偶然性、突发性、再现性等特征，某些意外职业伤害事故本质上属随机现象。WHO 把事故定义为预想不到的偶然事件的后果，并强调职业事故的多因素性质。

流行病学研究始于完整可靠的原始资料，事故的登记报告是基础。关于事故严重到何种程度才上报，目前还缺乏统一的要求和制度。职业性事故流行病学研究中应注意的问题主要有以下几个方面。

1．职业性事故报告系统和报告信息　职业性事故流行病学研究的目的是预防事故的发生，因此职业伤害事故报告系统应满足下列要求：①表现出不同类型的事故和伤害的重要性；②对生产过程中存在的致伤害危险性提出警告；③存在的职业性伤害对工人健康和社会造成的危害；④有利于识别职业伤害事故的高危人群，并对潜在的灾难事故提出预告。

2．特殊的事故报告　在调查过程中除一般的职业伤害事故外，还有以下几种特殊事故：

（1）死亡事故：死亡报告可以获得全面深入的调查研究资料，此资料的完整性和信息的全面性，对于死亡事故的流行病学调查是非常有价值的。对于死亡事故应收集如下资料：①人口统计资料；②职业分类资料；③伤亡原因与部位等资料。

（2）危险事件：通常指会引起重大伤亡事故的事件。积累此类信息资料，经过分析，可以得到许多危险事件导致职业伤害事故有价值的预兆性信息。

（3）预兆事故：事故的危险识别中，时间是最重要的因素，最好在事故发生之前识别出危险。收集全面可靠的预兆事故资料要讲究方法，可采用现场观察、与工人交谈及工人自我报告等方法，在轻微事故、预兆事故以及危险识别的基础上预测出个体及群体更为严重的危险性。

3．职业性事故流行病学研究资料的收集和分析

（1）职业性事故流行病学研究的内容和步骤：①根据事故调查的目的制订调查计划；②收集有关事故的详细资料，包括事故涉及人员、有关设备和环境条件、管理制度，以及事故经过和后果定性、定量资料；③取证、检验、验证和分析有关资料；④对事故进行深入比较分析，并进行流行病学评价，从事实中引出结论、事故报告及事故的通报，有利于决策者及措施执行者接受经验教训；⑤提出整改建议，并充分考虑其针对性和可行性。根据事故调查情况，制订实施的责任，监督落实情况，评价实施效果。为了获得更深入、更全面的信息资料，提倡抽样研究。采用合乎统计学要求的抽样研究，可利用较少例数进行深入、全面的流行病学分析，从而可能获得更接近实际情况的正确结论。

（2）可比性资料的重要性：为研究事故的分布，应在各企业之间，按不同职业、工种、岗位的分布，比较事故发生率。职业伤害的职业划分应按统一的要求。

（3）保证资料的准确性与有效性：职业伤害事故原始资料的可靠性受多方面因素的影响，在调查过程中应努力克服造成职业伤害事故原始资料不真实、缺乏可比性的诸多因素。

五、职业安全事故的调查内容与步骤

（一）调查目的、内容与步骤

事故调查属“事后型”预防对策，遵循以下模式：事故或灾难发生—调查和分析原因—提出整改对策—实施对策—评价实施效果—修正对策。

1．调查目的 主要包括：①明确事故的性质、类型、程度，并收集人员伤亡及经济损失资料，以估计其所造成的后果；②寻找酿成事故的直接、间接原因及其相互关系，以阐明事故的“必然性”“偶然性”或“潜在促发性”；③分析有关“危险因素”，预测类似事故再现的可能性，为杜绝类似事故的防范措施提供理论和实践依据；④查明事故的责任者。

2．调查内容与步骤 依次为：①根据调查目的编制调查计划；②收集有关事故资料，包括事故涉及人员、有关设备和环境条件、管理制度，以及事故经过和后果定性、定量资料；③取证、检测、验证和分析有关资料；④作出判断和结论，写出事故报告；⑤提出整改建议，并充分考虑其针对性、首选性和可行性；⑥规定实施的责任，监督落实情况，评价实施效果。

（二）职业性事故的统计指标

1．用于企业或地区（省、市）职业性事故的统计指标

（1）千人死亡率：指一定时期平均每千名职工中因职业伤害死亡的人数。

千人死亡率＝（职业伤害死亡人数 / 平均职工人数）×1000‰

（2）千人重伤率：指一定时期平均每千名职工中因职业伤害事故造成的重伤人数。

千人重伤率＝（重伤人数 / 平均职工人数）×1000‰

2．用于行业或企业内部事故的统计指标

（1）百万工时伤害率：指一定时期内每百万工时事故造成的伤害人数（重、轻伤和死亡人数），亦称伤害频率。

百万工时伤害率（A）＝（伤害人数 / 实际总工时）$\times 10^6$/ 百万

（2）伤害严重率：指某时期内每百万工时事故造成的损失工作日数。

伤害严重率（B）＝（总损失工作人数 / 实际总工时）$\times 10^6$/ 百万

（3）伤害平均严重率：指每人次伤害，平均损失工作日。

伤害平均严重率＝总损失工作日 / 伤害人数

3. 用于以吨或立方米产量为计量单位的行业、企业使用的统计指标

百万吨死亡率：指每生产 100 万吨产品死亡的工人数。

百万吨死亡率＝［死亡人数 / 实际产量（吨）］$\times 10^6$/ 百万

4. 用于职业事故经济损失的统计指标 经济损失是指劳动生产过程中发生伤亡事故带来的直接和间接经济损失。

5．职业伤害事故经济损失评价指标

千人经济损失率＝［全年因事故的经济损失（万元）/ 企业年平均职工人数］×1000‰

百万元产值经济损失率＝［全年因事故的经济损失（万元）/ 企业全年总产值（万元）］×100%

（三）伤亡事故报告程序

我国居民病伤死亡登记系统中尚没有明确列为职业伤害的记录项。

职业伤亡事故发生后，负伤者或最先发现者必须立即报告有关负责人，有关负责人应当根据情况逐级上报，或直接向厂长或经理报告。厂长或经理接到重伤、死亡、重大或特大死亡事故的报告后，必须立即将事故概况用电话、传真或其他快速办法报告当地企业主管部门、安全生产监管部门、人力资源和社会保障部门和工会。同时，当地安全生产监管部门须在 24 小时内填报《企业职工死亡事故报表》，直报安全生产监督管理部门或本省人力资源和社会保障部门。其中重大和特大伤亡事故的调查报告须报国家安全生产监督管理总局、人力资源和社会保障部和全国总工会。

第三节　职业安全管理与事故预防对策

尽管职业伤害的原因多种多样，但目前的研究已阐明了职业伤害的基本原因和机制。根据现有知识，针对职业伤害发生人数多和发生率高的重点行业，采取综合干预措施已取得了较好效果。

职业安全事故的发生具有突然性，是在特定条件下人 - 机 - 环境相互作用的结果。职业安全事故与自然灾害不同，原则上都是可以预防的，人们应树立“零事故”意识，立足于防患于未然。应鼓励企业建立职业安全健康管理体系，健全企业职业安全健康管理的自我约束机制，做到标本兼治，综合治理，把职业安全健康工作引入法制化、规范化轨道。职业安全健康管理体系包括制订方针、组织动员、计划与实施、评价和改进措施五大要素。

职业安全事故发生的原因可分为直接原因与间接原因。事故发生时的人（如操作行为、心理状态等）、物（如设备、原料等）和环境（如气象条件、作业空间安排等）的状态常是直接原因；而间接原因则与技术、教育和管理状况密切相关。安全科学中也把引起安全事故的直接原因与间接原因按“人、机、环境”划分，此“人 - 机 - 环境”构成了安全管理的 3 个基本要素。带有“缺陷”的“人 - 机 - 环境”系统是导致事故发生的潜在必然因素，系统开始动作后，当某两种“缺陷”一旦发生意外的耦合，则会带来灾难性的后果。

通常把职业安全事故的预防对策归纳为“六 E 干预”措施。

1．教育措施（educational intervention） 目的在于通过教育和普及安全知识来影响人们的行为。在某些脏、苦、累、险的行业中多为文化素质低、流动性大、专业技能低下的员工，由于这些员工缺乏安全操作技能的培训和自我保护意识，其不安全行为是造成事故发生的主要原因。因此，提高人的安全意识和控制人的不安全行为是减少工伤事故的主要途径。人的安全行为主要来源于安全意识，安全意识主要基于个人所具有的安全知识、理念和价值观，即安全文化素质。要提高安全文化素质，须从操作人员的知识、技能、意识、观念、态度、品行、认知、伦理、修养等方面开展职业安全健康教育的培训，塑造企业安全化氛围。

安全教育的主体是职工，特别是新职工。根据我国有关规定：应对从业人员进行上岗前的职业安全健康培训和在岗期间的定期职业安全健康培训，普及职业安全健康知识，督促劳动者遵守相关法律、法规、规章和操作规程；对特殊工种工人，如电气、起重、锅炉、受压容器、焊接、车辆驾驶、爆破、瓦斯检查等，必须进行专门的安全操作技术训练，经考试合格后才能上岗；用人单位必须建立安全活动日和班前班后的安全检查制度，对职工进行经常性安全教育；在采用新生产方法、添设新技术设备、制造新产品或调换工种时，必须对工人进行新操作和新岗位的上岗培训和安全教育。

2．经济措施（economic intervention） 目的是用经济手段鼓励或处罚来影响人们的行为。如工伤保险的差别费率制和浮动费率制。差别费率制对工伤风险大、容易发生工伤事故的企业多征收保险金，对风险小、工伤事故少的企业少征收，以保障该企业工伤保险基金的收付平衡，同时适当促进和鼓励企业重视改进劳动安全保护措施，预防工伤事故发生，从而降低工伤赔付成本。

3．强制措施（enforcement intervention） 目的是用法律、法规和标准来影响人们的行为。安全法规是国家法律规范的重要组成部分，其主要任务是调整人与人、人与自然的关系，保障职工在生产过程中的安全和健康，提高企业经济效益，促进生产发展。

我国政府历来重视安全立法工作。中华人民共和国成立以来，我国在劳动保护立法方面做了大量工作，并取得了巨大成就。如 1956 年国务院就颁布了劳动保护的“三大规程”，即《工厂安全规程》《建筑安装工程技术规程》和《工人职员伤亡事故报告规程》，以法规形式，

向厂矿企业提出有关劳动保护的系统和明确的法规规范。随后，又制订颁布了一系列规定、办法、标准、通知等多达300余种。改革开放后相继颁布《中华人民共和国劳动法》《中华人民共和国职业病防治法》《中华人民共和国安全生产法》，对职业健康危害因素的防控提出了系统具体的要求。这些法规的颁布和实施使我国职业安全健康管理逐步制度化、法制化。

4．工程措施（engineering intervention） 目的在于通过工程干预措施影响媒介及物理环境对发生工伤事故的作用。在机械设备设计时，应充分预见和评估机械设备对人、环境可能产生的影响，运用人-机工效学原理优化设计人-机结合界面，以易于接受和适应的形式使人-机融为一体，减少人-机失误，使人和机械设备的相互作用达到最佳配合。技术上运用高新电子技术产品，提高机械设备的自动化水平，实施自动化、程序化操作。机械设备的操作自动化、程序化，可减少机械设备工作过程中人的直接介入，消除错误操作而引起的事故；保持有效和规范的作业行为，也是明显减少事故发生概率的途径，如对机械设备要有日常安全管理、定期安全检测制度。新设备产品在使用过程中存在的安全缺陷问题不易发现，因此，在使用新设备过程中要对其安全状况进行持续监控，以便及早发现安全缺陷问题。

对于那些无法通过机械设备设计而达到自动化、程序化的环境，如必须暴露在外的传动带、齿轮、砂轮、电锯、飞轮等危险部分，应在周边安装防护装置；起重设备、锻压设备等应安装信号装置或警告系统等。通过这些附属的技术装置，使"人-机-环境"处于良好的运行状态，将潜在的危害降到最小程度。

5．环境措施（environmental intervention） 包括工作场所的空间安排和整洁、适宜的温度和湿度等气象条件、充足的照明、无噪声和无有毒有害物质存在等。

6．紧急救护措施（emergency care and first aid） 也称"第一时间的紧急救护"，指在工伤事故发生时，尽早进行现场和院前紧急救护，是减少死亡和伤残的关键。如在工伤事故现场维持工伤者的生命体征（如呼吸、心率、血压等）对减少死亡极为重要。

（王　云）

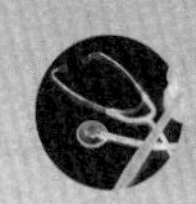

第十二章 职业卫生与职业安全的标准与管理

第一节 职业卫生与安全法律法规

中国职业卫生法律法规体系遵循宪法确定的基本原则，推出职业病防治法、劳动法、安全生产法、劳动合同法等法律。在此基础上，国务院出台了相关的职业病防治的各类条例、办法、规定、实施细则、决定等。各省、自治区、直辖市制定在本辖区内生效的与职业病防治相关的地方法规或由主管部门制定的相关规章。同时，与国际接轨，批准生效了一批符合国情的职业卫生安全国际公约、条约。由此形成了与法律相配套的法规和规章体系。根据侧重的内容可以分为职业卫生法律法规体系和职业安全法律法规体系。职业卫生法律法规以职业危害、职业病为核心，以《中华人民共和国职业病防治法》为主搭建。职业安全法律法规则以安全事故为核心，以《中华人民共和国劳动法》和《中华人民共和国安全生产法》为主构成（图12-1）。

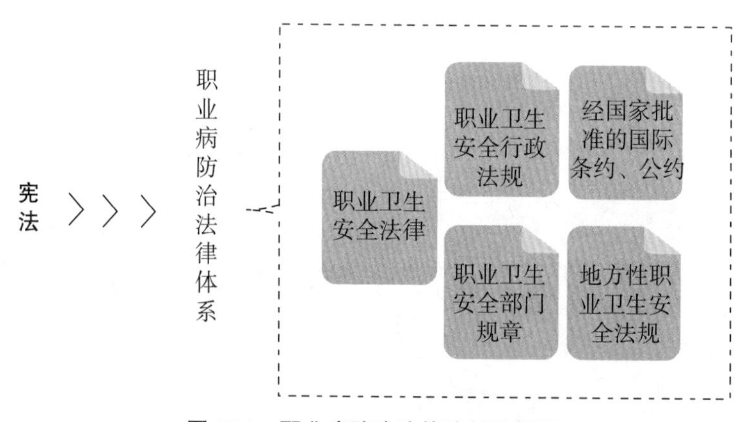

图 12-1 职业病防治法律法规及框架

一、中国职业病防治法及其配套法规

（一）中国职业病防治法

2001 年 10 月 27 日公布的《中华人民共和国职业病防治法》（简称《职业病防治法》），经过 4 次修订，最近一次于 2018 年 12 月 29 日人民代表大会常务委员会（简称人大常委会）第 4 次修正并实施。《职业病防治法》以保护广大劳动者健康权益为宗旨，确立了我国职业病防治工作坚持预防为主、防治结合的原则，规定了我国在预防、控制和消除职业病危害、防治职

业病中的法律制度。该法律确定的职业病防治法律关系主体有：政府相关行政部门、产生职业病危害的用人单位、接触职业病危害因素的劳动者以及承担职业卫生检测、体检和职业病诊断的职业卫生技术服务单位共四方。法律明确了上述四方之间的行政和民事法律关系，并分别规定了各自的权利义务、法律地位、法律责任。2018 年新修订的《职业病防治法》共七章 88 条，分总则、前期预防、劳动过程中的防护与管理、职业病诊断与职业病患者保障、监督检查、法律责任及附则。

《职业病防治法》明确了我国职业病防治的六项基本法律制度，分别为：职业卫生监督制度；用人单位职业病防治责任制度；按职业病目录和职业卫生标准管理制度；劳动者职业卫生权利受到保护制度；职业病患者保障制度；职业卫生技术服务、职业病事故应急救援、职业病事故调查处理、职业病事故责任追究制度。

（二）与《职业病防治法》配套的主要法规

为配合《中华人民共和国职业病防治法》的实施，国务院和地方各级人民代表大会、地方各级人民政府制订了一系列相配套的法规与规章。针对规范用人单位的有：《工作场所职业卫生监督管理规定》《职业病危害项目申报办法》《用人单位职业健康监护监督管理办法》《建设项目职业病防护设施“三同时”监督管理办法》等。针对规范技术服务机构的有：《职业卫生技术服务机构监督管理办法》《职业健康检查管理办法》《职业病诊断与鉴定管理办法》《化学品毒性与鉴定管理规范》等。针对标准与技术规范的有：《工业企业设计卫生标准》《职业病分类和目录》《职业病危害因素分类目录》《高毒物品目录》及《国家职业卫生标准管理办法》等。

1．工作场所职业卫生监督管理规定　2012 年 4 月 27 日，国家安全生产监督管理总局根据《职业病防治法》等法律、行政法规，制定了《工作场所职业卫生监督管理规定》（简称《规定》），旨在加强职业卫生监督管理工作，强化用人单位职业病防治的主体责任，预防、控制职业病危害，保障劳动者健康和相关权益。《规定》分总则、用人单位的职责、监督管理、法律责任、附则共五章 61 条，自 2012 年 6 月 1 日起施行。

2．职业病危害项目申报办法　该办法对职业病危害项目申报的主要内容、用人单位在何种情况下应申报职业病危害项目、受理申报的安全生产监督管理部门如何对用人单位的申报回应和监督管理等做出了规定。该办法规定，存在或者产生职业病危害项目的用人单位，应当按照《职业病防治法》及本办法的规定申报职业病危害项目，项目按《职业病危害因素分类目录》确定。煤矿职业病危害项目申报办法另行规定。

3．用人单位职业健康监护监督管理办法　该办法对用人单位所承担的劳动者健康监护和职业健康监护档案管理的法定义务和劳动者享有的健康监护权益做出了明确规定，并明确了用人单位、医疗卫生机构违反《职业病防治法》及本办法规定时应承担的法律责任。

4．职业病分类和目录　职业病目录是一组因接触职业性有害因素而引起的疾病，是国家通过法律或其他形式对职业病进行的定义、分类。目的是限定法定职业病范围，方便受害者（个体）得到经济补偿；指导用人单位采取防控措施，消除或减少职业性有害因素对其他工人（群体）的伤害。职业病分类和目录可影响国家和企业的职业病预防策略，在防治职业病方面发挥重要作用。职业病分类和目录的制定不仅是单纯的技术问题，也是一个复杂的社会问题：社会、经济发展水平不同，对职业病的认定及认定方式有所不同，选择的职业病目录制度也有很大不同。不同国家或地区，职业病目录涵盖范围不同，反映了该国的社会文化和技术背景及其赔偿制度。我国《职业病分类和目录》从 1957 年发布以来，一直定位于赔偿性目录，已成为职业病工伤补偿的重要依据；也反映了我国现阶段需要重点防控的职业病。由于我国尚处于社会主义初级阶段，基础弱、底子薄，经济发展水平不均衡，社会保障能力有限，因此我国职业病目录不同于国际职业病名单，仍然保持以赔偿性为主的特征。

表12-1　职业病分类和目录（国卫疾控发〔2013〕48号）

	类别	疾病种数	开放条款数	合计
一	职业性尘肺病及其他呼吸系统疾病	18	1	19
	尘肺病	12	1	13
	其他呼吸系统疾病	6		6
二	职业性皮肤病	8	1	9
三	职业性眼病	3		3
四	职业性耳鼻喉口腔疾病	4		4
五	职业性化学中毒	59	1	60
六	物理因素所致职业病	7		7
七	职业性放射性疾病	10	1	11
八	职业性传染病	5		5
九	职业性肿瘤	11		11
十	其他职业病	3		3
合计		128	4	132

表12-2　中国、WHO/ILO职业病目录分类比较

<table>
<tr><th>职业病分类和目录</th><th>WHO/ILO职业病名单分类</th></tr>
<tr><td>职业性尘肺病及其他呼吸系统疾病</td><td rowspan="4">靶器官疾病</td></tr>
<tr><td>职业性皮肤病</td></tr>
<tr><td>职业性眼病</td></tr>
<tr><td>职业性耳鼻喉口腔疾病</td></tr>
<tr><td>职业性化学中毒</td><td>化学因素所致疾病</td></tr>
<tr><td>物理因素所致职业病</td><td>物理因素所致疾病</td></tr>
<tr><td>职业性放射性疾病</td><td>（物理因素所致疾病）</td></tr>
<tr><td>职业性传染病</td><td>生物因素所致疾病</td></tr>
<tr><td>职业性肿瘤</td><td>职业癌</td></tr>
<tr><td>其他职业病</td><td>其他职业病</td></tr>
</table>

5．职业病诊断与鉴定管理办法　该办法明确规定了职业病诊断和鉴定应当遵循“科学、公正、公开、公平、及时和便民”的原则。依照《职业病防治法》，职业病的诊断应按该管理办法和国家职业病诊断标准进行，并符合法定程序，方有法律效力。

该办法对职业病诊断机构、职业病诊断医师的条件、职业病诊断基本原则及出具职业病诊断证明书以及职业病鉴定都有具体要求。该办法还对职业病诊断机构批准证书的复核、换发，职业病诊断机构的监督考核，用人单位和医疗卫生机构违反本办法的处罚做了详细规定。

二、安全生产法及其配套法规

（一）安全生产法

《中华人民共和国安全生产法》（简称《安全生产法》）于2002年6月29日公布，并于同

年 11 月 1 日实施。该法已于 2009 年 8 月 27 日人大常委会通过修订并公布，又于 2014 年 8 月 31 日人大常委会通过第 2 次修订，并于同年 12 月 1 日起施行。该法旨在加强安全生产工作，防止和减少生产安全事故，保障人民群众生命和财产安全，促进经济社会持续健康发展。

《安全生产法》共七章 97 条，从立法的目的意义、生产经营单位的安全生产保障、从业人员的权利和义务到安全生产的监督管理、生产安全事故的应急救援与调查处理及法律责任都做出了明确的规定。

"安全第一、预防为主、综合治理"作为我国安全生产管理的方针，为政府和企业的生产安全管理提供了宏观的策略导向。在这一方针指导下，各生产经营单位逐步形成了"企业负责，政府监察，行业管理，群众监督"的职业安全工作体制。

《安全生产法》确定了我国安全生产的七项基本法律制度，分别为：安全生产监督管理制度，生产经营单位安全保障制度，从业人员安全生产权利义务制度，生产经营单位负责人安全责任制度，为安全生产提供技术、管理服务的机构服务制度，安全生产责任追究制度，以及事故应急救援和处理制度。

（二）《安全生产法》相关配套主要法规

1．危险化学品安全管理条例　国务院于 2002 年 1 月 26 日颁布了《危险化学品安全管理条例》（简称《条例》），并于同年 2002 年 3 月 15 日起施行。该条例于 2011 年 2 月 16 日国务院常务会议通过修订，自 2011 年 12 月 1 日起施行。

《条例》分为总则、生产、储存安全、使用安全、经营安全、运输安全、危险化学品登记与事故应急救援、法律责任、附则共九部分。条例对生产、储存、使用、经营、运输危险化学品单位、主要负责人、从业人员以及卫生主管部门做好安全管理提出了要求。

危险化学品单位应当具备法律、行政法规规定和国家标准、行业标准要求的安全条件，建立、健全安全管理规章制度和岗位安全责任制度，对从业人员进行安全教育、法制教育和岗位技术培训。生产、储存、使用、经营、运输危险化学品单位的主要负责人对本单位的危险化学品安全管理工作全面负责。从业人员应当接受教育和培训，考核合格后上岗作业；对有资格要求的岗位，应当配备依法取得相应资格的人员。卫生主管部门负责危险化学品毒性鉴定的管理，负责组织、协调危险化学品事故受伤人员的医疗卫生救援工作。危险化学品生产企业进行生产前，应当依照《安全生产许可证条例》的规定，取得危险化学品安全生产许可证。

2．生产安全事故应急条例　2018 年 12 月 5 日，国务院第 33 次常务会议通过《生产安全事故应急条例》，并于 2019 年 3 月 1 日公布，自同年 4 月 1 日起施行。制定该条例是为了规范生产安全事故应急工作，保障人民群众生命和财产安全。条例根据《中华人民共和国安全生产法》和《中华人民共和国突发事件应对法》制定，适用于生产安全事故应急工作。

3．生产安全事故报告和调查处理条例　国务院于 2007 年 3 月 28 日颁布了《生产安全事故报告和调查处理条例》，并于同年 6 月 1 日起施行。制定该条例的目的是规范生产安全事故的报告和调查处理，落实生产安全事故责任追究制度，防止和减少生产安全事故。条例对生产安全事故的报告及如何组织调查处理做出了明确规定，对安全生产监督管理工作具有积极的现实意义。

三、劳动法及其配套法规

（一）劳动法

《中华人民共和国劳动法》（简称《劳动法》）于 1994 年 7 月 5 日公布，1995 年 5 月 1 日起施行。《劳动法》是调整劳动关系以及与劳动关系密切联系的其他关系的法律规范。根据

2009年8月27日第十一届全国人民代表大会常务委员会第十次会议《关于修改部分法律的决定》第一次修正。根据2018年12月29日第十三届全国人民代表大会常务委员会第七次会议《关于修改〈中华人民共和国劳动法〉等七部法律的决定》第二次修正。

《劳动法》共十四章107条，内容主要包括：劳动者的主要权利和义务，劳动就业方针政策及录用职工的规定，劳动合同的订立、变更与解除程序的规定，集体合同的签订与执行办法，工作时间与休息时间制度，劳动报酬制度，劳动卫生和安全技术规程等。

（二）《劳动法》相关配套主要法规

1．工伤保险条例 《工伤保险条例》由国务院于2003年4月27日发布，自2004年1月1日起施行。共八章67条，分总则、工伤保险基金、工伤认定、劳动能力鉴定、工伤保险待遇、监督管理、法律责任、附则。其制定是为保障因工作遭受事故伤害或者患职业病的职工获得医疗救治和经济补偿，促进工伤预防和职业康复，分散用人单位的工伤风险。

2．中华人民共和国劳动合同法实施条例 《中华人民共和国劳动合同法实施条例》于2008年9月3日国务院常务会议通过，同年9月18日公布施行。条例共六章38条，分总则、劳动合同的订立、劳动合同的解除和终止、劳务派遣特别规定、法律责任、附则。

四、地方职业卫生法规及规章

由各省、自治区、直辖市为贯彻执行国家《职业病防治法》，制定的在本辖区内生效的与职业病防治相关的地方法规或由主管部门制定的相关规章。

五、批准生效的职业卫生安全国际条约、公约

职业卫生安全国际条约、公约是国际劳工组织（International Labour Organization，ILO）大会讨论或通过的有关劳工权益问题的成果。以公约和建议书（conventions and recommendations）形式记录。职业卫生安全国际条约、公约的类型有：指导成员国为达到安全健康的工作环境，保证工人的福祉与尊严而制定的方针和措施，如对危险设备安全使用程序的正确监督；针对特殊因素（铅、辐射、苯、石棉和化学品）、职业癌、机械搬运、工作环境中的特殊危险制定的保护措施；针对某些经济活动部门，如建筑业、商业和办公室及码头等制定的公约。

我国现已批准生效的职业卫生安全国际条约、公约有：劳动行政管理公约、准予就业最低年龄公约、三方协商公约、职业安全卫生及工作环境公约、建筑业安全卫生公约、作业场所安全使用化学品公约等。

第二节　职业卫生标准及应用

职业卫生标准是以保护劳动者健康为目的，对劳动条件各种卫生要求所做出的技术规定。它可被政府采用，成为实施职业卫生法规的技术规范、卫生监督和管理的法定依据。

国家职业卫生标准从内容上可分为四类：职业卫生标准（原劳动卫生标准）、职业病诊断标准、职业照射放射防护标准、职业性放射性疾病诊断标准。从法律地位上分，国家职业卫生标准分强制性和推荐性标准两大类，强制性标准可分为全文强制和条文强制两种形式。强制性标准包括：工作场所作业条件卫生标准、工业毒物、生产性粉尘、物理因素职业接触限值、职业病诊断标准、职业照射放射防护标准和职业防护用品卫生标准等。其余均为推荐性标准。强制性标准的代号为“GBZ”，推荐性标准代号为“GBZ/T”。

我国目前与职业卫生有关的标准包括《工业企业设计卫生标准》和《工作场所有害因素职业接触限值》。《工业企业设计卫生标准》规定了设计应考虑的一般卫生要求，主要包括物理

性有害因素的限值。《工作场所有害因素职业接触限值》则重点规定了化学物的接触限值。以下就工作场所有害因素职业接触限值、生物接触限值和职业卫生标准的应用三个方面进行简要阐述。

一、工作场所有害因素职业接触限值

（一）职业接触限值的定义

职业接触限值（occupational exposure limit，OEL）是我国职业卫生标准中对于限值的总称，是指劳动者在职业活动过程中长期反复接触某种有害因素，对绝大多数人的健康不产生有害作用的容许浓度（permissible concentration，PC）或水平。职业接触限值包括三个具体限值，分别为：①时间加权平均容许浓度（permissible concentration-time weighted average，PC-TWA），指以时间为权数规定的 8 小时工作日、40 小时工作周的平均容许接触水平；②最高容许浓度（maximum allowable concentration，MAC），指一个工作日内，任何时间均不应超过的有毒化学物质的浓度；③短时间接触容许浓度（permissible concentration-short term exposure limit，PC-STEL），指一个工作日内，任何一次接触不得超过的 15 分钟时间加权平均的容许接触水平。

（二）制订依据

我国职业接触限值一般是以下列资料为依据制订的：①有害物质的物理和化学特性资料；②动物实验和人体毒理学资料；③现场职业卫生学调查资料；④流行病学调查资料。制订有害物质的接触限值，应在充分复习文献资料的基础上进行。一般先从毒理实验着手，按职业接触的特点，采用吸入或皮肤接触染毒。按一般规律，毒物的毒性作用取决于剂量及暴露时间。制订接触限值，需尊重剂量 - 反应（或效应）关系，应努力寻找未观察到有害作用水平（no-observed adverse effect level，NOAEL）。在确定 NOAEL 后，再选择一定的安全系数，提出相应的接触限值，有害物质的接触限值一般应比 NOAEL 低。接触限值并非一成不变，而是根据现场职业卫生调查和健康状况动态观察的结果对其安全性和可行性加以验证，甚至修订，做到经济合理，技术可行，满足科学性及必要性的要求。

新的有害物质不断出现，往往没有现场和职业健康资料可供利用。此时可根据有害物质的理化特性，进行必要的毒性和动物实验研究，以确定其初步的毒性作用，据此提出接触限值的建议，先行试用。

二、生物接触限值

生物接触限值（biological exposure limit，BEL）是对接触的生物材料中有毒物质或其代谢、效应产物等规定的最高容许量值。它是衡量有毒物质生物接触程度或健康效应的一个尺度，用于生物监测结果的判定。

生物接触限值是依据生物材料检测值与工作环境空气中毒物浓度相关关系以及生物材料中毒物或其代谢产物含量与生物效应的相关关系而提出的。

研制生物接触限值除了要考虑科学性外，也要兼顾可行性。从保护水平看，生物接触限值也是为了保护绝大多数劳动者的健康不受损害，不能保证每个个体不出现有损于健康的反应。

生产环境中可能接触到的有毒物质并非都能制订生物接触限值，而需具备以下条件：有毒物质本身或其代谢产物可出现在生物材料中；可使某些机体组成成分在种类和数量上发生改变；能使生物学上有重要意义的酶的活性发生改变；有可测量的某些生理功能指标的变化等。我国在生物监测方面已取得不少成就和经验，迄今，已颁布了 28 种毒物的生物接触限值。

三、职业卫生标准的应用

职业接触限值是专业人员评价工作场所有害因素接触水平是否安全卫生的技术标准，是实施卫生监督的重要依据，也是企业是否需要采取措施，进一步控制职业性有害因素的依据。但它不是安全与有害的绝对界限（fine lines），只是判断化学物在一定浓度下是否安全的基本依据（guidelines）。某化学物质是否损害了健康，必须以医学检查结果为基础，结合实际案例的接触情况来判定。此外，职业接触是否超过卫生限值也不能作为职业病诊断的依据。

我国职业卫生标准符合国家有关法律法规、政策和职业卫生管理需要，在充分考虑我国国情的基础上，体现科学性、先进性和可操作性，积极采用国际通用标准，逐步实现标准体系化。由国务院卫生行政部门制定并公布相关标准，卫生健康委员会（原卫生部）主管国家职业卫生标准工作，并由有关技术专家成立全国卫生标准技术委员会，负责国家职业卫生标准的技术审查工作。以下分别介绍职业接触限值、峰接触浓度以及多种物质混合接触在实际工作中的应用。

（一）时间加权平均容许浓度的应用

时间加权平均容许浓度（permissible concentration-time weighted average，PC-TWA）是评价工作场所环境卫生状况和劳动者接触水平的主要指标，是工作场所有害因素职业接触限值的主体性限值。建设项目职业病危害预评价、控制效果评价，日常危害评价，系统接触评估，因生产工艺、原材料、设备、生产方式和技术等发生改变需要对工作环境影响重新进行评价时，尤应着重进行 PC-TWA 的检测。

（二）短时间接触容许浓度的应用

短时间接触容许浓度（permissible concentration-short term exposure limit，PC-STEL）是与 PC-TWA 相配套的一种短时间接触限值，可视为对 PC-TWA 的补充。PC-STEL 的应用条件为：①当日的 TWA 不得超过 PC-TWA；②当短时间接触浓度达到 PC-STEL 水平时，接触时间不超过 15 分钟，每个工作日接触次数不超过 4 次，相继接触的间隔时间不应短于 60 分钟。

（三）峰接触浓度的应用

对制定了 PC-TWA、但尚未制定 PC-STEL 的化学物质和粉尘，采用峰接触浓度（peak exposures，PE）控制其短时间接触水平的过高波动。峰接触浓度是在最短的可分析的时间段内（不超过 15 分钟）确定的特定物质在空气中的最大或峰值浓度，或是在遵守 PC-TWA 的前提下，一个工作日内任何一次短时间（15 分钟）超出 PC-TWA 水平的最大容许接触浓度。

（四）最高容许浓度的应用

最高容许浓度（maximum allowable concentration，MAC）主要针对具有明显刺激、窒息或中枢神经系统抑制作用，可导致严重急性损害的化学物质而制定的不应超过的最高容许接触限值。

（五）混合接触控制

当工作场所中存在两种或两种以上化学物质时，若缺乏联合作用的毒理学资料，应分别测定各化学物质的浓度，并按各个物质的职业接触限值进行评价。

当两种或两种以上有毒物质共同作用于同一器官、系统或具有相似的毒性作用（如刺激作用等），或已知这些物质可产生相加作用时，按下列公式计算结果，进行评价：$C1/L1+C2/L2+$

$\cdots\cdots + Cn/Ln \leq 1$

上式中：$C1$，$C2 \cdots\cdots Cn$ 代表各化学物质所测得的浓度；$L1$，$L2 \cdots\cdots Ln$ 代表各化学物质相应的容许浓度限值。

据此计算出的比值≤1时，表示未超过接触限值，符合卫生要求；比值＞1时，表示超过接触限值，不符合卫生要求。

当工作场所中存在两种或两种以上化学物质，并具有公认的协同作用和增强作用时，应采取更严格的控制措施。

（六）职业接触控制优先原则

对工作场所化学有害因素接触的控制，应根据工作场所实际情况，采取综合控制措施。

1．消除替代原则 优先采用有利于保护劳动者健康的新技术、新工艺、新材料、新设备，从源头控制劳动者接触职业性有害因素。当用低毒材料代替高毒材料时，须开展充分安全性评价。

2．工程控制原则 对生产工艺、技术和原材料达不到卫生要求的，应根据生产工艺和化学有害因素的特性，采取相应的防尘、防毒、通风等一切合理可行的预防控制措施，使劳动者接触或活动的工作场所中化学有害因素的浓度符合卫生要求。

3．管理控制原则 通过制订并实施管理性的控制措施，控制劳动者接触职业性有害因素的程度，降低危害的影响。

4．个体防护原则 当所采取的控制措施仍不能实现对接触的适宜控制时，应联合使用其他控制措施和适当的个体防护装备；个体防护用品通常在其他控制措施不能理想实现控制目标时使用。

5．成本效益原则 在评估预防控制措施的合理性、可行性时，还应综合考虑职业病危害的种类以及为减少风险而需要付出的成本。

（七）职业卫生行动水平

行动水平（action level）也称管理水平，是指劳动者职业接触水平已达到用人单位需要采取包括接触监测、职业健康监护、职业卫生培训、职业危害告知等控制措施的水平。行动水平根据工作场所环境、接触物质的不同而有所不同，一般为该化学有害因素容许浓度的一半。在职业卫生突发事件发生时，需根据突发事件的等级选择施行不同的行动水平。

第三节 职业卫生突发事件应急处理

一、职业卫生突发事件的发生及其特征

职业卫生突发事件是指在特定条件下由于职业性有害因素在短时间内高强度（浓度）地作用于职业人群，而导致的群体性健康损害甚至死亡事件。常见的有：设备泄漏和爆炸导致的群体急性化学性中毒、大型生产事故、核电装置泄漏、煤矿瓦斯中毒、瓦斯爆炸、煤尘爆炸等。职业卫生突发事件可在较短时间内造成大量人员职业性损伤、中毒甚至死亡；职业卫生突发事件也可酿成突发公共卫生事件，危及周围居民生命财产安全和导致生态破坏，例如油气田井喷、化学危险品运输过程中的泄漏事故等，可造成严重社会后果。

职业卫生突发事件按其引起的原因和性质，又可分为化学性职业卫生突发事件、物理性职业卫生突发事件和放射性职业卫生突发事件。如果职业卫生突发事件特别严重，或者上述几种同时存在，造成非常大量的人员伤亡，也可将其称为“灾害性职业卫生突发事件”。

职业卫生突发事件具有以下特征：

1．一般带有偶然性和突发性，甚至事先没有任何征兆，难以预测。但是，在事件的调查中，总可发现职业性有害因素是事件发生的主要原因，而未按安全生产操作规程、管理不善、防范意识薄弱、设备陈旧、防护措施缺失等是辅助原因，又称之为动因。

2．后果严重，波及范围广，受害人员多，病情严重或死亡率高，给处理和救治带来很多困难。例如 1984 年印度博帕尔事件，农药厂泄漏出来的异氰酸甲酯毒气在 4 小时内扩散到 40 km^2 的范围，波及 11 个居民区，受害人数达 52 万。

3．具有不同的时效性，包括即时性、延迟性和潜在再现性。三种性质的危害既可以独立产生，也可以同时存在。一般化学性职业卫生突发事件发生时三种时效的危害都有；物理性职业卫生突发事件主要表现为即时性危害；但放射性职业卫生突发事件却表现为延迟性危害；灾害性职业卫生突发事件不但三种时效的危害都有，而且更表现出危害滞后性的特点。

4．事件的原因一般是明确的、可预防的。职业性有害因素是主因，各种促发（触发）因素是辅因。只要将职业性有害因素和动因消除或严格控制在一定范围内，职业卫生突发事件就可以避免。

5．严重突发事件波及范围大，受害人群广，可酿成“突发公共卫生事件”。2019 年江苏省盐城化工厂爆炸事故，造成 44 人死亡，32 人危重，58 人重伤，还有部分群众受轻伤。

6．除了职业卫生监督监测和卫生部门外，职业卫生突发事件的应急处理往往需要政府和社会多部门和行业的通力合作，如生产部门、交通部门、公安部门、环保部门等。因此，重大的职业卫生突发事件的应急处理必须第一时间由政府统一指挥，统一调配，才能科学合理并及时妥善处置。

二、职业卫生突发事件的应急处理

（一）职业卫生突发事件调查处理的基本原则

1．迅速采取保护人群免受侵害的措施，抢救和治疗患者及受侵害者，包括撤离现场、封存可疑危险物品、佩戴防护用具、进行化学和药物性保护等。

2．控制职业卫生突发事件进一步蔓延，阻止危害进一步延伸。根据事件性质，迅速划出不同的控制分区和隔离带，明确设立红线、黄线、绿线隔离区，即污染区、半污染区、清洁区，提出人群撤离和隔离控制标准。

3．迅速查清职业卫生突发事件的原因、动因和危害：①职业卫生突发事件大部分是由于化学性或物理性因素引起的，所以要及时查明事件起因是化学性原因，还是物理性原因；事件后果是化学性危害，还是物理性危害，或是二者兼有；②查明事件扩展途径：如果事件是化学性的，化学物质是如何进入人体的？是通过空气、皮肤，还是通过食物、饮水？进入体内的剂量有多大？如果事件是物理性的，对人体作用的方式是什么？作用的剂量是多少？③判定危害程度，估计持续时间，分出受累人群和高危人群，进行留验、医学观察和监测；④消除原因，控制动因：提出消除事件原因和切断传播环节的措施，并组织实施；⑤预防同类事件再次发生：提出同类职业卫生突发事件预防控制策略，包括制度预防、设施预防、原材料替代预防、预测预防、化学预防、安全和健康教育等。

（二）职业卫生突发事件调查处理步骤

1．初步调查，提出问题 ①迅速进入现场，尽快确定突发事件的性质和类别，确定调查处理的方向；②开展调查和检查，迅速掌握受累人群和发病、伤害人数；③果断采取措施，保证受累人群脱离伤害区，并设立警戒防护，控制伤害源，防止次生灾害发生；④迅速采取针对

性措施，对症、对因治疗伤者，并有效隔离伤害源；⑤了解应急资源损失情况。

2．调查采样，确定原因　①开展现场职业卫生学调查和流行病学调查，查找事件原因和危险因素；②根据流行病学危险因素调查线索，进行现场检测，并采集环境样品和患者生物样本；③及时进行理化、生物或其他类型有害因素的实验室检验分析和分离鉴定。

3．控制处理　①根据职业卫生突发事件的性质，设立不同功能的卫生防护分区，包括保护区、隔离区、污染区、缓冲区、净化区等；②对不同区域实施不同的现场处理，包括清除能产生污染伤害的垃圾物品、污染源，中和有毒有害物质，屏蔽物理创伤源；③开展健康教育工作，普及个人防护知识，提高群众自身保护能力。

（苏泽康　贾　光）

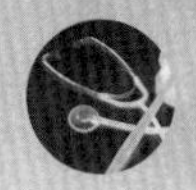

第十三章 职业卫生监测

职业卫生学的基本任务就是识别、评价和控制不良的劳动条件，以保护和促进劳动者的健康，从而提高劳动生产率，保障工农业生产的顺利发展。职业卫生监测在实现职业卫生的基本任务中发挥了重要作用，在职业性有害因素的识别和确认中最为重要。职业卫生监测是识别和评价职业性有害因素的重要手段。通过职业卫生监测，可发现问题并采取相应的措施来解决问题。同时，职业卫生监测是实施职业卫生服务和管理的一个重要手段和步骤，也是卫生管理学的一个重要组成部分。

第一节 概 述

一、职业卫生监测的定义

职业卫生监测是指通过应用一定的方法或手段，测定有害物质或因素对接触者健康的影响及动态变化规律。其目的在于以监测为依据，改善劳动条件，促进劳动者的健康。

职业卫生监测具有连续性与系统性的特点，对职业性有害因素暴露特征及作业人员健康状况开展有计划的动态评价。例如，当发现有害因素接触水平超出国家卫生标准时，就需要告知企业采取相应控制措施，包括降低作业环境化学物质浓度、加强个人防护等，从而提高对职业人群的保护水平。

二、职业卫生监测的内容

职业卫生监测包括职业环境监测、作业人员生物监测以及健康监护三部分内容。主要包括测定作业环境和作业人员机体内环境化学物水平、作业人员体内化学物代谢产物及其所致无害生物效应水平，以及预测有害因素对机体健康的影响程度。

三、环境监测、生物监测及健康监护的关系

职业卫生工作中，职业环境监测、生物监测和健康监护相辅相成，三者缺一不可。在实际工作中，人为地将化学物从环境到机体整个过程及其健康影响分为三个部分。环境监测、生物监测分别提供人体接触有害因素的外剂量、内剂量和有害或无害的生物效应剂量。外剂量和内剂量可评价人体接触水平，间接推测有害因素对机体健康的损害程度，生物效应剂量可以直接反映人体健康损失程度。此外，如果内剂量与健康效应具有剂量 - 效应关系，则内剂量可以应用于有害因素健康危险度评价。健康监护则通过职业人群早期健康体检，达到对职业病和职业相关疾病早诊断、早治疗的目的，并且提示有关部门及早采取相关医疗保健措施，保护劳动者健康。

作业环境监测是职业卫生监测的基本组成部分，生物监测可评价接触者体内的健康负荷程度。环境监测和生物监测属于一级预防，目的在于改善环境，促进健康；健康监护属于二级预防，目的在于早期发现患者。三者相辅相成，互为补充。

第二节　环境监测

一、概述

环境监测（air monitoring，AM）指系统、有计划地对职业人群所处的不同环境空气进行系列测定，以了解在不同生产环境、不同时间作业场所空气中有害物质浓度的变化情况，从而估计人的接触剂量，调查职业中毒原因，评价控制措施的效率和效果及制订卫生标准。对工作场所物理因素如噪声、振动水平监测也属于环境监测的内容。

职业环境监测是职业卫生的重要常规工作，按照《职业病防治法》要求，用人单位应根据职业卫生工作规范，定时监测作业环境中职业性有害因素。通过作业场所环境监测，可掌握生产环境中危害因素的性质、强度（浓度）及其组织中时间和空间的分布情况。估计作业人员有害因素接触水平，为研究接触水平与健康状况的关系提供基本依据；还可以了解生产环境的卫生状况，评价劳动生产条件是否符合职业卫生标准；对预防措施效果进行评价，为进一步控制危害因素及制订、修订卫生标准提供依据；还可为作业人员职业病的诊断提供职业性有害因素水平历史记录。值得注意的是，职业环境比较复杂，作业人员往往同时接触多种有害因素。

国家在与《职业病防治法》相配套的《职业病危害因素分类目录》中，已明确规定用人单位需要监测的各种职业性有害因素。对职业病危害目录中未列出的职业性有害因素，尤其是一些生产中用量或产量较大的化学物和强度较大的物理因素，作业接触工人数量较多时，用人单位应建立自检制度，以避免发生意外。

二、环境监测的类型

作业场所职业环境监测主要包括：化学有害因素监测，如苯系化合物、重金属（铅烟）、三硝基甲苯（TNT）监测；物理有害因素监测，如噪声、振动监测等；生物有害因素监测，如细菌、病毒监测；劳动过程中产生的有害因素如职业紧张或不良工效学负荷等评价。

化学因素监测包括作业场所空气粉尘监测和化学毒物的监测。化学因素监测涉及现场采集空气样品仪器、方法、实验室分析及评价标准等。物理因素监测需测定物理有害因素如噪声、高温、振动、辐射、紫外光、激光等，一般采用便携式仪器设备对其强度进行测量，如声级计测定噪声、电子测振仪测定振动强度、紫外辐射照度仪测定紫外辐射强度，结合暴露时间和卫生标准，对其暴露水平进行评价。

三、环境监测的策略和程序

有害因素如粉尘、挥发性有机物等在职业环境中主要以呼吸道吸入方式进入机体，进行环境空气监测可评估作业人员接触外源性化学物水平。对于可以经皮吸收的化学物，如苯、三硝基甲苯等，还需要对皮肤接触进行评价，估算化学物质经皮肤吸收的量。

环境监测常规开展的是针对作业场所空气中化学有害因素水平进行评价。根据化学物质在空气中存在的形式、现场条件和实验室检测条件，选择合适的采样方法和样品检测方法，根据我国现行作业场所有害因素标准对作业现场空气质量进行评价。进行作业现场环境监测步骤如下：

1. 准备工作　首先根据监测目的进行职业卫生现场调查，了解和掌握以下内容：①工作

过程中使用的原料、辅助材料，生产的产品、副产品和中间产物等的种类、用（产）量、主要成分（浓度）及其理化性质等；② 生产工艺、生产方式、劳动组织及工种（岗位）定员等；③ 各工种作业人员的工作状况，包括人数、在各工作地点停留时间、工作方式、接触有害物质的程度、频度及持续时间等；④工作地点空气中有害物质的产生和扩散规律、存在状态等；⑤工作地点的卫生状况和环境条件、卫生防护设施及其使用情况、个人防护用品及使用状况等。

现场职业卫生学调查后，对作业现场相关有害因素的基本毒性资料、结构相同或类似化学有害因素作业现场空气质量评价、有害因素强度（剂量）测定方法、评价标准等方面内容进行文献复习。明确拟评价的作业场所存在有害因素。

确定作业场所空气中有害因素采样及检测方法，推荐选择《工作场所空气中有害物质监测的采样规范》相关国家标准方法。在我国基层疾病预防控制中心（CDC）可根据现场实际工作条件选择，化学有害因素测定多选择比色法和色谱法。

2．现场空气样品采集 化学物质在空气中以不同形态存在，其在空气中的飘浮、扩散的规律各不相同，根据采样效率（sampling efficiency）选用不同的采样方法和采样设备。采样效率指能够被采样仪器采集到的待测物的量占通过该采样仪器空气中待测物总量的百分数，采样效率是衡量采样方法的主要性能指标。对气态和蒸汽态毒物来说，液体吸收法的采样效率与所用的吸收管、吸收液和采样流量有关；固体吸附剂法的采样效率与所用固体吸附剂和采样流量有关。在一定的采样流量下，小颗粒因扩散沉降和静电吸引作用、大颗粒因直接阻截和惯性碰撞作用被有效地采集，而有一部分中等大小的颗粒，采样效率较低，并随采样流量的增加而影响较小颗粒的采集。

（1）主动采集（active sampler）：车间空气中有害物质浓度通常较低，主动采集是职业环境监测采集样品的主要方式。主动采样装置一般由采集器、流量计和采气动力三部分组成。采气动力设备吸引现场空气使之通过采样器；流量计按采样所需空气流速和采气量选用适当的设备装置，多采用转子流量计，使用前需先校正。采集器指用于采集空气中气态、蒸汽态和气溶胶态有害物质的器具，如大注射器、采气袋、各类气体吸收管及吸收液、固体吸附剂管及采样夹和采样头等，通过各种采集器可将现场空气中的化学物吸收、吸附或阻留下来。采集器有以下主要种类。

1）液体：用于气体、蒸汽和部分气溶胶的采集，主要用于定点区域采样。吸收液有水、有机溶剂和易与被测物结合、反应的试剂溶液。吸收液被装入吸收管中。

常用的吸收管有气泡吸收管和多孔玻板吸收管两种（图 13-1）。气泡吸收管用于采集气态和蒸汽态物质，大型气泡吸收管可盛 5 ～ 10 ml 吸收液，采样气体流量一般为 0.5 L/min；小型气泡吸收管可盛 3 ml 吸收液，采样气体流量一般为 0.3 L/min。通常将同样两支吸收管串联，以保证被测物完全吸收。多孔玻板吸收管是 U 型吸收管，用于采集烟雾状气溶胶物质，其粗

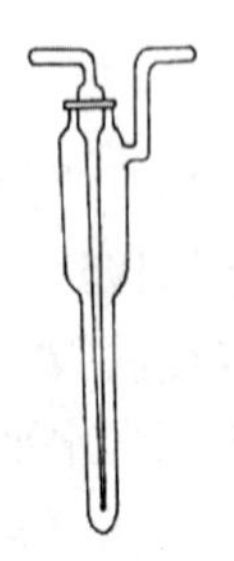

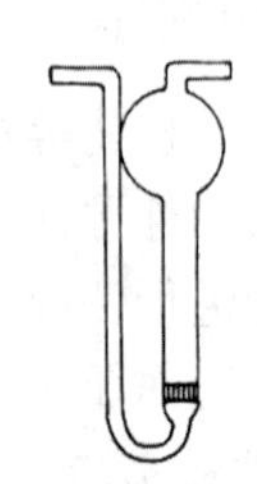

A．气泡吸收管　　B．多孔玻板吸收管

图 13-1　常用吸收管类型

管底部有一片玻砂烧结的滤板，可盛放 5 ～ 10 ml 吸收液，采样气体流量一般为 0.5 L/min。

2）固体吸附法：将固体吸附物装入一定粗细和长短的玻璃管中，现场空气通过玻璃管时，被测物被吸附阻留。该方法适用于气体、蒸汽物质采集。常用的吸附物质有颗粒状吸附剂、纤维状滤料和筛孔状滤料等。

颗粒状吸附剂为多孔性物质，表面积大，各种颗粒吸附剂由于表面积和极性不同，吸附能力和吸附物质种类也不同。常用的吸附剂有硅胶、活性炭和高分子多孔微球。硅胶对极性物质有强吸附作用，因吸附水分后吸附能力降低，宜在较干燥的环境中采样，采样时间不宜长。活性炭属非极性吸附剂，用于非极性和弱极性有机气体和蒸汽采集，吸附容量大，吸附力强。高分子多孔微球通气阻力较小，用于较大采气流量采集低浓度、分子较大、沸点较高的有机物，如多环芳烃等。

筛孔状滤料包括微孔滤膜、聚氨酯泡沫塑料、石英滤膜、特氟龙滤膜等。常用的微孔滤膜由硝酸纤维素同少量乙酸纤维素基质混合成筛孔状薄膜，薄膜质轻、色白，表面光滑。滤膜的厚度约为 0.15 mm；在通常情况下，机械强度较好，较耐热。用于工作场所空气中气溶胶采集的滤膜孔径一般为 0.8 μm，微孔滤膜具有惯性碰撞、扩散沉降、直接阻截和静电吸引等特性，采样效率高，可采集小颗粒气溶胶、金属性气溶胶；微孔滤膜溶于丙酮、乙酸乙酯、甲基异丁酯等有机溶剂，也易溶于浓酸，加热可促进溶解，有利于样品的消解处理；但在稀酸中，微孔滤膜几乎不变，有利于样品的酸洗处理。聚氨酯泡沫塑料表面积大，通气阻力小，适用于较大采气流量采集分子量较大的有机化合物，如有机磷农药。

3）冷冻浓缩：低沸点、易挥发物质在常温下不易采集，故可将采集器置于冷冻剂中，在低温下采样。常用冷冻剂有冰水、干冰、液氮等。

（2）被动采集（passive sampler）：利用被测气体分子扩散特点来采集样品，采样器有徽章式和笔式两种（图 13-2）。采样器体积小，重量轻，可戴于作业人员领口或胸前，适用于个体采样。被动采样器可持续工作几小时到几天，获取污染物的时间加权平均浓度，可准确反映人体的暴露水平。

A．徽章式采样器

B．笔式采样器

图 13-2　不同类型被动采样器

（3）集气法：当作业现场空气中被测物浓度较高，或测定方法的灵敏度较高，或采集不易被吸收液及固体吸附剂吸附的化学物，可采用集气法。集气法是将被测空气收集在特定容器（如 100 ml 大容量注射器）中带回实验室进行分析。一般用于采集气体或蒸汽态物质。注意采样容器内壁对所采样品的吸附。

（4）直读式检测仪：可在作业场所直接显示空气中被测化学物浓度，有的直读式检测仪还可自动记录浓度变化并配备报警装置。根据测试原理可分为以下几种：①光学气体检测仪，

如 CO 检测仪；②热化学气体检测仪，如可燃气体甲烷、乙炔、汽油等测爆仪；③电化学气体检测仪，如 SO_2 检测仪；④检气管和比色试纸，利用空气中被测物与某种化学试剂反应产生颜色的原理制作而成。

直读式检测仪体积小，携带方便，可实时测量并迅速判断作业现场是否存在目标化学物，常用于预防急性中毒及进行事故调查。直读式检测仪检测的灵敏度低于常规采样所开展的实验室检测。

（5）采样方法：分为定点区域采样（area sampling）和个体采样（personal sampling）两种（图 13-3）。定点区域采样是指将空气收集器放置在现场作业采样人员选定的采样点、作业人员的呼吸带水平进行采样，可直接反映该区域的环境质量。由于采样系统固定，未考虑作业者的流动性，定点区域采样很难反映作业者的真实接触水平。个体采样是将个体采样器置于作业者呼吸带水平，通常作业者直接佩戴采样器，其进气口尽量接近呼吸带，可反映作业人员实际接触水平。但个体采样不适用于采集空气中浓度非常低的化学物。在评价职业场所空气环境质量时，将定点区域采样结果与个体采样结果结合进行。一般可结合工时法，记录作业者在每一采样区域的停留时间，结合区域采样结果，估算作业者接触水平。

A. 个体采样器　　B. 定点采样器

图 13-3　常见的个体采样器和定点采样器

1）定点区域采样策略

A. 采样点的选择原则：①选择有代表性的工作地点，其中应包括空气中有害物质浓度最高、劳动者接触时间最长的工作地点；②在不影响劳动者工作的情况下，采样点应尽可能靠近劳动者；③空气收集器应尽量接近劳动者工作时的呼吸带；④在评价工作场所防护设备或措施的防护效果时，应根据设备的情况选定采样点；⑤采样点应设在工作地点的下风向，应远离排气口和可能产生涡流的地点。

B. 采样点数：要尽可能满足采样点的代表性，能涵盖最高浓度点。工作场所按生产工艺流程、生产设备数、逸散物质种类、劳动者工作地点等进行选择，以满足采样点代表性为前提，确定采样点的数目。仪表控制室和劳动者休息室也需要设置采样点。

一个车间内若有 1 ～ 3 台同类生产设备，设 1 个监测点；有 4 ～ 10 台则设 2 个点；有 10 台以上则至少设 3 个点。仪表控制室和作业者休息室内一般设 1 个点。

定点区域一次采样时间一般为 15 ～ 60 分钟。最短采样时间不应少于 5 分钟；一次采样时间不足 5 分钟时，可在 15 分钟内采样 3 次，每次采集所需空气样品体积的三分之一。

在每个监测点上，每个工作班次（8 小时）内，可采样 2 次，每次同时采集 2 个样品。在整个工作班内浓度变化不大的监测点，可在工作开始 1 小时后的任何时间采样 2 次。在浓度变化大的监测点，2 次采样应在浓度较高时进行，其中 1 次在浓度最大时进行。

C. 采样时间的选择：采样必须在正常工作状态下进行，避免人为因素的影响。空气中有害物质浓度随季节发生变化的工作场所，应将空气中有害物质浓度最高的季节选择为重点采样

季节；在工作周内，应将空气中有害物质浓度最高的工作日选择为重点采样日；在工作日内，应将空气中有害物质浓度最高的时段选择为重点采样时段。

2）个体采样策略

A．确定采样对象及时间：满足代表性为依据。在现场调查的基础上，根据检测的目的和要求，选择采样对象；在工作过程中，凡接触和可能接触有害物质的劳动者都应列为采样对象范围；采样对象要包括不同工作岗位的、接触有害物质浓度最高和接触时间最长的劳动者，采样时间应超过工作时间的 70% ~ 80%，例如每天工作 8 小时，采样至少需 6 小时。

B．采样数量：个体采样不适用于采集空气中浓度非常低的化学物。同一车间若有许多工种，则每一工种的作业者都要监测。作业者即使在同一个班组或工种作业，受作业者作业习惯、不同作业点停留时间等影响，不同个体间接触水平差异仍然较大。为了能代表一个班组的作业者的接触水平，同一工种若有许多作业者，应随机地选择部分作业者作为采样对象，最好是全部作业者。若班组人数少于 8 人，应每人都采样；若班组人数多于 8 人，则根据下表确定应采样人数（表 13-1）。

表13-1　不同班组人数对应的应采样人数

班组人数	应采样人数	班组人数	应采样人数
8	7	21 ~ 24	14
9	8	25 ~ 29	15
10	9	30 ~ 37	16
11 ~ 12	10	38 ~ 49	17
13 ~ 14	11	50	18
15 ~ 17	12	50 ~	22
18 ~ 20	13		

3．空气样品有害因素水平测定与分析　确定采样方式后，还要考虑每一工作班次如何测定。目前常用的有 4 种测定方式（图 13-4）。测定方式的选择应结合实际工作条件、样品分析

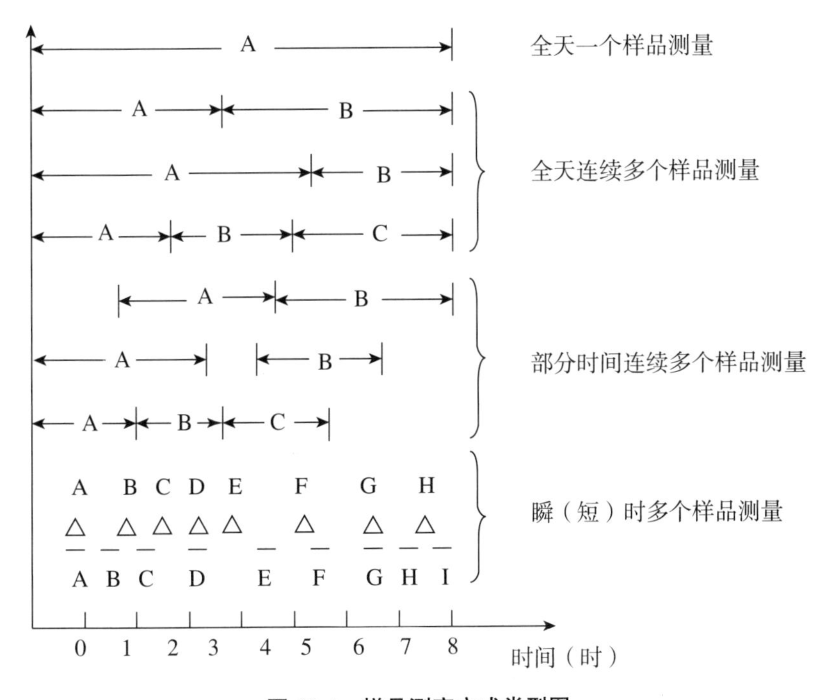

图 13-4　样品测定方式类型图

方法来确定。

（1）全天一个样品测量：如个体采样从工作开始至工作结束，只有一个样品。

（2）全天连续多个样品测量：在一天内采集多个样品，每一样品的采样时间不一定相同，但采样时间总和应等于作业者 1 天工作时间。如全天样品测定，一个作业场所采集的两个样品分析测定。

（3）部分时间连续多个样品测量：采样与全天连续多个样品测量相同，但采样总时间未达到整个工作日时数。其结果仅代表采样时间的浓度水平。对未取样的时间可通过统计学方法推断该阶段化学物浓度变化。为保证推断结构恰当合理，采样时间应超过工作时间的 70% ~ 80%，例如每天工作 8 小时，采样至少需 6 小时。

（4）瞬（短）时多个样品测量：每一样品采样时间都在 0.5 小时以内。计算时间加权平均浓度（TWA）。若作业者操作点基本固定，一天至少要采 8 ~ 11 个样品，若作业者有多个操作点，则每一操作点要采 8 ~ 11 个样品，并记录在此点工作时间；若作业者在某一操作点时间很短，未采到 8 ~ 11 个样品，那最长时间的操作点应多采样品。

4．对现场空气样品测定结果进行评价 工作场所化学物质、粉尘、物理因素的测量及分析等，均应按照我国执行的相应卫生标准、方法或规范进行。参照我国国家标准中有害因素作业人员每天工作 8 小时、连续工作 5 天的接触限值 TWA 卫生标准，将个体采样结果与时间加权平均容许浓度限值比较，定点区域采样结果与最高容许浓度或短时间接触容许浓度比较。采用超标率和超标倍数进行评价。

5．对作业现场提出改进空气质量的建议与预防措施 根据职业环境监测结果，职业卫生技术人员依据专业知识，结合现场作业条件及技术水平，针对性提出预防和改进的建议，如工艺革新、加强作业现场通风、增加作业人员个体防护、改善作业人员生活方式等。

我国已经规定了对作业环境进行监测的频度。《工作场所空气中有害物质监测的采样规范》（GBZ159-2004）将监测分为评价监测、日常监测、监督监测和事故性监测。经常性卫生监督监测，每年至少1次。对不符合卫生标准要求的监测点，每 3 个月要复查 1 次，直至车间空气中浓度符合国家标准要求。对新建、改建和扩建的建设项目进行验收或对劳动卫生防护的效果进行卫生学评价时，要连续监测 3 次。

四、皮肤污染监测

某些毒物可以通过完整皮肤进入机体，如有机磷、三硝基甲苯等，对作业现场人员进行有害因素皮肤污染量的测定，可更加准确地说明机体接触外环境有害因素的状况。皮肤污染监测属于（环境）空气监测的范围，是空气监测的补充。

皮肤污染监测的测定部位，一般选择作业人员的右手、前臂、面部、背部等直接裸露在空气中的部位，在上述部位固定一定大小的面积，如 2 cm × 2 cm，根据现场有害因素的不同，应用纯净水、有机溶剂进行滴洗或擦洗，测定滴洗液或擦洗液中化学物含量。还可以采用有吸附能力的滤纸等，贴于作业人员裸露前臂的固定面积处，2 小时后取下，测定其中化学物含量。一般以单位面积（cm^2）皮肤化学物含量（mg）表示皮肤受污染程度（表 13-2）。

表13-2 某企业不同工序作业工人班后皮肤三硝基甲苯（TNT）污染水平

岗位	人数	皮肤TNT浓度（mg/cm^2）
球磨	3	29.39 ± 9.67
轮碾	3	12.50 ± 3.32
装药	19	50.41 ± 5.57
包装	9	20.52 ± 13.38

随着我国职业病防治工作的不断深入，职业环境监测的范围也在不断延伸，职业环境监测还包括作业者的工作组织、劳动情况以及可能影响健康的人体工效学因素的监测，劳动者职业紧张监测以及职业事故和重大灾害（包括健康）风险评估等。

第三节　生物监测

一、生物监测的定义

生物监测（biological monitoring，BM）是指定期（有计划）地、系统地监测人体生物材料（血、尿和呼出气等）中化学物及其代谢产物的含量或由其所致的生物学效应水平，将测得值与参考值相比较，以评价人体接触化学物质的程度及其对健康产生的潜在影响。

生物监测具有系统性、连续性特点，表明生物监测是一项有计划的长期工作。生物监测强调评价人体接触化学物质的程度及可能的健康影响，目的是为了控制和降低作业场所化学物的接触水平。只有定期地对接触者进行监测，才能达到上述目的。如发现超过国家规定的接触水平，应及时采取相应控制措施，以预防作业场所有害因素对职业人群的健康损害。

生物监测测定人体生物材料中化学物原型、代谢产物或由其所致的无害生物学效应水平。对职业接触所引起的健康影响应强调早期效应并具预测性。这就决定了生物学效应指标的特异性和非损伤性。

生物监测结果作为评价人体接触化学物质的程度及可能的健康效应，需要有一个专业公认的参考值，我国制定了职业接触生物限值作为推荐参考值（卫生标准），可以作为区分职业人群与非职业人群接触水平的参考值。

二、生物监测的特点

1．反映机体总的接触量和负荷　生物监测可反映不同途径（呼吸道、消化道和皮肤等）和不同来源（职业和非职业接触）机体总的接触量和总负荷。环境监测仅能反映呼吸道吸入的估计量，而劳动者实际接触方式往往是多途径的。在生产环境中，毒物浓度常常波动较大，所接触的毒物又往往是混合物，使用个人防护用品以及劳动强度和气象条件的差别都会影响毒物吸收，化学物如三硝基甲苯经皮肤吸收也是重要的进入机体途径。在这种情况下，环境监测就不能全面反映机体接触的真实程度。此外，劳动者除职业接触外，还有非职业接触的可能，如评价镉的职业接触时，必须考虑吸烟、饮食等因素的影响。

2．可以直接检测引起健康损害作用的内接触剂量或内负荷　生物监测结果是人体接触外源性物质的内剂量和内负荷，直接反映机体健康，在保护劳动者健康方面更具优势。

3．综合了个体接触毒物的差异因素和毒物的典型动力学过程及其变异性　生物监测指标反映了物质经过体内代谢的过程。有害因素在体内的生物转化存在个体差异，测定生物样品中毒物及其代谢产物的量，可控制个体因素所带来的影响。

4．通过易感性指标的监测，早发现、确定易感人群　研究发现，有多种由遗传决定或后天获得的因素，会影响机体对职业性有害因素的敏感程度。在就业体检中应利用疾病易感性生物指标，发现职业禁忌证，保护职业人群健康。

三、生物监测的局限性

1．有些化学物不适合进行生物监测。如刺激性卤素、无机酸类、二氧化硫等酸酐、肼等化学活性大、刺激性强的化合物，在接触呼吸道黏膜或皮肤时，急性刺激作用明显，不适合进行生物监测；有些物质进入体内后不易溶解，如石英、碳黑、氧化铁、石棉、玻璃纤维等，沉

积在肺组织中，不易在尿液或外周血液中检出；对于外源性化合物代谢产物与正常代谢产物属于一类物质的，一般参比值波动范围大，作为生物监测指标的意义也不大。

2．生物监测不能反映车间空气中化学物瞬间浓度变化的规律。

3．生物监测对象是人，监测对象依从性的问题值得重视。生物样品采集过程不应给监测对象带来不便和痛苦，更不能损害其健康。需要进一步加强无创采样技术和适宜指标的研究。

4．生物监测指标个体差异较大，影响因素较多，结果解释困难。由于生物监测综合了个体间接触毒物的差异因素和毒物代谢过程的变异性，个体间的生物多样性必然会影响代谢的各过程。监测结果还受生物样品采样时间、运输和保存等条件的影响，如样品采集、运输和保存过程中的水分蒸发、分解、沉淀、吸附和污染等；血液样品中脂肪含量、水分以及被测物分布的差异；尿样比重、肌酐浓度和采样时间的影响；通气量以及肺功能对呼出气的影响；机体患有肝、肾疾病对外源化合物代谢的影响，等等。因此，生物监测结果的解释远比环境监测结果的解释复杂。

今后在生物监测领域，除要继续加强化学物代谢动力学和毒效动力学等基础研究，确定已有生物监测指标与接触水平及健康损害之间关系，以及研制标准化的分析技术和方法以外，明确血、尿、痰等替代物测定分析结果与到达靶器官或靶组织作用剂量以及效应关系也应列入工作重点，同时还需加速职业接触生物限值卫生标准的研制和推广应用。

四、生物标志物

生物标志物（biomarker）是指反映生物系统与外源性化学物、外源性物理因素和生物因素之间相互作用的任何可测定指标。根据生物标志物代表的意义，又可将生物标志物分为接触性生物标志物、效应性生物标志物和易感性生物标志物。

（一）接触性生物标志物（biomarker of exposure）

接触性生物标志物指机体内某个组织及体液中测定的外源性化学物及其代谢产物（内剂量），或外来因子与某些靶分子或细胞相互作用的产物（生物有效剂量）。接触性生物标志物如与外剂量和毒性作用效应相关，可评价接触水平或建立生物接触限值。内剂量（internal dose）表示吸收到体内的外源性化学物的量，包括细胞、组织、体液或排泄物中（血、尿、粪便、呼出气、乳汁、唾液、毛发、指甲等）外源性化学物原型或者代谢产物的含量。例如，血铅可以反映接触铅的内剂量水平；红细胞内铬的含量可以反映六价铬的接触量；尿马尿酸含量反映人体接触甲苯水平。生物效应剂量（biologically effective dose）是指达到机体效应部位（组织、细胞和分子）并与其相互作用的外源性化学物或代谢产物的含量，包括外源性化学物或代谢产物与白蛋白、血红蛋白、DNA 等生物大分子共价结合、蛋白与 DNA 交联物的水平。如 DNA 氧化损伤标志物 8- 羟基脱氧鸟嘌呤（8-OHdG）、三硝基甲苯（TNT）血红蛋白加合物的水平。由于直接测定效应部位或者靶部位的剂量十分困难，因此，常使用内剂量水平推测靶部位的剂量。

（二）效应性生物标志物（biomarker of effect）

效应性生物标志物指机体中可测出的生化、生理、行为或其他改变指标。效应性生物标志物可以反映结合到靶器官、靶细胞的外源性化学物及其代谢产物的持续作用，主要发生在细胞的特定部位和基因的特定序列。

效应性生物标志物包括反映早期生物效应（early biological effect）、结构和（或）功能改变（altered structure/function）及疾病（disease）的三类标志物，其中前两类效应性生物标志物在生物监测中对疾病预防工作具有重要意义。早期生物效应一般是指机体接触环境有害因素

后，出现的早期反应。例如接触铅后，可抑制δ-氨基-γ-酮戊酸脱水酶（δ-amino-γ-levulinate dehydratase，δ-ALAD）和血红素合成酶（heme synthetase）的活性，表现为尿δ-氨基-γ-酮戊酸（δ-amino-γ-levulinic acid，δ-ALA）含量和血中锌原卟啉（zinc protoporphyrin，ZPP）水平增加；接触有机磷农药可对胆碱酯酶活性产生抑制等。早期效应的分子生物标志物有DNA损伤的生物标志物，如DNA单、双链断裂和DNA链内和链间的交联、脱嘧啶和脱嘌呤等；靶基因的遗传学改变，如癌基因激活、抑癌基因失活、体细胞基因的突变等；细胞遗传学改变，如染色体畸变、姊妹染色单体交换、微核形成；氧化应激的生物标志物，如脂质过氧化产物MDA水平、代谢酶SOD活性等；毒物代谢酶活性的诱导及其他酶活性的改变等。反映外源性化学物与机体细胞相互作用后细胞的结构和功能改变的标志物有异常的基因表达，如肿瘤生长因子、血清α-胎球蛋白、癌胚抗原水平等。疾病标志物为接触有害因素后某些特定疾病诊断检测指标，如诊断苯所致再生障碍性贫血和白血病的血液和骨髓检测指标、正己烷所致周围神经改变的神经肌电图生理改变等。

（三）易感性生物标志物（biomarker of susceptibility）

易感性生物标志物包括反映机体先天遗传性和后天获得性的两类标志物。参与环境化学物代谢酶的基因多态性会影响酶的活性，属遗传易感性标志物；*N*-乙酰转移酶如果缺乏，机体对芳香胺化合物及多环芳香烃较敏感，也属遗传易感性标志物；环境因素作为应激原时，机体的神经、内分泌和免疫系统的反应及适应性，亦可反映机体的易感性，属于获得性易感性标志物（表13-3）。

表13-3　外源性化学物易感生物标志物

化学物名称	易感性生物标志物
氧化性化学物、硝酸盐、O_3	高铁血红蛋白还原酶缺乏
芳香胺化合物、多环芳烃	*N*-乙酰转移酶缺乏
异氰酸酯	免疫性过敏
CO、O_3、辐射、萘	红细胞葡糖-6-磷酸脱氢酶活性低

作为预防性筛选的遗传性缺陷或疾病对工业毒物易感性的关系研究，在职业卫生领域意义重大，易感性生物标志物的主要用途为筛选发现敏感人群，采取针对性的预防和保护措施。此外，易感性生物标志物对于提高危险度评价的准确度和精确度也有重要意义。

将生物标志物进行分类只是为了应用及表述方便。从外源性化合物进入体内到产生疾病是一个多阶段的、有机而连续的过程，根据研究目的，同一标志物可以有不同的评价目的。例如，血液中的碳氧血红蛋白，在与环境接触水平相联系时，可以用作一氧化碳早期效应和接触性生物标志物；而当与器官损害或者疾病相联系时，则可以被当作一氧化碳内剂量，用于诊断。

（四）生物标志物选择原则

1．关联性　即该指标与研究的生物学现象之间的联系密切。

2．灵敏度和特异度　即检测出的相互作用是灵敏和特异的，该指标应尽量能反映早期和低水平接触所引起的轻微改变，以及多次重复低水平接触累加引起的远期效应。

3．检测方法的标准化和准确性。

4．适用性　即分析方法简单、取材非创伤、受检对象可接受及成本适宜。

五、生物监测的策略

生物监测应包括监测项目和指标的选择。选择的原则主要依据被监测物质毒理学特别是中毒机制的研究与毒物代谢动力学规律和监测的目的而定，同时需要考虑样品的采集和贮存、采样的时间和频率以及检测方法及结果评价等。

1．采样时间和频率 结合拟评价的职业环境接触有害因素如外源化学物在体内代谢特征，按照该化学物在体内代谢的半衰期进行生物样本的采集。

表13-4 生物半衰期与合适的采样时间

半衰期（h）	合适的采样时间
<2	半衰期太短，不适用于生物监测
2 ~ 10	班末或次日班前
10 ~ 100	班末或周末
>100	采样时间不严格

表13-5 某些外源性化学物及其代谢产物在体内的半衰期及采样时间

化学物	生物监测指标	半衰期	采样时间
苯胺	尿中对氨基酚	4 小时	班末
苯	尿中总酚	5.7 小时	班末
	呼出气中苯	30 小时	班末
镉	尿镉	20 年	不限
	血镉	100 天	不限

2．生物标志物的选择 原则上是根据毒物代谢特征及监测目的而定。选择特异性指标、环境接触剂量与生物标志物含量之间具有良好的剂量 - 反应关系，同时该生物标志物在受检人群个体间变异小，生物样品便于取材，且检测方法明确。一般遵循如下几条原则：

（1）对已制定职业接触生物限值标准的待测物，应按照其要求选择生物监测指标。

（2）尚未制定职业接触生物限值的有害物质，应根据待测物的理化性质及其在人体内的代谢规律，选择能够真实反映接触有害物质程度或健康危害程度的生物监测指标。

（3）所选择指标的本底值（即非职业接触人群的浓度水平）明显低于接触人群。

（4）所选择的指标应具有一定的特异性、足够的灵敏度，即反映生物接触水平的指标与环境接触水平要有较好的剂量 - 反应（效应）关系，而在不产生有害效应的暴露水平下仍能维持这种关系。

（5）所选择的指标，在监测分析的重复性以及个体生物差异等方面，都在可接受的范围内。

（6）所选择指标的毒代动力学参数，特别是清除率和生物半衰期的信息有助于采样时间的选择。

（7）所选择的指标要有足够的稳定性，以便于样品的运输、保存和分析。

（8）所选择的指标采样时最好对人体无损伤，能为受试者所接受。

3．生物样品种类的选择 常用的生物监测样品有人体尿、血和呼出气。生物样品的选择主要依据被测化学物的毒代动力学特性、样品中被测物的浓度以及分析方法的灵敏度。还需考虑采样和样品保存的难易程度等。

（1）尿：尿样采集无损伤性、易于被接受，故尿是最常用的生物样品之一。尿样适合检

测无机化学物、有机化学物的水溶性代谢产物。根据化学物在体内的半衰期，确定采尿时间。尿中被测物的检测结果需用尿比重或尿肌酐进行校正。对于尿比重大于 1.030 或小于 1.010、尿肌酐浓度小于 0.3 g/L 或大于 3 g/L 的尿样应慎重使用。测定结果可能受肾功能的影响，对于肾病患者或有肾毒性的化学物，不宜或慎重使用尿样进行监测。在尿样采集和保存过程中，注意防止腐败和污染。如要测定尿中微量重金属铅，采样时工人要脱离工作环境，并在洗浴后进行，采尿容器等需在使用前进行金属本底值分析和去离子处理。

（2）血：血液中的原形化合物比其在尿中的代谢物更具有特异性。大多数无机化合物或有足够生物半衰期的有机化合物都可以通过血样来监测。血液成分相对稳定，血中被测物的水平通常可反映化学物的近期接触水平。根据监测物质在血液不同组分中的分布规律，可确定采集全血、血清、血浆、红细胞或白细胞等，并选择合适的抗凝剂。如检测金属或类金属元素的采血管可根据待测物选择肝素锂或肝素钠作为抗凝剂。采血管容积应该大于测定指标检测方法要求使用量，且易于分装和移出。但采血因具损伤性，人群依从性较低，且血样的储存条件和分析前处理要求较高，在实际工作中可能会受到限制。

（3）呼出气：在呼出气中以原型呼出的化学物监测，可以采集呼出气。采集呼出气时，应注意区别混合呼出气和终末（肺泡）呼出气。混合呼出气指尽力吸气后，尽可能呼出的全部呼出气。终末呼出气指先尽力吸气并平和呼气后，再用最大力量呼出的呼出气。因为混合呼出气包括了呼吸道的无效腔体积（大约 150 ml）。通常在接触期间，混合呼出气中毒物的浓度大于终末（肺泡）呼出气；接触结束后，混合呼出气中浓度小于终末（肺泡）呼出气。呼出气采集无损伤性，易于被采样接受，但易污染，被测物水平波动大，故呼出气的采样时间需非常严格。

（4）其他材料：毛发、指甲、乳汁、唾液等生物材料在生物监测中也有一定应用。毛发和指甲中无机元素硒水平，用于环境硒接触评价指标。乳汁和脂肪组织中铅、有机氯农药等毒物的负荷，用于评价作业环境毒物是否对新生儿发育有影响。唾液中皮质醇水平测定，在评价有害因素致机体生物节律失调中有一定应用。采样过程中应注意防止污染。

4．结果评价　生物监测结果可以在群体基础上进行比较，即通过群组数据的统计分析做出评价，并报告可描述此群体特性的参数。对属于正态分布的数据，应给出平均值、标准差和范围。如为对数正态分布，应给出几何均值、几何标准差和范围或中位数、90% 和 10% 位数及范围。对不属于正态分布（包括几何正态分布）者，可报出中位数、90% 和 10% 位数及范围。

如果所有监测对象生物标志物测定值都在生物接触限值以下，可以认为作业场所环境符合国家卫生标准，在此环境长时间工作是安全的。如果全部监测对象检测值都高于生物接触限值，说明作业环境质量不符合国家卫生标准，必须整改。如果大部分监测对象检测值在生物接触限值以下，少数在生物接触限值以上，就要结合作业现场实际情况进行分析。可能是少数人卫生习惯不好，不注意劳动保护所致；也有可能是某些岗位发生职业性有害因素的跑、冒、滴、漏所致。

六、生物接触限值

生物监测的目的是评价职业人群和（或）劳动者个体接触有害因素的水平和潜在的健康影响。为使生物监测结果有评判的准则，必须建立生物接触限值，作为生物监测的卫生标准。世界卫生组织提出了保护劳动者健康的职业生物接触限值（occupational biological exposure limits）；美国政府工业卫生者协会（American Conference of Governmental Industrial Hygienists，ACGIH）推荐标准为生物接触指数（biological exposure indices，BEI），是工业卫生实践中用于评价潜在健康损害的参考值指南，表示接触化学物的健康劳动者生物材料中受检物测定值与吸入接触阈限值的相当量，并不表示损害与无损害接触量的显著区别；联邦德国工作场所化学物引起健康损害检查委员会制订的为生物耐受值（biologischer arbeitsstoff-toleranzwert，BAT），是指劳动者体内化学物或其代谢产物或其所引起的生物学参数偏离正常值的最高容许量等。

职业接触生物限值是我国颁布的职业卫生生物监测行业推荐性卫生标准。职业生物接触限值（biological exposure limit, BEL）是指接触有害化学物劳动者生物材料（血、尿、呼出气等）中化学物或其代谢产物或其引起生物反应的限量值。职业生物接触限值主要用于保护绝大多数（约 90%）劳动者的健康，但不能保证每个劳动者在该限值下都不产生任何有损健康的作用。职业生物接触限值与非职业接触化学毒物的健康人群中可检测到一定水平的参比值（或参考值，reference value）不同，与职业病诊断值也不同，不能混淆。

目前，我国颁布的职业生物接触限值的化学物已有 17 种（铅、镉、一氧化碳、氟及其无机化合物、二硫化碳、三氯乙烯、甲苯、三硝基甲苯、苯乙烯、正已烷、有机磷、铬、汞、苯、二甲基甲酰胺、酚和五氯酚，见表 13-6）。

表13-6 我国已颁布的职业生物接触限值

化学物	生物监测指标	职业生物接触限值	采样时间
甲苯	尿马尿酸	1 mol/mol 肌酐（1.5 g/g 肌酐）或 11 mmol/L（2.0 g/L）	工作班末
	终末呼出气甲苯	20 mg/m^3	工作班末
		5 mg/m^3	工作班前
三氯乙烯	尿三氯乙酸	0.3 mmol/L（50 mg/L）	工作周末的班末
铅及其化合物	血铅	2.0 μmol/L（400 μg/L）	接触 3 周后任意时间
镉及其化合物	尿镉	5 μmol/mol 肌酐（5 μg/g 肌酐）	不作严格规定
	血镉	45 nmol/L（5 μg/L）	不作严格规定
一氧化碳	血中碳氧血红蛋白	5% Hb	工作班末
有机磷酸酯类农药	全血胆碱酯酶活力校正值	原基础值或参考值的 70%	接触起始后 3 个月内任意时间
	全血胆碱酯酶活力校正值	原基础值或参考值的 50%	持续接触 3 个月后任意时间
二硫化碳	尿 2- 硫代噻唑烷 -4- 羧酸	1.5 mmol/mol 肌酐（2.2 mg/g 肌酐）	工作班末或接触末
氟及其无机化合物	尿氟	42 mmol/mol 肌酐（7 mg/g 肌酐）	工作班后
		24 mmol/mol 肌酐（4 mg/g 肌酐）	工作班前
苯乙烯	尿中苯乙醇酸加苯乙醛酸	295 mmol/mol 肌酐（400 mg/g 肌酐）	工作班末
		120 mmol/mol 肌酐（160 mg/g 肌酐）	下一个工作班前
三硝基甲苯	血中 4- 氨基 -2,6 二硝基甲苯 - 血红蛋白加合物	200 ng/gHb	持续接触 4 个月后任意时间
正已烷	尿 2,5- 已二酮	35.0 μmol/L（4.0 mg/L）	工作班后
汞	尿总汞	20 μmol/mol 肌酐（35 μg/g 肌酐）	接触 6 个月后工作班前
可溶性铬盐	尿铬	65 μmol/mol 肌酐（30 μg/g 肌酐）	接触一个月后工作周末的班末
苯	尿中反 - 反式粘糠酸	2.4 mmol/mol 肌酐（3.0 mg/g 肌酐）	工作班末
二甲基甲酰胺	尿中甲基甲酰胺	35 mmol/mol 肌酐（18 mg/g 肌酐）	工作班末
酚	尿总酚	150 mmol/mol 肌酐（125 mg/g 肌酐）	工作周末的班末
五氯酚	尿总五氯酚	0.64 mmol/mol 肌酐（1.5 mg/g 肌酐）	工作周末的班末

注：班前是指职业接触 16 小时以后，即职业接触之后，且下一班开始 30 分钟以内；班中是指职业接触 2 小时以后的任何时间；班末是指停止职业接触之后，一般为 30 分钟以内；工作周末是在连续职业接触 4 天或 5 天后，停止职业接触之后，一般为工作周最后一天下班后 1 小时之内。

生物接触限值是为保护劳动者健康而制订的卫生标准，与工作场所空气中有害物质接触限值一起，在评价作业场所职业性有害因素水平接触状况时发挥作用，前者是后者的补充与发展，但不能取代后者。

第四节　健康监护

健康监护（health surveillance）是职业卫生监测的一部分内容，是通过各种检查与分析，掌握职工健康状况、及时发现健康损害征象的重要手段。其主要目的在于评价职业性有害因素对接触者健康的影响及其程度，以采取预防措施，防止有害因素所致疾病的发生和发展。健康监护内容有职业健康检查、健康档案建立和管理、职工健康状况分析、接触职业性有害因素人群劳动能力鉴定。职业健康检查包括：上岗前、在岗期间、离岗时和应急健康检查。职业健康监护档案内容应包括：职业史、既往史、职业病危害接触史，相应作业场所职业病危害因素监测结果，职业健康检查结果及处理情况和职业病诊疗等劳动者健康资料。《职业病防治法》规定了用人单位应当建立健全职业健康监护制度，保证职业健康监护工作的落实，并强调了用人单位对此项工作的主体责任。

健康监护在结合生产环境监测和职业流行病学资料的分析基础上，了解职业病及工作有关疾病在人群中的发生、发展规律，以及疾病的发病率在不同工业及不同地区之间随时间的变化；掌握职业危害对人群健康的影响程度；鉴定新的职业危害、职业性有害因素和可能受危害的人群，并进行目标干预；评价防护和干预措施效果，为制订、修订卫生标准及采取进一步的控制措施提供科学依据。

1．职业健康检查　职业健康检查是通过医学手段和方法，对作业人员接触的职业病危害因素可能产生的健康影响和健康损害进行医学检查，以了解作业人员的健康状况，早期发现职业病、职业禁忌证和可能的其他疾病和健康损害，是职业健康监护的重要内容。职业健康检查包括上岗前、在岗期间（定期）、离岗或转岗时、应急健康检查和职业病的健康筛检。由省级以上人民政府卫生行政部门批准的医疗卫生机构承担。用人单位应当按照《职业病防治法》及其配套法规的要求组织职业健康检查，并将检查结果书面告知职业从事者。

2．建立健康监护档案　建立健全健康监护档案是职业卫生服务的一项重要基础工作，主要关注职业性有害因素接触者的职业史和疾病史。职业健康监护档案是职业健康监护全过程的客观记录资料，是系统观察劳动者健康状况变化、评价个体和群体健康损害的依据，其特征是资料的完整性和连续性，其内容包括作业环境监测和健康检查两方面资料。

用人单位应为每一位作业人员设立健康监护卡。健康监护卡内容包括：作业人员的基本信息、职业史和既往病史、接触职业性有害因素的名称及其监测结果、职业防护措施、家族史（尤其应注意遗传性疾病史）、生活方式、职业健康检查结果及处理情况、职业病诊疗资料等。用人单位还要建立企业的健康监护档案，包括用人单位的基本情况、有害因素的来源及其浓度（强度）、主要有害因素接触情况、接触有害因素的职工健康监护及职业病发生情况、职业健康检查异常的职业从事者名单等信息，并定期检查和上报。

3．健康状况分析　常用的指标有发病率、患病率等。评价方法分为个体评价和群体评价。个体评价主要反映个体接触量及其对健康的影响，群体评价包括作业环境中有害因素的强度范围、接触水平与机体的健康效应等。

（1）发病率（检出率、受检率）：指一定时期（年、季、月）内，特定人群中新发某种职业病的频率。

$$发病率（\%）= \frac{某个时期内新发病例数}{该时期的平均工人数} \times 100\%$$

$$检出率（\%）= \frac{检查时新发现的病例数}{受检工人数} \times 100\%$$

$$受检率（\%）= \frac{实际受检工人数}{应受检工人数} \times 100\%$$

计算发病率时要注意：注意明确新发病例发病时间，如尘肺等慢性病或发病时间难以确定的，要采用确诊的时间；计算检出率时，受检工人数是指从事该作业一年及以上的工人数；受检率在 90% 以上时，计算发病率或患病率才有意义。

（2）患病率：该指标可了解历年来累计的某种疾病患者数和发病概况。实际应用时要考虑不同人群中性别、年龄和工龄等因素的差异对患病率的影响。

$$患病率（\%）= \frac{检查时发现的新旧病例数}{从事该作业的受检人数} \times 100\%$$

（3）疾病构成比：该指标可以说明不同疾病或某种疾病不同轻重程度（轻度、中度、重度）的分布情况。如：

$$硅肺例数与尘肺总例数之比 = \frac{硅肺病例数}{尘肺总例数} \times 100\%$$

$$壹期硅肺例数与硅肺总例数之比 = \frac{壹期硅肺病例数}{硅肺总例数} \times 100\%$$

（4）平均发病工龄：指职业从事者从开始从事某种作业起到确诊为该作业相关职业病的时间。

$$硅肺平均发病工龄 = \frac{确诊为壹期硅肺时硅尘作业工龄总和}{壹期硅肺病例数} \times 100\%$$

（5）平均病程期限：可反映某些职业病进展的速度和防治措施的效果。

$$平均病程期限 = \frac{某个时期内某病由确诊到死亡的时间总和}{该时期内死于该病的例数} \times 100\%$$

（6）其他指标

$$病死率（\%）= \frac{某个时期内死于某病的例数}{该时期内患该病的例数} \times 100\%$$

$$病伤缺勤率（\%）=\frac{某个时期内因病伤缺日数}{该时期内应出勤工作日数}\times 100\%$$

4．劳动能力鉴定 职业性有害因素在一定条件下可对作业人员的健康产生不良影响。为强化用人单位职业危害防治的主体责任，国家颁布了一系列的法律、法规，以督促用人单位采取措施改善劳动条件，保护和促进劳动者的健康。1996年我国首次颁布了《劳动能力鉴定职工工伤与职业病致残程度》标准（GB/T16180-1996），并于2014年进行了修订。根据职工器官损伤、功能障碍、医疗依赖及生活自理障碍程度进行劳动能力鉴定。

表13-7 职工工伤与职业病致残程度鉴定分级

级别	器官缺失	功能障碍	医疗依赖	生活自理
一级	器官缺失、其他器官不能代偿	功能完全丧失	存在特殊医疗依赖	完全或大部分或部分生活自理障碍
二级	器官严重缺损或畸形	有严重功能障碍或并发症	存在特殊医疗依赖	大部分或部分生活自理障碍
三级	器官严重缺损或畸形	有严重功能障碍或并发症	存在特殊医疗依赖	部分生活自理障碍
四级	器官严重缺损或畸形	有严重功能障碍或并发症	存在特殊医疗依赖	部分或无生活自理障碍
五级	器官大部缺损或明显畸形	有较重功能障碍或并发症	存在一般医疗依赖	无生活自理障碍
六级	器官大部缺损或明显畸形	有中等功能障碍或并发症	存在一般医疗依赖	无生活自理障碍
七级	器官大部缺损或畸形	有轻度功能障碍或并发症	存在一般医疗依赖	无生活自理障碍
八级	器官部分缺损，形态异常	轻度功能障碍	存在一般医疗依赖	无生活自理障碍
九级	器官部分缺损，形态异常	轻度功能障碍	无医疗依赖或存在一般医疗依赖	无生活自理障碍
十级	器官部分缺损，形态异常	无功能障碍或轻度功能障碍	无医疗依赖或存在一般医疗依赖	无生活自理障碍

注：工伤、职业病伤残程度分为五个门类、十级，共530个条目。五门：①神经内科、神经外科、精神科门；②骨科、整形外科、烧伤科门；③眼科、耳鼻喉科、口腔科门；④普外科、胸外科、泌尿生殖科门；⑤职业病内科门。根据条目划分原则以及工伤致残程度，综合考虑各门类间的平衡，将伤残级别分为一至十级，最重为第一级，最轻为第十级。

5．劳动能力鉴定步骤 由用人单位、受伤的劳动者或者其直系亲属向设区的市级劳动能力鉴定委员会提出劳动能力鉴定申请。劳动能力鉴定委员会从医疗卫生专家库中随机抽取3名或者5名与职工伤情相关的科别专家组成专家组进行鉴定，由专家组提出鉴定意见。一般在收到劳动能力鉴定申请之日起60日内做出劳动能力鉴定结论。如伤情复杂或涉及较多医疗卫生专业，可延长30日做出劳动能力鉴定结论。劳动能力鉴定结论应自做出鉴定结论之日起20日内送达工伤职工及其用人单位，同时抄送社会保险经办机构。

如果用人单位或者个人对鉴定结论不服，可以在收到鉴定结论之日起15日内向省、自治区、直辖市劳动能力鉴定委员会申请再次鉴定。省、自治区、直辖市劳动能力鉴定委员会做出的劳动能力鉴定结论为最终结论。

做出劳动能力鉴定结论1年后，工伤职工、用人单位或者社会保险经办机构认为伤残情况发生变化的，可以向设区的市级劳动能力鉴定委员会申请劳动能力复查鉴定。

（马文军）

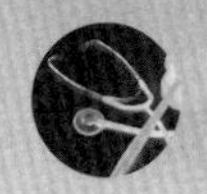

第十四章 职业流行病学

第一节 职业流行病学及应用

职业流行病学是研究职业人群中职业性有害因素、早期职业健康损害、工作相关性疾病、职业病、工伤等发生的频率、分布及其影响因素，评价职业卫生干预措施的有效性，研究结果可为职业相关疾病防治及健康促进提供科学依据。

一、职业流行病学特点

职业流行病学与一般流行病学相比，具有如下特点：

（一）研究对象

职业流行病学研究对象是成年的职业人群，一般年龄范围在 18 ~ 60 岁。研究对象相对稳定，可以通过就业、健康体检和工资记录等收集既往职业史资料，在获得用工单位支持的情况下，开展调查、组织随访相对比较容易，便于开展横断面研究、队列研究和干预效果研究。随着用工制度及经济结构和经济模式的改变，用工方式日益灵活，导致随访难度增加。

（二）职业性有害因素可以进行环境暴露测量

职业性有害因素是生产过程、劳动组织过程及生产环境中存在的有害因素，一般可通过现场采样、在线测量等技术，评价工作岗位职业性有害因素浓度或者强度，可通过环境采样或个体采样的方式，获得劳动岗位或劳动者个体的职业性有害因素接触水平。企业按职业卫生及职业病管理要求，需每年或定期开展劳动场所环境监测，因此，容易获得作业场所环境监测长期资料。

（三）健康工人效应

企业会组织劳动者上岗前体检，有职业禁忌证的员工或不符合企业用工要求的员工，会被淘汰，因此，企业在招聘员工时，会存在选择性偏倚。同时，在工作过程中，如果劳动者机体出现健康问题或在岗体检时发现早期健康问题，这些劳动者也会被调离工作岗位，只有健康的或适应岗位的劳动者能被留下来，这就是所谓的“健康工人效应（health worker effect）”。例如调查喷漆的职业暴露与患支气管哮喘的关系时，那些对油漆气味过敏或耐受性差的人，可能一开始就不选择喷漆工的职业，或者虽然选择了这一职业，但因不适应而很快调离此岗位。这时的病例对照调查结果，将会低估暴露于油漆后引发支气管哮喘的作用，甚至可能得出油漆暴露与支气管哮喘无关的相反结论。因此，健康工人效应是进行职业人群健康损害程度和分布分

析时应该注意的问题。健康工人效应有随工人年龄增长而逐步削减的特点。

（四）职业人群特有的健康监护信息

按照我国《职业病防治法》和配套法规的要求，某些行业或岗位的职业人群应建立健康监护档案。档案内容包括就业前体检、定期体检、离岗体检等信息，这些信息可提供长期的健康资料，有利于开展职业流行病学分析，特别是进行长期的队列研究。

（五）研究成果便于转化应用

职业流行病学研究，可结合基础医学及生命科学的先进技术，在职业性有害因素暴露评价基础上，开展职业性有害因素致病机制及防治研究，研究成果直接来自于职业人群，可以指导职业接触限值的制定和修订，为职业健康监护方案及职业病诊断标准制定提供科学依据，因此，研究成果容易转化。

二、职业流行病学的应用

作为职业卫生日常工作和科学研究的重要方法，职业流行病学有助于了解职业性有害因素接触或暴露与健康损害之间的联系，其应用可以概括为下列几个方面：

（一）识别评价职业性有害因素对接触人群健康的影响

在职业人群中，一种疾病的出现和流行通常是致病因素（真实的原因）与流行因素（必备的条件）二者综合作用的结果。因此，职业流行病学应用的核心是探索职业性损害的病因，即通过研究职业性有害因素对接触人群的健康影响及损害程度，识别和鉴定职业性有害因素及其作用机制，评估接触人群的健康风险等。

（二）职业性病损发生规律

研究职业性病损、工作有关疾病及工伤等在职业人群中的发生、发展和分布规律，提出相应的预防措施，并合理分配职业卫生服务资源。通过调查掌握各种职业性有害因素的分布和职业健康损害的严重程度，有针对性地开展预防干预及控制措施。

（三）阐明职业性有害因素的接触水平 - 反应关系（exposure-response relationship）

在暴露评价基础上，进行健康效应评价，建立职业性有害因素的接触水平 - 反应或效应关系，为制定及修订职业卫生标准和职业病诊断标准提供科学依据。接触职业性有害因素后，基于遗传易感性、年龄、性别、体质和营养状况等的差异，接触者可出现的健康效应不尽相同，在人群中可呈现从健康、亚健康、疾病前期到临床疾病等连续带的现象。通过人群接触水平 - 反应关系的研究，不仅能够识别、确定引起健康损害的职业性有害因素，更重要的是寻找不引起健康损害的最大无作用剂量，后者是制定职业卫生标准的重要依据。另外，职业流行病的研究结果亦经常被外推到社区人群，评估环境有害因素暴露与疾病健康的风险关系。

（四）评价职业卫生技术措施的效果

对企业职业卫生工作进行评价，鉴定职业卫生工作质量，评价预防措施效果。对比实施预防或控制措施前后作业人群中健康损害的分布和发生频率，可以评价职业卫生工作的效果，提出改进意见。通过职业环境监测及健康监护，评价、制定及改进职业卫生防治策略和干预措施，指导职业卫生和职业病防治工作。例如，个人防护用品使用效果评价，在对其效果监测后，有助于制定适用性更好的个人防护用品使用指南。

（五）职业卫生突发事故调查

运用流行病学方法调查职业卫生突发事故，并形成报告。根据职业卫生突发事故等级，筹备相符合的队伍、设备，赴事故现场对事故环境、人员、设备材料调查取证，并形成完整的调查处理改进报告。

第二节　职业流行病学研究的设计

职业流行病学研究的过程可以大致分为明确研究问题和目的、确定研究类型和研究技术线路、调查实施、调查的质量控制和资料分析等阶段。

一、明确研究问题和目的

研究目的是制订整个研究计划的核心和指导思想。无论是解决现场的实际问题，还是探索某种职业疾患的发病规律，开展职业流行病学调查或者研究前，均须明确研究目的。确定的题目须具体、有针对性，要有理论依据，具有科学性及可行性。职业流行病学调查的对象是职业人群，因此在确定选题及遴选研究对象时，就需要考虑职业特点相关资料如既往职业史和不同工作岗位的职业性有害因素监测数据是否准确和完善；要了解调查的一般情况，并且充分认识到现场工作的困难，以保证研究能顺利开展。

二、确定研究类型

职业流行病学调查中常使用的研究类型包括横断面调查、病例对照研究、队列研究和干预研究。有时也可综合使用，如在研究队列内进行的巢式病例对照研究。在选择研究类型时，既要考虑研究的科学性即论证强度，也要考虑研究花费的时间、经费、人力、医学伦理学问题以及职业卫生现场工作的可行性，要兼顾企业及劳动者的合作意愿。从病因学研究看，论证强度最优的是队列研究，其次为病例对照研究，再次为横断面调查。

（一）横断面调查

职业卫生的横断面调查通常称为职业卫生现况调查，即在一段时间内对某一职业人群开展调查，对其职业卫生相关情况的分布状况进行资料收集和描述。横断面调查收集的数据一般包括作业场所职业危害因素水平（浓度或强度）的监测情况、劳动者的健康或损伤的情况、职业病防治管理制度实施情况、职业病危害项目申报情况、职业病危害防护措施提供情况、职业健康检查执行力度等。职业卫生的横断面调查常用于职业病的普查和工作相关疾病的研究。

横断面调查实施相对容易，所需费用少，用时较短，不需设立对照组，可以观察到职业性有害因素和劳动者健康损伤的问题，并为后续的分析提供线索。可作为早期防治的预警，有利于及时采取预防措施，促进相关卫生政策的制定。但由于横断面调查研究的是某一时间点的职业危害因素暴露特征与健康的问题，难以解释疾病和暴露的关联度，因而不能进行因果关系的研究。另外，横断面调查通常用来研究非致死性疾病，对罕见的、病程短的职业性损害的研究不甚合适。

（二）病例对照研究

病例对照研究（case-control study）亦称回顾性研究，可以比较患某病者与未患某病的对照者暴露于某种可能危险因素的百分比差异，分析这些因素是否与该病存在联系，是分析流行病学方法中最基本、最重要的研究类型之一。它是以现在确诊的患有某特定疾病的患者作为病

例，以不患有该病但具有可比性的个体作为对照，通过询问、实验室检查或复查病史，搜集既往各种可能的危险因素的暴露史，测量并比较病例组与对照组中各因素的暴露比例，经统计学检验，若两组差别有意义，则可认为因素与疾病之间存在着统计学上的关联。

病例对照研究应用较广泛，在病因未明确时可以探究病因、建立病因线索，也可以对病因假设进行初步的探索。在具体研究中，可以根据研究目的和研究条件等，采取传统病例对照研究和衍生的病例对照研究，如匹配的病例对照研究、非匹配的病例对照研究、巢式病例对照研究、病例 - 队列研究、病例交叉研究、病例时间对照研究等。

病例对照研究耗时短、易执行，且费用相对节省。可使用比数比来衡量职业性有害因素的相对危险度。这项研究设计对于罕见病、潜伏期长的疾病尤为适宜，也适合研究多种职业暴露因素与某种疾病的联系。但从果溯源，对于因果关系论证的强度较弱。另外，病例对照研究由于研究对象选择的不全面或者以往记录不完善，常存在选择和回忆偏倚，如入院率偏倚、现患病例 - 新发病例偏倚、检出症候偏倚、时间效应偏倚等。

（三）队列研究

队列研究是将某一特定人群按是否暴露于某可疑因素或暴露程度分为不同的亚组，追踪观察两组或多组成员结局（如疾病）发生的情况，比较各组之间结局发生率的差异，从而判定这些因素与该结局之间有无因果关联及关联程度的一种观察性研究方法。其检验病因假设的能力高于病例 - 对照研究。

队列研究根据进入队列的时间分为固定队列研究和动态队列研究。依据观察时间的起点还可分为历史性队列研究、前瞻性队列研究和双向性队列研究。历史性队列研究从过去某一时间开始，一直观察到过去或现在的某一时点。前瞻性队列研究是从现在观察到未来某一时点。双向性队列研究，又称历史前瞻性队列研究，是从过去某一时点观察到未来某一时点。

在职业卫生领域，队列研究可以获得从职业性有害因素接触到健康损伤整个过程比较完整的资料，从因到果说明职业性有害因素的健康损伤。往往在确定所观察的职业性有害因素后，对某一人群如某企业一定时间段内工作的一定规模的从业人员进行追踪随访，观察接触人群中出现的健康损害或者疾患的结局，通过比较不同接触程度的组间人群中健康损害发生率的差异，获得职业性有害因素的接触 - 健康损害效应的关系。还可以通过职业健康监护、工作记录和档案登记直接识别以前的职业队列，这样的历史性队列研究一直以来是职业流行病学研究常选择的方法，对职业性有害因素的鉴定、识别具有重要意义。

前瞻性队列研究可以评估某些暴露的短期作用，能相对精确地区分暴露与非暴露人群，而且能对这些人群进行定期随访并测定新发疾病。缺点是需耗费大量人力和物力，且调查时间较长，如职业性肿瘤的调查需要根据肿瘤发生的潜伏期，往往需要二十年以上的时间，对既往信息的要求较高，需设立对照组，还要保证一定的随访率，因此，执行起来有一定困难。

（四）干预研究

干预研究是实验流行病学中人群现场试验的一种，实验中对病因进行干预，也称为防治实验研究。其主要过程是将来自同一总体的研究对象随机分为实验组和对照组，对实验组给予干预措施或因素，对照组不给予该因素。然后前瞻性地随访各组的结局并比较其差别的程度，从而判断干预措施的效果。干预研究的基本特征包括：①要施加干预措施；②是前瞻性观察；③必须有平行对照；④随机分组。研究对象的确定需考虑：①研究对象的诊断标准；②研究对象的代表性；③研究对象的入选和排除条件；④医学伦理学问题；⑤样本含量的估计。在干预研究中，要规范观察方法，如采取盲法观察（单盲、双盲、三盲）。

三、研究设计和技术线路

确定题目和研究类型后，应根据所掌握的资料提出合理的假说，再通过拟定具体的专业技术设计方案来解决，并选择可以证实假说的观测指标。进行研究设计时，研究对象的确定和观测指标的选择特别重要。

（一）选择合适的研究对象

根据研究目的和类型确定调查对象，职业流行病学的调查对象应能够明确界定职业因素的“接触”和“非接触”，最好能够估算接触剂量。具体样本量确定还有相应的统计学公式，根据样本量计算公式，样本量的大小不取决于总体的多少，而取决于：① 研究对象的变异程度；② 所要求或允许的误差大小；③ 要求推断的置信程度。也就是说，当所研究的现象越复杂，差异越大时，样本量要求越大；当要求的精度越高，可推断性要求越高时，样本量要求也越大。在确定抽样方法和样本量的时候，既要考虑调查目的、调查性质、精度要求（抽样误差）等，又要考虑实际操作的可实施性、非抽样误差的控制以及经费预算等。

在计算样本量时，在两总体均数与标准差固定的条件下，尽管总体分布的分布范围不变，但随着样本量（n）的增大，标准误缩小，总体分布趋向集中，α 与 β 都减小，因而检验效能增加。所以，对于提高检验效能而言，增大样本量也是一种两全其美的办法。在理论上，任何真实存在的差异，不论其大小与有无实际意义，只要有足够大的样本量，通过假设检验都可以检出具有统计学意义。然而在科研中必须首先考虑差异程度的实际意义，不能盲目地扩大样本量。同时也应看到：样本量由 n 增大至 m 倍（即 $m \times n$）时，标准误仅缩小至 $m^{-1/2}$ 倍。例如，样本量由 n 增至 9n，标准误仅减至原来的 1/3。因此，通过增大样本量来提高检验效能，其代价是相当高的，因此在数量上必须适可而止。

研究的样本量可根据研究类型参照有关公式进行计算，一般情况下，研究的对象越多，获得的结论越可靠。但随着研究对象的增多，工作量加大，所需人力、物力也随之增多。另外需要注意的是，由于产业结构及经济特点的分布具有区域性，调查对象的来源可能来自当地局部地区的一般居民，该地区一般居民的情况可能会影响职业暴露人群。因此在选择研究对象时，要设立严格的纳入与排除标准。

队列研究的人群包括暴露组和对照组。根据研究疾病及暴露因素的不同，必须对队列人群的年龄、性别、暴露时间、健康监护资料和选择依据等做出明确规定。通常以劳动人事档案和工资表作为建立队列的依据。暴露组选择具有共同暴露或者特征的一组人群，这组人群可以按是否接触某种职业性有害因素或者接触程度进行分组。对照的选择可以分为内对照、外对照和总人口对照。内对照通常选择暴露于职业性有害因素的最低或无暴露水平组；外对照常选择所研究职业人群以外的对象；总人口对照把全人群做为对照，但要做人口结构标准化处理。对于历史性队列研究，要求能够获得该人群职业性有害因素暴露及健康体检的完整历史资料，同时需要考虑研究人群的代表性、稳定性和可追踪性，避免随访丢失。

病例对照研究中的病例选自职业人群中某一期间的确诊患者。以新发病例为优先选择，因为新发病例更接近病因暴露时间，便于收集职业接触等相关资料，而且可以排除治疗和生活习惯改变等因素对病例信息的干扰。死亡病例只适用于死亡率高的疾病，如某些类型的肿瘤。对照组是与病例按照相同诊断标准确认为不患所研究疾病的人群。对照组通常采取匹配和非匹配两种方法选择，在按照匹配选择对照时要防止匹配过度的情形出现。除此以外，还可选择自身对照，即进行病例接触职业性有害因素前后的比较，但由于难以获得接触职业性有害因素之前的健康资料，故自身对照常不易开展。

（二）观察指标的选择

选择观察指标是研究设计中最具体的环节。职业流行病学研究结果是通过指标反映和表示的，观察指标的选择要有充分的理论依据，同时，又要考虑现场的实际工作情况，做到合理可行。必要时通过预调查明确指标设计的可操作性。另外在选择观察指标时，要有严格的定义，注意其与国内外参考文献中指标的可比性。在进行观察指标具体定义时，需要考虑出现某种特定疾病结局的时间与最短潜伏期的关系。观察指标可以分为关键指标和补充指标，既不能遗漏重要的关键指标，也不可盲目地把各种指标都用上，后者会耗费大量人力，而且影响主要指标的调查质量。因此，在能达到研究目的的前提下，指标的选择要精简，还要注意通过设立相关指标来控制调查过程中可能存在的混杂因素。

职业流行病学研究中常用的观察指标可以分为：①反映与生产环境因素和生产工艺过程有关的接触指标：如某工作岗位的粉尘浓度、某工种个体噪声职业接触水平等；②反映影响接触程度的劳动过程和机体状态的指标：如体力劳动强度、每天工作的小时数、工种、工龄等；③反映机体状态的指标：又可分为反映身体基本特征的指标和功能性指标，前者如血、尿生化检验结果、心电图、肝功能、肺功能等；后者如X线胸片、听力检查等；④反映健康损害及生物暴露水平的指标：如肺功能、职业病诊断和分级以及血铅、血铬等；⑤反映治疗效果和康复情况的指标：如治愈时间、关节活动范围等。

职业流行病学调查中资料的收集有其特殊性，一般情况下应包括以下三类资料：

1．反映职业性有害因素的资料　主要来源是职业环境的监测结果和职业史记录，如定期的粉尘浓度测定结果。包括：①生产环境中有害因素及其水平或者强度：根据职业性有害因素的类型不同，职业接触量的表达方式也不一样，一般情况下，职业接触量常表示为接触水平和累积接触水平。引起急性中毒的化学毒物，常用最大接触水平代表其接触量。一些非急性健康损伤的有害因素如生产性粉尘，其健康危害需要较长期的积累过程，这时，职业接触水平参考累积粉尘接触量就比参考单次测定的粉尘浓度更有说服力。②职业接触时间：对引起非急性损伤的职业性有害因素特别重要，如果作业点化学性有害物质的浓度相对稳定，有时可以用工作时间（年）代替接触量。③机体负荷资料：也称生物暴露资料或内暴露量，能比较准确地反映作业者的体内实际接触水平。如苯接触工人尿中特异代谢产物尿酚水平、铬酸盐接触工人的全血铬水平或尿铬水平可以比较准确地反映工人的实际接触量。

2．反映职业人群健康效应的资料　通过体格检查（就业前体检、常规体检和离岗体检等）、健康筛检、医疗记录、职业病诊断和赔偿记录、询问调查等方法收集职业人群的健康状态。进行职业病研究时，疾病诊断结果应由具备资质的医疗机构出具。

3．反映职业人群基本背景的资料　如人口学资料、地理气象资料、生产工艺和卫生防护设施信息、医疗保健条件资料等。这些可通过询问和查阅企业的相关资料来收集。

四、制订实施方案

职业流行病学调查的实施方案就是对研究设计的落实，也是对调查的操作指导，包括技术实施方案和统计学分析方案。

技术实施方案可分为实验研究方案、临床研究方案、环境监测方案、现场调查方案和生物样本采集方案等，具体应用时应根据研究设计的需要，有选择地制订相应方案。一份完善的实施方案包括详细的调查实施步骤和每个步骤的操作说明。如职业卫生知识调查方案应包括：①调查对象的选择条件和选择方法；②资料的收集方法；③详细的调查表格和填写说明，包括调查员的培训；④调查的质量控制；⑤数据分析、讨论及结论。

第三节　职业流行病学调查的实施与质量控制

职业流行病学调查的实施需严格按照实施方案开展，在整个调查过程中，质量控制是不可缺少的，是调查得以顺利进行和获得准确资料的保证，包括对调查员的培训和资料收集与核对，必须有完善的质量控制系统来保证调查的进行。

一、建立质量控制系统

调查质量控制系统是用来监督和控制调查过程中各方面工作进展和质量的系统。这个系统的工作包括了研究对象确定、研究样本选择、研究计划制订、各类资料收集以及资料分析准备等全部过程。

调查质量控制系统的执行主要包括工作记录、工作报告和监督。工作记录应客观记录调查过程中的事件，如调查对象的情况、资料收集日期、资料收集员姓名、资料的数量和转送情况，以及资料收集中存在的问题和原因等。工作报告是下级调查人员向项目管理人员汇报工作进展的材料，分为定期报告和特殊报告，反映调查工作的执行情况、出现的问题和解决情况等。监督是项目管理人员有计划、有目的安排的定期检查。首先是督促各层次调查人员认真完成其职能，考查其对调查目的和内容的理解程度，了解其工作效率和准确性；其次是监督调查工作的进度；最后是了解调查工作的质量，可选择几个关键指标进行检查，如调查中出现的遗漏率、缺项率、错误率以及摘抄内容与原始资料的符合率，并且记录发生错误情况的原因。项目管理人员根据监督结果，可及时调整调查的进度和弥补不足。

二、选择和培训调查人员

（一）调查员的选择

调查员是流行病学调查的关键人物，应具备良好的专业技能和严谨的工作作风，并有一定的交流技巧。

（二）调查员培训

调查员在参加调查前须接受培训，以保证调查时采取一致的方式收集资料。培训内容包括：调查目的、内容和方法的介绍；调查方法的讲授和演示，如何解决调查表格填写过程中出现的各类问题；调查质量控制系统的含义、执行方式和现场调查的监督办法；培训之后可以进行预调查测试，需要时还要进行再次培训。

培训材料要有针对性，具备指导调查员正确执行其任务所需要的一切信息。培训员应有丰富的现场调查经验，要根据调查表的内容逐项给予详细说明，并结合现场可能出现的问题予以解答。如摘录尘肺患者的诊断日期，是用拍片日期还是用集体阅片诊断的日期，要给予一个准确而唯一的答案。

（三）制定调查员手册

某些调查涉及的调查项目多、调查时间长，因此最好详细编撰一本调查员手册，内容涵盖完整的调查操作程序、注意事项以及应该遵循的条目等。

三、资料收集的质量控制

资料收集的过程，实际上就是一个追踪调查的过程。资料校正是检查工作中的错误、遗漏

和不一致的地方，对有明显错误的资料应进行重新调查、修正和剔除；对于不完整的资料应设法补齐。资料收集具体的质量控制措施有：①采用统一的调查表，划分接触和健康效应指标要给予明确的限定，术语及定义要规范，要注意可比性；②研究对象的选择应遵循随机化原则，要有明确的纳入和排除标准；③在接触组和对照组选择时，注意各组间除职业接触以外，其他主要因素均应齐同，注意控制混杂因素，以保证各组间具有可比性；④无论是作业环境监测进行理化因素评定，还是生物监测进行生物材料中化学物质或生物指标测试，所需的仪器设备均应统一校正，以减少测量误差；⑤测量数据和研究条目尽可能定量化，以保证准确地评价接触水平 - 反应（效应）关系；⑥重视资料复核、校正和弥补工作。

四、资料的预处理

资料的预处理是资料统计分析前的整理过程，包括资料的核收、编码和建立数据库及资料的审核。

现场收集完成后，应汇总和登记，然后由专人负责对收集的资料进行编码，经专业技术人员审核合格后，输入计算机，建立职业流行病学调查数据库。在此基础上，使用数据库程序实现资料的审核，包括调查对象的唯一性、资料的齐备性、合理性和逻辑性检查等。预处理中发现的遗漏和错误可先查看收集的原始信息，如果仍然不能解决，要反馈到调查单位，请被调查者核实。因此，资料预处理也可说是质量控制体系的质量保证。

五、职业流行病学调查结果的分析与判断

调查结果的分析与判断需要具备流行病学、卫生统计学和职业卫生与职业医学以及其他相关学科的知识背景。首先，要检查研究设计是否合理，方法和数据是否可靠，统计学处理是否恰当。其次，分析时必须注意选择合适的指标和方法，不能仅凭一种指标或一个方法就轻易下结论，也不可单纯依靠统计学结果来判断，而应结合理论和实际进行综合分析。再次，在判断职业性有害因素对健康的影响时，还应考虑两者之间的联系强度、接触 - 反应（或效应）关系、调查结果的重现性与一般科学知识的符合程度，以及是否排除了设计和调查过程的各类偏倚及混杂效应等。

职业流行病学研究所得结果与真实的情形常会存在差异，也就是研究误差，在研究中应尽可能减少和避免研究误差的产生，确保研究结果的真实性。研究误差可分为随机误差和系统误差两种。其中，随机误差可以用统计学方法来估计，并通过增大样本量来减少误差。偏倚是研究误差中的系统误差，可以发生在研究的设计、实施及分析阶段。因此，在研究的设计阶段，通过文献复习、专家咨询等，尽可能考虑到各种可能因素的潜在影响；在研究的实施阶段，要完整地收集各因素的相关数据，保证数据的真实性；在研究的分析阶段，通过分层分析或多因素分析控制混杂因素的影响及作用。

（苏泽康　贾　光）

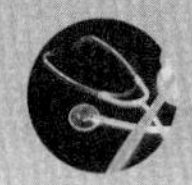

第十五章　职业病危害评价

第一节　概　述

为了预防、控制和消除职业病危害，防治职业病，保护劳动者健康及其相关权益，促进经济社会发展，我国在2002年5月1日实施了《中华人民共和国职业病防治法》，并在2011年、2016年、2017年、2018年进行了四次修订。《中华人民共和国职业病防治法》明确国家实行职业卫生监督制度，新建、扩建、改建建设项目和技术改造、技术引进项目（以下简称“建设项目”）可能产生职业病危害的，建设单位在可行性论证阶段应当进行职业病危害预评价；在竣工验收前，应当进行职业病危害控制效果评价，并接受卫生行政部门的监督核查。

职业病危害评价是建设单位依据职业病防治有关法律、法规、规章和标准的要求，组织开展的履行“三同时”、落实主体责任的一项必备工作。

一、职业病危害评价分类

根据《中华人民共和国职业病防治法》，职业病危害评价分为2类：职业病危害预评价和职业病危害控制效果评价。为规范用人单位日常职业病防治管理，针对职业病危害严重的建设项目，根据《工作场所职业卫生监督管理规定》，用人单位还需开展职业病危害现状评价。

1．职业病危害预评价　可能产生职业病危害的建设项目，在可行性论证阶段，对建设项目可能产生的职业病危害因素、危害程度、对劳动者健康影响、防护措施等进行预测性卫生学分析与评价，确定建设项目在职业病防治方面的可行性，为职业病危害分类管理和职业病防护设施设计提供依据。

2．职业病危害控制效果评价　建设项目竣工验收前，对工作场所职业病危害因素、职业病危害程度、职业病防护措施及效果、对劳动者健康的影响等做出综合评价。

3．职业病危害现状评价　在正常生产状况下，对用人单位工作场所职业病危害因素及其接触水平、职业病防护设施及措施与效果、职业病危害因素对劳动者的健康影响等进行综合评价。

二、职业病危害评价中常用的基本概念

在职业病危害评价相关的概念中，职业病危害、职业病危害因素、职业病危害因素检测、职业接触限值、职业病、职业病防护措施是几个主要概念。

1．职业病危害　是指对从事职业活动的劳动者可能导致职业病的各种危害。

2．职业病危害因素　职业活动中存在于生产工艺过程、劳动过程和生产环境中可影响劳动者健康的危害因素的统称。《职业病危害因素分类目录》将职业病危害因素分为粉尘、化学

因素、物理因素、放射性因素、生物因素和其他因素共6类，总计459种，其中有5项开放性条款。

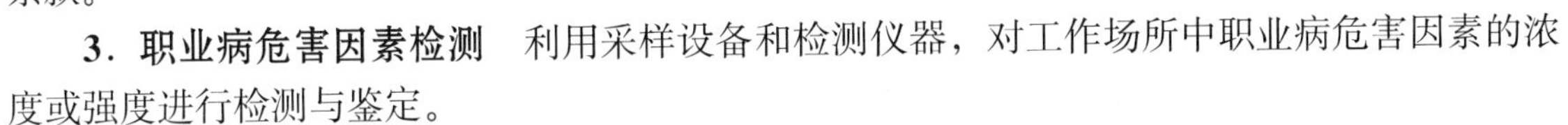

3．职业病危害因素检测　利用采样设备和检测仪器，对工作场所中职业病危害因素的浓度或强度进行检测与鉴定。

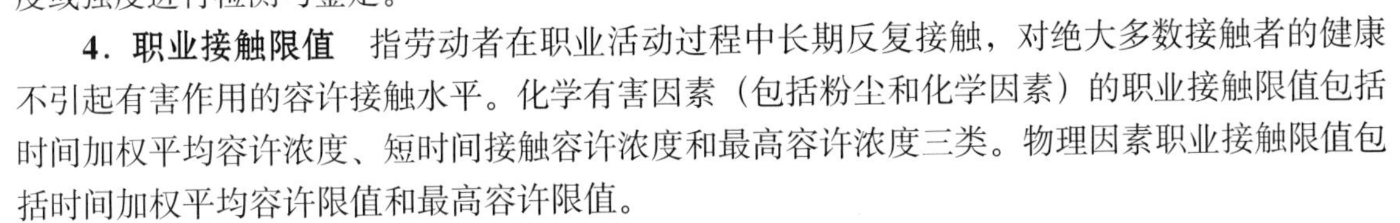

4．职业接触限值　指劳动者在职业活动过程中长期反复接触，对绝大多数接触者的健康不引起有害作用的容许接触水平。化学有害因素（包括粉尘和化学因素）的职业接触限值包括时间加权平均容许浓度、短时间接触容许浓度和最高容许浓度三类。物理因素职业接触限值包括时间加权平均容许限值和最高容许限值。

5．职业病　指企业、事业单位和个体经济组织等用人单位的劳动者在职业活动中，因接触粉尘、放射性物质和其他有毒、有害因素而引起的疾病。由《职业病分类和目录》公布的职业病为法定职业病，包括10类132种（含4项开放性条款）；其他为职业相关疾病，经诊断鉴定可列为职业病。

6．职业病防护措施　指消除或者降低工作场所的职业病危害因素的浓度或者强度，预防和减少职业病危害因素对劳动者健康的损害或者影响，保护劳动者健康的设备、设施、装置、构（建）筑物等的总称。

第二节　职业病危害评价方法

根据职业病危害评价的类别与评价内容，可采用职业卫生调查法、工程分析、检查表法、类比法、职业卫生检测法、职业健康检查法、风险评估法等进行定性或定量评价。

一、职业卫生调查法

职业卫生调查法指采用现场调查、资料收集和分析、人员沟通问询等，收集调查对象职业卫生相关信息的过程。包括项目概况、职业病危害因素的分布、开展工作日写实、总体布局、生产工艺、设备布局、职业病防护措施、职业卫生管理等多方面内容。该方法是其他评价方法的前期步骤和辅助手段。

二、工程分析

通过对项目的工程特征和卫生特征进行系统、全面的分析，识别和分析项目可能产生的职业病危害因素及其来源、岗位分布及潜在接触水平的一种方法。工程分析是职业病危害评价的基础方法，主要用于掌握项目基本特征及职业病危害因素识别分析。该方法为系统性分析法，受评价人员知识水平和经验的影响较大。

三、检查表法

依据国家有关法律法规、标准规范等，列出检查单元、标准要求、检查内容、结果判定，并编制成表，逐项检查符合情况。检查表法是定性评价，可用于职业病危害预评价、现状评价和控制效果评价。该法简单易懂，检查内容全面，但需事先编制大量表格，受编制人员水平和经验的影响较大。

四、类比法

利用与拟评价项目相同或相似项目的职业卫生调查、工作场所职业病危害因素检测结果以及对拟评价项目有关技术资料的分析，类推拟评价项目作业工种的职业病危害程度，预测职业病防护设施的防护效果。类比法为相似项目直接对照，直观、易于理解，但如果对象选取不

当，可能导致错误结果或偏差。此法只适用于职业病危害预评价。

五、职业卫生检测法

职业卫生检测包括职业病危害因素检测和职业病防护设施及建筑卫生学检测。依据职业卫生相关检测规范和方法，对化学因素、物理因素、生物因素等职业病危害因素或设备设施的技术参数、采暖、通风、空气调节、采光照明、微小气候等进行检测，对照职业接触限值或相关标准要求进行分析和评价。职业卫生检测法主要用于职业病危害现状评价和控制效果评价。采用类比法进行职业病危害预评价时，也可对类比项目进行检测。职业卫生检测法是定量评价，能够真实、准确地反映评价项目的职业病危害情况及防护效果，是职业病危害评价的基础手段，但需要投入大量人力、物力，需要良好的前期调研、现场检测质量控制和准确的检验检测分析。

六、职业健康检查法

根据劳动者接触的职业病危害因素，按照职业健康监护的有关规定进行职业健康检查，根据检查结果评价岗位的职业危害程度。职业健康检查法是定性评价，主要用于职业病危害现状评价和控制效果评价。职业健康检查结果是判定职业危害的金标准。

七、风险评估法

通过全面、系统地识别和分析工作场所风险因素及防护措施，定性或定量地测评职业健康风险水平，从而采取相应控制措施的过程称为风险评估。风险评估法是一种综合的评价方法，集现场调查、职业卫生检测、职业健康检查等方法于一体，结合流行病学资料、毒理学资料等进行危险度分级、剂量 - 反应关系分级等评估。该方法主要用于职业病危害现状评价，为综合性评价方法，资料收集难度大。

职业健康风险评估是新兴的评估技术手段，是借鉴国际通用风险评估方法在职业健康领域的创新应用。常用的评估方法主要有美国环境保护署风险评估指南、罗马尼亚事故和职业病风险评估方法、新加坡化学毒物职业暴露半定量风险评估方法、英国健康必需品有害物质控制方法、澳大利亚职业健康与安全风险评估管理导则等。我国在参考国际评估方法的基础上，制订了工作场所化学有害因素职业健康风险评估技术导则、噪声职业病危害风险管理指南、大气污染人群健康风险评估技术规范，以及生产性粉尘、化学物、高温、噪声的工作场所职业病危害作业分级标准。需要注意的是，各种职业健康风险评估方法因其评估原理迥异，对同一危害进行评估的结果差异较大，因此需要结合现场情况和评估原理进行综合运用。

第三节　职业病危害评价的主要内容

一、职业病危害因素识别、分析与评价

职业病危害因素的识别、分析与评价是职业病危害评价的核心工作，是其他评价工作的基础。该工作主要是按照划分的评价单元，在工程分析和类比调查的基础上，识别项目可能存在的职业病危害因素，确定职业病危害因素的接触人员、接触时间、接触频度，分析其危害特性及可能对人体健康产生的影响及导致的职业病；评价作业人员的职业病危害因素接触水平及其与职业接触限值的符合性。

（一）职业病危害因素识别

我国现行的《职业病危害因素分类目录》将职业病危害因素进行了分类和明确，该目录是职业病危害因素识别的主要依据，是经过大量数据积累后确认能够导致职业病的危害因素。其他可能导致职业危害的因素应根据专业知识和经验进行辨识。通常情况下，职业病危害因素按照其来源，结合《职业病危害因素分类目录》进行识别。如生产工艺过程中产生的危害因素，包括化学因素（有毒物质、生产性粉尘）、物理因素（噪声、振动、非电离辐射、高/低温作业条件等）、生物因素（病原体等）；劳动过程中的有害因素，如作业班制不合理、不良体位、职业紧张等；生产环境中的有害因素，如自然环境的高温或低温、采光照明不足、通风不良、密闭空间、布局不合理导致接触其他场所危害等。

（二）职业病危害因素分析

危害因素只有在作业人员接触的情况下，才可能导致职业危害。因此，在进行职业病危害因素识别的同时，需要了解职业病危害因素的特性（接触途径是经呼吸道、皮肤、强度刺激等），分析接触职业病危害因素的作业工种、接触方式以及接触时间。

除了查阅资料、人员问询外，通常还需要“工作日写实”来完成这一工作。工作日写实是对作业人员整个班制内的各种活动及时间消耗按时间先后顺序连续观察、记录，并进行整理和分析，从而明确作业人员职业接触的情况。

（三）职业病危害因素评价

在确定了职业病危害因素、接触人员、接触方式和时间后，开展职业病危害因素检测可以进行定量评价。

目前，我国已制定了系列化的职业病危害因素检测方法标准，主要包括工作场所物理因素测量（GBZ/T189）、工作场所空气有毒物质测定（GBZ/T192、GBZ/T300）、工作场所空气中粉尘测定（GBZ/T192）、生物因素检测（GBZ/T295 等）、放射性元素检测（GBZ128 等）等。职业病危害因素检测程序主要包括：检测方案制订、现场采样、现场检测、实验室检测、数据处理等过程，最终结合作业人员接触职业病危害因素的时间，给出职业病危害因素接触水平结果，通过与职业接触限值对照进行符合性判定。

（四）总体布局和工艺设备布局分析与评价

总体布局和工艺设备布局是建设项目实施安全生产的前提。通过对建设项目设计资料的分析，对项目总平面布置、竖向布置、生产工艺、设备布局进行评价。主要包括厂区功能分区的合理性、各分区和建筑相对位置和间距的符合性、各建筑楼层间的相互影响、生产工艺的先进性、设备布局的合理性和隔离措施。

（五）职业病防护设施分析与评价

职业病防护设施是消除或降低职业病危害因素浓度或强度的重要手段，是落实职业病防治的根本方法。根据《中华人民共和国职业病防治法》，建设项目的职业病防护设施所需费用应纳入建设项目工程预算，并应与主体工程“同时设计，同时施工，同时投入生产和使用”。

存在职业病危害的建设项目，建设单位应当进行职业病防护设施设计，竣工后应对职业病防护设施进行验收。职业病防护设施设计和分析应按顺序遵循“革”“密”“风”“护”四字方针。

1．革 主要指革新，包括以下几个方面：首先是材料革新，使用无毒或低毒物质替代有毒或高毒物质，用低有害材料替换危害大的材料；其次是设备革新，采用不产生或少产生危害

的设备；再次是工艺革新，改善或变更工艺、作业方法，以减少有害因素释放。

2．密 主要指密封隔离，包括以下几个方面：首先是设备密闭化、自动化；其次是隔离或远距离操作。针对粉尘类危害，采取水幕、气幕、喷洒水也是隔离的一种形式。

3．风 主要指通风，是粉尘、有毒物质、高温的主要控制技术之一。通风按空气流动动力分为自然通风和机械通风，按气流组织分为全面通风和局部通风。实际应用中多混合使用，如采用机械装置进行局部排风，如排风罩、通风橱等。

4．护 指个体防护，在采取上述措施仍不能控制职业病危害因素浓度或强度的情况下，个体防护是职业病防护最后的措施。个体防护不能替代根本性职业病防护措施的实施。

职业病防护设施评价，应按上述优先顺序原则，查验设计的合理性，及与相关标准规范要求的符合性。更重要的是要开展职业病防护设施性能测定，结合工作场所职业病危害因素检测结果，评估职业病防护设施的有效性。

（六）建筑卫生学和辅助用室分析与评价

建筑卫生学和辅助用室分析评价主要是以人的身心健康为主、针对建筑物设计的卫生学要求。建筑卫生学主要包括采暖、通风、空调、采光、照明、微小气候及其墙体、墙面、地面的卫生设计。辅助用室是为保障生产经营正常运行、劳动者生活和健康而设置的非生产用房，包括车间卫生用室（浴室、更/存衣室、盥洗室以及特殊作业、工种或岗位设置的洗衣室）、生活用室（休息室、就餐场所、厕所）、妇女卫生室等。建设单位应根据生产作业的卫生要求和作业人员数量设置适宜的、足够的设施，以满足国家相关规定要求。

（七）应急救援设施评价

可能发生急性职业损伤的有毒、有害工作场所，需设置应急救援设施。根据用途和配备的目的，应急救援设施可分为探测报警装置、现场紧急处置设施、急救用品和其他辅助设施。

1．探测报警装置 具有探测有毒物质浓度并能够超限报警的装置和仪器，由探测器和报警控制器组成。探测报警装置一般用于生产中可能突发大量有害物质或易造成急性中毒或易燃易爆的化学物质的场所，用于警示作业人员有突发状况，可以及时采取处置措施或逃生。

2．现场紧急处置设施 用于处置突发事故、减少或避免进一步损伤或伤害的设备设施。在可能突发大量有害物质或易造成急性中毒或易燃易爆的化学物质的场所，应设置事故通风装置。事故通风装置一般与泄漏报警装置联锁。存在酸、碱或其他可造成皮肤黏膜损伤的有毒、有害物质的场所，应设置喷淋、洗眼等冲洗设施。

3．急救用品 主要指医疗急救药品，如医用酒精、生理盐水、纱布、棉签、剪刀、镊子、绷带等。需要注意的是，根据职业病危害因素的识别情况，还应配备针对特定化学物中毒的急救药品以及酸碱中和类药品。存在高温中暑的场所应配备防暑降温药。

4．其他辅助设施 指应对突发事故时，可能用到的其他救援设施。如具有供气功能的正压式呼吸器、隔热服、救生衣等必要的应急救援用个体防护用品，担架、救援车等运输设施，对讲机、紧急对讲电话等通讯救援设施等。

应急救援设施应与生产单位可能发生的职业急性损伤事故相对应。除对照应急救援设施配备相关的法规标准要求，进行全面性、符合性评价外，还应关注应急救援设施的有效性，确保设施能够正常使用。

（八）个体防护用品分析与评价

个体防护是劳动保护的最后一道防线。劳动防护用品是指由用人单位为劳动者配备的、可使其在劳动过程中免遭或者减轻事故伤害及职业病危害的个体防护装备。防护用品按管理要求

不同又分特种劳动防护用品和一般防护用品。我国对特种劳动防护用品的生产、销售和使用实行“安全标志”和“生产许可证”管理，以确保防护用品质量和防护作用。

个体防护用品评价应明确需要配备防护用品的作业人群，并配备合适和质量合格的防护用品。根据防护用品的性能参数，结合现场职业病危害因素检测结果，评估防护用品的防护作用。

（九）职业健康监护分析与评价

职业健康检查结果是判定职业危害的直接证据，实施连续的监测，分析劳动者健康变化与职业病危害因素的关系，可以及时采取预防和干预措施，防治职业病危害。从收集劳动者职业接触史、开展职业健康检查、根据健康检查结果进行后续处置，到逐步形成职业健康档案的整个过程为职业健康监护。

对从事接触职业病危害作业的劳动者，用人单位应当按照国务院卫生行政部门的规定组织上岗前、在岗期间和离岗时的职业健康检查。职业健康检查的主要目的是筛查职业病和职业禁忌证。

职业健康监护评价主要核查用人单位职业健康监护相关制度的建立和落实情况，对职业健康检查的人群、对应的职业病危害因素、体检项目、后续处置及结果告知的全面性、合规性进行判定，对职业健康监护档案的建立和管理情况进行分析。

（十）职业卫生管理评价

职业病的防治效果与用人单位的职业卫生管理息息相关。职业卫生管理评价主要针对：职业卫生管理机构设置和人员配备，职业卫生制度（含应急预案）和操作规程制订及实施，职业卫生培训、职业危害告知的符合性，职业病危害因素检测、职业健康监护的规定和落实情况，警示标识设置和维护情况等。

二、职业病危害评价的监督核查

开展职业病危害评价后，建设单位需组织相关专业技术人员对评价报告进行评审，形成评审意见，并将评价工作过程形成书面报告备查。除国家保密的项目外，产生职业病危害的建设单位需通过公告栏、网站等方式对职业卫生评价开展情况进行公布，供劳动者和监管部门查询。建设项目的生产规模、工艺等发生变更，导致职业病危害风险发生重大变化的，应重新进行职业卫生评价。

国家根据建设项目可能产生职业病危害的风险程度，实施分类管理，对职业病危害严重建设项目实施重点监督检查。职业卫生主管部门在职责范围内按照分类分级监管的原则，实施监督检查，监督检查工作的落实主要依托职业卫生专家（由国家组建专家库）。对于发现的违法行为依法予以处理；对违法行为情节严重的，按照规定纳入安全生产不良记录“黑名单”管理。

建设项目职业病危害评价工作进程的流程图详见图 15-1。

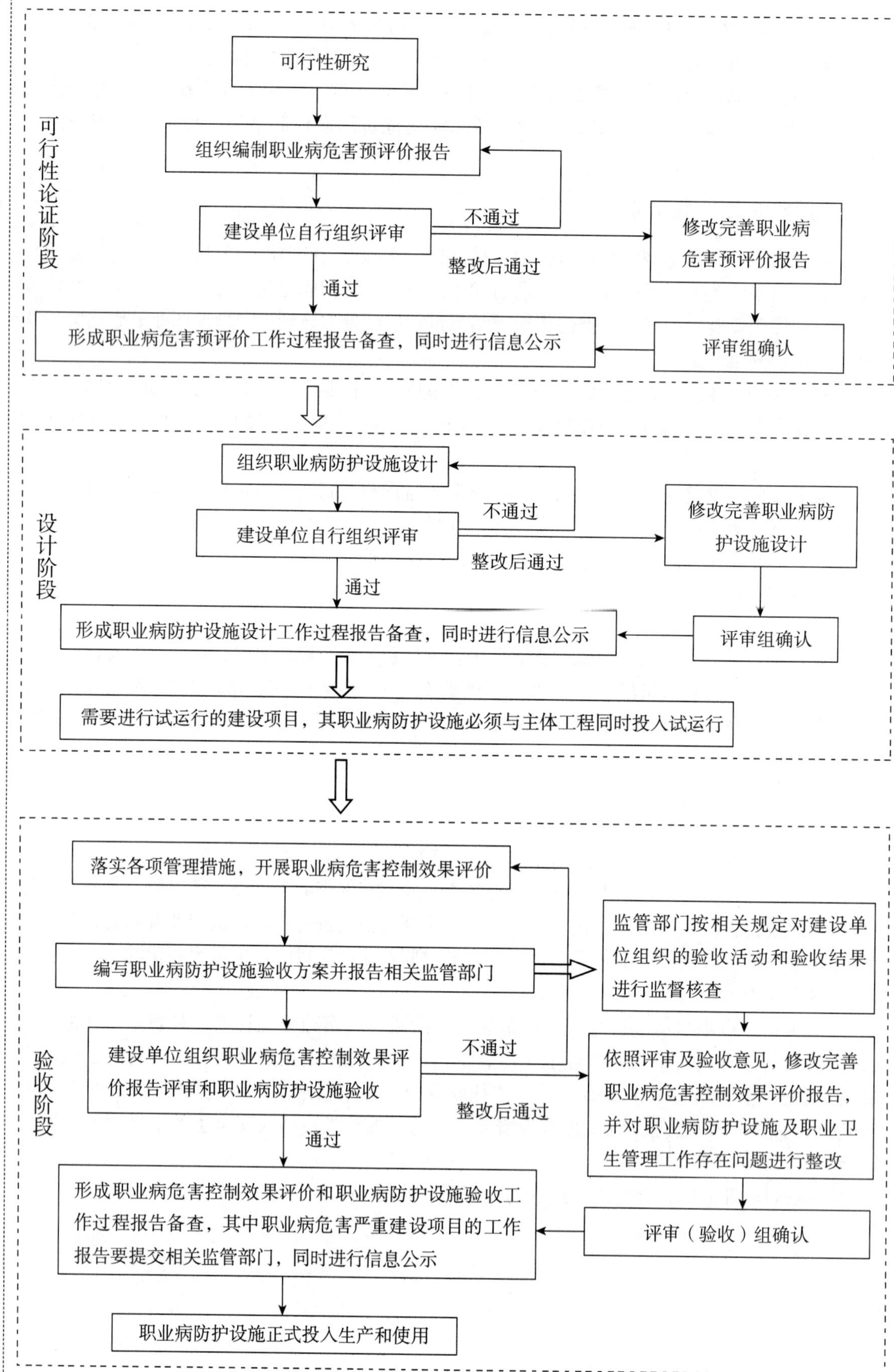

图 15-1　职业病危害评价工作流程图

（郭　健）

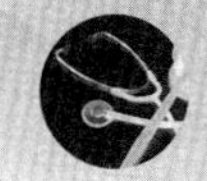

第十六章 个人防护用品

个人防护用品（personal protective equipment，PPE）又称个人职业病防护用品、劳动防护用品，指劳动者在劳动过程中为防御物理、化学、生物等有害因素伤害而穿戴和配备以及涂抹、使用的各种物品的总称。

我国《用人单位劳动防护用品管理规范》将劳动防护用品分为十类：

（一）防御物理、化学和生物危险、有害因素对头部伤害的头部防护用品；

（二）防御缺氧空气和空气污染物进入呼吸道的呼吸防护用品；

（三）防御物理和化学危险、有害因素对眼面部伤害的眼面部防护用品；

（四）防噪声危害及防水、防寒等的耳部防护用品；

（五）防御物理、化学和生物危险、有害因素对手部伤害的手部防护用品；

（六）防御物理和化学危险、有害因素对足部伤害的足部防护用品；

（七）防御物理、化学和生物危险、有害因素对躯干伤害的躯干防护用品；

（八）防御物理、化学和生物危险、有害因素损伤皮肤或引起皮肤疾病的护肤用品；

（九）防止高处作业劳动者坠落或者高处落物伤害的坠落防护用品；

（十）其他防御危险、有害因素的劳动防护用品。

用人单位在选配个人防护用品时，需要结合生产的实际环境和条件，依据实际危害类别和危害水平，并确保配发的个人防护用品在正确使用前提下能起到有效降低职业病危害水平的作用。《个体防护装备配备基本要求》（GB/T29510）在职业危害辨识和评估，个人防护用品选择、使用培训和使用管理方面建立一套程序，引导各用人单位可以根据自身情况，采取科学的方法，建立适合本企业实际情况的个人防护用品配备标准，并据此开展个人防护用品的选配、发放和更换。本章重点介绍呼吸防护、听力防护、眼面部防护及皮肤防护用品的选择、使用及维护。

第一节 呼吸防护

一、呼吸防护用品的定义

呼吸防护用品（respiratory protection equipment）也称呼吸器，是指为了防止生产过程中的缺氧空气和尘毒等有害物质进入呼吸器官对人体造成伤害而制作的职业安全防护用品。根据我国职业病目录，80% 以上的职业病都是由呼吸危害导致的，长期暴露于有害的空气污染物环境，如粉尘、烟、雾或有毒有害的气体或蒸气，会导致各种慢性职业病，如尘肺病、苯中毒、铅中毒等；短时间暴露于高浓度的有毒、有害气体，如一氧化碳或硫化氢，会导致急性中毒。呼吸防护用品是一类广泛使用的预防职业健康危害的个人防护用品。

二、呼吸防护用品的分类

呼吸防护用品从设计上分为过滤式（净化式）和供气式（隔绝式）两类（图 16-1）。

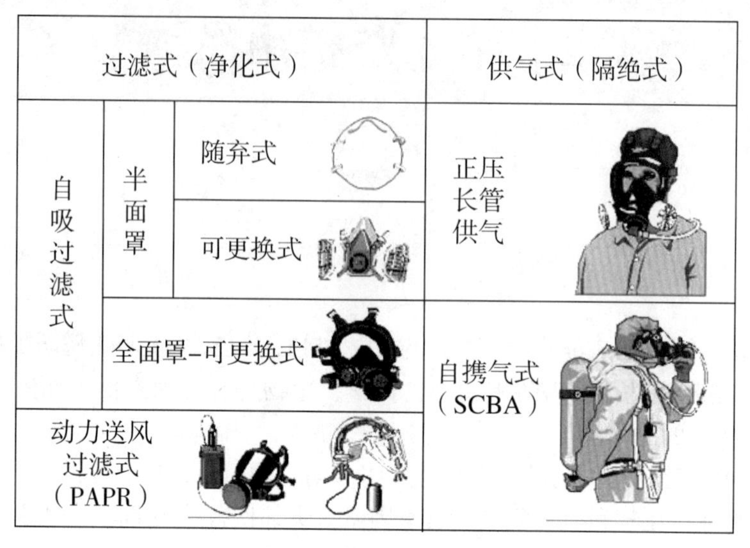

图 16-1 呼吸防护用品分类

（一）过滤式呼吸器

依靠过滤元件将空气污染物过滤后用于呼吸的呼吸器。分为自吸过滤式呼吸器和动力送风过滤式呼吸器。

1. 自吸过滤式呼吸器 靠使用者自主呼吸克服过滤元件阻力，吸气时面罩内压力低于环境压力，属于负压呼吸器，具有明显的呼吸阻力。

（1）随弃式防颗粒物口罩：防颗粒物口罩俗称防尘口罩。颗粒物是空气中悬浮的粉尘、烟、雾和微生物的总称。颗粒物的概念比粉尘大，所以防颗粒物口罩的名称更确切。随弃式的含义是产品没有可以更换的部件，当任何部件失效或坏损时应整体废弃。随弃式防颗粒物口罩用过滤材料做成面罩本体，覆盖使用者的口鼻及下巴，属于半面罩，杯罩形和折叠设计的都很常见。

（2）可更换式半面罩：可更换式半面罩是半面罩的一种，除面罩本体外，过滤元件、吸气阀、呼气阀、头带等部件都可以更换。

可更换式半面罩本体一般为橡胶或硅胶材料的弹性罩体，头带固定系统可调节，吸气时空气经过滤元件过滤，若设有吸气阀，经过滤的气体经吸气阀进入面罩内的口鼻区，呼出的气体经呼气阀直接排出面罩外。可更换式半面罩通常有几个号型，以方便使用者按脸型大小选择。

可更换式半面罩有单独防颗粒物和单独防毒（有毒、有害气体或蒸气）设计，也有综合防护颗粒物和毒物的设计，后者单一面罩的适用范围广。可更换式半面罩有单过滤元件和双过滤元件两种常见类型。双过滤元件面罩的吸气阻力相对较低，过滤元件防护容量相对较大，因此较重；单过滤元件的面罩总体重量相对较轻，结构紧凑，但吸气阻力可能会比较高，浓度较高时需要频繁更换过滤元件。从材质上看，橡胶面罩耐用性会比硅胶差一些，面部密封圈手感柔软的面罩（尤其是鼻梁部分），在长时间佩戴时对面部的压迫较小，舒适感较好。

（3）可更换式全面罩：全面罩覆盖使用者口、鼻和眼睛。全面罩本体一般为橡胶或硅胶材料，头带固定系统可调节，一般都会设置吸气阀和呼气阀，有些面罩内设有口鼻罩，上面另设吸气阀，口鼻罩可减少呼气中二氧化碳在面罩内的滞留，也可减少呼气导致的面镜起雾。过

滤元件数量有单、双之分，有些单罐还通过一根呼吸管与面罩连接，这样可以把滤罐挂在腰间或带在身上，提高携带能力。有些全面罩内设眼镜架和通话器，眼镜架供带校正镜片的人员使用，通话器能改善通话清晰度，适用于对通话质量有较高要求的场所。吸气时空气经过过滤元件过滤，若设有呼吸导管，过滤的气体经呼吸导管以及吸气阀进入面罩内，或再经过口鼻罩上的吸气阀进入口鼻区，呼出的气体经过呼气阀直接排出。

2．动力送风过滤式呼吸器　靠机械动力或电力克服阻力，将过滤后的空气送到头面罩内用于呼吸，送风量可以大于一定劳动强度下人的呼吸量，吸气过程中面罩内压力可维持在高于环境气压，属于正压式呼吸器。

（二）供气式呼吸器

供气式呼吸器也称隔绝式呼吸器，是指呼吸器将使用者的呼吸道完全与污染空气隔绝，呼吸空气来自污染环境之外。

1．正压长管供气呼吸器　依靠一根长长的空气导管将空压机气泵或高压空气源内的空气输送到劳动者呼吸区，且在一定劳动强度下保持头面罩内压力高于环境压力的呼吸器。

2．自携气式呼吸器　（self-contained breathing apparatus，SCBA），呼吸空气来自使用者携带的空气瓶，高压空气经降压后输送到全面罩内呼吸，而且能维持呼吸面罩内的正压。消防员灭火或抢险救援作业通常使用 SCBA。

三、呼吸防护用品的防护等级

呼吸器种类繁多，设计多样，防护能力有所不同。《呼吸防护用品的选择、使用与维护》（GB/T18664）对各类呼吸器的防护能力用指定防护因数（assigned protection factor，APF）做了划分，参见表 16-1。指定防护因数是指一种或一类适宜功能的呼吸防护用品，在适合使用者佩戴并且正确佩戴的前提下，预期能将空气污染物浓度降低的倍数。

表16-1　各类呼吸防护用品的指定防护因数（APF）

呼吸防护用品类型	面罩类型	正压式[1]呼吸器	负压式[2]呼吸器
自吸过滤式	半面罩	不适用	10
	全面罩		100
送风过滤式	半面罩	50	不适用
	全面罩	＞200 且＜1000	
	开放型面罩	25	
	送气头罩	＞200 且＜1000	
长管呼吸器	半面罩	50	10
	全面罩	1000	100
	开放型面罩	25	不适用
	送气头罩	1000	
自携气式 SCBA	半面罩	＞1000	10
	全面罩		100

[1] 相对于一定的劳动强度，使用者任一呼吸循环过程中，呼吸器面罩内压力均大于环境压力。
[2] 相对于一定的劳动强度，使用者任一呼吸循环过程中，呼吸器面罩内压力在吸气阶段低于环境压力。

无论是过滤式还是供气式半面罩，负压式呼吸器的 APF 相同，如防尘口罩、可更换半面

罩和半面罩负压式长管呼吸器的 APF 都是 10；自吸过滤式防毒全面罩和全面罩负压式长管呼吸器的 APF 都为 100；全面罩正压式 SCBA 的 APF 最高，其防护能力最强。

四、过滤式呼吸器的过滤元件

过滤式呼吸器的过滤元件有不同的类别和级别，这些都在产品标准中进行规定。

（一）防颗粒物呼吸器过滤元件的分类、分级及标识

《呼吸防护 自吸过滤式防颗粒物呼吸器》（GB2626）对防颗粒物过滤元件的分类和分级见表 16-2。

表16-2 GB2626 自吸过滤式防颗粒物呼吸器过滤元件的分类和分级

滤料分类	过滤效率≥90%	过滤效率≥95%	过滤效率≥99.97%
KN 类	KN90	KN95	KN100
KP 类	KP90	KP95	KP100

注：KN 适合非油性；KP 适合油性和非油性。

1．分类 过滤元件按过滤性能分为 KN 和 KP 两类，KN 类只适用于过滤非油性颗粒物，KP 类适用于过滤油性和非油性颗粒物。非油性的颗粒物如煤尘、岩尘、水泥尘、木粉尘等各类粉尘，还包括酸雾、油漆雾、焊接烟等。典型的油性颗粒物如油烟、油雾、沥青烟、焦炉烟和柴油机尾气中的颗粒物。KN 不适合对油性颗粒物的防护。

2．分级 滤料过滤效率分 3 级。KN90 和 KP90 级别的过滤元件过滤效率≥ 90%，KN95 和 KP95 过滤效率≥ 95%，KN100 和 KP100 过滤效率≥ 99.97%。

3．标识 按照 GB2626 的要求，符合该标准的产品应在过滤元件上标示类别和过滤效率级别，并加注标准号。如：GB2626-2019 KN95，或 GB2626-2019 KP100。

（二）防毒呼吸器过滤元件的分类、分级及标识

《呼吸防护 自吸过滤式防毒面具》（GB2890）规定了自吸过滤式防毒面具的分类及标记、技术要求、面罩测试方法、过滤元件测试方法、检验规则及标识。

1．防毒过滤元件的类别和区分方法 防毒过滤元件使用吸附材料过滤气体或蒸气，过滤材料通常具有选择性，即只对某类或某几类气体或蒸气有效，基本的分类为：

（1）有机蒸气类：指常温常压下为液态的有机物所挥发出的蒸气，如苯、甲苯、二甲苯、正己烷等；不适合常温常压下为气态的有机物，如甲烷、丙烷、环氧乙烷或甲醛等。

（2）无机气体：如氯气、氰化氢、氯化氢等。

（3）酸性气体：如二氧化硫、氯化氢、氟化氢、硫化氢等。

（4）碱性气体或蒸气：如氨气、甲胺等。

（5）汞蒸气。

（6）一氧化碳气体。

（7）氮氧化物：如二氧化氮和一氧化氮气体。

（8）特殊气体或蒸气：如甲醛、磷化氢、砷化氢等。

防毒过滤元件对某些气体或蒸气的有效性有赖于测试，测试中按照类别选择有代表性的气体检测过滤元件的防护有效性。例如我国标准用苯检测防有机蒸气的过滤元件，用氰化氢检测防无机气体的过滤元件，用氨气检测防碱性气体的过滤元件，用汞蒸气和一氧化碳气体分别检测防汞蒸气和一氧化碳气体的过滤元件等。此外，所有的防毒过滤元件同时可与防颗粒物过滤

材料或元件组合，构成对颗粒物、气体和蒸气的综合防护，俗称“尘毒组合”。

2．防毒过滤元件分类标识 GB2890-2009 用英文大写字母标识防护气体类别，单独防一类气体的过滤元件是普通类过滤元件，标记 P（普通）；防一种以上气体的多功能过滤元件，标记 D（多功能）。防毒过滤元件有 1 ～ 4 个容量规格，1 表示容量最低。在相同浓度下，大容量的过滤元件防毒时间通常更长。

GB2890-2009 对同时防毒和颗粒物的综合过滤元件（带滤烟层）做了过滤效率的要求，P1 过滤效率≥ 95%，P2 过滤效率≥ 99%，P3 过滤效率≥ 99.99%，并同时适合防油性和非油性的颗粒物。综合过滤元件，标记 Z（综合）。如果和 GB2626-2019 比较防颗粒物的过滤效率，上述 P1 基本等同于 GB2626-2019 的 KN95 或 KP95，P3 基本等同于 GB2626-2019 的 KN100 或 KP100。

3．防毒过滤元件标记举例 参照 GB2890-2009，对过滤元件标记和标色举例如下：

（1）P-A-1：P 普通（防单一类型）、防 A 类气体（某些有机蒸气）、容量 1 级（低容量）的过滤元件，棕色色带。

（2）D-A/B-2：D 多功能（防一类以上气体）、同时防护 A、B 两类气体或蒸气（防某些有机蒸气和某些无机气体）、容量 2 级（中等容量）的过滤元件，棕色和灰色两条色带。

（3）Z-E-P2-1：Z 综合防护（同时防颗粒物）、P2 级防颗粒物过滤效率（效率≥ 99%）、防 E 类气体（防某些酸性气体）、容量 1 级（低容量）的过滤元件，粉色和黄色色带。

五、呼吸危害环境的危害水平

存在呼吸危害的环境分两类，可立即威胁生命和健康（immediately dangerous to life or health concentration，IDLH）的极端危害环境和一般危害环境（非 IDLH 环境）。IDLH 环境通常不是正常的生产作业环境，包括如下三种情况：

（1）呼吸危害未知：包括污染物种类、毒性未知，空气污染物浓度未知。

（2）空气污染物浓度达到 IDLH 浓度（GB/T18664 附录 B 提供）。

（3）缺氧或可能缺氧的环境。

一般危害环境是空气中污染物浓度超标的环境，用危害因数表示危害水平，危害因数也称职业接触比，是现场实际测量的有害物浓度与国家职业接触限值的比值。危害因数越大，说明危害水平越高，应选择防护水平越高的呼吸器。

（一）IDLH 环境下使用的呼吸器

GB/T18664 规定，配全面罩的正压式 SCBA，和在配备适合的辅助逃生型呼吸器前提下，配全面罩或送气头罩的正压长管呼吸器，可以用于 IDLH 环境。这两种呼吸器都具有已知的防护时间，不随现场有害物浓度高低变化，都是正压模式，具有最高水平的防护能力，使用中可不受外界因素变化的影响，比其他类型的呼吸器都更安全，可用于抢险救援作业和进入缺氧环境作业。具体要求参见该标准。

（二）一般危害环境选择的呼吸器类型

依据一个作业场所的危害因数，选择指定防护因数大于危害因数的呼吸器作为适合的呼吸器类型；若作业现场同时存在一种以上的空气污染物，应分别计算每种空气污染物的危害因数，取数值最大的作为代表。防毒全面罩可用于有毒有害气体浓度不超过 100 倍职业卫生标准的环境，但有一种情况例外：当污染物的 IDLH 浓度低于 100 倍的职业卫生标准时，例如硫化氢最高允许浓度 MAC 是 10 mg/m^3，其立即威胁生命和健康的浓度（IDLH 浓度）是 426 mg/m^3，IDLH 浓度是职业卫生标准的 42 倍，虽然全面罩 APF 是 100，仍然不能使用，必须使用 SCBA。

六、根据空气污染物选择适合的过滤元件

过滤式呼吸器依靠过滤元件过滤空气中的污染物，如果选择不当，呼吸器就不能起作用。过滤式呼吸器适合对各类颗粒物的防护，也适合对某些气体或蒸气的防护，但也受到限制。对有些气态的毒物，如环氧乙烷，目前还缺少有效的并能安全使用的过滤技术，遇到这种情况，就必须选择正压供气式呼吸器。

（一）颗粒物过滤

粉尘、烟和雾都需要使用防颗粒物呼吸器。在区分颗粒物是否为油性的基础上，应根据毒性高低选择过滤效率水平。一般情况下，毒性越高的污染物，其职业卫生标准越严格。另外，还应参考其致癌性、致敏性等特点。

（二）有毒、有害气体或蒸气的过滤

可以选择过滤式呼吸器防护某些有毒、有害的气体或蒸气，但并非所有气体或蒸气都有适合和有效的过滤方法。GB2890 对防毒过滤元件按照气体的类别加以分类，具有指导作用（参见对 GB2890 的介绍），但选择时仍需要注意一些特例。如普通防酸性气体的过滤元件，并不保证能适用于氮氧化物，即二氧化氮和一氧化氮气体的防护；对磷化氢、砷化氢、甲醛等气体或蒸气的有效防护，必须根据对这些气体的防毒时间测量数据来判断（GB2890 标准并未包括），不能冒然使用；对常温、常压下以气态存在的有机物，如甲烷、环氧乙烷、溴甲烷等，也都缺少可靠的过滤方法，应选择供气式呼吸器。

（三）“尘毒组合”防护

当作业场所存在多种污染物，分别以颗粒物和气态存在的情况下，过滤式呼吸器应选择尘毒组合的过滤元件，如某些树脂砂铸造同时存在铸造烟（颗粒物）和有机蒸气；喷漆作业产生的漆雾是挥发性颗粒物，同时存在有机蒸气危害；一些高沸点的有机物，在加热情况下会同时以蒸气和颗粒物状态存在；一些焊接作业可同时产生有害气体等，这些都需要选择尘毒组合的综合性过滤防护。

工作场所空气中常见化学物质呼吸防护过滤元件的选择参见表 16-3。

表16-3　工作场所空气中常见化学物质呼吸防护过滤元件的选择建议表

化学物中文名	过滤元件选用建议	化学物中文名	过滤元件选用建议
氨	（F）K	二硝基苯（全部异构体）	A+KN95
钡及其可溶化合物	KN95	二硝基甲苯	A+KN95
倍硫磷	A+KP95	二氧化氮	SA
苯	A	二氧化硫	E
苯胺	A	二氧化氯	E
苯乙烯	A	二氧化碳	SA
吡啶	A	二氧化锡（按 Sn 计）	KN95
丙酮	A	二异氰酸甲苯酯（TDI）	A+KN100
丙烯醇	A	酚，苯酚	A+KN95
丙烯腈	A	氟化氢（按 F 计），氢氟酸	（F）E
丙烯醛	（F）A	锆及其化合物（按 Zr 计）	KN95

续表

化学物中文名	过滤元件选用建议	化学物中文名	过滤元件选用建议
丙烯酸	（F）A	镉及其化合物（按 Cd 计）	KN100
丙烯酸甲酯	（F）A	汞 - 金属汞（蒸气）	Hg
丙烯酰胺	A+KN95	钴及其氧化物（按 Co 计）	KN95
抽余油（60 ~ 220°C）	A+KP95	光气，碳酰氯	SA
碘仿，三碘甲烷	（F）A	过氧化氢，双氧水	（F）SA
碘甲烷	（F）SA	环已烷	（F）A
丁醇，正丁醇 71-36-3	（F）A	1,2- 环氧丙烷	A
丁醛	（F）A	环氧乙烷	（F）SA
丁酮	（F）A	甲拌磷	A+KP95
对二氯苯	（F）A	甲苯	A
对硫磷	A+KP95	N- 甲苯胺	A
对硝基苯胺，4- 硝基苯胺	A+KN95	甲醇	SA
二氟氯甲烷，一氯二氟甲烷，氟里昂 22	SA	甲酚	A+KN95
二甲胺	K	甲基丙烯腈	SA
二甲苯（全部异构体）	A	甲基丙烯酸	（F）A
二甲基乙酰胺	A	甲基丙烯酸甲酯	A
二硫化碳	A	甲基肼	（F）SA
1,2- 二氯丙烷	A	甲硫醇	A
二氯二氟甲烷，氟里昂 12	SA	甲醛	（F）FM
二氯甲烷	（F）SA	甲酸	（F）A
1,2- 二氯乙烷	A	焦炉逸散物（按苯溶物计）	（F）A+KP100
肼	（F）SA	偏二甲基肼	（F）SA
糠醛，呋喃甲醛	（F）A	铅及无机化合物（按 Pb 计），铅尘	KN95
乐果	A+KP95	铅及无机化合物（按 Pb 计），铅烟	KN95
联苯	A+KN95	氢氧化钾	KN95
磷化氢，磷烷	SA	氢氧化钠	KN95
磷酸	（F）KN95	氰氨化钙	KN95
硫化氢	HS	氰化氢（按 CN 计），氢氰酸	（F）SA/（F）B
氯	（F）B	氰化物（按 CN 计）	SA/KN100
氯苯	A	溶剂汽油	（F）A
氯丁二烯	（F）A	1,2,3- 三氯丙烷	（F）A
氯化铵烟	（F）KN95	三氯甲烷，氯仿	A
氯化氢及盐酸	E	1,1,1- 三氯乙烷	A
氯化氰	（F）SA	三氯乙烯	A
氯化锌烟	KN95	三硝基甲苯	A+KN95
氯甲烷	SA	三氧化铬，铬酸盐，重铬酸盐（按 Cr 计）	KN100

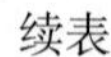

续表

化学物中文名	过滤元件选用建议	化学物中文名	过滤元件选用建议
氯乙烯	SA	砷化氢（胂），砷化三氢，砷烷	（F）SA
马拉硫磷	A+KP95	砷及其无机化合物（除砷化氢）（按As计）	KN100
煤焦油沥青挥发物（按苯溶物计）	KP100	升汞，氯化汞	KN95
锰及其无机化合物（按 MnO_2 计）	KN95	石蜡烟	KN95
内吸磷	A+KP95	石油沥青烟（按苯溶物计）	A+KP100
尿素	K+KN95	四氯化碳	（F）A
镍及其无机化合物，可溶（按镍计）	KN95	四氯乙烯	（F）A
镍及其无机化合物，难溶（按镍计）	KN100	四氢呋喃	A
铍及其化合物（按Be计）	KN100	四溴化碳	（F）A
四乙基铅（按Pb计）	A	氧化锌	KN95
松节油	（F）A	液化石油气	SA
铊及其可溶化合物（按Tl计）	KN95	一甲胺（甲胺）	（F）K
钽及其氧化物（按Ta计）	KN95	一氧化氮	SA
碳酸钠（纯碱）	KN95	一氧化碳，非高原	SA/CO
锑及其化合物（按Sb计）	KN95	乙胺	（F）K
铜尘	KN95	乙苯	A
铜烟	KN95	乙二胺	（F）A
钨及其不溶性化合物（按W计）	KN95	乙二醇	A+KP95
五氧化二钒烟尘	KN95	乙酐，乙酸酐，醋酸酐	（F）A
五氧化二磷	KN95	乙醚	A
硒及其化合物（按Se计）（除六氟化硒，硒化氢）	KN95	乙醛	（F）A
硝化甘油	A	乙酸，醋酸，冰醋酸	（F）A
硝基甲苯（全部异构体）	A+KN95	乙酸丁酯	（F）A
溴	（F）A+B+E	乙酸乙酯，醋酸乙酯	（F）A
溴化氢，氢溴酸	E	异丙醇	（F）A
溴甲烷	（F）SA	铟及其化合物（按In计）	KN95
溴氰菊酯	（F）A+KP100	正己烷，己烷	A
氧化钙	KN95	重氮甲烷	SA
氧化镁烟	KN95		

注：呼吸器过滤元件选择中的符号说明：
A：防某些有机蒸气　B：防某些无机气体　E：防某些酸性气体　K：防某些碱性气体
CO：防一氧化碳　HS：防硫化氢　Hg：防金属汞蒸气　FM：防甲醛
（F）：应选全面罩　SA：应首选长管呼吸器
KN90/KN95/KN100/KP95/KP100：GB2626-2019，参见表16-2

七、呼吸防护用品的维护、更换和使用管理

呼吸防护用品的使用寿命是有限的，使用中应注意检查、清洗和储存几个环节。

（一）日常检查

1．检查过滤元件有效期　国家标准规定，防毒过滤元件必须提供失效期信息，购买防毒面具要查验过滤元件是否在有效期内。防毒过滤元件一旦从原包装中取出存放，其使用寿命将受到影响。

2．检查和更换面罩　对呼吸器面罩通常没有标注失效期的要求，其使用寿命取决于使用、维护和储存条件。每次使用后在清洗保养时，应注意检查面罩本体及部件是否变形，如果呼气阀、吸气阀、过滤元件接口垫片等变形或丢失，应用备件更换；若头带失去弹性或无法调节，也应更换；如果面罩的密封圈部分变形、破损，需整体更换。

（二）清洗

禁止清洗呼吸器过滤元件，包括随弃式防颗粒物口罩、可更换防颗粒物和防毒的过滤元件。可更换式面罩应在每次使用后清洗，按照使用说明书的要求，使用适合的清洗方法。不要用有机溶剂（如丙酮、油漆稀料等）清洗沾有油漆的面罩和镜片，以免使面罩老化。

（三）储存

使用后，应在无污染、干燥、常温、无阳光直射的环境中存放呼吸器。不经常使用时，应在密封袋内储存。防毒过滤元件不应敞口储存。储存时应避免橡胶面罩受压变形，最好在原包装内保存。

（四）呼吸保护计划

呼吸保护计划是在使用呼吸器的用人单位内部建立的管理制度，用于规范呼吸防护的各个环节，从危害辨识到呼吸器选择，从使用者培训到呼吸器使用、维护以及监督管理等。GB/T18664-2002对呼吸保护计划进行了详细的说明，并对呼吸保护培训内容提出要求，在附录H中，提供了呼吸保护计划管理情况检查表和呼吸保护计划执行情况检查表等，为用人单位开展呼吸防护，严格、有效管理提供了很好的借鉴和方法，用人单位应参照执行。

第二节　听力防护

一、听力防护用品的定义

听力防护用品也称护听器，是预防噪声危害的个人防护用品。当作业现场噪声水平超过职业卫生标准规定的限值时，为预防噪声聋等由噪声引起的职业健康危害，应选择、使用护听器。

二、听力防护用品的分类

听力防护用品主要分耳塞和耳罩两类产品。

（一）耳塞

耳塞是可以插入耳道的、有隔声作用的装置，也称为隔音耳塞。常见的耳塞有泡棉耳塞、

预成型耳塞、免揉搓型泡棉耳塞、环箍式耳塞（也称耳机型耳塞）和带电路的耳塞等。泡棉耳塞使用发泡型材料，压扁后回弹速度比较慢，允许有足够的时间将揉搓细小的耳塞插入耳道，耳塞慢慢膨胀将外耳道封堵从而达到隔声目的；预成型耳塞由合成类材料（如橡胶、硅胶、聚酯等）制成，预先模压成某些形状，可直接插入耳道。常见耳塞的类型及特点见表16-4。

表16-4　常见耳塞的类型及特点

类型	图片	特点
泡棉耳塞		➢ 柔软舒适 ➢ 适合长时间佩戴 ➢ 佩戴方法较为复杂
预成型耳塞		➢ 佩戴方法较为简单 ➢ 可以水洗重复使用 ➢ 长时间使用舒适性较差
免揉搓型泡棉耳塞		兼有泡棉耳塞和预成型耳塞的优点 ➢ 容易佩戴 ➢ 较为舒适
耳机型耳塞		➢ 容易佩戴 ➢ 适合间歇使用

耳塞体积小，便于携带，不妨碍其他防护用品的佩戴。由于耳塞比较容易丢失，因此设计带线耳塞用于解决此类问题，不用时耳塞可挂在脖子上。慢回弹耳塞需要用手揉搓细小后插入耳道，使用者的手必须干净，因此不适合手部不洁者使用，更不适合患有耳疾的人使用；慢回弹耳塞通常不适合水洗，脏污后需要废弃。预成型耳塞可水洗，比较耐用。从佩戴方法看，由于人的外耳道是弯曲的，插入耳塞需要采取正确的方法，否则耳塞难以起到足够的降噪效果，因此，需要培训耳塞的佩戴方法。

（二）耳罩

耳罩的形状像耳机，用隔声的罩子将外耳罩住，耳罩之间用有适当夹紧力的头带或颈带将其固定在头上，也可以配合在安全帽上使用。根据佩戴方式的不同，耳罩又可以分为头顶式、挂安全帽式、颈后式和多向环箍式耳罩等，常见耳罩的类型及特点见表16-5。

耳罩的佩戴位置稳定，容易取得稳定的降噪效果。由于耳罩体积较大，有可能会影响已经使用的安全帽、呼吸器、眼镜等防护用品，导致无法佩戴，或降低降噪能力。耳罩使用寿命较长，平时需要维护保养。

表16-5　常见耳罩的类型及特点

类型	图片	特点
被动降噪耳罩（头顶式）		➢ 容易佩戴 ➢ 防护效果较为稳定
被动降噪耳罩（挂安全帽式）	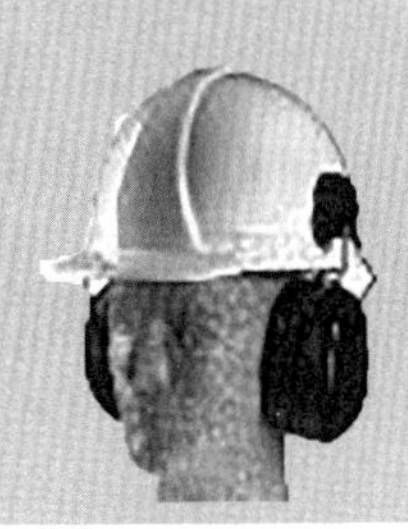	➢ 容易佩戴 ➢ 可以与带插槽的安全帽配合使用 ➢ 摘除安全帽后，耳罩会一起摘除
被动降噪耳罩（颈后式）		➢ 容易佩戴 ➢ 可以与不同类型的安全帽配合使用
多向环箍式耳罩		➢ 多种佩戴方式 ➢ 可以与不同类型的安全帽配合使用

三、听力防护用品的选择

正确选择护听器是有效保护听力的重要环节。选择听力防护用品时，要考虑作业条件和使用者的特殊需求。需要根据噪声接触的强度、使用者的习惯和偏好、沟通的需要等因素选择一种使用者感觉最舒适的护听器。

（一）选择合适的声衰减值

护听器的声衰减能力是依照标准评估并标称在产品的包装上，基本方法是在实验室条件下，分别对不同频率的声音测定受试者在没有佩戴护听器时的最低听阈级（裸耳听阈级），再测量在佩戴护听器后的最低听阈级（闭耳听阈级），两者之差称为听阈级位移，即护听器的声衰减值，单位是分贝（dB）。不同国家、地区的标准在测试条件、操作上有不同的规定。

众多现场研究的数据表明：在实际应用时，受现场环境、护听器佩戴效果、佩戴时间等因素的影响，实验室理想状态下测定的标称值不能精确反映护听器实际现场的防护性能，大多数情况下高估了护听器的防护值，因此应用实验室标称值预估实际现场防护值时需要进行一定的扣减。

在我国，护听器现场实际防护性能的估算有两个可参考的方法：一是根据1999年卫生部颁布的《工业企业职工听力保护规范》中的指导；另一个是根据《护听器的选择指南》（GB/T23466-

2009）标准的建议。我国应用标称值预估护听器现场实际防护性能的计算方法见表 16-6。

表16-6　我国应用标称值预估护听器现场实际防护性能的计算方法

参考依据	方法一	方法二
	《工业企业职工听力保护规范》	GB/T 23466-2009
引用的标称值	SNR	SNR，HML，倍频带
现场噪声数据	习惯上使用 A 计权声压级 LA	① SNR 法：使用 C 计权声压级 LC ②倍频带法：使用倍频带声压级 ③ HML 法：使用 LC 和 LA
接触限值	8 小时等效连续声压级 85dB（A）	8 小时等效连续声压级 85dB（A）
计算公式	LA — 0.6 × SNR ≤ 85dB（A）	70 dB（A）≤ LA’ ≤ 80 dB（A）

注：LA’ 是指在 x% 保护率和特定噪声环境下，根据 SNR 法、倍频带法、HML 法中任何一种方法计算得到的佩戴护听器时的 A 计权声压级的有效值。

对于耳塞和耳罩组合使用，一般建议在降噪值较高的产品上估算实际现场防护值的基础上，增加 5dB（A）。

在职业听力防护领域，一个新兴的趋势是向护听器的佩戴者提供个体适合性检验，测试耳塞在具体使用者的每只耳朵内的实际防护值，目前已经有多种技术和商业化的适合性检验系统。实施适合性检验系统能提供有意义的个人声衰减数据，解决了耳塞在应用中关键的实际问题，在全球正开始被企业的职业健康管理人员认识、接受并采用，将防护验证测试纳入企业听力保护计划中。同时，这也是一个很好的培训工具，帮助激励、教育员工正确佩戴护听器。护听器个体适合性检验系统示例见图 16-2。

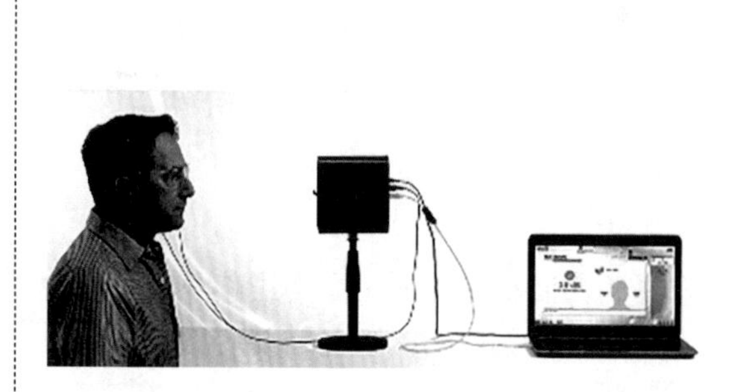

图 16-2　护听器个体适合性检验系统示例

（二）选择舒适性较好的护听器

护听器的舒适性与使用者是否愿意长时间佩戴紧密相关，而足够的佩戴时间正是影响护听器实际防护性能的最关键因素。图 16-3 显示了在 8 小时的噪声暴露中，护听器的佩戴时间与有效防护值的关系。可以看出，护听器的有效防护值随着噪声暴露期间佩戴时间的缩短而急剧下降。护听器佩戴时间与有效防护值的关系详见图 16-3。

泡棉耳塞与免揉搓型泡棉耳塞一般是用聚氨酯（PU）或聚氯乙烯（PVC）材料制成，比较柔软舒适，适合长时间佩戴。而预成型耳塞一般使用橡胶或硅胶制成，材质较硬，舒适性相对泡棉耳塞可能较差。相对耳塞而言，耳罩由于没有插入耳道中，初次佩戴较易获得舒适的感觉，但由于耳罩体积较大，长时间佩戴或在热的环境中使用时，有些佩戴者可能会感觉不太舒服。

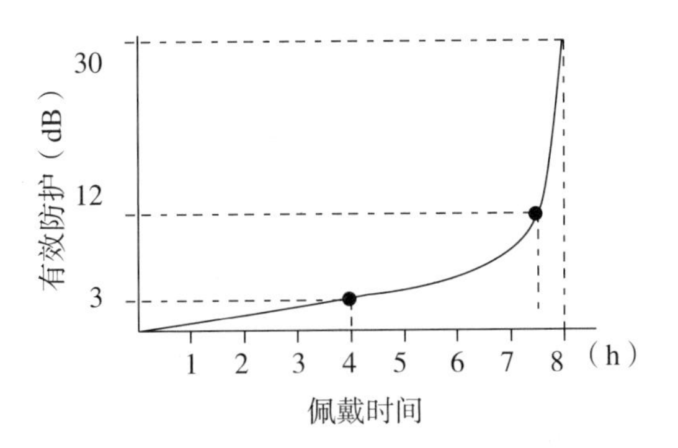

图 16-3　护听器佩戴时间与有效防护值的关系

由于每个人对舒适性的体验不尽相同，对护听器选择的倾向性必然会有差异。因此，在《工业企业职工听力保护规范》中，规定企业应当提供三种以上护听器（包括不同类型、不同型号的耳塞或耳罩）。在 GB/T23466 中，也建议考虑到佩戴人群的差异性，宜提供多种形式和规格的护听器供选择。

（三）使用的便利性及卫生性

1．泡棉耳塞　在佩戴时需要先揉细耳塞本体，再把耳塞插入耳道，因此对手部卫生要求较严格。而且这类耳塞佩戴时需要一定的技巧，佩戴不当会导致防护效果大打折扣。大多数泡棉耳塞不能清洗，脏污坏损后应该整体丢弃。

2．预成型耳塞　使用时直接插入耳道，省去揉搓耳塞这一步骤，佩戴方法简便。这类耳塞可以清洗并重复使用。

3．免揉搓型泡棉耳塞　是介于前两者之间的产品，兼具两者的优点：耳塞头是泡棉材料，可提供良好的舒适度，同时不需要揉搓，直接插入耳道，佩戴方便。

4．耳罩　佩戴起来非常方便，使用者很容易学会佩戴，并且较容易获得稳定的降噪效果。

（四）与其他个人防护用品的匹配性

如果现场同时需要佩戴防护眼镜、安全帽等装备，还需要考虑护听器与这些防护用品的匹配性。一般来说，当需要佩戴防护眼镜时，首选耳塞。如果一定要与耳罩配合使用，考虑到防护眼镜的镜腿会破坏耳罩垫圈与头部的密封，不同厚薄的镜腿对耳罩的声衰减能力影响不同，因此，应尽量选择薄镜腿的防护眼镜，一般建议在估算的现场防护值的基础上，再扣除 5 dB 的防护值。

当耳罩与安全帽需要组合使用时，可以选择挂安全帽式耳罩。建议按照制造商的指引，选择经过测试验证的安全帽和耳罩组合；也可选择颈后式耳罩，这时应该考虑帽檐和耳罩罩杯的适配性等因素。一个比较简单易行的方法，是让一些实际使用的员工参与产品的试配。

（五）沟通的需要

很多使用者认为佩戴护听器后听不到一些重要的信息，例如设备的异响等，因此不愿意佩戴护听器。事实上，对于听力正常的使用者，戴上合适降噪值的护听器后还能够听到外界的声音，就像戴了太阳眼镜后还能看到周围的环境一样。

但是，在某些场合，沟通信息量非常大，例如需要在嘈杂的环境中使用对讲机，如果使用前面谈及的护听器，使用者不得不摘下护听器来倾听对讲机传来的信息，导致护听器的实际防护效果明显下降。一些电子通讯耳塞和耳罩（图 16-4）可以与对讲机连接，直接在耳塞或耳罩内监听对讲机的声音。

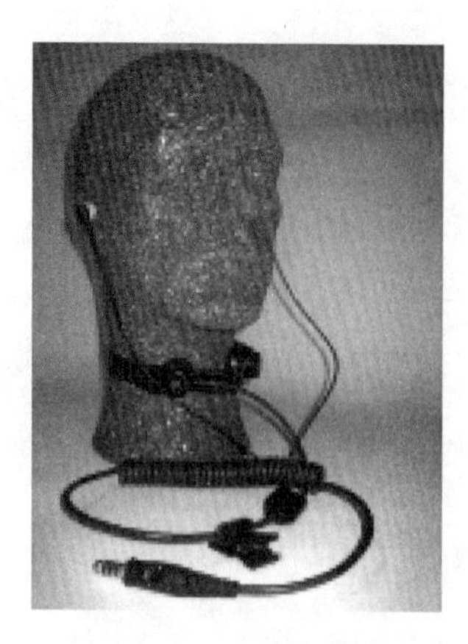

图 16-4　电子通讯耳塞和耳罩

还有些通讯耳罩内置了对讲机功能，即内置对讲机通讯耳罩（图 16-5），将降噪耳罩和对讲机合二为一，减少了对讲机的连接线，使用者通过耳罩就能直接进行沟通，既能满足工作要求，又可提供长时间良好的听力防护。

有些场合既需要关注环境声音，同时又需要防护偶发的高强度噪声，例如建筑工地的巡检，带声级关联功能（也称环境声音功能）的产品是很适合的选择。带环境声音功能的降噪耳罩见图 16-6。

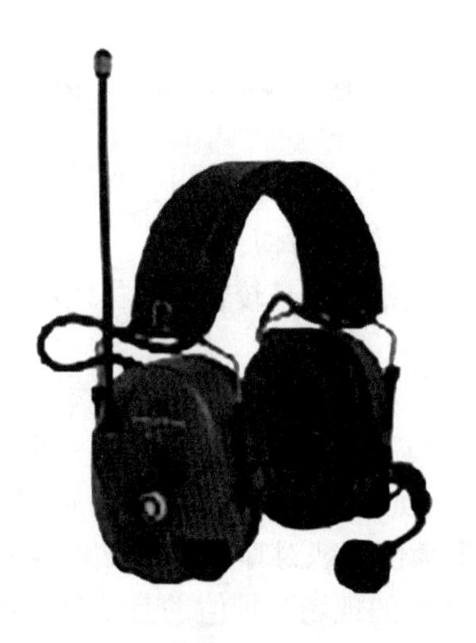

图 16-5　内置对讲机通讯耳罩

图 16-6　带环境声音功能的降噪耳罩

带环境声音功能的降噪耳罩的罩杯上有一个用来收集外界环境声音的麦克风，声级关联电路对声音信号进行分析和还原处理后，最大不超过 82 dB（A），然后通过内置扬声器传送至佩戴者耳内，能有效隔绝脉冲噪声和瞬时声音，例如枪声。同时，带环境声音功能的护听器内听到的外界微弱的语音或警报信号声比佩戴传统被动式护听器增大约 10 倍，能够提高使用者对环境声音的感知，帮助辨识工作环境中的警报声以及靠近车辆的声音等重要的信息。

四、听力防护用品的使用

使用者在使用耳塞、耳罩前应认真阅读产品使用说明书，并按照产品使用说明正确佩戴。同一个耳塞不应多人佩戴，需要有多人佩戴时，应在使用者之间进行卫生清洁。如果使用护听器时发生皮肤刺激，应寻求医学援助。

（一）耳塞

在佩戴泡棉耳塞之前，应先清洁双手。将耳塞揉搓成一个没有折缝的、细长的圆柱体，圆柱体越细越好。左耳佩戴耳塞时，一边用左手将耳塞压扁、揉细，一边用右手从头的后方向上、向外拉左耳耳郭，尽量把耳道拉直，同时用左手将耳塞塞入耳道，耳塞膨胀后在耳道内成型堵住耳道；用同样的方法佩戴右耳耳塞。泡棉耳塞正确佩戴方法见图 16-7。

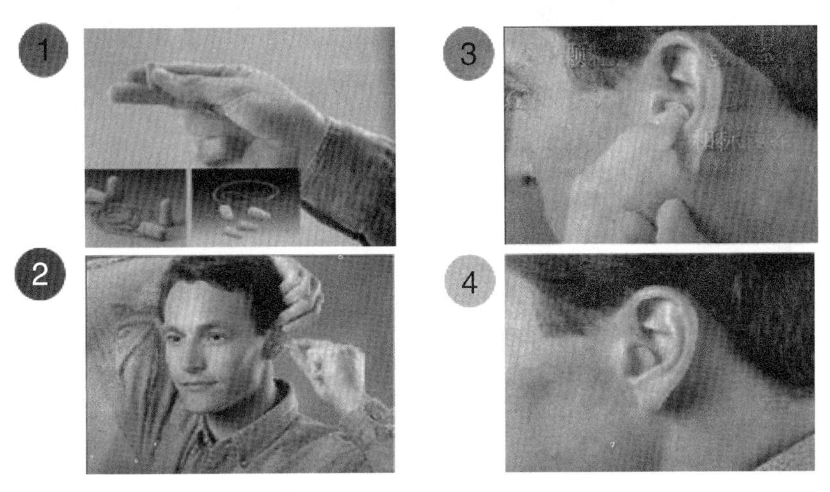

图 16-7　泡棉耳塞正确佩戴方法

预成型耳塞和免揉搓型泡棉耳塞也必须用手拉开耳道，但插入耳塞前不需要揉搓，直接将耳塞插入耳道。预成型耳塞正确佩戴方法见图 16-8。

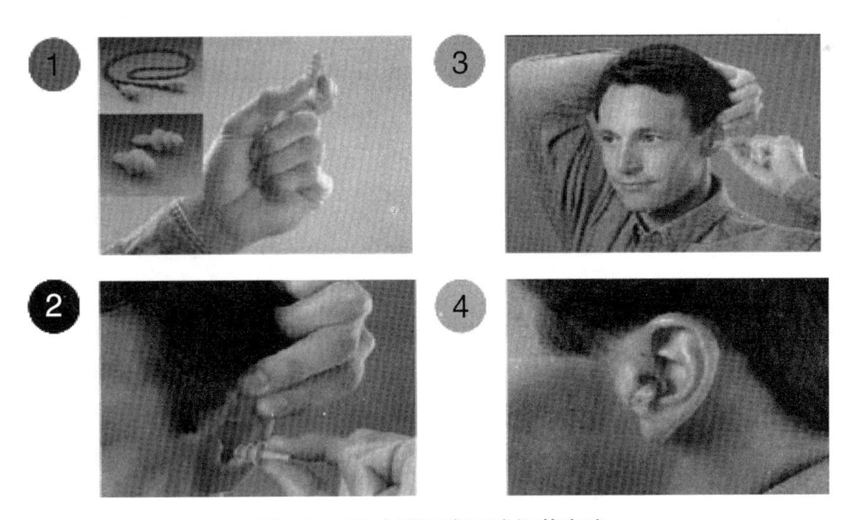

图 16-8　预成型耳塞正确佩戴方法

佩戴好耳塞后，应进行耳塞佩戴密合性检查（图 16-9）：进入噪声作业环境，双手手掌盖住双耳，听外面的声音，然后将双手拿开，如果前后听到的声响没有明显区别，说明密合良好。如果声响差别较大，说明耳塞没有与耳道很好的密合，需要到安全的地方重新佩戴。

摘除耳塞时，应用手旋转耳塞，慢慢地将耳塞转出耳道，切忌将耳塞快速、直接拽出。

（二）耳罩

不同的耳罩，佩戴和调整的方法略有不同，应详细阅读产品说明书。需要注意的是，应尽

图 16-9 耳塞佩戴密合性检查示意图

量调节耳罩杯的位置，使两耳位于罩杯中心，并完全覆盖耳郭。另外，头发、胡须、耳饰等都可能影响耳罩的密合，故应尽量将头发移到合适的位置，如耳饰影响密合，应摘下耳饰。

头顶式耳罩佩戴举例见图 16-10。将耳罩杯拉出至头带最长的位置，将耳侧的头发拨到一边，向外拉开耳罩并跨过头部上方，将两侧罩杯扣在双耳外，使耳罩密封垫圈在双耳周围紧密贴合；用手按住头带，使头带圆弧的顶点与头顶贴合，另一只手同时上下调整耳罩杯的位置，使罩杯和头部紧密、舒适地贴合。正确佩戴后，头带应佩戴在头顶正上方。

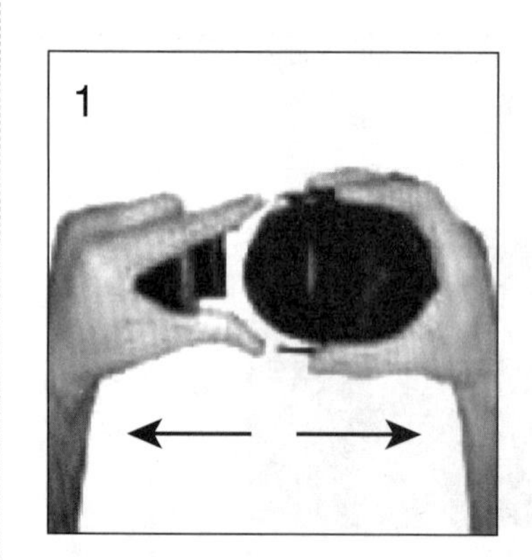

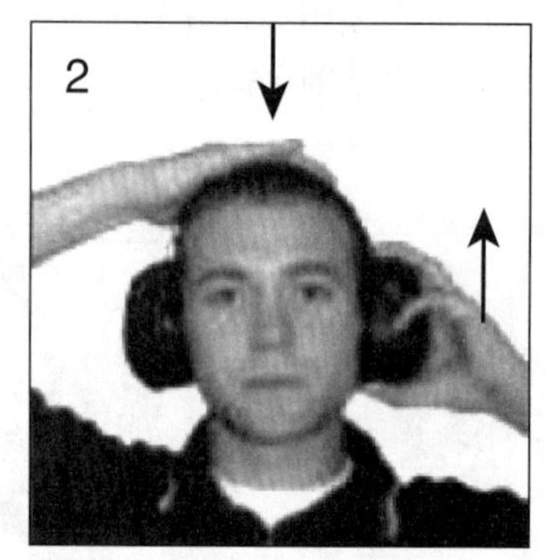

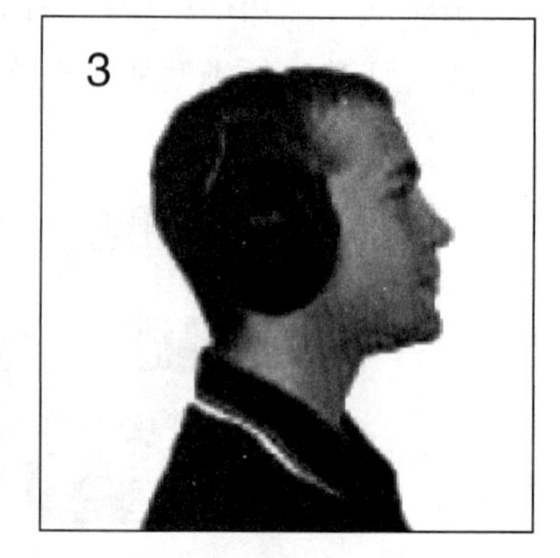

图 16-10 头顶式耳罩佩戴方法

五、听力防护用品的维护

耳塞、耳罩的使用寿命是有限的，需要更换和维护，不同产品的维护、保养和更换要求各不相同。用人单位职业健康管理部门应根据作业场所环境情况以及产品的性能等建立护听器更换周期，使用者应认真阅读产品使用说明书，按要求正确地维护和更换。

（一）耳塞

泡棉耳塞和免揉搓型泡棉耳塞不能进行水洗，当耳塞脏污、破损时应整体废弃，更换新的耳塞；橡胶、硅胶等材质的预成型耳塞可以进行水洗，并可重复使用，当耳塞出现破损或变形时，应更换。耳塞清洗后，应放置在通风处自然晾干，不可暴晒。任何情况下，不可擅自修改耳塞。每次使用之前，都应该检查耳塞的性能是否良好。

（二）耳罩

耳罩垫圈可用布蘸肥皂水擦拭干净，但不能将整个耳罩浸泡到水中，尽可能不要接触化学物质。耳罩垫圈长期使用后会老化或破损，应根据制造商的建议适时更换配件。耳罩头带变松后，将不能很好密合，需更换耳罩。应在清洁、干燥的环境中储存耳罩，避免阳光直晒。

第三节　眼面部防护

一、眼面部防护用品的定义

眼面部防护用品主要用于防护一些高速粒子或飞屑冲击、物体击打、有害光等物理因素及化学物对眼睛和面部构成的伤害。眼面部防护用品主要分为安全防护眼镜、防护眼罩、防护面屏和呼吸器全面罩等。

二、眼面部防护用品的基本功能

GB/T29510-2013 中对防冲击眼护具、焊接眼护具、激光护目镜、炉窑护目镜、微波护目镜、X 射线防护眼镜、化学安全防护镜和防尘眼镜的基本功能和应用作了说明。焊接防护面屏专门用于焊接作业，可以防焊接孤光（紫外线、红外线和强光可见）和焊渣的飞溅，保护整个头面部及颈部。表 16-7 对常用眼面部防护用品的防护功能、设计特点和不适合情况作了汇总，从中可以看出，这些眼面部防护用品都首先具备了防冲击的功能，而且兼备其他防护性能。防激光护目镜是特殊设计的产品，表 16-7 中介绍的眼面部防护用品都不具备防激光的功能。

表16-7　常用眼面部防护用品的防护功能、设计特点和不适合情况

产品类型	基本防护功能	其他设计特点	不适合情况
防护眼镜	防冲击	侧翼，防护来自侧面的冲击物 防雾镜片 有遮光号	防尘 防液体喷溅 防气体 防焊接孤光
防护眼罩	防冲击 防液体喷溅	具有间接通气孔防雾镜片	防气体 防焊接孤光
焊接面屏	防焊接孤光 防冲击 防焊接飞溅	有遮光号 和某些安全帽匹配（配安全帽用）	防尘 防液体喷溅 防气体
防冲击面屏	防冲击 防液体喷溅	和某些安全帽匹配（配安全帽用） 防熔融金属飞溅 防热辐射	防气体 单独用于防冲击 防焊接孤光
防红外面屏	防冲击 防红外辐射	金属镀层（如铝金） 有遮光号的镜片 防熔融金属飞溅	防尘 防气体 防焊接孤光
呼吸器全面罩	防冲击 防液体喷溅 防尘 防气体和蒸气	带眼镜架	防焊接孤光

三、眼面部防护用品的选择

《个体防护装备选用规范》（GB/T11651-2008）对需要使用眼面部防护用品的作业作了规定，表16-8对其中的常见作业进行了汇总；GB/T29510-2013对各类眼面部防护用品的使用规范作了规定。

表16-8　眼面部防护用品的选择

作业类别[A]	举例	防护需求	防护用品举例
（A02）[B]：有碎屑飞溅的作业 （A03）：操作转动机械作业	维修、钉、刨、切割、击打、锯、钻、车床、铣床、打磨、研磨、抛光等	防冲击	防护眼镜
（A11）：高温作业 （A25）：强光作业 （可见光、紫外线或红外线）	焊接、冶炼、铸造、锻造	防有害光辐射	焊接面屏、防红外线及强光面屏或护目镜
（A22）：沾染性毒物作业	喷漆、喷涂、清洗、清理、维修、包装等	防液体或颗粒物进入眼睛，或刺激眼睛及皮肤，或沾染面部皮肤	呼吸器全面罩、防护眼罩、防护面屏
（A23）：生物性毒物作业	防疫、生物安全实验室、去污、消毒等	防病原微生物携带体（颗粒物或液体）通过眼部黏膜侵入人体	防护眼罩、防护面屏或呼吸器全面罩
（A26）：激光作业	激光切割	防激光	防激光护目镜
（A30）：腐蚀性作业	使用某些化学品的作业，如酸洗、电镀、清洗、配料、装卸、维修等	防液体飞溅，防有毒、有害气体或蒸气刺激眼睛或经皮肤吸收	呼吸器全面罩、防护眼罩、防护面屏
（A35）：野外作业 （A37）：车辆驾驶作业	野外勘探、野外架设、野外维护、驾驶员等	防户外强日光和日光紫外线，防意外飞溅物	有一定遮光作用的防护眼镜

注：A-摘录自GB/T11651-2008表3的需使用眼面部防护用品的部分作业；
B-对应GB/T11651-2008表3的作业类别编号

（一）安全防护眼镜

当进入作业场所，现场有高速运动、转动的工具或机械在使用，如打磨、切削、铣、刨等。工作人员都要佩戴防冲击眼护具，防止来自正面和侧面的冲击物对眼的伤害。

带有一定遮光号的防护眼镜可以用于户外日光的防护，也可以用于电阻焊（点焊），因为电阻焊并不产生孤光，在汽车生产线上很常见。防护眼镜可起到防强光和飞溅物的作用，另外焊接辅助工也可以使用这类防护眼镜防护附近的焊接作业点所散发的紫外线，但这类防护眼镜不能用于产生孤光的焊接，而且不适用于室内其他只需要单独防冲击的作业，因为过暗的光线不利于作业安全。

（二）防护眼罩

在使用液态化学品或其他液体的作业场所，当存在液体喷溅对眼睛构成伤害的潜在风险时，应选择防护眼罩。

（三）焊接面屏

在焊接作业场所，应选择可防护焊接孤光和冲击物伤害的焊接面屏，除手持式焊接面屏，头戴式或配安全帽式焊接面屏应能和防颗粒物口罩、面罩配合用于高温焊接打磨作业的眼面部防护。如果工人需要同时做焊接和打磨，应在焊接面屏内加戴防护眼镜。

（四）防护面屏

防高温辐射的面屏是依靠表面金属镀层反射红外辐射，有些镜片同时还有一定遮光性能(深浅不等的墨绿色)，可过滤强光。防冲击面屏虽然能覆盖眼睛和面部皮肤，对冲击危害起到防护作用，但如果面屏设计可掀起并暴露眼睛，就必须同时使用防护眼镜。

（五）呼吸器全面罩

呼吸器全面罩可防冲击性危害，并能防护化学液体喷溅，防止气态化学物或粉尘等对眼的刺激，或经眼吸收等。如果化学品的挥发物可通过皮肤吸收，应首选呼吸器全面罩，如喷漆作业。

选择防护眼镜的一个关键是试戴，每个人瞳距不同，脸型不同，有些人使用不适合的眼镜会感觉头晕。试戴时还要观察其侧面，确认防护眼镜侧翼或有延伸孤度的镜片能保护到眼的侧面，以防护来自侧面的飞溅物伤害。对眼镜腿可调节的眼镜，试戴时应伸缩调节长度，甚至可以转动调节角度，以保证佩戴稳定，并适合脸型。如果经常摘眼镜，可选择眼镜腿有穿孔的设计，方便用线绳把眼镜挂在颈部，便于携带。

四、眼面部防护用品的更换和维护

通常眼面部防护用品都是重复使用的，配发给个人使用，不建议共用。眼面部防护用品使用后需要清洗和维护，防护眼镜和眼罩可以用水清洗其表面附着的灰尘，用肥皂清洗污渍，清洗后晾干。不要用干布擦脏污的镜片，避免镜片被刮花，降低透明度。

如果在使用过程中化学液体喷溅到防护用品上，应尽早摘掉防护用品并进行清理，以防止液体沾染到皮肤。如果沾染了难以清除的油漆，可以用矿物油（如柴油）试着将其溶解清除，但不应用有机溶剂，否则有可能破坏镜片。清理有金属镀层的防护面屏时要格外小心，避免不当操作破坏镀层。呼吸器全面罩可以清洗和消毒，具体方法应阅读供应商提供的产品说明书。

不使用眼面部防护用品时，应将其带离工作现场，清理后在洁净的场所保存。每次使用前后，应检查防护用品是否有破损或部件缺失。当镜片出现裂纹，或镜片支架开裂、变形或破损时，应立即更换；如果镜片有轻微的擦痕，通常并不会影响其抗冲击性能；但当镜片透明度明显降低，影响视物时，即应更换。

第四节　皮肤防护

皮肤防护用品是指为了防御作业过程中物理、化学和生物等职业危害因素伤害劳动者的皮肤，或通过皮肤导致健康损害而使用的个人防护用品，包括防护手套、防护服以及涂抹的护肤用品等。

防护手套的种类繁多，除防化学物外，还有防切割、电绝缘、防水、防寒、防热辐射、耐火阻燃等功能的防护手套。防护服主要应用于消防、军工、船舶、石油、化工、喷漆、清洗消毒、实验室等行业与部门，按功能可分为化学防护服、耐酸碱工作服、耐火工作服、隔热工作服、通气冷却工作服、通水冷却工作服、防射线工作服、劳动防护雨衣和普通工作服等。

本节以化学防护服为例介绍产品分类以及选择、使用和维护要点。

一、化学防护服的分类

（一）按结构分类

化学防护服可分为连体式和分身（体）式、密封头罩式和非密封头罩式、衣裤式和斗篷式多种类型。

1．连体式 上衣和裤子连为一体，通常都带有头罩，有的还带有手套和靴套（或靴子）。

2．分身（体）式 上衣和裤子为分体结构，上衣通常都带有头罩。

3．密封头罩式 头罩为整体气密结构，可将人员头部及呼吸面具同时罩于其中，人员视觉由封闭头罩面部的宽大眼窗来保障。

4．非密封头罩式 头罩面部有开口，与呼吸面具、防护眼镜等配合使用。

一般情况下，连体式和密封头罩式化学防护服比分身式、非密封头罩式化学防护服的密闭性能更好、防护等级更高，斗篷式不具备密闭性。

（二）按防护毒物状态分类

1．气体致密型 防气态危险化学品伤害人体的防化服，也用于液态化学品和固态粉尘的防护，通常被视为防护能力最强的化学防护服。该防化服多为全身包裹密封式的连体式服装。具体又可分为全封闭呼吸装置内置、非密封头罩呼吸装置外置及与正压式供气系统连接使用的3种。防护服的制作材料、接缝、拉链等接合部位都有严格的气体密封性要求，对可经皮肤吸收，包括致癌或剧毒性的气体化学物质和高蒸气压的化学雾滴都有很好的隔绝作用。

2．液体致密型 防液态化学品伤害人体的防化服，有连体式和分身式不同结构。从防护功能看，液体致密型化学防护服包括：

（1）防液态化学品渗透：用于防御高浓度的非挥发性剧毒液体泼溅、接触、浸入而进行的防护。

（2）防化学液体穿透：用于防御无压状态下非挥发性的雾状危险化学品伤害人体，对于高压状态下的雾状危险化学品应做气体致密防护。

3．粉尘致密型 用来防止化学粉尘和矿物纤维穿透的防化服。一般采用连体式结构，仅适用于对空气中漂浮的粉尘和矿物纤维的防护。

（三）按人体与外界气体环境接触可能性大小分类

1．气密型 主要特征是具备保持气密、内表面正压的能力。同时有防止化学物质渗透到防护服内部的性能。一般为连体、密封头罩、手套和靴套（或靴子）一体的全封闭式结构。具体又分为需内置正压式空气呼吸器的内置式全封闭化学防护服，以及通过软管从外部向服装内部送气的送气式气密化学防护服两种。

2．密闭型 防护全身或部分躯体的防护服装。其袖口、裤口、领口等服装末端有开口。但开口部分被密闭，可以防止外界污染空气进入防护服内部。服装材料也具有防化学物质渗透的性能，服装内部的气密性虽然没有充分的表面正压，但能确保皮肤不直接暴露或接触化学物质。

3．开放型 防护全身或部分躯体的防护服装。典型的如防毒斗篷。其袖口、领口等服装末端有开口，但对于这些开口处无密封要求，整个服装不具备防污染空气的能力。服装材料具有一定的防化学物质渗透的性能。主要用于对液态、固态化学物质的防护。

（四）按防护原理分类

1. 隔绝式　一般采用不具透气性能的橡胶等隔绝材料制成，通过使人员皮肤与外界环境隔绝达到防护目的，防护的可靠性高。但因穿着时人员的身体负荷较大，一般有较严格的穿着时限或需采取某些降温措施，尤其是在环境温度较高的条件下。

2. 透气式　一般采用具有一定透气性的有孔材料制成，在保证外界污染物质不进入的情况下，具有一定的排汗、透气、散热功能。可提高服装的穿着舒适性，一般可穿着较长时间。也有某些服装只在腋下等局部采用透气材料，常称其为半（部分）透气式化学防护服。

（五）按使用次数分类

1. 一次性使用　也称简易防化服。一般是用极薄的密封薄膜或者金属衬箔材料，按一定顺序复合叠加到延展性较低、多孔的基材表面而成。造价低、使用方便。但极易因为外力（如冲击、摩擦）而损坏。对火焰和高温也十分敏感，使用条件限制较多，通常需与其他服装配合使用。

2. 有限次使用　在未被危险化学品污染前可以多次使用，受污染后不推荐再使用。

3. 可重复使用　可多次重复使用，但应按制造商提供的清洗说明进行清洗，并按生产商的指示判断其受污染的程度与清洁的必要性和可行性。

（六）其他分类方法

按防护能力的强弱还可将化学防护服分为重型防化服和轻型防化服。其中重型防化服防护毒物种类更多，一般为两百多种；防护毒物时间更长，对多数毒物的防护时间在 8 小时以上。

美国标准按防护等级分为 A、B、C、D 共 4 级，A 级为气体密闭型防护服，B 级为防液体溅射防护服，C 级为增强功能型防护服，D 级为一般型防护服。

欧洲标准分为 6 类，依次为气密型、非气密型、液体喷射致密型、液体喷洒致密型、颗粒物致密型和液体有限泼溅致密型（表 16-9）。

表16-9　国际标准化组织ISO17491对化学防护服的分类

	化学防护服类型	符号	示例图片
Type 1	气密型		
Type2	非气密型		
Type3	液体喷射致密型		
Type4	液体喷洒致密型		

续表

	化学防护服类型	符号	示例图片
Type5	颗粒物致密型		
Type6	液体有限泼溅致密型		

二、化学防护服的选择

化学防护服的选择要综合考虑多方面的因素，目前尚无任何法规或标准明确地指出对各种有害化学品应选用哪种类型或材料的化学防护服。在选择防护服前要进行相关的危险性分析，例如：工作人员将暴露在何种有害化学品之中？以何种形态出现？这些有害化学品对人体有何种危害？以及现场暴露浓度和潜在的最大接触剂量等。在做好有效的风险评估后，再根据以下因素加以选择。

（一）防护服材质

制造材料是影响化学防护服抗化学物质性能的重要因素。目前没有一种化学防护服材料能够阻挡所有类型的有毒化学物质。因此，在进行化学防护服选择时应特别注意其材料对于目标污染物的防护性能。如果选择不当，由于化学防护服材料与危害物质的相容性或反应性等，可能导致化学防护服面料短时间内老化或毒物快速渗透，给穿着者带来极大的危险，同时也会给防护服装造成致命的损害。接下来介绍两个重要概念：穿透和渗透。

穿透是指物质通过材料的空隙处透过的现象（图 16-11），空隙可能存在于防护服面料上的不致密部分、防护服的拉链以及缝合处。穿透是一种凭肉眼可见的过程，所以目视观察是诸多材料抗穿透测试方法的评价依据。之所以会发生穿透，一方面与面料的构造（纤维之间的缝隙）、亲液性等材料特性相关，另一方面与服装的设计、接缝方式、辅料的选择也密不可分。

渗透是指物质在材料中溶解或以分子运动的方式透过材料的过程（图 16-12）。该过程依次为：分子首先吸附在材料表面，然后从材料上解吸附，随后再次吸附到材料上，在这个解吸

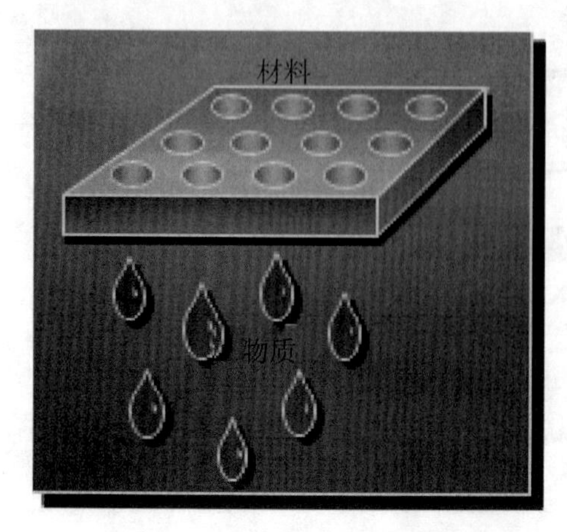

图 16-11　分散物质穿透的物理过程

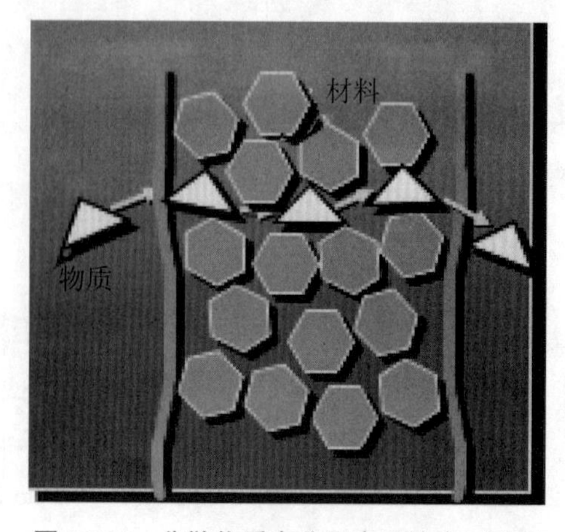

图 16-12　分散物质在分子水平的渗透过程

附到再次吸附之间，物质会发生一定的位移，该位移的方向往往是从物质浓度较高的一侧移往浓度较低的一侧，也就是材料的另一面。经过多次位移之后，物质最终到达材料的另一面并解吸透出。

与穿透不同的是，在很多情况下，化学物质渗透并没有明显的迹象。需要指出的是，目前并没有有效手段能够绝对阻隔这种因分子扩散而形成的渗透现象。优良的防护材料所能起到的作用是增加扩散运动的壁垒，减慢扩散的速度。

（二）防护服的结构形式

结构形式是影响化学防护服密闭性能的重要因素。对于气体、蒸气、气溶胶和粉尘等可造成空气污染的物质的防护，需使用具有气密或密闭性能的化学防护服。对于非挥发性液体、固体的防护，一般无需考虑服装的气密或密闭性能。

（三）环境因素

环境中存在化学危害，但危害物质的种类、危害程度等均未知时，应使用防护能力最高的内置式重型防化服；对于高毒性毒物及毒物的高浓度状态，应考虑使用重型防化服；对于危害程度较高，但作业空间较为狭小的情况，可考虑使用外置式重型防化服；对于同时存在火焰和毒物危害的场所，应考虑使用防火防化服；如果除化学危害外，周围还存在摩擦、刺、割等危险，应考虑使用具有耐磨、防刺、防割功能的重型防化服；对于同时存在燃烧可能的高危化学危害场所，应考虑选用防火防化服；由于和单一化学品相比，化学防护服材料对混合物更难防护，一种化学品的渗透会引起另一种化学品的渗透，因此当污染物为混合物时，选择化学防护服更应慎重。

（四）作业状态

当作业环境温度较高、作业劳动强度大时，应考虑使用透气式化学防护服，或选择具有自冷功能的化学防护服，或选配制冷服装。

（五）人的因素

主要应考虑服装是否合身，作业人员是否处于良好的身体及精神状态。尤其是对于穿着全封闭式重型防护服的人员，由于在穿着化学防护服执行任务期间身体负荷较大，因此对其身体状况、心理状况都有较高的要求。

总体来说，选择化学防护服要遵循“有效、适用及舒适”的原则。“有效”即选择的化学防护服应能为穿着者提供可靠和有效的化学危害防护能力；“适用”即在有效防护的前提下，充分考虑任务、作业条件等综合因素的影响，选择适宜类型和级别的化学防护服，以使人员便于开展相关工作和活动；“舒适”即所选择的化学防护服应对使用者产生尽可能小的生理负担（如热负荷），或有可减少不舒适性的辅助手段（如制冷背心、化学防护服自带的冷却系统等）。

此外还应特别注意：化学防护服主体材料对化学物质的防护能力只是整体防护效能的关键要素之一，化学防护服结构特点及其与配套防护用品（包括呼吸防护用品、化学防护手套、化学防护靴等）的匹配性等都是构成化学防护服防护能力的关键因素。

三、化学防护服的使用与维护管理

（一）正确使用

正确合理地使用化学防护服是保证作业人员生命安全与健康的关键，使用防护服时应考虑

以下几个重要原则：

1．任何化学防护服的防护功能都是有限的，使用者应了解化学防护服的局限性。

2．使用任何一种化学防护服都应仔细阅读产品使用说明，并严格按要求使用。

3．应向所有使用者提供化学防护服和与之配套的其他个体防护装备使用方法培训。

4．使用前应检查化学防护服的完整性以及与之配套的其他个体防护装备的匹配性等，在确认化学防护服和与之配套的其他个体防护装备完好后方可使用。

5．进入化学污染环境前，应先穿好化学防护服及配套个体防护装备。污染环境中的工作人员应始终穿着化学防护服及配套个体防护装备。

6．化学防护服被化学物质持续污染时，必须在其规定的防护性能（标准透过时间）内更换。

7．若化学防护服在某种作业环境中迅速失效，如使用人员在使用中出现皮肤瘙痒、刺痛等危害症状时，应停止使用并重新评估所选化学防护服的适用性。

8．应对所有化学防护服的使用者进行职业健康监护。

9．在使用化学防护服前，应确保其他必要的辅助系统（如供气设备、洗消设备等）准备就绪。

（二）维护管理

由于不同生产商及不同类型的化学防护服在使用材料、设计及尺码上均可能存在差异，所以化学防护服的穿着、脱除及储存方法应遵从该化学防护服供应商的指导。

（王恩业）

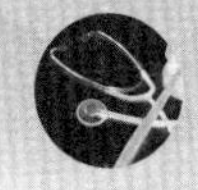

附　录　职业卫生相关信息资源

政府相关网站

中华人民共和国卫生健康委员会职业健康司 http：//www.nhc.gov.cn/zyjks/new_index.shtml
中华人民共和国人力资源与社会保障部 http：//www.mohrss.gov.cn/
中华人民共和国应急管理部 https：//www.mem.gov.cn/
国家安全生产应急救援中心 http：//www.emc.gov.cn/
国家煤矿安全监察局 http：//www.chinacoal-safety.gov.cn/
中国疾病预防控制中心职业卫生与中毒控制所 http：//niohp.chinacdc.cn/
美国国立卫生研究院 https：//www.nih.gov/
国际劳工组织（ILO）https：//www.ilo.org/global/lang--en/index.htm
世界卫生组织（WHO）https：//www.who.int/zh/
其他信息资源网站
美国职业安全署（OSHA）https：//www.osha.gov/
美国国家职业安全卫生研究所（NIOSH）https：//www.cdc.gov/niosh/
美国职业安全卫生审查委员会（OSHRC）https：//www.oshrc.gov/
美国工业卫生协会（AIHA）https：//www.aiha.org/
美国癌症研究所（NCI，National Cancer Institute）https：//www.cancer.gov/
美国国立癌症研究所（NIDCR）https：//www.nidcr.nih.gov/
美国国家气象研究所（NHGRI）https：//www.genome.gov/
美国国家地质勘探局（NIGMS）https：//www.nigms.nih.gov/
美国国立精神卫生研究所（NIMH）https：//www.nimh.nih.gov/index.shtml
英国职业健康安全管理局（HSE）https：//www.hse.gov.uk/index.htm
台湾医院协会 https：//www.hatw.org.tw/
台湾卫生福利部 https：//www.tsh.org.tw/
台湾癌症资源网 https：//www.crm.org.tw/index
中国职业病律师网 http：//www.zybls.com/portal.php
中国煤矿安全网 http：//www.mkaq.org/
中国安全生产协会 http：//www.china-safety.org.cn/
中华全国总工会 http：//www.acftu.org/
中国职业卫生网 http：//www.zywsw.com/
劳保网 https：//www.chinalaobao.com/
安全文化网 http：//www.anquan.com.cn/

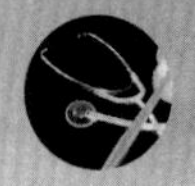

中英文专业词汇索引

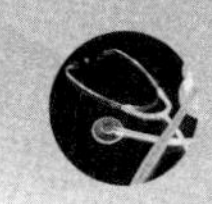

主要参考文献

1．邬堂春．职业卫生与职业医学．8 版．北京：人民卫生出版社，2017．

2．贾光．健康中国，职业健康先行．北京大学学报（医学版），2016，48（3）：389-391．

3．李涛．新时期职业病防治形势分析及对策建议．中国职业医学，2018，45（5）：537-542．

4．GBZ2.1-2019．工作场所有害因素职业接触限值 第 1 部分：化学有害因素．

5．詹思延．流行病学．8 版．北京：人民卫生出版社，2017．